MECÂNICA DOS FLUIDOS
PARA ENGENHEIROS

O GEN | Grupo Editorial Nacional – maior plataforma editorial brasileira no segmento científico, técnico e profissional – publica conteúdos nas áreas de ciências exatas, humanas, jurídicas, da saúde e sociais aplicadas, além de prover serviços direcionados à educação continuada e à preparação para concursos.

As editoras que integram o GEN, das mais respeitadas no mercado editorial, construíram catálogos inigualáveis, com obras decisivas para a formação acadêmica e o aperfeiçoamento de várias gerações de profissionais e estudantes, tendo se tornado sinônimo de qualidade e seriedade.

A missão do GEN e dos núcleos de conteúdo que o compõem é prover a melhor informação científica e distribuí-la de maneira flexível e conveniente, a preços justos, gerando benefícios e servindo a autores, docentes, livreiros, funcionários, colaboradores e acionistas.

Nosso comportamento ético incondicional e nossa responsabilidade social e ambiental são reforçados pela natureza educacional de nossa atividade e dão sustentabilidade ao crescimento contínuo e à rentabilidade do grupo.

MARCOS TADEU PEREIRA

MECÂNICA DOS FLUIDOS

PARA ENGENHEIROS

FUNDAMENTOS DO ESCOAMENTO INCOMPRESSÍVEL

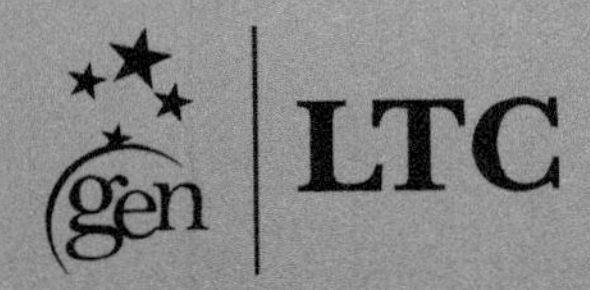

- Data do fechamento do livro: 30/01/2025

- **Atendimento ao cliente: (11) 5080-0751 | faleconosco@grupogen.com.br**

- Capa: Leonidas Leite

- Imagem da capa: ©istockphoto/strizh

- Editoração eletrônica: IO Design

- Ficha catalográfica

P493m

Pereira, Marcos Tadeu
Mecânica dos fluidos para engenheiros : fundamentos do escoamento incompressível / Marcos Tadeu Pereira. - 1. ed. - Rio de Janeiro : LTC, 2025.

Inclui bibliografia e índice
ISBN 978-85-216-3911-4

1. Mecânica dos fluidos. 2. Escoamento. I. Título.

24-95015

CDD: 532
CDU: 532

Gabriela Faray Ferreira Lopes - Bibliotecária - CRB-7/6643

É pouco livro para muita gente
importante: aos alunos, à Maria Teresa,
Caio, Vítor e à memória do Nico.

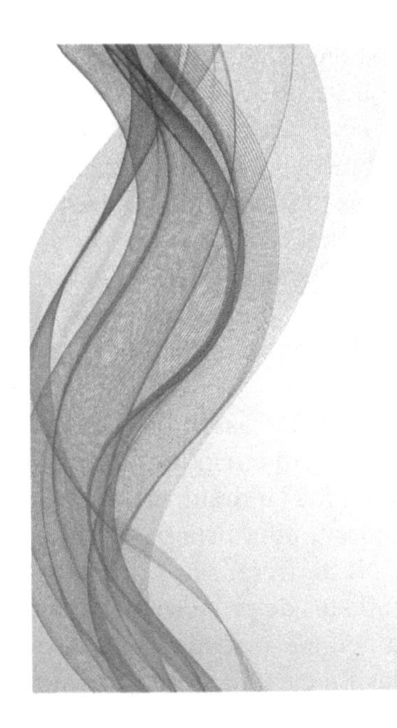

O LIVRO E O CONTEÚDO

"Cientistas descobrem o mundo que existe; engenheiros criam o mundo que nunca existiu."

O livro se inicia com esta frase muito feliz de um dos grandes nomes da história da Mecânica dos Fluidos, Theodore von Kármàn.

E assim é: os engenheiros criam um mundo que não existia.

ABORDAGEM DESTE LIVRO

Este livro aborda a matéria Mecânica dos Fluidos (MecFlu) ofertada a cada semestre na Escola Politécnica da USP (Poli-USP), para as especialidades de Mecânica, Mecatrônica, Naval, Civil, Eletrônica, Computação e Produção.

O curso é ofertado em quatro aulas semanais de 50 minutos, incluindo aulas de laboratório. Trata-se de um curso abrangente, rápido, compacto e trabalhoso para os estudantes. A Mecânica dos Fluidos continua em outros semestres para algumas especialidades, com outros livros e com aprofundamento em hidráulica, escoamentos compressíveis e máquinas de fluxo.

O curso, na forma atual, é ofertado há quatro gerações de professores. Este livro representa uma tentativa de organizar essa rica experiência de modo um pouco mais formal. Quaisquer erros ou problemas devem ser obviamente creditados a falhas do autor na elaboração do material.

Tentou-se organizar um livro curto, sucinto e que possibilite acesso seguro e rápido ao conhecimento necessário para a resolução de problemas. Deve-se deixar claro que acesso rápido não significa menos rigor: o leitor pode achar rapidamente o caminho, mas os conceitos, equações e hipóteses básicas estarão lá.

Este texto pode ser consultado mesmo que o leitor opte por um livro diferente, o que provavelmente ocorrerá com frequência. Esta obra entrega o caminho, mas não todas as atrações principais. Evidentemente, se o assunto a ser resolvido for complexo, haverá a necessidade de aprofundamento em outras publicações, como acontece com qualquer livro, em qualquer assunto.

CONTEÚDO

A MecFlu possui alguns marcos históricos recentes importantes: em 1827, Navier e, em 1843, Stokes deduziram, de forma independente ao que parece, a hoje chamada equação de Navier-Stokes, fundamental na MecFlu; em 1845, Darcy e Weisbach produziram, também de forma independente, o que, atualmente, conhecemos como equação de Darcy-Weisbach, usada no cálculo da perda de energia em dutos; em 1904, Prandtl desenvolveu o conceito de camada-limite; em 1932, Nikuradse realizou um estudo que é utilizado até hoje no cálculo da perda de carga em dutos; em 1944, Colebrook e White desenvolveram a equação de perda de carga em dutos; e, em 1947, Kolmogorov publicou o mais importante artigo sobre turbulência. A Mecânica dos Fluidos, portanto, é uma área consolidada há pelo menos 90 anos em suas aplicações práticas para a maioria dos engenheiros.

Nas últimas décadas, gerou-se uma quantidade impressionante de conhecimento avançado: turbulência, fenômenos de contato, microfluídica, movimentos de grandes massas de fluidos, métodos numéricos avançados, simulações, CFD etc. No entanto, **todos esses assuntos dependem da base fundamental** da MecFlu, que é exatamente o que este livro pretende abordar: **fundamentos**.

Espera-se que a principal marca deste livro seja o tratamento **sucinto e objetivo** dos assuntos. Por ter caráter **sucinto**, não "carrega" uma quantidade excessiva de conteúdos não tratados em um curso introdutório de Mecânica dos Fluidos, como escoamento compressível, estudo de projetos de máquinas hidráulicas, escoamento em canais etc., que são objeto de estudo de outras disciplinas. Tampouco possui uma lista extensa de exercícios resolvidos, ou lista de exercícios propostos ou tabelas de propriedades. Neste livro, são resolvidos apenas alguns exercícios-chave. Há uma tendência entre os estudantes de recorrer a listas de provas anteriores resolvidas e a listas de exercícios resolvidos que se encontram às centenas na internet. Na verdade, espera-se que este livro funcione como um guia e, ao menos, induza a certo método de abordagem e a uma normalização da simbologia e da apresentação das equações.

O Capítulo 4, *Movimento e Análise Diferencial de Escoamentos*, é a espinha dorsal deste livro: toda a MecFlu básica está nele contida, das linhas de corrente às equações de conservação, Bernoulli e Navier-Stokes. O terço final do capítulo trata da introdução à camada-limite, separação, descolamento e turbulência, conceitos fundamentais que merecem uma leitura, mas que não são, nem devem ser, cobrados de maneira assertiva nos cursos de graduação. O capítulo tenta dar um tratamento estruturante, mostrado no quadro que representa a rota de uso das equações (*roadmap*) logo em seu início, com uma visão do conjunto do assunto "análise do escoamento e equações diferenciais" e, depois, com as principais equações e observações, em uma tentativa de **sistematizar** e **organizar** o tema. O leitor deve compreender quais conceitos e equações pode utilizar e como eles se situam no contexto geral.

APRESENTAÇÃO DO LIVRO

O quadro a seguir mostra uma visão do conjunto do livro, na forma de fluxo de conceitos, propriedades e equacionamentos. Observe que a velocidade é a propriedade dominante em Mecânica dos Fluidos: conhecendo o campo de velocidades, se conhece todo o escoamento incompressível. Antes da velocidade são apontados dois conceitos muito importantes: o de *continuum* e o da diferença entre sólidos e fluidos.

A coluna da extrema esquerda apresenta conceitos relativos à pressão, que também funcionam associados à velocidade, como nos casos relacionados com a cavitação.

Abaixo de Velocidade se têm duas divisões: fluidos ideais e fluidos reais (estes, com viscosidade). A coluna dos fluidos ideais mostra os conceitos relativos à velocidade sem viscosidade, o importante conceito de aceleração (aparece aqui a aceleração convectiva) e a sempre utilizada equação de Bernoulli, que, muitas vezes, pode ser empregada para resolver casos simples de escoamentos reais.

Abaixo da camada de Fluidos Reais – Viscosidade foram alocados cinco conceitos muito importantes, de Turbulência ao Princípio da Aderência Completa. Observe que, logo abaixo de Turbulência, foi incluído o nome de Kolmogorov, que organizou até onde foi possível este assunto fundamental e quase intratável.

A equação de Navier-Stokes recebeu destaque porque é a equação mais importante e porque, se fosse conhecida sua solução, toda a Mecânica dos Fluidos poderia ser resolvida analiticamente.

As equações integrais mostram como é organizada essa maneira de abordagem.

As colunas seguintes apresentam características de escoamentos internos e externos.

Finalmente, são mostradas as aplicações mais comuns para esse tipo de conhecimento sobre escoamentos incompressíveis abordadas neste livro.

Na sequência do Prefácio, os primeiros cinco capítulos apresentam a teoria com aplicações:

- **Capítulo 1 – Introdução e Fundamentos – Posição da Mecânica dos Fluidos na Tecnologia e no Ensino**.

- **Capítulo 2 – Propriedades e Conceitos Básicos**.

  São apresentados os conceitos básicos dos fluidos (*continuum*, diferença com sólidos) e as propriedades e estados mais importantes, como massa específica e viscosidade. Optou-se por incluir a estática dos fluidos neste capítulo, com os conceitos de pressão necessários para abordar manometria e distribuição de pressões sobre superfícies.

- **Capítulo 3 – Análise Dimensional e Teoria da Semelhança**.

  A Análise Dimensional possui importância estratégica para toda a MecFlu e para várias áreas do conhecimento físico e biológico.

- **Capítulo 4 – Movimento e Análise Diferencial de Escoamentos**.

  É o capítulo estruturante do livro, mostrando linhas de corrente, aceleração convectiva, Bernoulli, continuidade, quantidade de movimento, equação de Navier-Stokes, turbulência e separação.

- **Capítulo 5 – Análise Integral de Escoamentos**.

  É o capítulo que apresenta todo o equacionamento usado nas soluções de problemas a que a imensa maioria dos engenheiros estará submetida.

A partir deste ponto são apresentados assuntos e aplicações tecnológicas:

- **Capítulo 6 – Cálculo de Escoamento em Condutos**.

- **Capítulo 7 – Bombas, Ventiladores e Bombeamentos**.

- **Capítulo 8 – Escoamentos Externos**.

- **Capítulo 9 – Expressão de Resultados e Estimativa de Incertezas**.

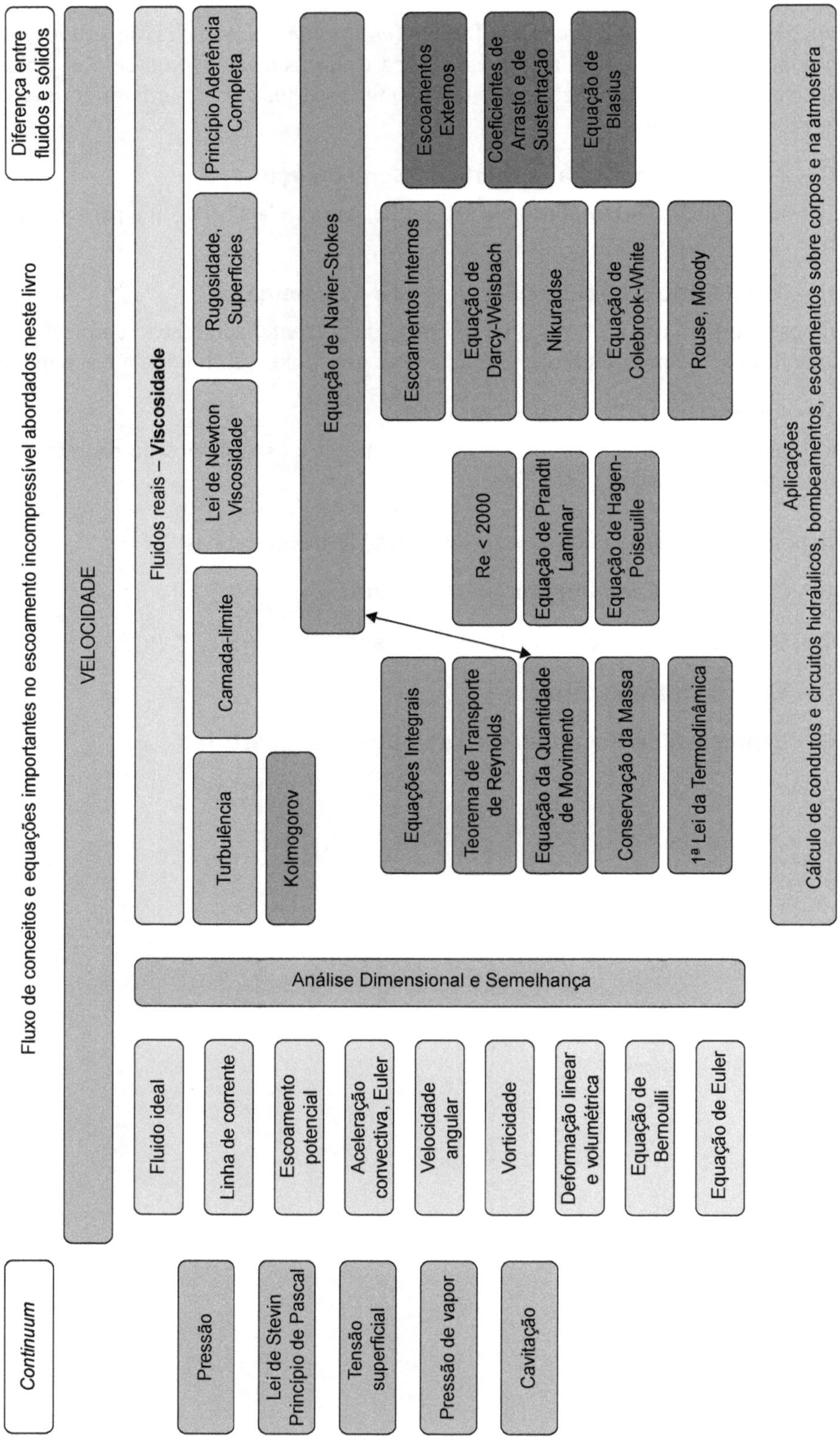

Continuum

Fluxo de conceitos e equações importantes no escoamento incompressível abordados neste livro

Diferença entre fluidos e sólidos

VELOCIDADE

Pressão

Lei de Stevin Princípio de Pascal

Tensão superficial

Pressão de vapor

Cavitação

Fluido ideal

Linha de corrente

Escoamento potencial

Aceleração convectiva, Euler

Velocidade angular

Vorticidade

Deformação linear e volumétrica

Equação de Bernoulli

Equação de Euler

Análise Dimensional e Semelhança

Fluidos reais – **Viscosidade**

Turbulência

Camada-limite

Lei de Newton Viscosidade

Rugosidade, Superfícies

Princípio Aderência Completa

Kolmogorov

Equação de Navier-Stokes

Equações Integrais

Teorema de Transporte de Reynolds

Equação da Quantidade de Movimento

Conservação da Massa

1ª Lei da Termodinâmica

Re < 2000

Equação de Prandtl Laminar

Equação de Hagen-Poiseuille

Escoamentos Internos

Equação de Darcy-Weisbach

Nikuradse

Equação de Colebrook-White

Rouse, Moody

Escoamentos Externos

Coeficientes de Arrasto e de Sustentação

Equação de Blasius

Aplicações

Cálculo de condutos e circuitos hidráulicos, bombeamentos, escoamentos sobre corpos e na atmosfera

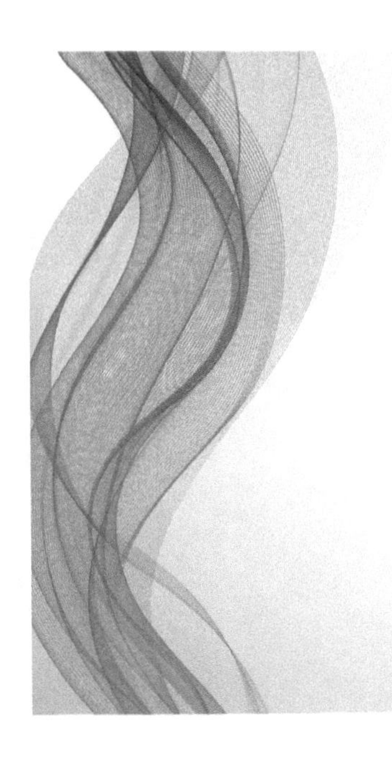

AGRADECIMENTOS

Quatro gerações de professores formaram o curso de Mecânica dos Fluidos na Escola Politécnica da USP. São muitos nomes que, pacientemente, dedicaram tempo para melhorar o entendimento e a qualidade do curso. Fica aqui o agradecimento sincero a todos esses colegas e mestres. Agradecemos especialmente aos professores Jayme Pinto Ortiz, Marcos de Mattos Pimenta e Antônio Luís de Campos Mariani pelas valiosas contribuições e discussões específicas para este livro. Também agradecemos à equipe do GEN | Grupo Editorial Nacional, sempre muito prestativa, ao engenheiro naval Danyllo de Lima Guedes pela contribuição no capítulo de Incertezas e aos alunos monitores que auxiliaram na revisão do texto, em especial ao aluno Vinicius Campos Góes.

Marcos Tadeu Pereira

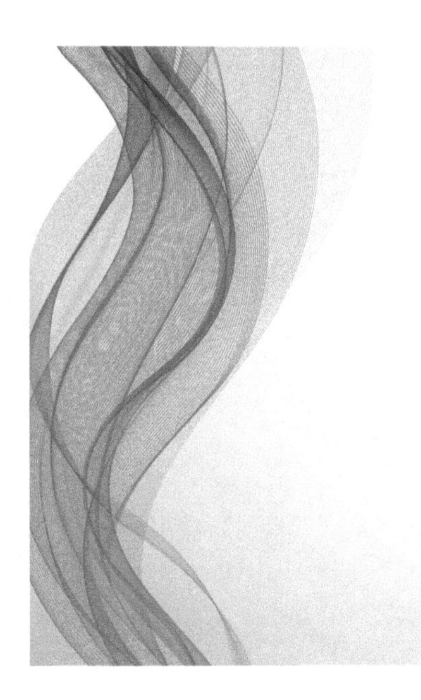

SUMÁRIO

CAPÍTULO 1

CAPÍTULO 2

CAPÍTULO 3

CAPÍTULO 4

CAPÍTULO 7

CAPÍTULO 8

CAPÍTULO 9

CAPÍTULO 1

INTRODUÇÃO E FUNDAMENTOS – POSIÇÃO DA MECÂNICA DOS FLUIDOS NA TECNOLOGIA E NO ENSINO

O mundo fluido que nos cerca: transporte e uso de água, petróleo, efluentes, gases e líquidos em tubulações e canais, movimentação interna de ar, ventilação, geração de energia (hidráulica e eólica), questões ambientais e aquecimento global, escoamento ao redor de aviões, navios, estruturas civis etc.

OBJETIVOS

Neste capítulo, são apresentadas as áreas nas quais a mecânica dos fluidos é empregada, o contexto histórico de seu surgimento, sua base empírica fortíssima e dominante e os desafios impostos ao seu presente e futuro.

Meio fluido e área de atuação da Mecânica dos Fluidos

A Mecânica dos Fluidos é uma ciência básica muito abrangente. Dentro da Engenharia e da Física, ela se ocupa de campos importantes:

- **Escoamentos internos de fluidos:** água, esgoto e efluentes, petróleo, gás natural, derivados de petróleo, sucos, álcool, ar comprimido, vapor, ar-condicionado, ventilação, fluidodinâmica dos seres vivos (bioengenharia da circulação de fluidos no interior de seres vivos, como sistemas cardiovasculares e uroexcretores, seiva de plantas etc.).
- **Escoamentos externos:** aviões, navios, submarinos, plataformas *off-shore* (estrutura exposta a ventos, dutos e cabos submersos em correntes marítimas), automóveis, prédios, estruturas civis (pontes, cabos, taludes etc.), turbinas eólicas, pássaros, peixes, insetos, vento, tornados e furacões, movimentos estelares e galáxias.
- **Equipamentos e máquinas de fluxo:** bombas, ventiladores, compressores, sopradores, turbinas hidráulicas e eólicas, torres de resfriamento, bombas de calor, motores de combustão interna, reatores químicos e nucleares, dutos, válvulas, conexões, filtros, nanotecnologia etc.

Portanto, rendam-se, terráqueos. *Run to the hills*? Não dá. Você vai interagir com a Mecânica dos Fluidos (MecFlu).

Início

Pode-se especular que a MecFlu nasceu a partir das necessidades de irrigação e de controle de cheias, especialmente na Mesopotâmia – nas imediações dos rios Tigre e Eufrates, e no Egito – no rio Nilo. Há 5 mil anos havia técnicas sofisticadas de transporte de água por canais no Egito, Babilônia e perto de Lima, no Peru.

Técnicas de irrigação eram geralmente objeto de segredo em atividades de sacerdotes: na Mesopotâmia e no Egito, projeto, construção e exploração de canais de irrigação faziam parte desse ambiente "religioso".

No império romano, a quantidade de aquedutos grandes, longos e extremamente elegantes que resistem ainda hoje é um atestado do excelente nível de conhecimento técnico dos romanos. Somente no Renascimento essas técnicas começaram a incorporar a nascente **ciência**, definindo, a partir de então, **tecnologias**, nesse sentido entendidas como a junção de técnicas existentes com a ciência.

A MecFlu se desenvolveu muito por meio de experimentos e observações, sendo interessante ressaltar que muitos cálculos atualmente se baseiam nesses experimentos e que problemas ainda são resolvidos por meio de experimentos. As quatro leis de conservação (da Massa, da Quantidade de Movimento e do Momento da Quantidade de Movimento, a Primeira Lei da Termodinâmica e a Segunda Lei da Termodinâmica) formam o embasamento científico atualmente utilizado.

Nas escolas de Engenharia, normalmente o estudante aprende a ciência que vai aplicar, mas tem contato em muito menor grau e intensidade com as técnicas, que são aprendidas no trabalho e na interação com a cultura tecnológica, com engenheiros e técnicos mais experientes, e por meio de contatos variados com o mundo tecnológico real.

No cotidiano, sempre se está lidando com questões relacionadas com as perdas e ineficiências nos processos envolvendo MecFlu. Em um mundo com desafios importantes e não resolvidos associados ao aquecimento global e à falta de água, responder a essas questões faz parte das soluções.

Empresas distribuidoras de água chegam a perder por vazamentos entre 18 e 40 % de toda água tratada, o que sempre é um problema pela escassez agravada de água e pelos impactos ambientais decorrentes de captação e reservação. As empresas de saneamento, em certas regiões, podem consumir mais de 2 % da energia elétrica gerada por conta de bombeamentos de água e de esgoto.

Por esses motivos há necessidade de desenvolvimento de novas tecnologias e de disseminação da cultura de Engenharia para realizar os processos com maior eficiência energética.

Mecânica dos Fluidos praticada atualmente no Brasil

Em nosso país, ocorreu um enxugamento brutal das atividades de projeto e desenvolvimento industrial: a participação da indústria de transformação no PIB caiu de 36 % em 1985 para 11 % em 2021.

Essa diminuição da participação da indústria cobrou seu preço: houve uma lenta transição **de engenheiros** que trabalhavam em projetos de grande impacto (para ficar apenas na MecFlu: projeto e construção de hidrelétricas; ventilação em metrôs; projeto, implantação e operação de refinarias de petróleo; projeto, implantação e operação de usinas de cana-de-açúcar; implantação e operação de usinas hidrelétricas; projeto e construção de navios; projeto e construção de plataformas *off-shore*; projeto, implantação e operação de estações de tratamento de água e de esgoto; projeto, implantação e operação de sistemas de *pipelines* para água/gás/óleo; projeto de aviões; projetos de recuperação ambiental; projeto e operação de unidades da indústria química e petroquímica, entre outros) **para uma geração de engenheiros** que atuam na operação e na manutenção dos sistemas que empregam MecFlu, engenheiros que normalmente possuem grandes habilidades computacionais e acessos informatizados, mas, em muitos casos, distantes do entendimento dos fenômenos físicos. Sem dúvida, há **muitas e variadas exceções**, mas percebe-se essa tendência.

Corre-se o risco de se ter uma geração de novos engenheiros com excelentes habilidades em computação e tratamento de dados, incluindo acesso a *softwares* que funcionam como caixa-preta e fornecem respostas (corretas ou incorretas) para "qualquer" problema, mas que não sabem ou não conseguem usar os fundamentos da Mecânica dos Fluidos para resolver os problemas reais da área. Muitas vezes, conseguem utilizar um *software* de simulação, mas não compreendem o fenômeno físico e têm dificuldade de perceber que não entendem o que acabaram de "resolver". Isso pode se tornar desastroso, mas é no mínimo muito ineficiente, pois pode levar a soluções erradas ou com importantes deficiências energéticas e operacionais. Novamente, há **muitas e variadas exceções**.

Ensino-aprendizado da Mecânica dos Fluidos

O ensino-aprendizado da Mecânica dos Fluidos possui peculiaridades, pois é ministrado já no 2º ano da maior parte dos cursos de Engenharia e se torna, em geral, a primeira matéria diretamente aplicável: as equações são as mesmas utilizadas nos projetos e processos do mundo real. Em todo o mundo, é sempre considerada uma matéria "difícil" na graduação, pela complexidade evidente das equações com derivadas parciais e, também, pela interação "inesperada" com incertezas elevadas, equações e modelos empíricos.

Dentre as ciências básicas de Engenharia, talvez a MecFlu seja a que mais depende de uma base empírica, curiosamente sendo uma matéria em que a **Matemática, além de ser geralmente complicada, não é suficiente**. E isso contribui para assustar e desorientar estudantes.

A MecFlu é *sui generis*: possui uma equação que solucionaria tudo (a de Navier-Stokes, de 1827, Capítulo 4), mas não sabemos resolvê-la exceto em alguns poucos casos extremamente simples. Essa equação é um dos seis problemas de Matemática ainda não resolvidos e o Instituto Clay[1] oferece um prêmio para quem a resolver. A equação de Navier-Stokes[2] possui um interesse enorme para os matemáticos, mas os engenheiros normalmente sequer se lembram de que ela existe, pois seu uso prático foi contornado com inúmeras soluções empíricas, que envolvem em contrapartida níveis de incerteza elevados.

Momento do ensino-aprendizado atual

Entre 2019 e 2021, a pandemia de SARS-CoV-2 provocou uma mudança radical no formato de aulas, cursos e avaliações. Nesse período, todos os cursos passaram a ser ofertados *on-line*, o que obrigou todos os professores de MecFlu, para ficar no campo deste livro e em nosso país, a mudarem suas aulas, ou seja, o **material didático foi 100 % reformulado por todos**, pelo menos na forma, mas não tanto no conteúdo.

A obrigação de ministrar aulas *on-line* abriu oportunidades e desafios consideráveis e, no mínimo, forçou até os professores mais resistentes a adotar apresentações mais enriquecidas, a usar filmes e a mudar substancialmente o formato de apresentação. As formas de avaliação também sofreram ajustes significativos.

A junção da pandemia com as imensas facilidades proporcionadas pela informática gerou uma avalanche de apostilas (várias delas bem elaboradas em termos de conteúdo e qualidade gráfica), aulas gravadas e textos com teorias e exercícios de MecFlu em dezenas de escolas de Engenharia, a tal ponto embaralhados e misturados que dificilmente se identifica a origem do material. Essa extensa quantidade de material disponível pode ter qualidade e eficácia educacional sem controle, no sentido de que o leitor pode estar exposto a material sem validação.

Esse material disponibilizado na internet muitas vezes trata de conteúdos para o estudante "passar no curso", um *vade mecum* para o leitor seguir e obter a aprovação, o que não é nenhum demérito se o estudante conseguir fixar conhecimentos que o ajudem posteriormente.

Entretanto, permanece o problema de como abordar a Mecânica dos Fluidos para formar engenheiros que desenvolvam modos de pensar a partir dos conceitos, levando em consideração o mundo real e a natureza "indomável" dos fenômenos, sem perder as características de misturar equacionamento avançado com dados empíricos, típicos da MecFlu, e sem se tornar um assunto estéril, friamente exposto nas páginas de um livro técnico.

A situação da formação do conhecimento na Mecânica dos Fluidos nas escolas é comparável à imagem clássica de tentar encher um copo de água na saída de um hidrante aberto: como há uma enxurrada de conhecimento, é difícil coletar o que é importante em um copo que selecione o conteúdo.

---

[1] Disponível em: https://www.claymath.org/millennium-problems. Acesso em: ago. 2024.

[2] Sobre a equação de Navier-Stokes: "Esta é a equação que governa o fluxo de fluidos, como água e ar. Todavia, não há provas para as questões mais básicas que se pode perguntar: as soluções existem, e são únicas? Por que perguntar por uma prova? Porque uma prova dá não só certeza, mas também compreensão".

Susan Vineyard | iStockPhoto

Para complicar tudo, tem-se uma geração de estudantes que interage com o conhecimento e a informação de maneira não muito bem compreendida e em estudo: expostos a um mundo informatizado e com extrema habilidade para navegar na internet, mas que precisam ser orientados quanto ao conteúdo e método de aplicação e gestão desse conhecimento e, principalmente, a **valorizar o fenômeno**. Nas palavras de um antigo professor: "não existe engenharia transcendental", ou seja, separada do fenômeno e das leis físicas.

Pode-se até dizer que o estudante se programa para **aprender a passar** na disciplina usando as ferramentas de TI à disposição, mas tem dificuldades na retenção dos conceitos e conhecimentos básicos. Isso de estudar "apenas para passar" sempre ocorreu, mas as facilidades que a informática proporciona potencializam muito essa deformação.

Tem-se a impressão de que muitos entendem que qualquer problema ou projeto que apareça pode ser resolvido com a busca de um problema similar na internet, um reconhecimento de padrão, o que pode significar problemas sérios mais à frente. A quantidade de novos problemas que surgem é aparentemente inesgotável e, para resolvê-los, faz-se necessário entender os fenômenos envolvidos na MecFlu, não bastando buscar situações semelhantes. E mesmo que sejam encontradas situações semelhantes, que podem aliviar tempos de projeto, sem dúvida, não são nunca iguais e exigem conhecimento sólido para entender como executar o novo projeto.

Contribui para esse quadro também a "competição" entre disciplinas: a carga do curso de Engenharia costuma ser pesada, com muitas matérias trabalhosas em paralelo, em um processo que foi bastante exacerbado durante os anos de aulas *on-line*, em que foram incorporados atividades e trabalhos em excesso, pela facilidade possibilitada pela internet. Não há muito tempo para apreender os conceitos com essa "competição": o sistema de ensino de Engenharia está bastante desbalanceado, com semestres em algumas especialidades com até 10 disciplinas em paralelo.

Tecnologia

O conceito de **tecnologia** também sofre: falar em tecnologia imediatamente nos remete ao uso de celular e informática, mas não à tecnologia associada a válvulas, dutos, máquinas hidráulicas, aviões, enfim, ao mundo físico que nos cerca. Muita coisa entrou na categoria de "**tecnologia invisível**": usamos, mas não nos damos conta de que existe uma cadeia tecnológica por trás da simples entrada de água em nossas casas, por exemplo.

Circula nas redes sociais uma figura mostrando um astronauta na Lua, com os dizeres: "Chegamos aqui com um computador menos potente que o *chip* do seu telefone celular!". Sim, mas esqueceram de mencionar que o foguete Saturno V, que permitiu a saída da Terra, possuía 111 m de altura, 10 m de diâmetro e peso de 2970 toneladas! E cheio de líquidos, materiais especiais e muita MecFlu, termodinâmica, cálculos estruturais e análises das dinâmicas envolvidas! A soma de tudo isso é tecnologia.

Mesmo recentemente, em 18 de março de 2022, a NASA fez um teste de MecFlu sem ignição de seu novo foguete SLS, com 98 m e tanques com 2,8 milhões de litros de oxigênio e hidrogênio. O foguete teve de ser retornado à base depois de falhas na válvula de hélio, vazamentos de hidrogênio líquido e flutuações significativas na alimentação de oxigênio líquido. A falha que explodiu o ônibus espacial Challenger também teve como causa vazamento de líquidos com o uso de anéis de vedação (*o-rings*) que se tornaram friáveis e se romperam com as baixas temperaturas do local de lançamento, como descobriu o prêmio Nobel de Física Richard Feynman e foi relatado no recomendável e interessante livro *Só Pode Ser Brincadeira, Sr. Feynman!*.

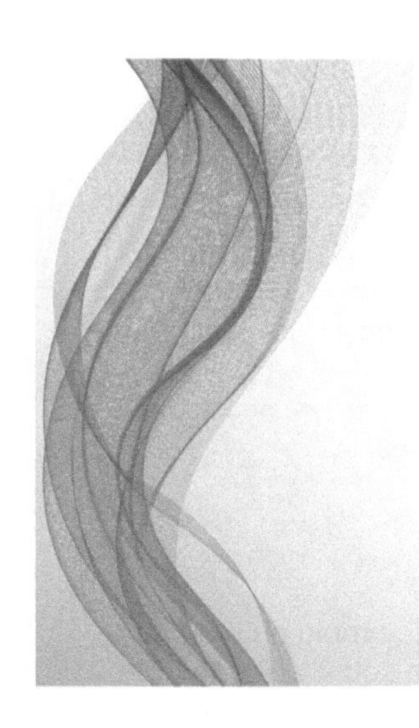

CAPÍTULO 2

PROPRIEDADES E CONCEITOS BÁSICOS

Começando a estruturar o estudo dos fluidos que nos cercam.

OBJETIVOS

Neste capítulo, serão apresentados alguns conceitos básicos para estabelecer formas de comunicação para os estudos: diferenças entre sólidos e líquidos, *continuum*, homogeneidade dimensional, experimento de Reynolds, turbulência, Princípio da Aderência Completa, propriedades e estados de grandezas importantes para a Mecânica dos Fluidos, como: massa específica, densidade, volume específico, pressão e estática dos fluidos, viscosidade, tensão superficial e capilaridade, pressão de vapor e cavitação, e leis dos gases.

Ressalte-se que na propriedade pressão é desenvolvida toda a estática dos fluidos básica para um curso introdutório.

2.1 CONCEITOS BÁSICOS

A Mecânica dos Fluidos deve ser pronunciada como na palavra "descuido" – uma palavra de duas sílabas: flui-dos, ênfase no u.

Diferenças entre sólidos e fluidos

A abordagem da física dos sólidos e de corpos fluidos, líquidos ou gases, é, em princípio, feita com os mesmos conceitos e com o uso das mesmas **equações de conservação** utilizadas na física clássica dos sólidos. Contudo, os fluidos possuem características que exigem um tratamento matemático diferente dos sólidos, por exemplo, a abordagem de Euler *versus* a de Lagrange, como será mostrado nos capítulos referentes à abordagem diferencial e integral (Caps. 4 e 5, respectivamente).

Essas características, basicamente, são a natureza dos fluidos e a dificuldade de equacionamento das posições e velocidades de suas infinitas partículas, que podem se mover em várias direções. Além disso, fluidos em movimento exibem um fenômeno extraordinariamente difícil de equacionar, o mais difícil da mecânica clássica: a turbulência.

A Tabela 2.1 mostra quais são as principais diferenças entre sólidos e fluidos.

Uma boa definição de fluido: substância que se deforma de modo contínuo quando submetida a uma tensão de cisalhamento qualquer.

Princípio da Aderência Completa

O Princípio da Aderência Completa assume que, em um escoamento, a região do fluido em contato com uma superfície sólida possui a mesma velocidade que a superfície, como mostra a Figura 2.1. Não há escorregamento. Trata-se de constatação experimental para fluidos não rarefeitos e uma hipótese muito importante nos cálculos de escoamentos.

TABELA 2.1 ▪ Diferenças entre sólidos e fluidos

Sólidos	Fluidos – líquidos e gases
Partículas com ligações rígidas, corpos se deformam pouco	Partículas mais "livres", fluidos se adaptam ao recipiente
Oferecem resistência a tensões de tração normal	Não resistem a tensões de tração normal
Moléculas pouco espaçadas e forças de coesão intermoleculares fortes	Moléculas espaçadas e forças intermoleculares fracas
Oferecem resistência à tensão de cisalhamento sem se mover ou deformar de forma contínua	Deformam-se e se movem de maneira contínua quando submetidos a tensões de cisalhamento

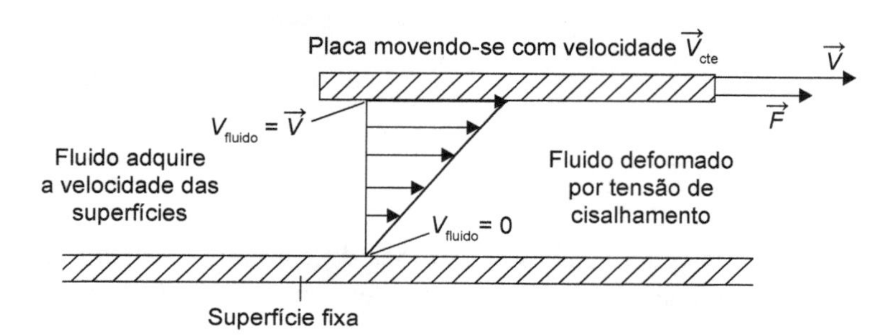

FIGURA 2.1 Exemplo de um fluido se deformando sob a ação de uma placa plana arrastada com velocidade, *V*, sobre um filme de fluido. Observe que a velocidade do fluido é zero no contato com a superfície parada e adquire a velocidade da placa superior animada de velocidade, *V*, conforme o Princípio da Aderência Completa.

Continuum

O fluido é considerado e tratado como um *continuum*,[1] isto é, assume-se uma distribuição contínua de substância por toda a região considerada, **sem vazios**.

Com essa hipótese do *continuum*, a Engenharia convencional não precisa tratar ou equacionar interações moleculares diretamente. A caracterização do comportamento fica simplificada ao se considerarem valores médios, macroscópicos, da propriedade de interesse. A média é avaliada sobre um pequeno volume contendo um grande número de moléculas.

Com isso, as *propriedades* (ρ, γ, μ, $\vec{V}$, P etc.) nos meios fluidos variam de modo contínuo, sem vazios.

Uma maneira de verificar se o modelo do *continuum* é aceitável em determinada situação consiste em usar o número adimensional de Knudsen: $K_n = \frac{\lambda}{d}$, em que d é um comprimento característico, por exemplo, o diâmetro de um tubo muito pequeno, e λ é o livre caminho médio das moléculas, uma propriedade física que depende basicamente da massa específica da substância.

Se $K_n = \frac{\lambda}{d} < 0{,}001$, o escoamento pode ser considerado no *continuum*, e as leis da MecFlu são válidas.

Para gases à pressão ambiente, pode-se considerar que $\lambda \approx 6{,}5 \times 10^{-8}$ m, e para $K_n = \frac{\lambda}{d} < 0{,}001$, se admite que esse gás, escoando em uma tubulação com diâmetro superior a $d = 6{,}5 \times 10^{-5}$ m, está no *continuum* e são válidas as leis da MecFlu.

Para água, pode-se considerar $\lambda \approx 3{,}1 \times 10^{-10}$ m e, assim, pode-se admitir que escoamentos estão no *continuum* para diâmetros superiores a $d = 3{,}1 \times 10^{-7}$ m.

Homogeneidade dimensional e dimensões

Homogeneidade dimensional significa que todas as equações utilizadas devem ser **dimensionalmente homogêneas**. No Capítulo 3 – Análise Dimensional e Teoria da Semelhança, esse tema será discutido.

---

[1] Termo em latim que significa sem intervalos nem interrupções.

Fatores de conversão entre sistemas de unidades

Sempre use o Sistema Internacional de Unidades para realizar seus cálculos. Se aparecerem unidades do sistema imperial, converta para unidades do SI e trabalhe com mais segurança. Pode-se escolher entre muitos *sites* com planilhas de conversão ativas na internet. Digitalize o QR Code para ver um exemplo.

uqr.to/1w643

Ou faça o *download* de referências como as que constam no QR Code (obtidas em dezembro de 2022).

uqr.to/1w644

Experimento de Reynolds e diferença entre escoamentos laminares e turbulentos

Uma das maneiras de classificar os escoamentos consiste em diferenciar os escoamentos no regime laminar, na transição e em regime turbulento. Como será visto, os cálculos e as propriedades desses regimes são bem diferentes.

Essa diferença foi mostrada experimentalmente por Reynolds, em um célebre experimento. Reynolds produziu e utilizou um circuito experimental, como o mostrado na Figura 2.2.

Reynolds observou que, desde velocidades do fluido próximas de zero até atingir um certo valor, o filete de tinta introduzido por um tubo capilar no centro de um tubo de vidro por onde escoava água apresentava um comportamento bastante estável e escoava praticamente sem deformações (escoamento laminar). Na medida em que aumentava a velocidade da água, observou um comportamento sinuoso do filete de tinta (escoamento na transição), e continuando a aumentar a velocidade, este comportamento se apresentava cada vez mais instável, até que, por fim, a tinta cobria todo o interior do tubo de vidro (escoamento turbulento). Este experimento é sempre reproduzido em escolas de Engenharia, o que mostra a importância dessa classificação e desse número adimensional.

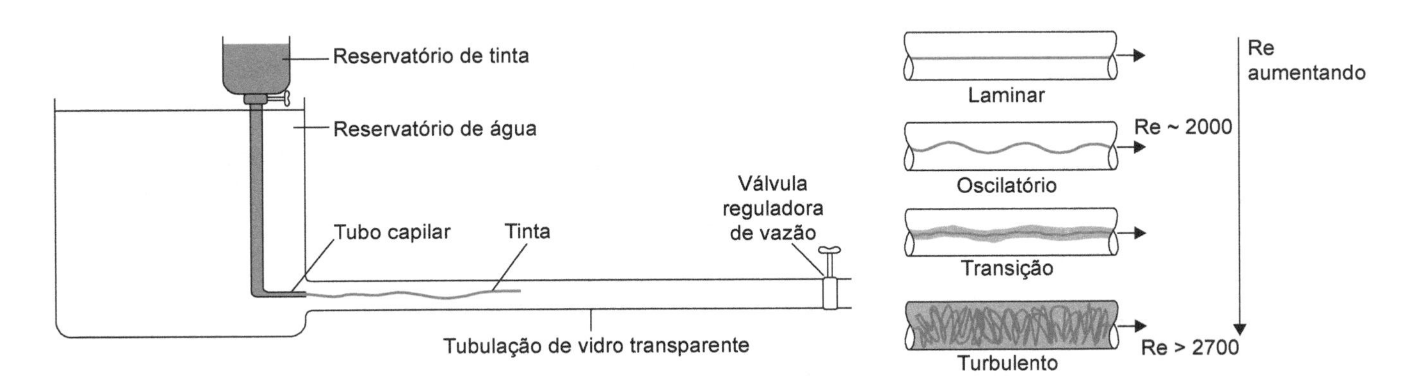

FIGURA 2.2 Experimento de Reynolds.

Em homenagem a Reynolds se definiu então um número adimensional muito importante, o número de Reynolds $\text{Re} = \dfrac{\rho V D}{\mu}$.

- $[\rho]$ = massa específica com unidade de $\dfrac{\text{kg}}{\text{m}^3}$.
- $[V]$ = velocidade média do fluido com unidade de $\dfrac{\text{m}}{\text{s}}$.
- $[D]$ = dimensão característica no problema, por exemplo, o diâmetro da tubulação, com unidade de metro.
- $[\mu]$ = viscosidade dinâmica, com unidade de $\text{N} \cdot \text{s/m}^2$.

Se o número de Reynolds for inferior a 2000, o escoamento é dito laminar e se comporta como se estivesse se movendo em "lâminas", sem perturbar o escoamento. Esse escoamento permite equacionamento e soluções analíticas, como será visto posteriormente.

Se $2000 < \text{Re} < 2700$, o escoamento é dito na transição, sendo praticamente impossível equacionar.

Acima de $\text{Re} = 2700$, o escoamento é turbulento, tendo sido desenvolvidos diversos experimentos que fornecem informações adimensionalizadas que permitem projetos e operações, como será visto no Capítulo 6 – Cálculo de Escoamento em Condutos. A grande maioria dos escoamentos de interesse na engenharia é turbulenta.

Turbulência e camada-limite

Ambos os assuntos são tratados no Capítulo 4, mas merecem uma menção logo no início dos estudos, para facilitar a comunicação.

A turbulência é um fenômeno de tratamento extremamente complicado, mas fácil de ser observado, sendo reconhecido, por exemplo, pela geração de esteiras e vórtices nos escoamentos. É um fenômeno dissipativo e pode introduzir ruído, vibração e aquecimento, com perda de eficiência energética.

A camada-limite foi um conceito introduzido para facilitar a solução de escoamentos, ao admitir que os fenômenos viscosos se concentram junto a uma pequena camada próxima a superfícies sólidas, e que, afastado dessa região, o escoamento se dá na forma de escoamento de fluido ideal, muito mais fácil de equacionar, como representado na Figura 2.3.

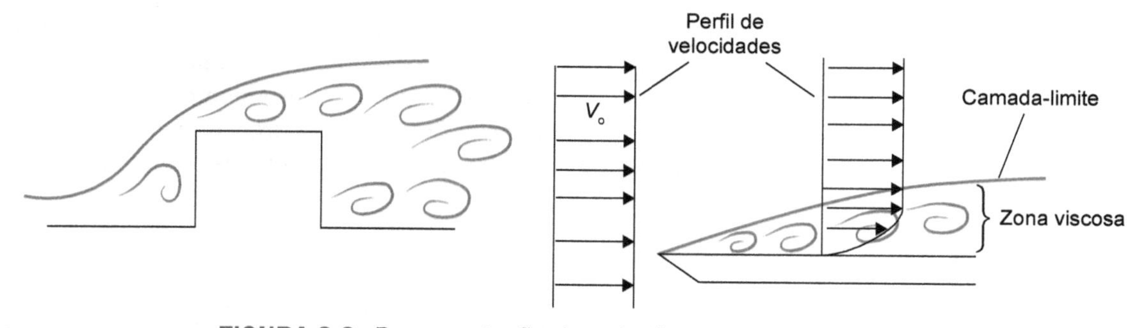

FIGURA 2.3 Representação de turbulência e da camada-limite.

ROTAS – CONCEITOS E PROPRIEDADES DOS FLUIDOS

Continuum Número adimensional de Knudsen: $K_n = \dfrac{\lambda}{d}$

Princípio da Aderência Completa

Experimento de Reynolds e escoamentos laminares e turbulentos

Turbulência e camada-limite

Pressão

Lei de Stevin $P = \gamma h$ (algoritmo de manometria)

Princípio ou Lei de Pascal Fluido em repouso em um recipiente fechado transmite pressão para cada porção do fluido e para as paredes do recipiente, sem perdas.

$$P_{absoluta} = P_{efetiva} + P_{atmosférica}$$

Forças sobre áreas planas – Método dos momentos de primeira e segunda ordem

$$F_R = \gamma \text{sen}\alpha \int_A y dA, \text{ onde a integral é o momento de primeira ordem}$$

$$F_R y_R = \int_A y dF = \int_A \gamma \text{sen}\alpha y^2 dA = \gamma A y_c \text{sen}\alpha y_R \frac{\int_A y^2 dA}{y_c A}$$

A integral $\int_A y^2 dA$ é momento de segunda ordem da área, também chamada de momento de inércia, I_x

Assim, $y_r = \frac{I_{xc}}{y_c A} + y_c$ similarmente $x_r = \frac{I_{xyc}}{y_c A} + x_c$

Método do Prisma de Pressão

$$F_R = \text{volume do prisma} = \frac{1}{2}\gamma h \cdot bh = \gamma \frac{h}{2} A$$

Massa específica $[\rho] = [\text{kg/m}^3]$

Densidade (número puro) Relação entre a massa específica de uma substância e a massa específica da água a 4 °C (igual a 1000 kg/m³)

Volume específico $\upsilon = \frac{1}{\rho}$

Peso específico $\gamma = \rho g$

Viscosidade dinâmica $[\mu] = (\text{Ns})/\text{m}^2 = \text{Pa . s}$

Viscosidade cinemática $\nu = \frac{\mu}{\rho} = \frac{\text{kg/ms}}{\text{kg/m}^3} = \frac{\text{m}^2}{\text{s}}$

Lei de Newton da viscosidade $\tau = \mu \frac{\partial u}{\partial y}$

Tensão superficial e capilaridade σ

Altura de menisco $h = \frac{4\sigma \cos\beta}{\gamma D}$

Pressão de vapor (P_{vp}) e cavitação, NPSH

Leis dos Gases

Lei de Boyle $P \alpha \frac{1}{V}$ (a valores constantes de T e n)

Lei de Charles $V \alpha T$ (a valores constantes de P e n)

Lei de Avogadro $V \alpha n$ (a valores constantes de P e T)

Clapeyron $PV = nRT$

P em Pascal, V em m³, T em Kelvin e $R = 8{,}309$ Pa∗m³/mol∗K

2.2 PROPRIEDADES

Para os trabalhos envolvendo Mecânica dos Fluidos é necessário usar equações teóricas ou empíricas envolvendo diversas propriedades do fluido, ou do escoamento. As propriedades mais utilizadas são massa específica ρ, viscosidade μ, aceleração da gravidade g, peso específico γ, pressão de vapor P_{VP} etc. Muitas dessas propriedades são função no mínimo da temperatura θ e da pressão P.

Ressalta-se que o campo de velocidades $\vec{V}$ em um escoamento é sempre muito importante: se você conhece o campo de velocidades, você conhece todo o escoamento, no caso do escoamento de fluidos incompressíveis. No Capítulo 4, será usada a equação de Navier-Stokes para mostrar esse fato.

A seguir, serão apresentadas formas de tratar algumas propriedades importantes nos estudos.

2.2.1 Massa específica

A massa específica, ρ, é o nome normalmente empregado em textos de MecFlu e de termodinâmica para representar a relação entre a massa e o volume ocupado pelo fluido.

$$[\rho]=\left[\frac{\text{kg}}{\text{m}^3}\right]$$

Atenção: textos em inglês usam ***density*** como massa específica, com a unidade de kg/m^3, e alguns livros em português também adotam densidade como sinônimo de massa específica.

2.2.2 Densidade

Neste texto, a densidade é um **número puro**, que trata da relação entre a massa específica de uma substância e a massa específica da água a 4 °C (igual a 1000 kg/m^3):

A massa específica do mercúrio a 0 °C é de aproximadamente 13.600 kg/m^3, o que implica que a densidade do mercúrio é:

$$d=\frac{13.600\,\frac{\text{kg}}{\text{m}^3}}{1000\,\frac{\text{kg}}{\text{m}^3}}=13{,}6$$

Atenção: textos em inglês usam o termo ***specific gravity*** (**SG**) como um número puro, da mesma maneira que usamos o termo densidade neste livro. Também empregam o termo ***relative density*** como sinônimo da densidade neste livro.

2.2.3 Volume específico

O volume específico é definido como o inverso da massa específica:

$$[\upsilon]=\left[\frac{1}{\rho}\right]=\left[\frac{\text{m}^3}{\text{kg}}\right]$$

2.2.4 Peso específico

O peso específico, γ, é tratado com unidades de newton/m^3, sendo definido como:

$$[\gamma]=[\rho g]$$

2.2.5 Pressão

Pressão é uma propriedade frequentemente expressa em diversos sistemas de unidades, e mesmo em uma mesma planta industrial não é incomum encontrar manômetros e transdutores de pressão com indicação em unidades diferentes. Pode-se ter pressão expressa em Pascal (N/m^2), psi (lb_f/pol^2), kgf/cm^2, bar, mca (metros de coluna de água), pol água (polegadas de água), cm Hg (centímetros de coluna de mercúrio), atmosferas, mm H_2O (milímetros de coluna de água), mmHg, Torr etc.

Nas conversões de unidade, tome cuidado com o número de dígitos do valor convertido: não pode ser superior ao número de dígitos inicial.

Os cálculos ficam mais fáceis se nos equacionamentos for usada a unidade de pressão do SI, o Pascal (newton/m^2).

Em geral, a pressão é definida quando se aborda **estática dos fluidos**, mas neste livro será desenvolvida aqui, de maneira sucinta.

A **estática dos fluidos** cobre o estudo dos fluidos em repouso, e permite analisar as pressões e sua variação e distribuição no interior do fluido e em contato com superfícies. As aplicações são variadas e extensas: medição de pressão em tubulações, estudo de cargas provocadas por fluidos em superfícies, uso em máquinas etc.

Conceituação de forças e tensões e definição de pressão

Nos estudos dos fluidos, costumam-se dividir as forças em dois tipos:

- forças de contato: arrasto, pressão;
- forças de campo: gravitacional, eletromagnética.

As **forças de arrasto** podem ser tanto aquelas associadas à **tensão de cisalhamento** e ao aparecimento de forças cortantes – por exemplo, a força do ar sobre a fuselagem de um avião em voo, ou junto à parede em escoamentos no interior de tubos – quanto aquelas associadas ao **arrasto de pressão** em função da forma do corpo em contato com o escoamento. As forças de arrasto só ocorrem onde há escoamento.

Já as **forças de pressão** são as forças normais que se manifestam tanto em **situações estáticas** quanto em **situações de escoamento**, por exemplo, a força normal do vento por área de vidraça em um edifício, ou a pressão frontal em um corpo inserido em um escoamento.

Para tratar de pressão é necessário estudar as tensões envolvidas nos fenômenos físicos. A tensão em um ponto C qualquer de uma superfície pode ser definida pela Figura 2.4 e pela equação a seguir:

$$\text{Tensão no ponto } C = \frac{d\vec{F}}{d\vec{A}}$$

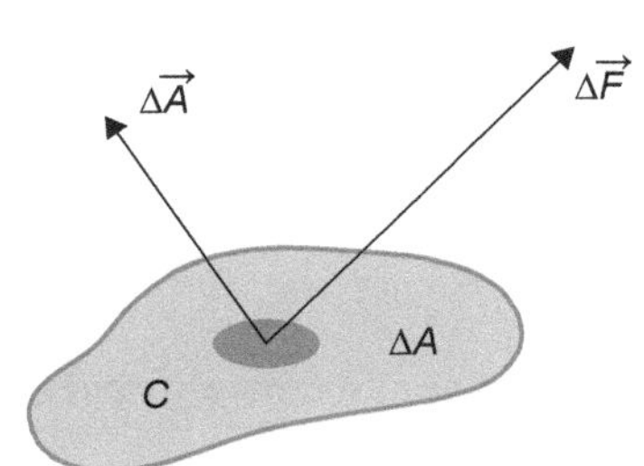

FIGURA 2.4 Tensão em um ponto *C*.

Como a matemática da divisão de um vetor por outro complicaria desnecessariamente o assunto neste momento, escolhe-se então uma **normal** $\vec{n}$ à superfície do corpo em C, como mostra a Figura 2.5, definindo assim uma grandeza vetorial referida a esse versor $\vec{n}$:

$$\vec{\tau}(C,\vec{n}) = \frac{d\vec{F}}{d\vec{A}} = \frac{d\vec{F}}{dA}\Big|_{\vec{n}}$$

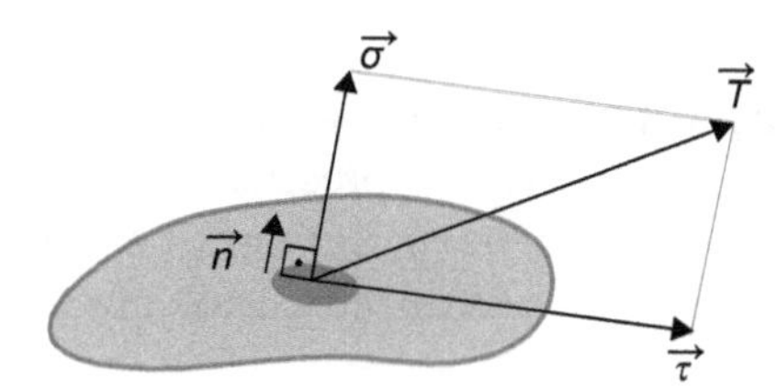

FIGURA 2.5 Introdução de versor normal à superfície para representar tensão normal e de cisalhamento.

$$T(C,\vec{n}) = \sigma\vec{n} + \tau\vec{t}$$

$\vec{\sigma}$ = tensão normal (tração ou compressão). Fluidos geralmente só estão submetidos a tensões de compressão.
$\vec{\tau}$ = tensão de cisalhamento ou tangencial. Só existe quando o fluido está em movimento.

unidade: $\frac{N}{m^2}$ = Pa (Pascal)

Desse modo, a tensão genérica pode ser decomposta em uma componente normal (tensão normal) e em uma tensão tangencial (de cisalhamento) à superfície.

Tensão em um ponto em fluido em repouso

A Figura 2.6 mostra um diagrama de corpo livre em que estão representadas as tensões agindo em um cubo infinitesimal cortado em uma diagonal. O fluido está em repouso e, portanto, não existem tensões de cisalhamento.

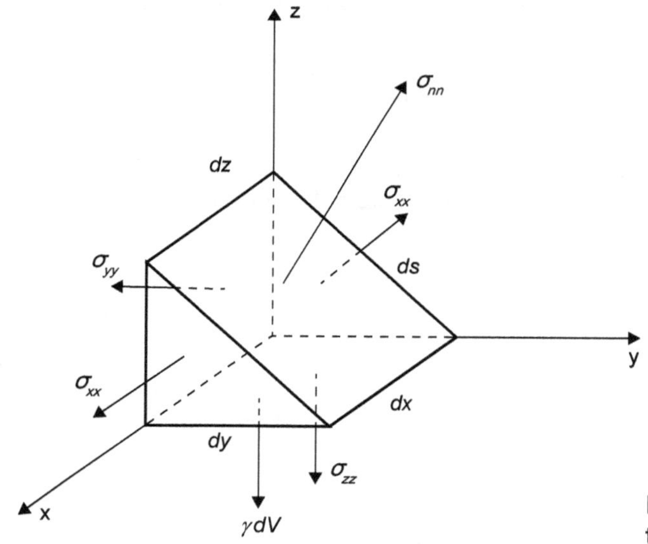

FIGURA 2.6 Diagrama de corpo livre de tensões em corpo em repouso.

Aplica-se a Segunda Lei de Newton, e tem-se o balanço de forças na direção z:

$$dF_z = dm \cdot a_z$$

$$-\sigma_{zz}dxdy + \sigma_{nn}dsdx\operatorname{sen}\theta - \rho g dV = \rho dV a_z$$

e, como $dV = \frac{dxdydz}{2}$ e $\operatorname{sen}\theta = \frac{dy}{ds}$, resulta

$$-\sigma_{zz}dxdy + \sigma_{nn}dsdxdy / ds - \rho g dxdydz / 2 = \rho\frac{dxdydz}{2}a_z.$$

Mas $a_z = 0$ (o fluido está em repouso) e pode-se dividir a expressão anterior por $dxdy$, resultando em:

$$-\sigma_{zz} + \sigma_{nn} - \frac{\rho g dz}{2} = 0$$

E, como $d_z \sim 0$, isso implica $\sigma_{zz} = \sigma_{nn}$.

Pode-se mostrar igualmente que nas direções x e y:

$$\sigma_{nn} = \sigma_{xx} \text{ e } \sigma_{nn} = \sigma_{yy}$$

Conclusão: o formato do elemento fluido é arbitrário, e foi mostrado que, em um fluido em repouso, a **tensão normal** em um ponto é a mesma em todas as direções. Isso significa que a tensão normal é uma **grandeza escalar**, que se denomina **pressão**.

Equação fundamental da estática

Pode-se usar o cálculo diferencial para deduzir a equação fundamental da estática. Será tomado um diagrama de corpo livre de um cubo infinitesimal com lados δ_x, δ_y e δ_z submetido apenas à força peso e às forças de contato aplicadas em cada face, representadas pelas tensões normais multiplicadas pelas áreas. O fluido está em repouso e, portanto, sem tensões de cisalhamento.

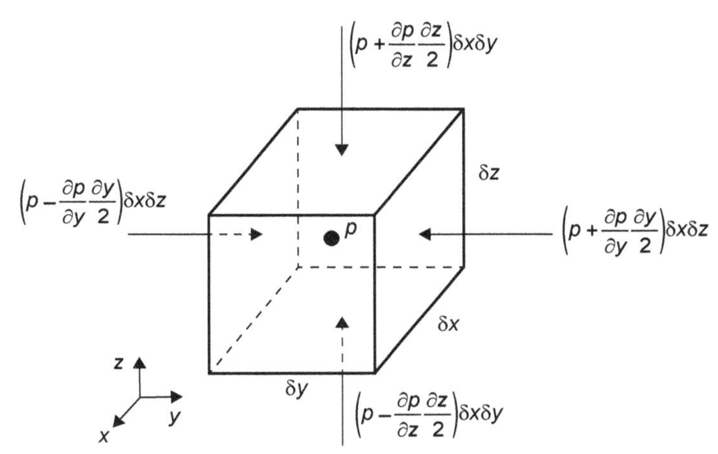

FIGURA 2.7 Forças atuando nas faces de cubo em repouso.

Para facilitar o entendimento físico, considere que no centro do cubo a pressão é P. Na superfície da esquerda, a pressão teria um valor ligeiramente menor, $P - \frac{\partial p}{\partial y}\frac{\delta_y}{2}$, e na face direita, o valor seria ligeiramente maior, $p + \frac{\partial p}{\partial y}\frac{\delta_y}{2}$, de tal forma que você pode imaginar uma reta unindo esses três pontos. Ou seja, a pressão está variando linearmente, uma variação de primeira ordem apenas, pois a distância $\frac{\delta_y}{2}$ é muito pequena.

Tomando-se todas as forças de superfície no cubo, $\Delta\vec{F}_s$, resultaria:

$$\Delta\vec{F}_s = \left(p - \frac{\partial p}{\partial x}\frac{\delta_x}{2}\right)\delta_y\delta_z\vec{i} + \left(p + \frac{\partial p}{\partial x}\frac{\delta_x}{2}\right)\delta_y\delta_z\left(-\vec{i}\right) + \left(p - \frac{\partial p}{\partial y}\frac{\delta_y}{2}\right)\delta_x\delta_z\vec{j} + \left(p + \frac{\partial p}{\partial y}\frac{\delta_y}{2}\right)\delta_x\delta_z\left(-\vec{j}\right) +$$

$$+\left(p - \frac{\partial p}{\partial z}\frac{\delta_z}{2}\right)\delta_x\delta_y\vec{k} + \left(p + \frac{\partial p}{\partial z}\frac{\delta_z}{2}\right)\delta_x\delta_y\left(-\vec{k}\right)$$

$$\therefore \Delta\vec{F}_s = -\underbrace{\left(\frac{\partial p}{\partial x}\vec{i} + \frac{\partial p}{\partial y}\vec{j} + \frac{\partial p}{\partial z}\vec{k}\right)}_{Grad\ p}\delta_x\delta_y\delta_z$$

Observe que o termo entre parênteses é o gradiente da pressão.

A força de campo, exclusivamente gravitacional, nesse caso, pode ser representada por:

$$\Delta\vec{F}_c = \gamma\delta_x\delta_y\delta_z\left(-\vec{k}\right)$$

Com esse desenvolvimento, pode-se encontrar uma expressão representando a Lei Fundamental da Estática, também chamada Lei de Stevin.

Lei de Stevin

Tomando-se a Segunda Lei de Newton:

$\sum\Delta\vec{F}_{ext} = dm\cdot\vec{a} = \rho\vec{a}\Delta V$, com $\vec{a} = 0 \rightarrow$

$\sum\vec{F}_{ext} = \Delta\vec{F}_c + \Delta\vec{F}_s = 0$ ou:

$$\gamma\delta_x\delta_y\delta_z\left(-\vec{k}\right) - \left(\frac{\partial p}{\partial x}\vec{i} + \frac{\partial p}{\partial y}\vec{j} + \frac{\partial p}{\partial z}\vec{k}\right)\delta_x\delta_y\delta_z = 0$$

disso resulta:

$$\frac{\partial p}{\partial x} = \frac{\partial p}{\partial y} = 0$$

Ou seja, **em um plano horizontal** $\widehat{xy}$, **não há variação de pressão**, como se sabe desde os tempos de ensino médio. Segue dessa constatação o **Princípio ou Lei de Pascal**, que estabelece que um fluido em repouso em um recipiente fechado transmite pressão para cada porção do fluido e para as paredes do recipiente, sem perdas.

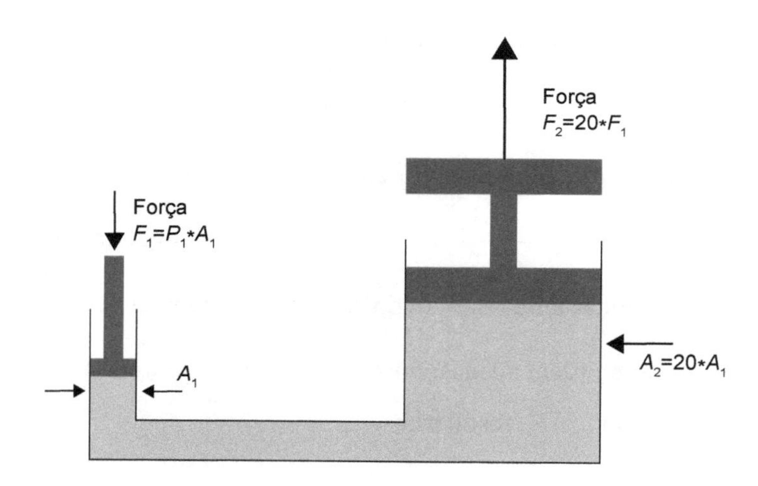

FIGURA 2.8 Ilustração da Lei de Pascal.

A terceira componente:

$$\frac{\partial p}{\partial z} = -\gamma$$

deve ser trabalhada, pois como foi mostrado que P é independente de x e y, pode-se escrever:

$$p(x,y,z) = p(z)$$

e, portanto, como p só depende de z, a derivada parcial pode ser transformada em uma derivada total:

$$\frac{\partial p}{\partial z} = \frac{dp}{dz} = -\gamma$$

Integrando a equação $\frac{dp}{dz} = -\gamma$ com a hipótese de **fluido incompressível, homogêneo**, com g **= constante** e com $p = p_0$ para $z = z_0$ resulta:

$$p - p_0 = \gamma\left(z - z_0\right)$$

Assim, para qualquer fluido considerado incompressível, pode-se fazer uma mudança de variáveis com $h = -(z - z_0)$, o que resulta na **Lei de Stevin:**

$$p - p_0 = \gamma h$$

Algoritmo para manometria

Nesse ponto, pode-se introduzir um algoritmo muito simples, para resolver qualquer problema que envolva manometria (medição de pressão) e diferenças de pressão:

1. começar por uma extremidade e escrever a pressão local;
2. somar a essa pressão a variação de pressão γh, se o próximo menisco estiver mais baixo que o anterior, e subtrair, se estiver acima;
3. repetir até a outra extremidade e igualar a pressão nessa extremidade.

EXEMPLO

Na Figura 2.9 é representado um processo industrial em que deve ser mantida a diferença de pressão entre duas tubulações com fluidos diferentes, mas com massa específica muito próxima à da água. Houve um problema com o transdutor de pressão que media essa diferença e foi improvisado um manômetro com múltiplos fluidos para calcular tal diferença. Aplique o procedimento para manometria e estime qual é a diferença de pressão entre os pontos *A* e *B* nesse momento.

Dados:

$\gamma_{H20} = 9800$ N/m^3

densidade do óleo = 0,9

densidade do mercúrio = 13,6

Aplicando o algoritmo, em seus três passos, começando da extremidade *A*:

$$P_A + \gamma_{H20}h_1 - \gamma_{Hg}h_2 + \gamma_{óleo}h_3 - \gamma_{Hg}h_4 - \gamma_{H20}h_5 = P_B$$

$$P_A - P_B = \gamma_{H20}\left(-h_1 + \frac{\gamma_{Hg}}{\gamma_{H20}}h_2 - \frac{\gamma_{óleo}}{\gamma_{H20}}h_3 + \frac{\gamma_{Hg}}{\gamma_{H20}}h_4 + h_5\right)$$

$$P_A - P_B = 9800(-0{,}3 + 13{,}6 \times 0{,}1 - 0{,}9 \times 0{,}2 + 13{,}6 \times 0{,}3 + 0{,}2)$$

$$P_A - P_B = 50{,}6 \text{ kPa}$$

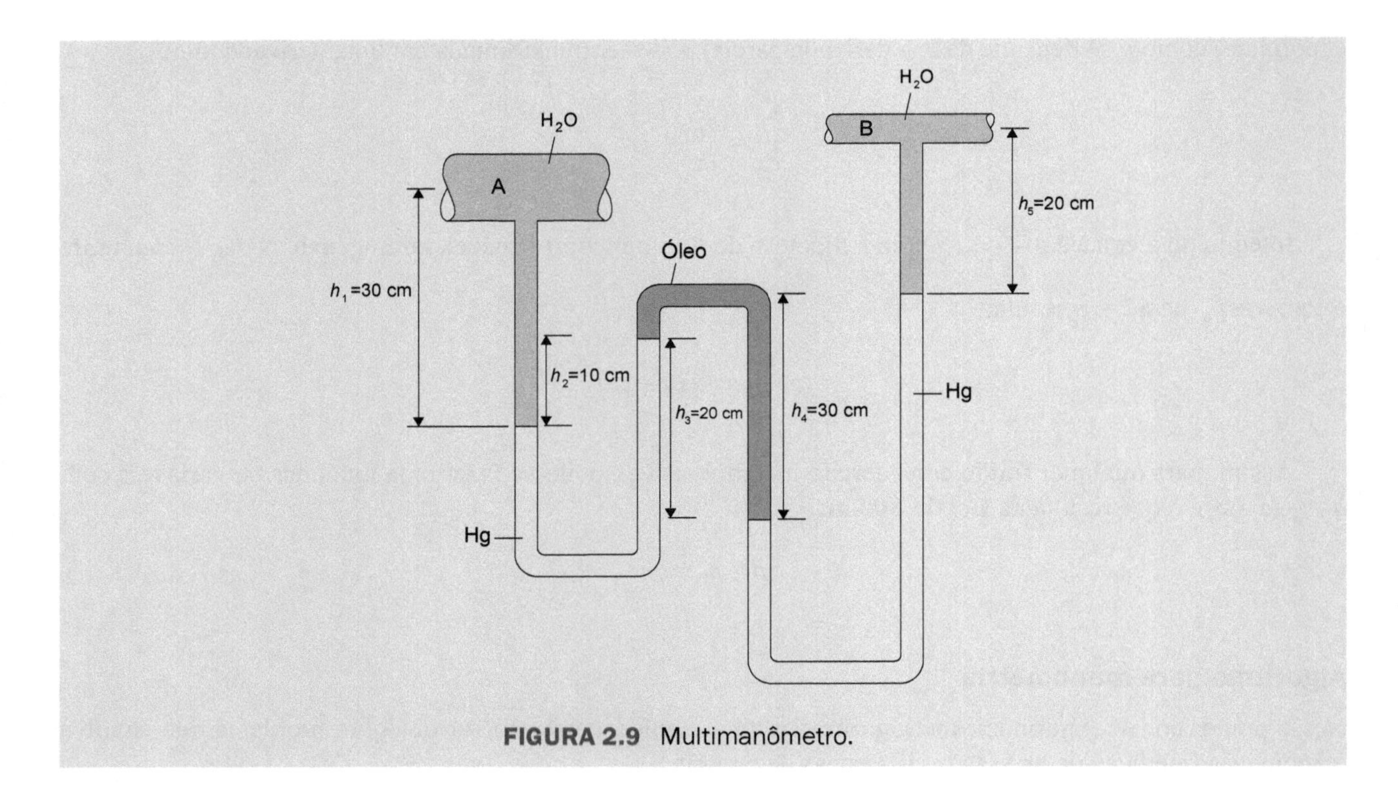

FIGURA 2.9 Multimanômetro.

Tipos de pressão

Nos processos tecnológicos, é preciso distinguir diversos tipos de pressão: pressão atmosférica (P_{atm}), pressão absoluta (P_{abs}), vácuo ($P_{vác}$) e pressão manométrica ou efetiva (P_{efet}).

A pressão absoluta é obtida pela soma da pressão atmosférica local com a pressão efetiva.

$$P_{abs} = P_{efet} + P_{atm}$$

No diagrama da Figura 2.10, estão representadas algumas dessas pressões, para uma situação em que se tem uma pressão manométrica ou efetiva (P_{efet}) de 100,0 kPa em uma tubulação, em determinado momento, em São Paulo, ao lado de uma tubulação com vácuo (P_{efet}) de –50,0 kPa.

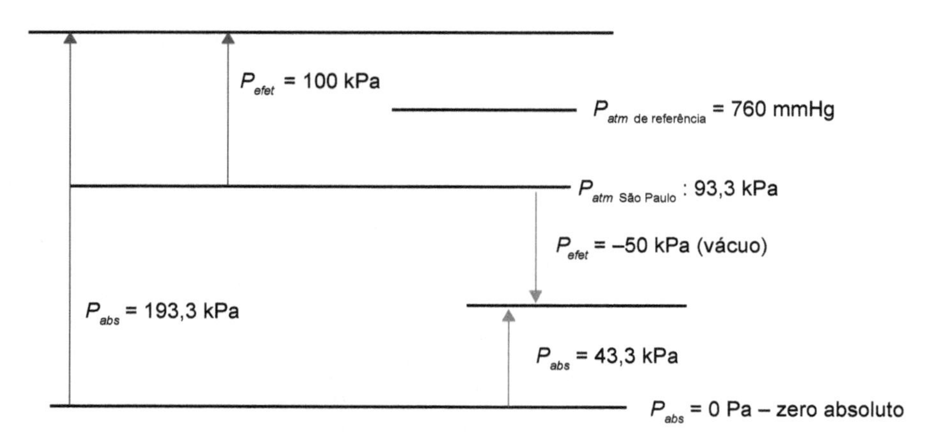

FIGURA 2.10 Relações entre as pressões atmosféricas, efetivas e absolutas. Observe que permanece a regra de manter sempre o menor número de algarismos significativos envolvidos em cada conta.

A pressão atmosférica local, nesse momento, é $P_{atm\ local\ \text{São Paulo}} \sim 700{,}0$ mmHg $\approx 93{,}33$ kPa. Observe que a pressão foi medida com quatro algarismos significativos em mmHg, e expressa com quatro algarismos em Pa, apesar de o fator de conversão possuir mais algarismos.

Começa-se traçando a linha de base, com pressão absoluta de 0 Pa. Do ponto de vista físico, não se consegue atingir o vácuo absoluto, pois sempre haverá uma molécula de algum gás vibrando e gerando alguma pressão na câmara de medição, mas é possível atingir vácuos muito baixos, inferiores a nanopascal. Do ponto de vista de aplicações convencionais de engenharia, não há necessidade de se alcançar valores tão baixos para se considerar zero absoluto.

Traça-se a seguir uma linha representando a pressão atmosférica do local onde ocorre a medição, no caso, São Paulo, a 93,33 kPa de pressão atmosférica.

Pode ser traçada a seguir a linha representando a pressão atmosférica de referência, em alguns livros também denominada pressão atmosférica normal, de 760,0 mmHg, ou 101,325 kPa (certificados de calibração de barômetros podem ser emitidos com até seis algarismos significativos).

Cabe representar agora a pressão efetiva em cada uma das tubulações, de 100,0 kPa e de –50,0 kPa, relacionadas com a pressão atmosférica no local de medição, em São Paulo, de 93,33 kPa. Observe que as pressões e vácuos são tomados com relação à pressão atmosférica do local de medição, não com relação à pressão de referência.

Observe que à pressão efetiva de 100,0 kPa está associada uma pressão absoluta de 193,3 kPa, e ao vácuo de –50,0 kPa está associada uma pressão absoluta de 43,3 kPa.

Importante: neste livro, as pressões fornecidas sempre serão consideradas pressões efetivas, a menos que seja explicitamente mencionado que se trata da pressão absoluta.

Tipos de manômetros

Os manômetros de coluna de fluidos são muito utilizados em laboratórios e na medição de baixas pressões, enquanto os manômetros do tipo Bourdon são ainda comuns em ambientes industriais de baixa densidade tecnológica, mas ultrapassados em número nos últimos anos por transdutores de pressão de vários tipos (os mais comuns são os do tipo capacitivo e piezorresistivo).

EXERCÍCIO 2.1

Um reservatório cilíndrico usado em combate a incêndio está sendo preenchido com água por uma bomba de deslocamento positivo, com pressão constante de 250 kPa. No instante representado na Figura 2.11, a pressão do ar é de 140 kPa, a altura da coluna de ar é 1,5 m e a altura de água é de 52 cm. A bomba para automaticamente ao atingir a pressão máxima na descarga. Estime a altura h atingida. O peso específico da água na temperatura da operação (20 °C) é de 9810 N/m^3.

A pressão máxima a ser atingida é de 250 kPa. Aplicando o algoritmo da manometria, resulta em:

$$P_{ar} + 9810h = 250.000$$

Assumindo que a compressão seja isotérmica, realizada de modo quase estático, pode-se usar a Lei de Boyle para gases perfeitos:

$$P_1V_1 = P_2V_2$$

ou

$$\frac{P_{ar,final}}{P_{ar,t=0}} = \frac{V_{ar,t=0}}{V_{ar,final}} = \frac{\pi R^2 \cdot 1{,}5}{\pi R^2 \cdot (1{,}5 + 0{,}52 - h)}$$

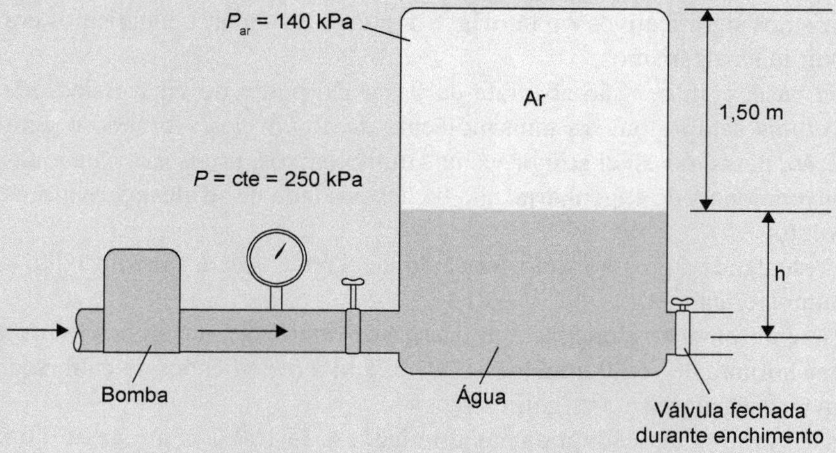

P_{ar} = 140 kPa
Ar
1,50 m
P = cte = 250 kPa
h
Bomba
Água
Válvula fechada durante enchimento

FIGURA 2.11
Reservatório pressurizado.

Combinando as equações, tem-se:

$$\frac{1{,}5 \times 140.000}{1{,}5 + 0{,}52 - h} + 9810h = 250.000$$

Da solução dessa equação resultam dois valores para *h*: 24,3 ou 1,15 m. Obviamente, a resposta certa é *h* = 1,15 m.

Forças hidrostáticas sobre áreas planas

A atuação de fluidos sobre superfícies, seja em cargas estáticas como a ação de líquidos em reservatórios em repouso, ou cargas dinâmicas como a ação de vento ou água sobre edifícios e estruturas, é muito importante. Esse tipo de ação de fluidos é abordado por meio da distribuição de pressões e das forças geradas, normalmente nos cursos de mecânica geral no primeiro ano de Engenharia.

A Figura 2.12 mostra a distribuição das pressões envolvidas: distribuição uniforme da pressão sobre o fundo do reservatório e distribuição das pressões nas paredes laterais. É necessário resolver as forças resultantes e os momentos para o dimensionamento das estruturas.

P_{atm}
Superfície livre
γ
h
P=γh
γh
γh

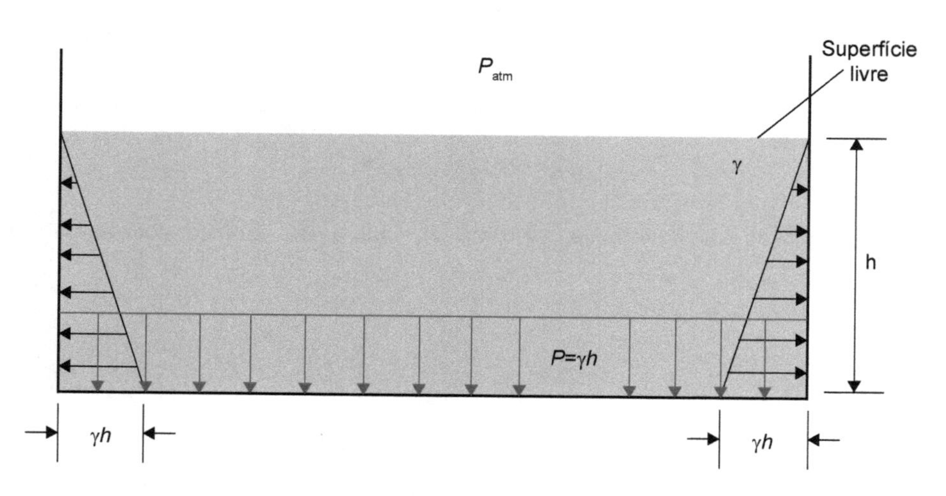

FIGURA 2.12 Distribuição de pressões em reservatório.

Distribuição de pressões em reservatório aberto

Podem ser utilizados dois métodos de resolução: o Método dos Momentos de Primeira e Segunda Ordem e o Método do Prisma de Pressão.

Forças sobre áreas planas – Método dos momentos de primeira e segunda ordem

Para se determinar a distribuição de pressões sobre uma área plana, o modo mais conveniente é partir de um diagrama de corpo livre sobre uma comporta genérica inclinada, como mostrado na Figura 2.13.

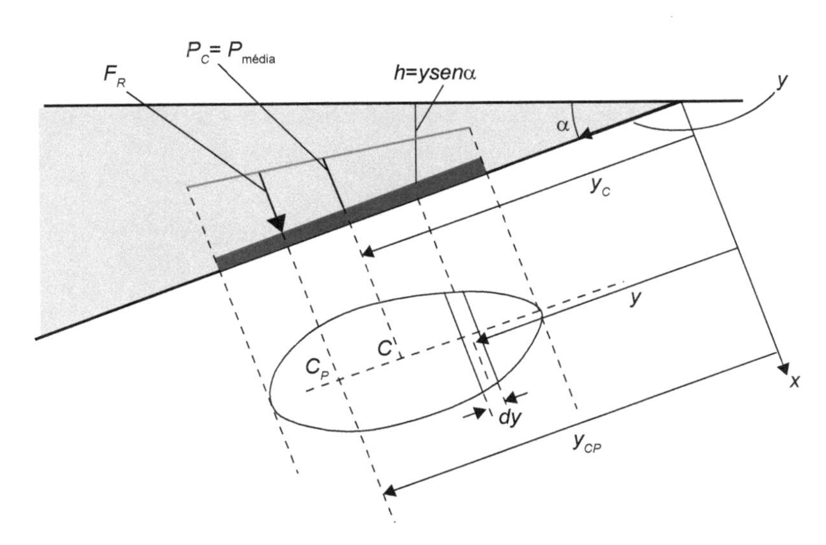

FIGURA 2.13 Simbologia em comporta inclinada para a aplicação do método dos momentos de primeira e segunda ordem para a determinação das forças.

Observe que é mostrada a **força resultante** (F_R), cujo ponto de aplicação é chamado **centro de pressão** (CP), assim como o **centroide** (C) é o centro de massa da comporta, uma propriedade matemática da forma e dimensões da comporta.

A força resultante é calculada pela integral da altura de água sobre a área da comporta.

$$F_R = \int \gamma h dA = \int \gamma y \text{sen}\alpha dA = \gamma \text{sen}\alpha \int_A y dA$$

A integral $\int_A y dA$ é o momento de primeira ordem da área com relação ao eixo x. Então, pode-se escrever:

$$\int_A y dA = y_c A, \text{ em que } y_c \text{ é a coordenada } y \text{ do centroide}$$

Com isso:

$$F_R = \gamma A \, y_c \text{sen } \alpha = \gamma h_c A$$

A linha de ação da força resultante, y_r, pode ser determinada pela soma dos momentos com relação a x:

$$F_R y_R = \int_A y dF = \int_A \gamma \text{sen}\alpha \, y^2 dA = \gamma A \, y_c \text{sen } \alpha \, y_R \, \frac{\int_A y^2 dA}{y_c A}$$

E como $F_R = \gamma A\, y_c \text{sen}\, \alpha$, resulta $y_R = \dfrac{\int_A y^2 dA}{y_c A}$

A integral $\int_A y^2 dA$ é momento de segunda ordem da área, também chamada momento de inércia I_x:

$$y_R = \frac{I_x}{y_c A}$$

e, pelo Teorema dos Eixos Paralelos, $I_x = I_{xc} + A y_c^{\,2}$

Assim, $y_r = \dfrac{I_{xc}}{y_c A} + y_c$, e de modo similar, $x_r = \dfrac{I_{xyc}}{y_c A} + x_c$

TABELA 2.2 ▪ Relações geométricas

	Área	Centroide	2º momento I_{xc}
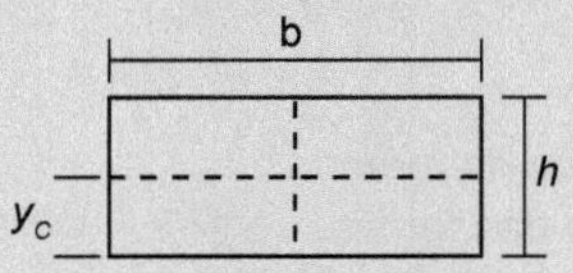 Retângulo (b, h, y_c)	$A = bh$	$y_c = \dfrac{h}{2}$	$I_{xc} = \dfrac{bh^3}{12}$ $I_{yc} = \dfrac{hb^3}{12}$
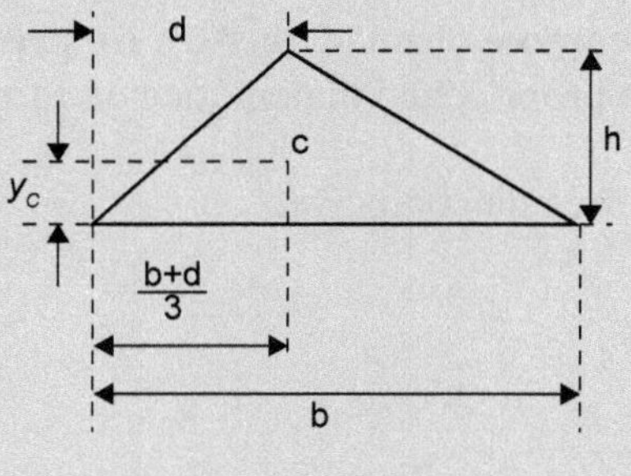 Triângulo (d, c, h, y_c, $\frac{b+d}{3}$, b)	$A = \dfrac{bh}{2}$	$y_c = \dfrac{h}{3}$	$I_{xc} = \dfrac{bh^3}{36}$
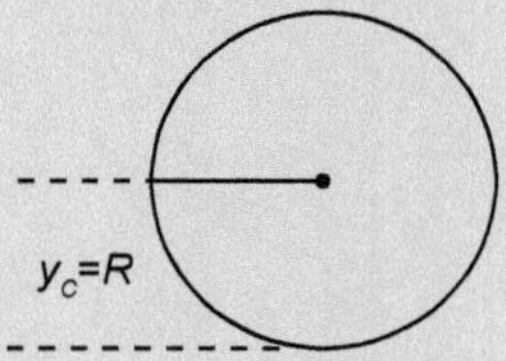 Círculo (y_c=R)	$A = \pi R^2$	$y_c = R$	$I_{xc} = I_{yc} = \dfrac{\pi R^4}{4}$
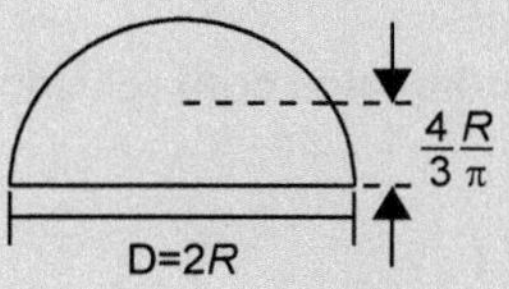 Semicírculo ($\frac{4}{3}\frac{R}{\pi}$, D=2R)	$A = \dfrac{\pi R^2}{2}$	$y_c = \dfrac{4R}{3\pi}$	$I_{xc} = 0{,}1098R^4$ $I_{yc} = 0{,}3927R^4$

EXERCÍCIO 2.2

Na Figura 2.14, a comporta circular, com 2 m de diâmetro, tem a função de sangrar o reservatório de uma represa. A parede de concreto onde está montada tem um ângulo de 30°. Observe que, como a parede está inclinada, o centro de pressão (*CP*) está situado ligeiramente abaixo do centroide *C*, e exerce permanentemente uma força resultante que mantém a comporta fechada contra um batente. Para abrir a comporta, é necessária a aplicação de um momento em sentido contrário. Ou seja, deve ser instalado um motor elétrico com um redutor de velocidades (como uma caixa de engrenagens, por exemplo) para a aplicação desse torque. Determine o torque a ser aplicado no eixo da comporta.

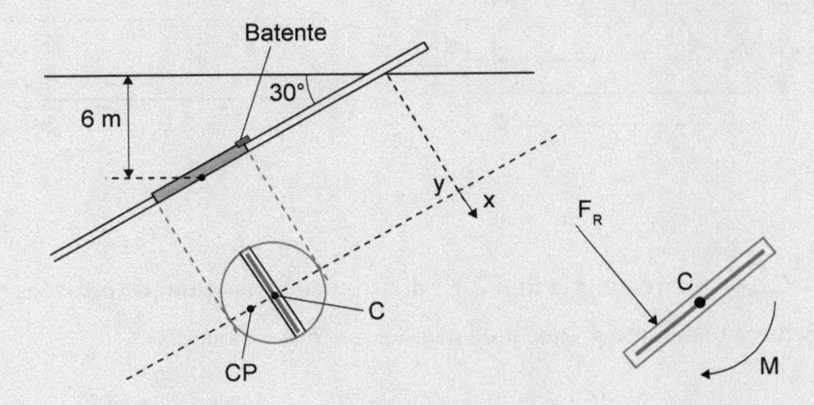

FIGURA 2.14 Exercício numérico de comporta inclinada.

Deve-se começar pela determinação da força resultante da carga de água e seu ponto de aplicação sobre a comporta.

h_c = 6 m = altura da coluna de água, no centroide (que é uma propriedade matemática da área)

$$F_R = \gamma h_c A = 9{,}8 \cdot 10^3 \cdot 6 \cdot \left(\pi \frac{2^2}{4} \right) = 1{,}85 \cdot 10^5 \text{N}$$

Ponto de aplicação

$$y_R = \frac{I_{x_c}}{y_c A} + y_c \text{ e } x_R = \frac{I_{xy_c}}{y_c A} + x_c \text{ (por simetria)}$$

da Tabela 2.2 $I_{x_c} = \dfrac{\pi R^4}{4}$ e $y_c = \dfrac{6}{\text{sen}30} \rightarrow y_r = \dfrac{\frac{\pi R^4}{4}}{\left(\frac{6}{\text{sen}30}\right) * \pi R^2} + \dfrac{6}{\text{sen}30} = 12{,}065$ m

$y_R - y_c = 12{,}065 - \dfrac{6}{\text{sen}30} = 0{,}065$ m, um pouco abaixo do centroide *C*, o que mostra que o batente está forçado.

Para dimensionar o motor/redutor de modo a abrir a comporta e sangrar o reservatório, calcula-se o momento ou torque:

$\Sigma M_c = 0$ e, portanto, $M = F_R(y_R - y_c) = 1{,}85 \cdot 10^5 \cdot 0{,}065 = 1{,}20 \cdot 10^4 \text{Nm}$.

Método do prisma de pressão

O método do prisma de pressão é bastante intuitivo e geralmente mais fácil de empregar. Para determinar a força resultante na parede vertical da Figura 2.15, sabe-se que *P* varia linearmente com a profundidade, segundo a Lei de Stevin $P = \gamma h$.

$P_{efet} = 0$ na superfície

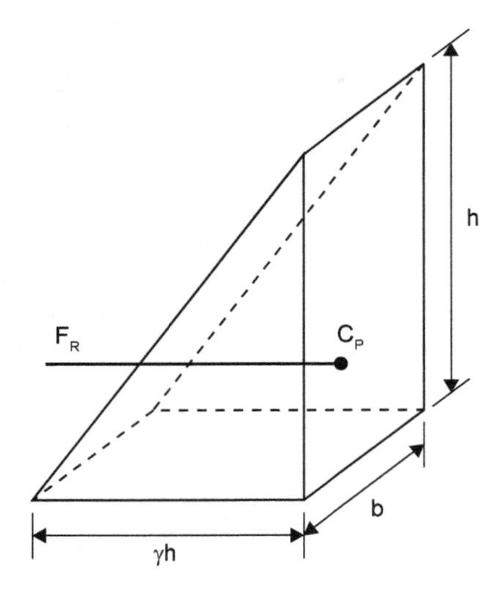

FIGURA 2.15 Método do prisma de pressão.

A $P_{\text{média}}$ ocorre em plano $h/2$ na distribuição triangular de pressões mostrada na Figura 2.15.

A força resultante F_R que atua na área $A = b \cdot h$ é dada por:

$$F_R = P_{média} \cdot A = \gamma \cdot \frac{h}{2} \cdot A$$

Da figura, pode-se depreender que a força resultante é o volume do prisma, considerando sua base como γh:

$$F_R = \text{volume do prisma} = \frac{\gamma h A_{frontal}}{2} = \frac{1}{2}\gamma h \cdot bh = \frac{\gamma \cdot b \cdot h^2}{2}$$

A mesma abordagem vale quando a superfície está totalmente submersa, como representado na Figura 2.16.

Nessa situação, pode-se considerar a soma de dois prismas, com largura c perpendicular ao plano do desenho, um triangular e outro retangular. Observe que o retangular representa a pressão constante acima da parede, com altura a.

$$F_R = F_1 + F_2$$

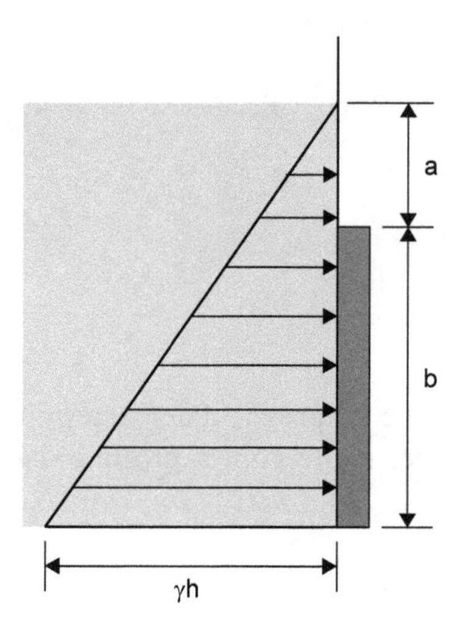

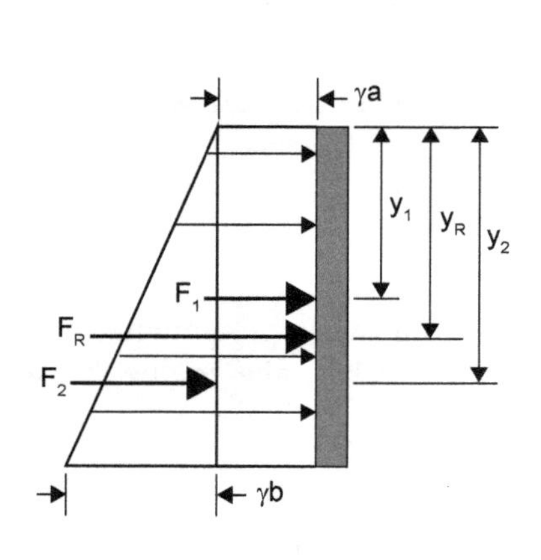

FIGURA 2.16 Representação das forças no método dos prismas.

$$\text{Distribuição triangular de pressões} = \frac{\gamma b \cdot c \cdot b}{2}$$

$$\text{Distribuição retangular de pressões} = \gamma a \cdot b \cdot c$$

A localização de F_R é determinada a partir do momento com relação a um eixo

$$F_R y_R = F_1 y_1 + F_2 y_2$$

EXEMPLO

Em agosto de 2009, houve um evento catastrófico na hidrelétrica de Sayano-Shushenskaya, na Sibéria. Nas fotos divulgadas, é possível ver os tanques de óleo pressurizados a ar, tanto antes quanto depois do acidente, como mostram as fotos referidas nos *sites* acessíveis por meio do QR Code. Embora os tanques não tivessem relação com as causas do acidente (leia nas referências, aparentemente a causa foi o fechamento rápido de uma válvula tipo comporta), pode-se resolver um problema interessante sobre o tanque.

uqr.to/1w645

Suponha que o tanque representado na Figura 2.17 seja pressurizado com ar a 75 kPa, com óleo lubrificante de mancal de escora de turbina com densidade igual a 0,9, e que possui uma vigia para limpeza e inspeção com diâmetro de 0,8 m. Deve ser determinada a magnitude e localização da força na placa da vigia, para dimensionar os parafusos de contenção.

$$F_1 = (P_{gás} + \rho gh)A = (75 \times 10^3 + 0{,}9 \times 10^3 \times 9{,}81 \times 4) \times \pi \frac{0{,}8^2}{4} = 43.300 \text{ N}$$

$$F_2 = \rho g \left(\frac{D_{vigia}}{2} \right) A = 0{,}9 \times 10^3 \times 9{,}81 \times (0{,}4) \times \pi \frac{0{,}8^2}{4} = 1770 \text{ N}$$

$$F_R = F_1 + F_2 = 45.100 \text{ N.}$$

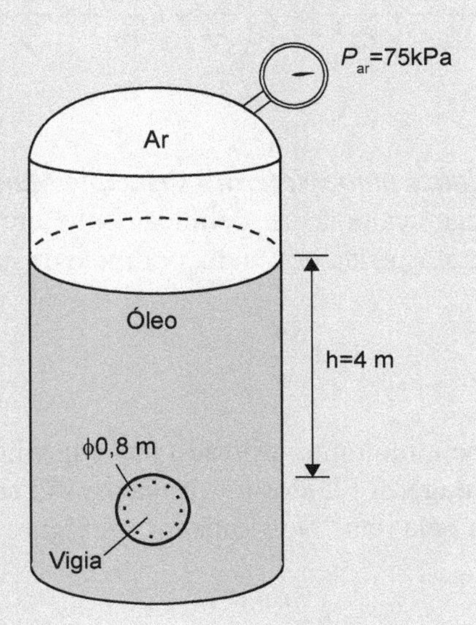

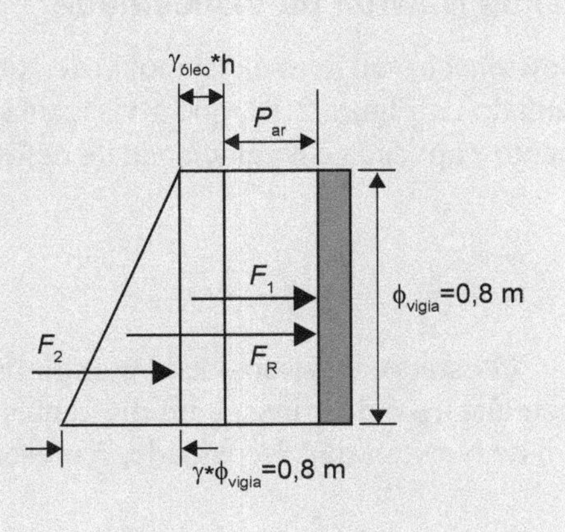

FIGURA 2.17 Cálculo de forças em reservatório óleo-pneumático.

Localização vertical do ponto de aplicação da F_R: obtida somando os momentos com relação ao eixo que passa pelo ponto zero:

$$F_R \times y_R = F_1(0,4) + F_2\left(\frac{0,8}{3}\right)$$

$$\therefore y_R = \frac{43.300 \times 0,4 + 1770 \times 0,267}{45.100} = 0,395 \text{ m.}$$

2.2.6 Viscosidade

A viscosidade é uma medida da resistência ao se mover uma camada de líquido contra outra, ou contra uma superfície. É uma medida da capacidade de o fluido resistir a uma deformação gradual pela aplicação de uma força ou tensão e "equivale" ao coeficiente de atrito na mecânica dos sólidos.

A viscosidade é representada pela letra grega μ (lê-se "mi") e possui vários nomes: coeficiente de viscosidade, **viscosidade dinâmica**, viscosidade absoluta ou, simplesmente, viscosidade.

$[\mu] = (\text{Ns})/\text{m}^2 = \text{Pa}\cdot\text{s} = 10^3$ centipoise

1 poise = 1 g/cm·s

1 centipoise = 1/100 poise = $\left(\dfrac{\text{N}\times\text{s}/\text{m}^2}{100}\right)$

Também muito utilizada é a **viscosidade cinemática**, representada pela letra grega ν (lê-se "ni"), que se relaciona com a viscosidade dinâmica por meio da massa específica:

$$\nu = \frac{\mu}{\rho}$$

A viscosidade cinemática tem as dimensões

$$\nu = \frac{\mu}{\rho} = \frac{\text{kg/ms}}{\text{kg/m}^3} = \frac{\text{m}^2}{\text{s}}$$

A unidade m^2/s possui outros nomes: 1 stoke = 1 cm^2/s, ou, ainda, 1 centistoke = 1/100 stoke.

A viscosidade está sempre associada à velocidade, como se verá no Capítulo 4, na apresentação da **equação de Navier-Stokes**:

$$\rho g_x - \frac{\partial P}{\partial x} + \mu\left(\frac{\partial^2 u}{\partial x^2} + \frac{\partial^2 u}{\partial y^2} + \frac{\partial^2 u}{\partial z^2}\right) = \rho\left(\frac{\partial u}{\partial t} + u\frac{\partial u}{\partial x} + v\frac{\partial u}{\partial y} + w\frac{\partial u}{\partial z}\right)$$

Lei de Newton da Viscosidade

Newton, em seu livro excepcional de 1687, *Philosophiae Naturalis Principia Mathematica*, mostrou, como representado na Figura 2.18, que a viscosidade dinâmica pode ser definida como a relação entre a tensão de cisalhamento τ aplicada e a velocidade de deformação ocorrida no fluido, por meio de uma equação simples e elegante:

$$\tau = \mu\frac{\partial u}{\partial y}$$

O estudo da viscosidade é englobado pela reologia, utilizado nas engenharias mecânica, química, civil, metalúrgica e de minas, com diferentes abordagens. Fluidos newtonianos são aqueles em que μ é constante na Lei de Newton da Viscosidade, representada pela reta "Newtoniano" na Figura 2.19:

$$\tau = \mu\frac{\partial u}{\partial y}$$

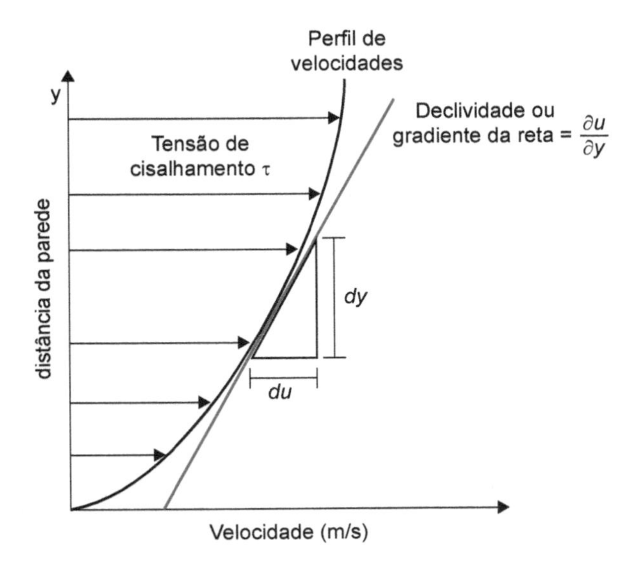

FIGURA 2.18 Definição da Lei de Newton da Viscosidade.

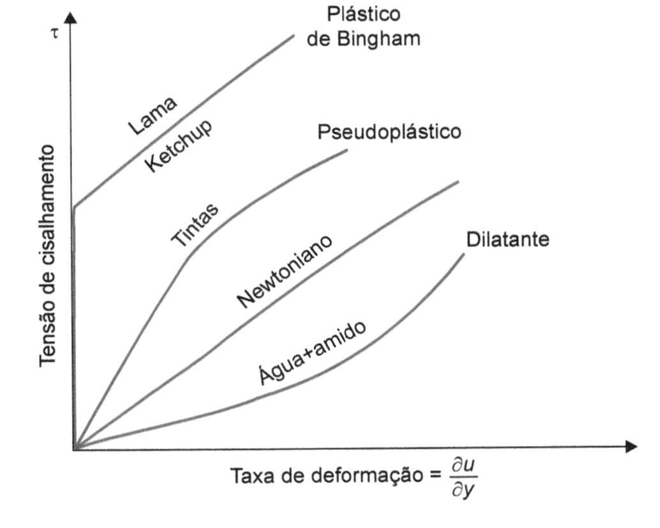

FIGURA 2.19 Tipos de fluidos quanto à reologia.

São fluidos newtonianos a água, o petróleo e vários de seus derivados (não todos), entre diversos outros fluidos importantes em aplicações tecnológicas.

Outros fluidos são chamados não newtonianos, e o gráfico da Figura 2.19 mostra algumas possibilidades. O gráfico mostra que os líquidos denominados **plásticos de Bingham** precisam atingir uma tensão limite até começarem a se mover, como é o caso de ketchup e certas "corridas" de lamas, como a que ocorreu no rompimento da barragem de Brumadinho, mostrada no vídeo disponível por meio do QR Code.

uqr.to/1w646

Observe que foi necessário acumular certo nível de tensão (mais água se acumulando na barragem), até que iniciasse a corrida de lama.

Fluidos pseudoplásticos mostram diminuição da viscosidade com o aumento da tensão de cisalhamento. O exemplo mais simples é o de tintas à base de látex. No início, o pincel cheio de tinta apresenta certa resistência para deslizar, a qual vai diminuindo rapidamente à medida que desliza.

Fluidos dilatantes mostram aumento da viscosidade com o aumento da tensão de cisalhamento. Misturas de água com amido de milho apresentam um comportamento curioso. Digitalize o QR Code para ver mais.

uqr.to/1w647

A viscosidade apresenta geralmente uma forte dependência da temperatura, e para diversos fluidos importantes são disponibilizados gráficos e tabelas mostrando essa dependência. O artigo disponível por meio do QR Code mostra, na Tabela 7, essa dependência para a água.

uqr.to/1w648

A viscosidade de outros fluidos pode ser observada, por exemplo, no material disponível por meio do QR Code.

uqr.to/1w649

EXERCÍCIO 2.3

Considere uma placa de mármore liso com 60 N, descendo um plano inclinado com velocidade de 10 m/s constante, sobre um filme de óleo com espessura constante. Determine a viscosidade dinâmica do filme lubrificante mostrado na Figura 2.20. Enuncie as hipóteses.

Considere que a placa tenha uma base quadrada com lado L = 40 cm, apoiada no filme líquido. Deve-se admitir que o sistema mostrado esteja em regime permanente, ou seja, a placa já atingiu velocidade constante, e que a espessura do filme lubrificante também é constante com 0,1 mm.

Pode-se admitir também que, em virtude da pequena espessura do filme líquido, o perfil de velocidades é linear.

Pelo Princípio da Aderência Completa (PAC), admite-se que o fluido adquira a velocidade da superfície a que está exposto. No caso, velocidade zero no plano inclinado e velocidade igual à velocidade de descida da placa na interface com a placa. A variação entre velocidade zero e a velocidade de 10 cm/s será considerada linear. Poderia se supor uma parábola, uma hipérbole etc., mas a espessura do filme é muito pequena e qualquer curva diferente de reta forneceria um resultado muito próximo ao de uma reta, com diferença inferior às incertezas introduzidas pela teoria e hipóteses simplificadoras.

Parte-se do diagrama de corpo livre e tem-se que a força viscosa, F_v, que aponta para cima, deve ser equilibrada pela projeção da força peso na mesma direção do plano inclinado, como representa a Figura 2.21.

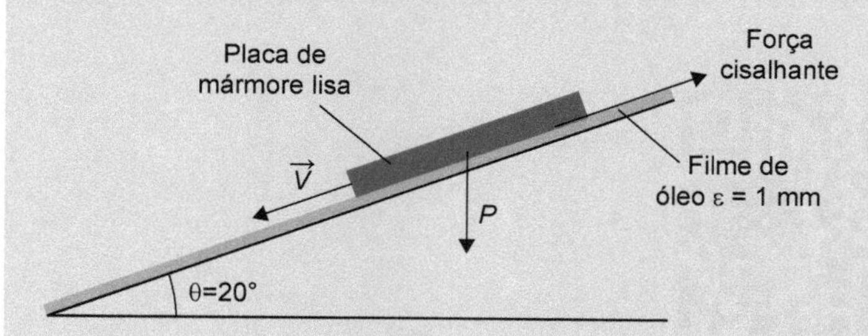

FIGURA 2.20 Placa lisa escorregando em filme de óleo, em regime permanente.

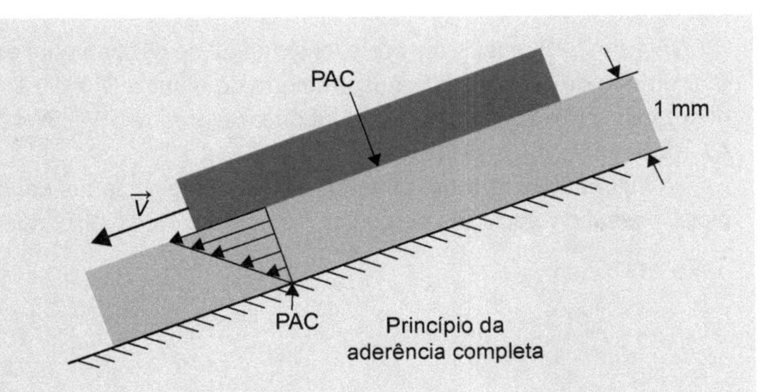

FIGURA 2.21 Representação de velocidades em filme de óleo.

$$P\text{sen}\alpha = F_v$$

Da Lei de Newton, tem-se:

$$\tau = \mu \frac{dV}{dy}$$

E a força viscosa pode ser escrita como:

$$F_v = \tau \cdot A = \mu \frac{dV}{dy} \cdot l^2$$

Como *V* só depende de *y*, pode-se simplificar:

$\frac{dV}{dy} = \frac{\Delta V}{\Delta y}$ e então:

$$P\text{sen}\alpha = \mu \frac{\Delta V}{\Delta y} \cdot l^2 = \mu \frac{V}{\varepsilon} \cdot 0{,}4^2$$

$$\mu = \frac{P\text{sen}\alpha \cdot \varepsilon}{Vl^2}$$

Resultando em:

$$\mu = 0{,}128 \text{ Pa} \times \text{s}$$

Esta é aproximadamente a viscosidade do óleo SAE-10 a cerca de 25 °C.

EXERCÍCIO 2.4

Mancais são apoios para eixos girantes, que descarregam as forças dinâmicas e estáticas sobre essas estruturas. Esses dispositivos são lubrificados e consomem parte da energia transmitida ao eixo. Calcule para o eixo/mancal da Figura 2.22 qual é a potência absorvida pelo mancal.

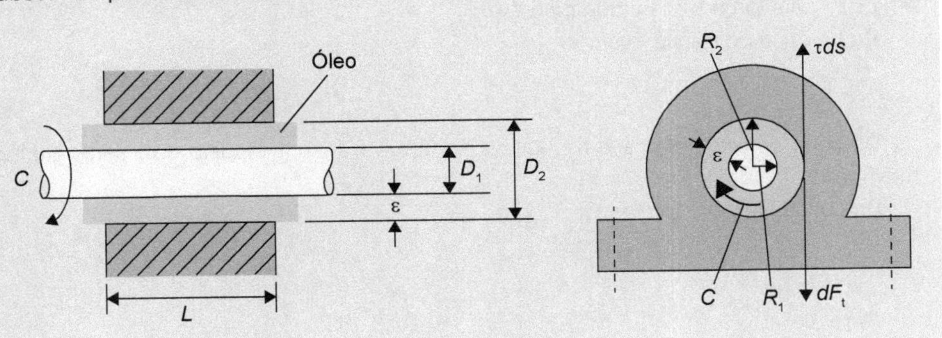

FIGURA 2.22 Eixo girando em mancal com lubrificante.

A Figura 2.22 mostra um corte longitudinal do eixo, ao qual está aplicado um conjugado (torque, momento torçor) *C*. Diâmetro do eixo D_1 = 15 mm, diâmetro do mancal D_2 = 15,1 mm e, portanto, a folga ε = 0,00005 m. A frequência de rotação é *N* = 2000 rpm. O óleo lubrificante usado é o SAE 5W40, a 70 °C, com μ = 0,0203 Pa × s. A largura do mancal é *L* = 50 mm.

Na Figura 2.23, é representado o perfil de velocidades considerado linear, e, pelo Princípio da Aderência Completa, possui a velocidade tangencial no contato com o eixo, que é $V_1 = \omega_1 R_1$, e V_2 = 0 junto ao mancal.

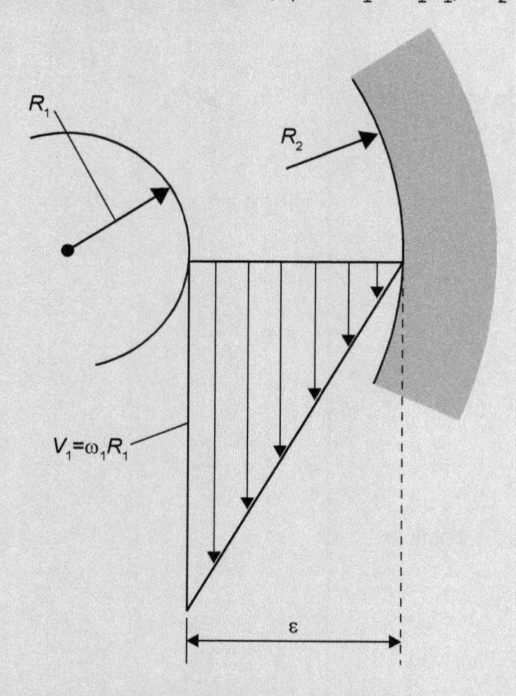

FIGURA 2.23 Representação da distribuição de velocidades.

A velocidade angular V_1 deve ser calculada por:

$$\omega_1 = 2\pi \frac{N}{60} = 2\pi \frac{2000}{60} = 209{,}4 \text{ rad/s}$$

Hipóteses:

- Regime permanente
- Excentricidade desprezível do eixo em relação ao mancal
- Distribuição linear de velocidades

O conjugado *C* pode ser calculado por:

$$C = \int R_1 dF_t \qquad (1)$$

em que F_t é a força transmitida pelo eixo.

Do balanço de forças, resulta:

$$dF_t = \tau dS$$

Ou seja, com o sistema em equilíbrio, a força transmitida pelo eixo será igual à força viscosa que resiste ao movimento.

Da Lei de Newton, tem-se:

$$\tau = \mu \frac{dV}{dy}$$

E, como:

$$\frac{\partial V}{\partial y} \cong \frac{V_1 - 0}{R_2 - R_1} \rightarrow \tau = \mu \frac{\omega_1 R_1}{\varepsilon}$$

Voltando à equação (1), resulta:

$$C = \int_S R_1 \mu \frac{\omega_1 R_1}{\varepsilon} dS = \int_0^L R_1 \mu \frac{\omega_1 R_1}{\varepsilon} 2\pi R_1 dx$$

$$e \therefore C = \mu \omega_1 2\pi \frac{R_1^3}{\varepsilon} l = 0{,}113 \text{ Nm}$$

A potência absorvida será dada por:

$$W_{absorvida} = F \cdot V = C \cdot \omega_1$$

$$\therefore W_{absorvida} = C \cdot \omega_1 = \mu \omega_1 2\pi \frac{R_1^3}{\varepsilon} l \cdot \omega_1 = 23{,}5 \text{ watts}$$

EXERCÍCIO 2.5

Transmissão hidráulica de potência

A transmissão de energia de um motor para o equipamento a ser movido (por exemplo, uma bomba ou um ventilador) pode ser realizada de várias maneiras: transmissão direta, por polias, por conversor de frequências, por caixa de engrenagens, ou por meio hidráulico. Por meio hidráulico apresenta algumas vantagens bem interessantes: se o equipamento movido for uma bomba e travar por algum motivo (por exemplo, com a entrada de um corpo estranho na corrente fluida), o motor não sofre dano algum, pois o disco do motor de transmissão continua a girar livre.

Seja o exemplo da Figura 2.24. Um motor move um disco 1 com velocidade angular w_1 e transmite torque para o disco 2, que gira à velocidade angular w_2. Como há escorregamento, w_2 é diferente de w_1 e o problema é determinar o escorregamento (w_1 - w_2).

Hipóteses:

- Regime permanente
- Distribuição de velocidades linear entre um disco e outro.

$$\omega_1 = 2\pi \frac{N}{60}$$

$$C = \int r dF_t$$

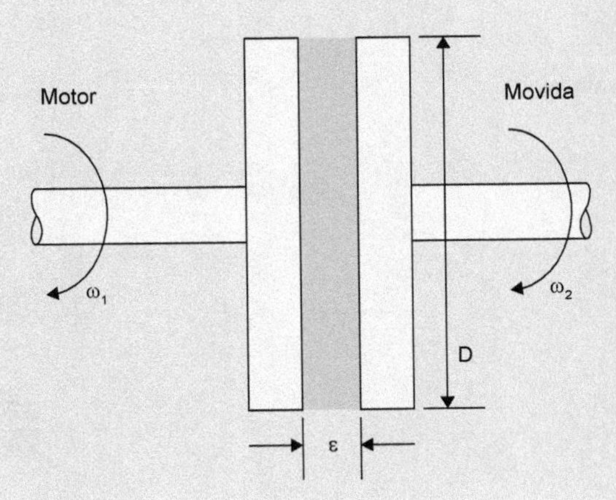

FIGURA 2.24 Transmissão hidráulica com polias.

Do balanço de forças, surge:

$$dF_t = \tau dS$$

Da Lei de Newton, tem-se:

$$\tau = \mu \frac{dV}{dy}$$

E, como

$$\frac{\partial V}{\partial y} \cong \frac{V_1 - V_2}{\varepsilon}$$

$$V = \omega r$$

Para um r medido do centro para a periferia dos discos, tem-se a representação da Figura 2.25.

$$\tau = \mu \frac{r(\omega_1 - \omega_2)}{\varepsilon}$$

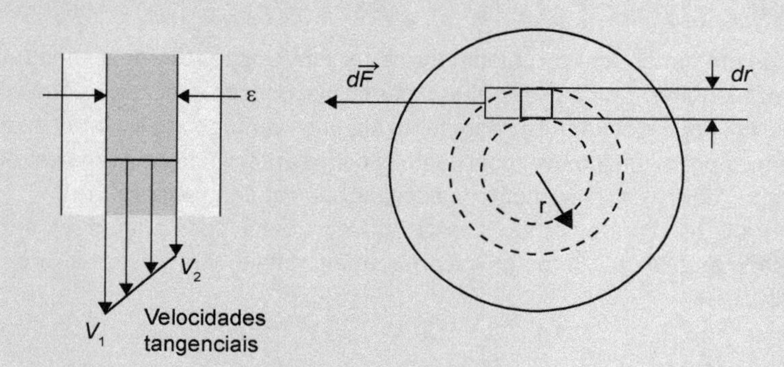

FIGURA 2.25 Distribuição de velocidades no filme de óleo e representação da integração.

Deve-se então fazer a integral da tensão de cisalhamento na superfície circular dos discos. A integral sobre a área se resolve por

$$ds = 2\pi r dr$$

E pode-se escrever:

$$C = \int r dF_t = \int r \tau dS = \int r \mu \frac{r(\omega_1 - \omega_2)}{\varepsilon} 2\pi r dr =$$

$$C = \frac{2\pi\mu}{\varepsilon}(\omega_1 - \omega_2)\int_0^r r^3 dr = \frac{2\pi\mu}{\varepsilon}(\omega_1 - \omega_2)\frac{r^4}{4} = \frac{\pi\mu(\omega_1 - \omega_2)D^4}{32\varepsilon}$$

$$\therefore \ (\omega_1 - \omega_2) = \frac{32C\varepsilon}{\pi\mu D^4}$$

2.2.7 Tensão superficial e capilaridade

A tensão superficial, σ, letra grega que se lê sigma, é uma propriedade que resulta de forças atrativas entre moléculas. Ela se manifesta apenas em interfaces de líquidos, seja com gases, com outros líquidos ou com superfícies sólidas. Trata-se de um fenômeno de interface entre duas espécies químicas, no qual as moléculas exercem uma força que tem uma resultante na camada superficial.

O fenômeno ocorre na subida de um líquido em um tubo capilar, em gotas, em bolhas, ao derramar líquido de um copo etc. A diferença de pressão entre os lados interno e externo de uma superfície curva é chamada pressão de Laplace.

FIGURA 2.26 Efeitos da tensão superficial.

A tensão superficial, σ, possui unidade de N/m, pois trata da força na interface perimetral e não deve ser confundida com as tensões normais e de cisalhamento, que possuem unidade de N/m^2.

$$\sigma = \left[\frac{N}{m}\right]$$

Diretamente associada à tensão superficial existem três fenômenos importantes: a capilaridade, as gotas e as bolhas.

2.2.8 Capilaridade

A capilaridade é a subida espontânea de um líquido nas paredes de contato, resultante das forças coesivas no líquido e de forças adesivas entre o líquido e as paredes do recipiente.

Moléculas podem ser polarizadas, o que gera **coesão molecular**, e se comportam de forma agregada, como gotas caindo ou gotas sobre um vidro.

Se as forças adesivas entre o líquido e as paredes de seu *container* excederem as forças coesivas entre as moléculas do líquido, o líquido irá subir as paredes do contêiner, até o equilíbrio dessas forças.

Água sobe em vidro ou celulose por causa das fortes ligações de H_2 entre água e o O_2 no vidro, SiO_2. A atração entre as moléculas na parede do tubo e as do líquido é forte o suficiente para sobrepujar a atração (coesão) entre as moléculas do líquido e originar a tensão linear σ.

O equacionamento é baseado no equilíbrio de forças em um diagrama de corpo livre, como mostrado na Figura 2.28.

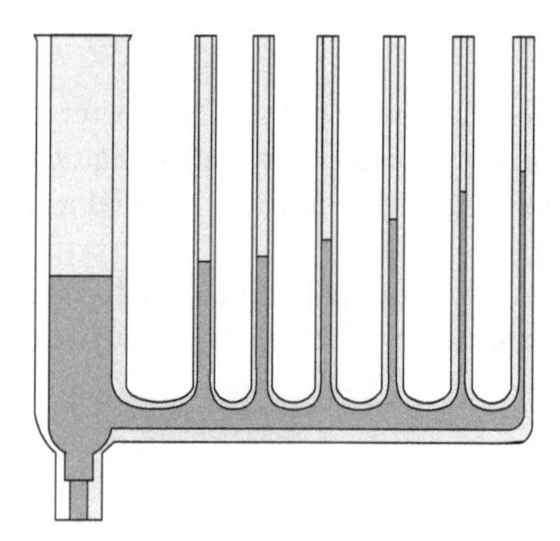

FIGURA 2.27 Capilares. Observe que o diâmetro interno dos capilares diminui da esquerda para a direita e, portanto, a altura do nível cresce da esquerda para a direita.

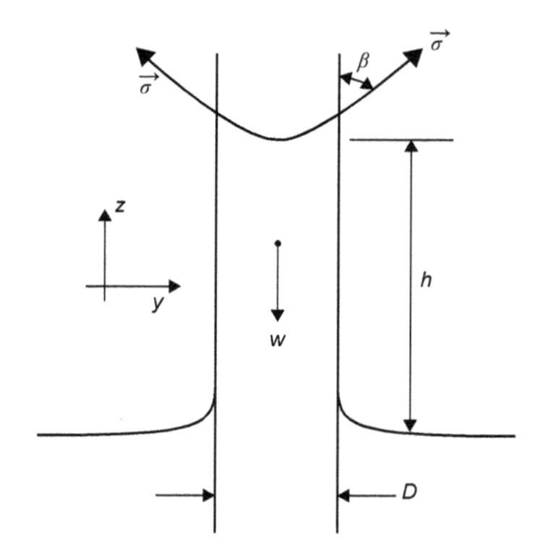

FIGURA 2.28 Equacionamento de um capilar.

$\vec{\sigma}$ = vetor da tensão superficial ao longo do perímetro $\left(\sigma = \dfrac{\text{força}}{\text{comprimento}}\right)$

$$\vec{\sigma} = \sigma(\text{sen}\beta \vec{j} + \cos\beta \vec{k})$$

No equilíbrio, $\sum F_z = 0$

$$\sigma\pi D\cos\beta = W$$

$$\sigma\pi D\cos\beta = \gamma \frac{\pi D^2 h}{4}$$

$$\therefore h = \frac{4\sigma\cos\beta}{\gamma D}$$

EXERCÍCIO 2.6

Calcule a elevação capilar em tubos com 1, 2 e 4 mm de diâmetro para água e mercúrio, conforme representado na Figura 2.29. São dadas as propriedades desses fluidos:

$$H_2O \text{ a } 20\ °C,\ \sigma = 0{,}073\frac{N}{m} \text{ e } \beta \approx 0°, \rho = 1000\frac{kg}{m^3}$$

$$H_g \text{ a } 20\ °C, \sigma = 0{,}47\frac{N}{m} \text{ e } \beta \approx 130°, \rho = 13.600\frac{kg}{m^3}$$

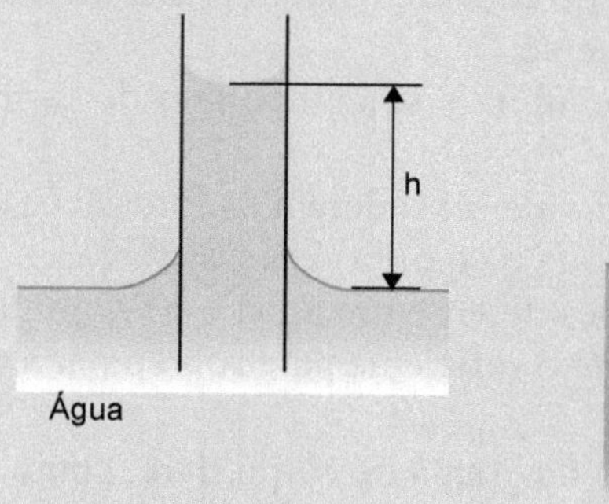

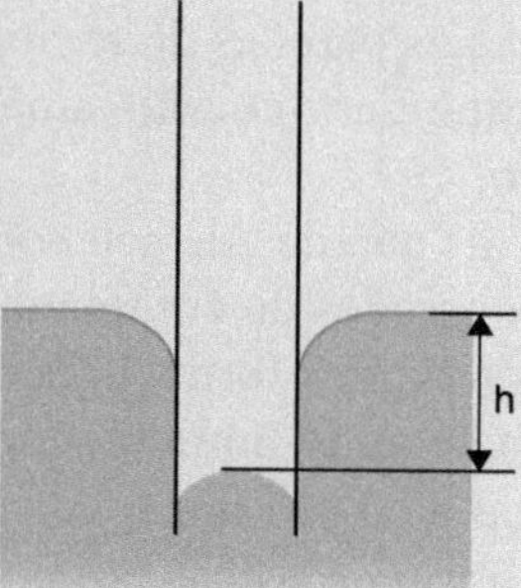

FIGURA 2.29 Capilares.

A equação a ser usada é a que foi deduzida antes:

$$h = \frac{4\sigma\cos\beta}{\gamma D}$$

Aplicando-se os dados dos tubos e dos fluidos, resulta na tabela seguinte:

D_{tubo} (mm)	$H_{água}$ (cm)	H_{Hg} (cm)
1,0	3,0	-0,88
2,0	1,5	-0,44
4,0	0,75	-0,22

Se um manômetro for feito com dutos com diâmetros como esses, e for usado para medir pressões muito baixas, o efeito da capilaridade vai introduzir grande erro na medição de pressão. Se for medir, por exemplo, 40 mm de coluna de água com o capilar de 1 mm, só o efeito de capilaridade introduzirá 30 mm na medição da pressão de água.

Gotas

Gotas são muito importantes em vários processos industriais, por exemplo, em torres de resfriamento, *sprays* etc.

As gotas também são equacionáveis com essa teoria simples da tensão superficial, novamente com o diagrama de corpo livre e aplicando a Segunda Lei de Newton, como representado na Figura 2.30 para uma gota e na Figura 2.31 para uma bolha.

$$2\pi R\sigma = \pi R^2 \Delta P$$

$$\Delta P = \frac{2\sigma}{R}$$

Também as bolhas podem sofrer o mesmo tratamento:

$$2 \times 2\pi R\sigma = \pi R^2 \Delta P$$

$$\Delta P = \frac{4\sigma}{R}$$

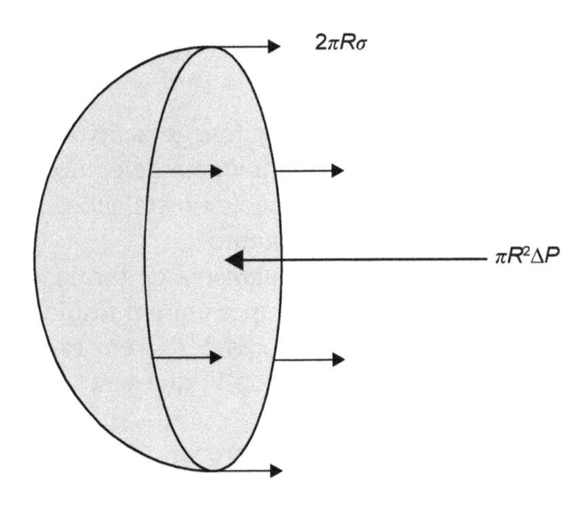

FIGURA 2.30 Forças em uma gota.

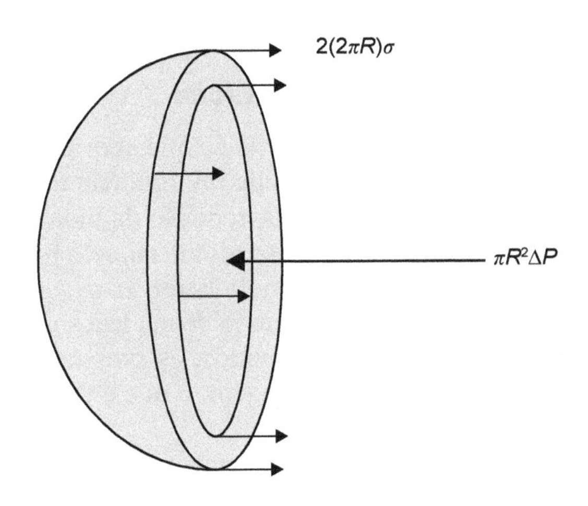

FIGURA 2.31 Forças em uma bolha.

2.2.9 Pressão de vapor

A pressão de vapor, P_{VP}, é a pressão na qual um líquido entra em ebulição, ou seja, evapora a uma dada temperatura. A pressão de vapor é uma função muito forte da temperatura, como se vê na Figura 2.32.

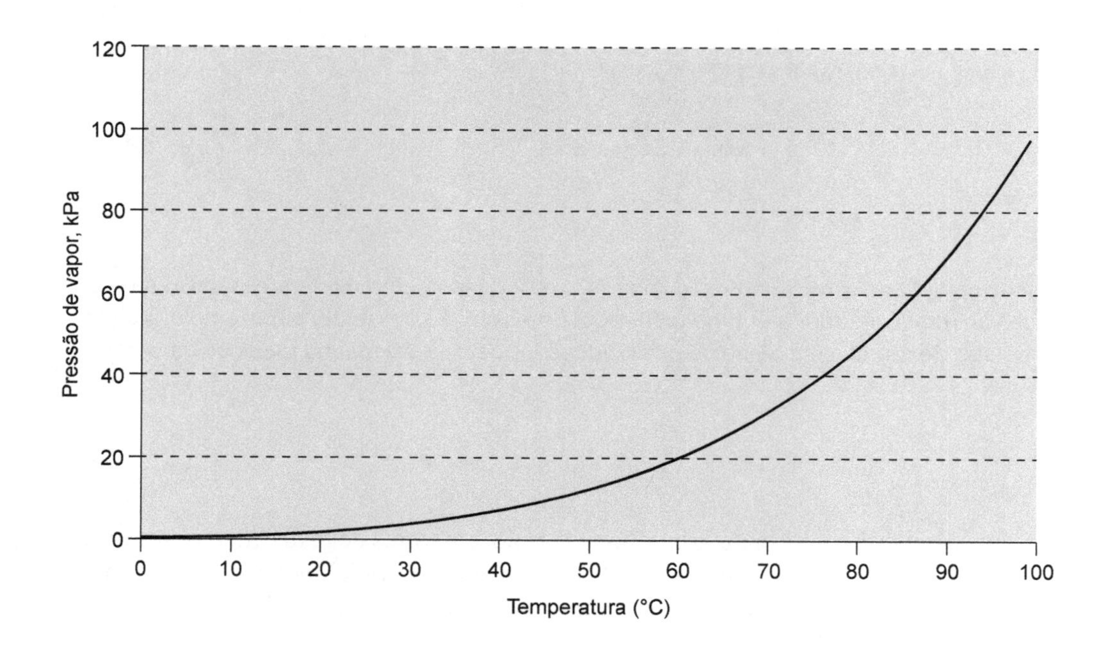

FIGURA 2.32 Pressão de vapor da água em função da temperatura.

O ponto de ebulição ocorre quando a pressão de vapor, P_{VP}, do líquido iguala-se à pressão atmosférica local, e o líquido evapora.

No nível do mar, com pressão atmosférica de 760 mmHg, a água evapora a 100 °C. Em São Paulo, à altitude de 750 m e pressão atmosférica de 700 mmHg, o ponto de ebulição é de 97 °C, enquanto no Monte Everest, que está à altitude de 8848 m, a pressão atmosférica é de 240 mmHg e o ponto de ebulição é de aproximadamente 71 °C.

Alguns líquidos têm a temperatura de vaporização muito baixa à pressão atmosférica em que vivemos, por exemplo, a amônia que, à pressão atmosférica, tem ponto de ebulição de –33,2 °C. Isso significa que a amônia à pressão atmosférica e temperatura ambiente é um gás, porém é envasada e transportada na forma líquida a uma pressão superior a 800 kPa. Recomenda-se cuidados extremos no projeto de instalações que transportem amônia por tubulação, pois se pode atingir facilmente a pressão de vapor e transformar líquido em vapor, com problemas imediatos de rompimento da veia fluida. Os processos que usam amônia exigem cuidados especiais, pois é um fluido inflamável, corrosivo e muito irritante. E a P_{VP} é chave em sua manipulação.

P_{VP} e o fenômeno da cavitação

A cavitação é um fenômeno físico que ocorre na fase líquida e está associada a três efeitos: geração de ruído, vibração e erosão. Tem grande importância tecnológica, pois provoca redução na eficiência de equipamentos, como bombas e turbinas, redução da vida útil de válvulas e alterações na operação de instalações. Pode chegar a causar efeitos catastróficos quando não controlada, com perdas de equipamento.

A palavra cavitação vem do latim *cavus*, que significa buraco ou cavidade. O mecanismo de formação da cavitação passa por um processo de nucleação, crescimento e colapso das bolhas de vapor em um fluido.

Em escoamentos de líquidos, as pressões internas podem cair a valores inferiores à P_{VP} em razão da diminuição de áreas de passagem, o que é facilmente explicado pela equação de Bernoulli, que será vista em detalhes no Capítulo 4.

De modo simplificado, a equação de Bernoulli estabelece que, se for possível desprezar o atrito (o que, em muitos casos, é admissível), a energia mecânica total (energia cinética mais a energia de pressão mais a energia potencial) se mantém ao longo de uma linha de corrente.

Assim, entre os pontos 1 e 2 de um escoamento cujo atrito é desprezível pode-se aplicar a equação de Bernoulli, como no caso desse bocal convergente-divergente representado na Figura 2.33 em uma tubulação transportando água:

$$\frac{V_1^2}{2g} + \frac{P_1}{\gamma} + z_1 = \frac{V_2^2}{2g} + \frac{P_2}{\gamma} + z_2$$

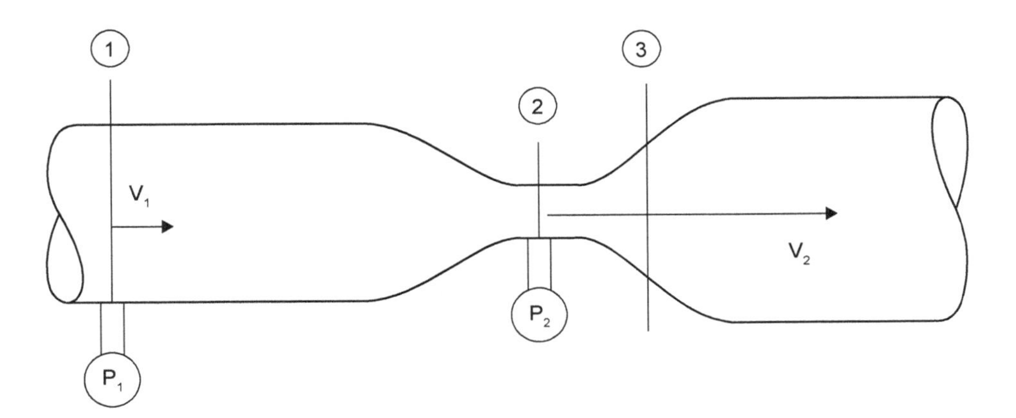

FIGURA 2.33 Bocal convergente-divergente e a aplicação da equação de Bernoulli.

Como se verá mais à frente com a equação da Continuidade, na Seção 5.3, como o escoamento é incompressível, a vazão volumétrica ($Q = V \cdot A$) é **constante** em cada seção transversal da tubulação e, portanto, quando há uma redução da área A_1 para a área A_2, a velocidade V_2 será muito maior que a velocidade V_1.

$$Q = V_1 A_1 = V_2 A_2$$

ou

$$\frac{\pi D_1^2}{4} V_1 = \frac{\pi D_2^2}{4} V_2 \rightarrow \text{como } D_1 \gg D_2,$$

elevados ao quadrado implicam $V_2 \ggg V_1$.

Como $V_2 \ggg V_1$ e ambas são elevadas ao quadrado na equação de Bernoulli, resulta que P_2 terá que ter um valor muito pequeno, negativo até, para manter a igualdade da equação de Bernoulli.

Dessa maneira, pode acontecer (o que ocorre com frequência em válvulas e bombas) de P_2 atingir a pressão de vapor P_{VP}, e podem ser formadas bolhas em decorrência da evaporação do líquido.

Pode-se atingir a P_{VP} na contração (convergente) e/ou na garganta da tubulação (regiões em que a velocidade é acelerada e a pressão cai muito) e, na sequência, o escoamento carrega essa bolha e, ao entrar na região de expansão (divergente), nova aplicação da equação de Bernoulli mostra que a velocidade diminui e a pressão aumenta. Nesse ponto e momento, a pressão sobre a bolha aumenta rapidamente e ocorre o colapso da bolha, uma implosão, que pode atingir valores extremamente elevados. A Figura 2.34 representa o fenômeno.

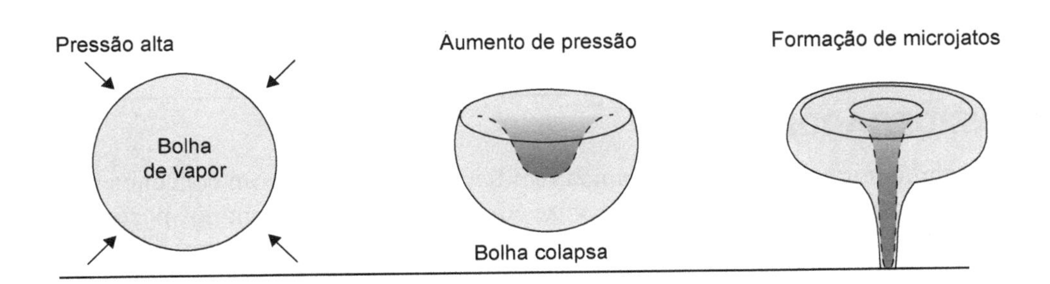

FIGURA 2.34 Ação da cavitação.

Quando o colapso da bolha ocorre de maneira simétrica, longe de superfícies sólidas, tem-se o mecanismo de formação de ondas de choque, que aparecem para manter o balanço de energia de forma quase instantânea.

Esse colapso violento de incontáveis bolhas de vapor pode gerar ondas de choque de até 1 GPa (gigapascal) (Karimi; Martin, 1998). Este valor excede a **tensão limite de escoamento de vários materiais metálicos**, daí o potencial destrutivo do fenômeno.

Quando há uma assimetria no colapso das bolhas em função da proximidade com uma superfície sólida, formam-se microjatos, que também atingem violentamente a superfície.

Essas ondas de choque muito fortes e os microjatos podem causar trincas microscópicas em qualquer material, que podem crescer com o tempo e acarretar a falência da máquina ou equipamento.

O fenômeno é audível, semelhante ao ruído de "estática" de rádios antigos.

Procure na internet exemplos de imagens de cavitação em bombas e válvulas. Digitalize o QR Code para ver um exemplo.

uqr.to/1w64a

A cavitação pode ser particularmente danosa e perigosa em bombas e turbinas. Há muitas regiões do rotor nas quais o escoamento pode desenvolver pressões muito baixas e, assim, se pode chegar à P_{VP}. Nessa situação, o material metálico pode ser arrancado pelas ondas de choque, gerando, inicialmente, superfícies com aspecto rugoso, por vezes semelhante à superfície da casca de laranja. Pode, inclusive, chegar à destruição do rotor, se o processo de cavitação não for controlado.

No capítulo referente a bombas e bombeamentos (Cap. 7), será mostrado como usar a informação sobre pressão de vapor para impedir a cavitação, por meio do NPSH (*Net Positive Suction Head*, ou carga positiva líquida de sucção), um parâmetro que acompanha todas as curvas de bombas.

2.2.10 Leis dos Gases

As leis dos gases são velhas conhecidas dos cursos de física e se aplicam muito bem aos gases objeto de estudos da Mecânica dos Fluidos.

Lei de Boyle: $P \alpha \frac{1}{V}$ (a valores constantes de T e n)

Lei de Charles: $V \alpha T$ (a valores constantes de P e n)

Lei de Avogadro: $V \alpha n$ (a valores constantes de P e T)

Equação de Clapeyron: $PV = nRT$

sendo P em pascal, V em m^3, T em kelvin e $R = 8{,}309$ Pa·m^3/mol·K.

Como será visto em alguns exercícios nos capítulos seguintes, apesar de as Leis de Gases Perfeitos serem válidas para gases ideais, serão utilizadas também em situações com gases pressurizados.

CONSIDERAÇÕES FINAIS

Este capítulo tratou de forçar uma rápida familiarização do leitor com conceitos importantes empregados todo o tempo, e que serão utilizados, e por vezes desenvolvidos, em capítulos posteriores, como a distinção entre sólidos e líquidos, o *continuum*, as diferenças entre escoamentos laminares e turbulentos, a turbulência, o Princípio da Aderência Completa. Sem esses conceitos ficaria difícil abordar cada capítulo deste livro.

As propriedades mais usuais nos trabalhos com fluidos são apresentadas rapidamente e, se houver necessidade de tratar de alguma delas com mais profundidade, o leitor deverá se referir a outros livros especializados. No entanto, os assuntos viscosidade e pressão permitem avanços consideráveis com a teoria aqui exposta.

Para atender aos objetivos do livro, não foram incorporadas tabelas de propriedades, que podem ser facilmente obtidas em consulta à internet.

Finalmente, como o capítulo é bem conciso, sugere-se ao leitor que faça inicialmente uma leitura rápida do material, sem se deter nos detalhes de demonstrações ou exercícios. Esta atitude pode trazer uma visão de conjunto, o que é muito importante em vários momentos da prática de Engenharia.

CAPÍTULO 3

ANÁLISE DIMENSIONAL E TEORIA DA SEMELHANÇA

A teoria "oculta" mais aplicada na Mecânica dos Fluidos. Uso de modelos reduzidos, planejamento de experimentos e operações, economia de recursos.

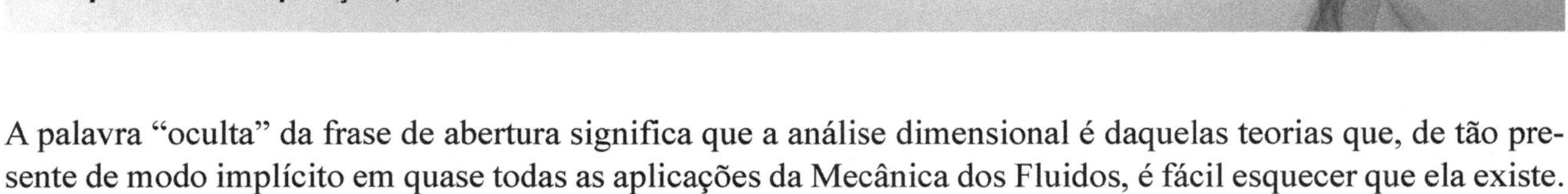

A palavra "oculta" da frase de abertura significa que a análise dimensional é daquelas teorias que, de tão presente de modo implícito em quase todas as aplicações da Mecânica dos Fluidos, é fácil esquecer que ela existe.

Três capítulos seguidos deste livro tratam de **análises**: análise **dimensional**, análise **diferencial** e análise **integral**, que são as abordagens iniciais para resolver problemas, projetos e operação de instalações. A análise geralmente precede o projeto: "parte-se" o problema em pedaços, resolvendo cada parte com a aplicação de conhecimentos e, a partir de um modelo matemático e dos métodos típicos da Engenharia, se começa a montar a solução, que é um momento de síntese.

O tema **Análise Dimensional (AD) e Teoria da Semelhança** é imprescindível na abordagem normalmente empírica da Mecânica dos Fluidos: boa parte dos fenômenos de escoamento é tão complexa e difícil de ser resolvida de modo analítico, que o experimento é a maneira de se conseguir informação e dados para realizar projetos ou operar instalações. Esses experimentos são planejados e sistematizados com a AD e seus resultados disponibilizados para uso geral por meio de números adimensionais gerados pela própria AD.

A AD é utilizada, ainda, para estimar propriedades e condições de operação de protótipos por meio de modelos geralmente em escala reduzida, submetidos a escoamentos em ensaios em túneis de vento, tanques de prova ou bancadas e circuitos hidráulicos. Podem ser ensaiados modelos de aviões, carros, navios, submarinos, edifícios e estruturas, para determinar os efeitos da carga de vento, entre outras coisas. A operação de sistemas de bombeamento é impossível sem o uso da AD e dos números adimensionais associados: a simples mudança do ponto de operação (vazão, pressão) de uma bomba exige cálculos com números adimensionais.

Observe que na MecFlu **protótipos** são entendidos como o equipamento ou construção final, em seu tamanho real. **Modelos** são equipamentos semelhantes aos protótipos, ensaiados geralmente em escalas reduzidas.

A AD estabelece um método teórico e prático **extremamente poderoso** para ajudar a resolver os mais variados problemas de engenharia e de física, mas parece que só a Mecânica dos Fluidos a aborda direta e organizadamente em todo o currículo de Engenharia. Ressalte-se que a AD pode ser, e frequentemente é, aplicada em Economia, Biologia, Matemática etc.

OBJETIVOS

Este capítulo trata de um assunto fundamental para a Mecânica dos Fluidos: reduzir a complexidade do tratamento matemático (que, em vários casos, pode ser quase impossível), bem como proporcionar resultados fundamentais para engenheiros:

- **economia** de tempo e recursos financeiros;
- **planejamento** de experimentos, de teorias e de mudanças de operação de equipamentos e sistemas;
- **leis de escala** e de semelhança para trabalho com modelos.

Um dos grandes objetivos da AD é reduzir o número de **grandezas**[1] que são afetadas, ou que afetam determinado fenômeno, a um número menor de **números adimensionais**[2] com base nessas grandezas. Essa redução no número de variáveis é muito conveniente nos experimentos e no equacionamento do fenômeno.

3.1 MATEMÁTICA POR TRÁS DA ANÁLISE DIMENSIONAL

A abordagem da análise dimensional foi construída por diversos pesquisadores: Euler, Rayleigh, Vaschy, Buckingham, que consideraram que, se existem ***n*** grandezas dimensionais $X_1, X_2, ..., X_n$, que caracterizam determinado fenômeno, cada uma dessas ***n*** grandezas que interferem no fenômeno pode ser expressa como uma relação entre os expoentes das grandezas fundamentais:

$$[X_i] = M^{\alpha_{1i}} L^{\alpha_{2i}} T^{\alpha_{3i}}$$

em que $i = 1, 2, ..., n$ e α_{1i}, α_{2i} e α_{3i} são expoentes que definem cada grandeza. Observe que o sistema de unidades fundamentais empregado aqui consiste em ***m*** grandezas fundamentais. Assim ***m*** = 3 quando se utiliza M, L, T e, se fosse necessária a temperatura θ, o sistema poderia ser M, L, T, θ e, assim, ***m*** = 4. "m" é chamada multiplicidade.

Por exemplo:

$$F = ma \text{ e, nessa notação, } [F] = M^1 L^1 T^{-2}$$

Quando se tem determinado problema com ***n*** grandezas, o objetivo é encontrar a função f:

$$X_1 = f(X_2, X_3, ..., X_n)$$

O objetivo matemático da análise dimensional é reduzir o número de variáveis de ***n*** grandezas para ***n–r*** números adimensionais. Os números adimensionais são representados por π_i, símbolo matemático para produtória. Em linguagem matemática, saímos de:

$$X_1 = f(X_2, X_3, ..., X_n)$$

para:

$$\pi_1 = \varphi(\pi_2, \pi_3, ..., \pi_{n-r})$$

Esses números adimensionais π_i são **produtos invariantes** de potências das grandezas X_i. O termo **invariante** significa que os adimensionais são os mesmos, independentemente do sistema de unidades utilizado: SI, MKS técnico, Imperial, Klingon etc.

Resta definir o que são os ***r***. A conceituação de ***r*** vem das técnicas da álgebra linear, porém a maneira mais expedita de definir os ***r*** é utilizando uma forma muito comum de tratar a AD: por meio de uma matriz

[1] **Grandeza** deve ser entendida como um número com magnitude e módulo, seguido de uma referência de tamanho (unidade de medida) se for escalar, e adicionalmente, com orientação (com direção e sentido), se for um vetor. De interesse da Mecânica dos Fluidos são **grandezas fundamentais** a massa m, o comprimento L, o tempo T e a temperatura θ, e uma grande quantidade de grandezas derivadas dessas fundamentais: a pressão P, a massa específica ρ, o peso específico γ, a viscosidade μ, entre outras, todas escalares; e também as vetoriais: velocidade $\vec{v}$, força $\vec{F}$, aceleração $\vec{a}$ etc.

[2] Um exemplo de **número adimensional** é o número de Reynolds: $\text{Re} = \dfrac{\rho V D}{\mu}$, composto por uma grandeza fundamental e três derivadas. Qualquer número adimensional ao ser decomposto em função das grandezas fundamentais M, L e T, segundo a notação de Maxwell, mostra que não possui dimensões:

$$[\text{Re}] = \frac{\left[ML^{-3}T^0\right]\left[M^0LT^{-1}\right]\left[M^0LT^0\right]}{\left[ML^{-1}T^{-1}\right]} = 1$$

dimensional, com ***r*** sendo a característica dessa matriz. Alguns autores definem ***r*** simplesmente como o número de grandezas fundamentais (MLT) utilizadas nas grandezas que definem o fenômeno.

Deve ser observado que todas essas considerações são aqui apresentadas de modo bastante simplificado.

A base matemática se alicerça no **Princípio da Homogeneidade Dimensional** e no **Teorema dos π**, de Vaschy-Buckingham.

Princípio da Homogeneidade Dimensional

Se uma equação expressa uma lei física, ela será dimensionalmente homogênea, ou seja, cada um de seus termos terá as mesmas dimensões.

Por exemplo, a equação de Bernoulli:

$$H = \frac{V^2}{2g} + \frac{P}{\gamma} + z$$

$$[H] = \frac{\left[LT^{-1}\right]^2}{2\left[LT^{-2}\right]} + \frac{\left[MLT^{-2}L^{-2}\right]}{\left[MLT^{-2}L^{-3}\right]} + [L] = [L]$$

Teorema dos π de Vaschy-Buckingham

Se uma equação, envolvendo "*n*" grandezas for dimensionalmente homogênea, pode ser reduzida a uma relação entre "*n*–*r*" produtos adimensionais independentes.

Como será visto no exercício modelo mais adiante, trata-se, portanto, de **reduzir o número *n* de grandezas** a um número ***n–r*** de **números adimensionais** (denominados π), facilitando muito a análise de qualquer problema.

A Tabela 3.1 mostra as grandezas mais utilizadas na Mecânica dos Fluidos, expressas em função da notação de Maxwell.

TABELA 3.1 ▪ Grandezas mais utilizadas em Mecânica dos Fluidos

Grandeza	Dimensões M, L, T, θ	Dimensões F, L, T	Unidades
Massa, *m*	M	$FL^{-1}T^2$	quilograma, kg
Comprimento, *l*	L	L	metro, m
Tempo, s	T	T	segundo, s
Velocidade, *V*	LT^{-1}	LT^{-1}	ms^{-1}
Massa específica, ρ	ML^{-3}	$FL^{-4}T^2$	kgm^{-3}
Viscosidade dinâmica, μ	$ML^{-1}T^{-1}$	$FL^{-2}T$	$Pa \cdot s = Nsm^{-2} = kgm^{-1}s^{-1}$
Viscosidade cinemática, ν	L^2T^{-1}	L^2T^{-1}	m^2s^{-1}
Velocidade angular, ω	T^{-1}	T^{-1}	s^{-1}
Força, *F*	MLT^{-2}	F	newton = N = $kgms^{-2}$
Vazão volumétrica, *Q*	LT^{-3}	LT^{-3}	m^3s^{-1}
Vazão mássica, $\dot{m}$	MT^{-1}	$FL^{-1}T$	kgs^{-1}
Pressão *P*, tensão τ	$ML^{-1}T^{-2}$	FL^{-2}	pascal = Pa = $Nm^{-2} = kgm^{-1}s^{-2}$
Tensão superficial, σ	MT^{-2}	FL^{-1}	kgs^{-1}
Frequência, *f*	T^{-1}	T^{-1}	s^{-1}
Temperatura, θ	θ	θ	kelvin, K
Trabalho, energia, W	ML^2T^{-2}	FL	joule = Nm = kgm^2s^{-2}
Potência, $\dot{W}$	ML^2T^{-3}	FLT^{-1}	watt = kgm^2s^{-3}
Conjugado, torque, *C*	ML^2T^{-2}	FL	Nm = kgm^2s^{-2}

Rota de aplicação do algoritmo para análise dimensional

Determine as *n* grandezas necessárias para definir o fenômeno

↓

Verifique se já existe um modelo matemático para o problema, o que facilitaria

↓

Escreva as *n* grandezas em função das grandezas fundamentais *M*, *L* e *T*

↓

Monte a matriz dimensional e calcule sua característica "r"

↓

Determine o número de adimensionais (NA) necessário: NA = n−r

↓

Defina a base reduzida

↓

Determine os n−r números adimensionais

↓

Determine a relação funcional

3.2 APLICAÇÃO DA ANÁLISE DIMENSIONAL AOS PROBLEMAS

Como o arcabouço matemático da análise dimensional é bastante elaborado e seu desenvolvimento foge aos objetivos deste livro, o exercício modelo a seguir fornece uma forma rápida, cômoda e confiável para a apresentação dos termos, conceitos e do algoritmo de trabalho. Algumas aplicações específicas da análise dimensional poderão exigir um aprofundamento a ser encontrado em livros dedicados ao assunto.

Na sequência, é resolvido um exercício e feitas diversas observações sobre o uso, vantagens e limitações deste poderoso método de trabalho.

EXERCÍCIO 3.1 (MODELO)

Determine a força de arrasto que o escoamento de fluido produz sobre uma esfera

1. Entenda o que se está resolvendo

Trata-se de um problema bastante aberto, com contornos muito livres: deseja-se determinar a força de arrasto F_A resultante do escoamento de um fluido qualquer (ar, gases, água, óleos, mercúrio etc.) sobre uma esfera de qualquer dimensão: diâmetro inferior a milímetro ou superior a dezenas de metros, por exemplo.

Não se consegue resolver um problema como esse a partir das equações fundamentais apenas (conservação da massa, da energia e da quantidade de movimento), pois há aspectos físicos não conservativos importantes no fenômeno - turbulência, geração de camada-limite, separação do escoamento, rugosidade -, que não se consegue equacionar *a priori*.

Por isso, deve ser adotada uma abordagem experimental, muito comum na Mecânica dos Fluidos, onde frequentemente os fenômenos são tão complexos que não permitem uma abordagem analítica. Será utilizado um túnel de vento para ensaiar um **modelo** da esfera **protótipo**, do que poderia ser um balão atmosférico, uma boia de sinalização, uma estrutura civil de grande porte, um dispositivo de coleta de amostras puxado por um navio ou um avião, uma pequena esfera em queda em um tubo de vidro com óleo para a determinação da viscosidade do óleo etc.

Deve ser observado que, apesar do ensaio ser realizado em um túnel de vento, por meio da Análise Dimensional e da Teoria da Semelhança (a ser mostrada neste capítulo) os resultados podem ser extrapolados para qualquer corpo similar, ou seja, valem para todas as esferas lisas, não importando o tamanho da esfera ou o fluido onde está imersa.

Será utilizada uma **esfera lisa** e os resultados poderão ser extrapolados para quaisquer outras esferas lisas. Se a esfera for **rugosa**, os resultados também serão dependentes da rugosidade, e muito mais trabalhosos tendo em vista a dificuldade para "escalar" diferentes rugosidades relativas $\frac{\varepsilon}{D}$, em que ε é a rugosidade da superfície da esfera.

2. Faça um croqui

Como o estudo será realizado em túnel de vento, o croqui será de uma esfera instalada nesse equipamento.

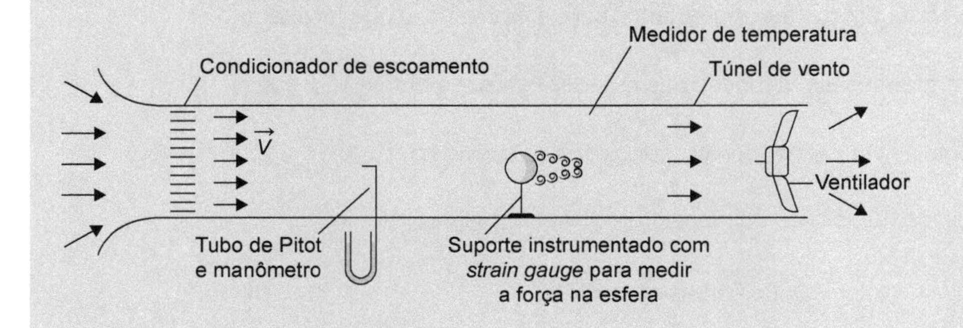

FIGURA 3.1 Representação do ensaio de uma esfera em um túnel de vento.

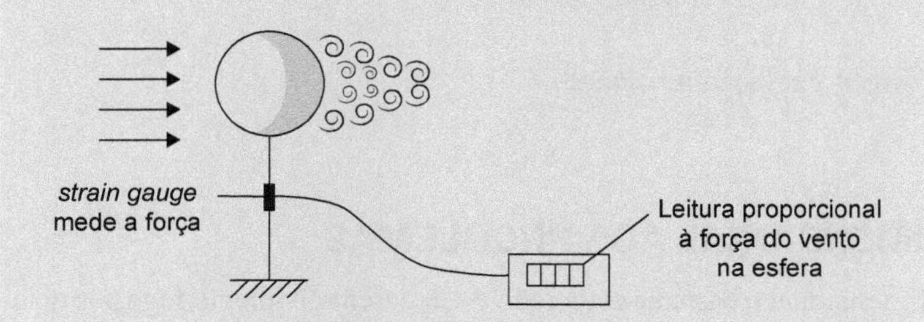

FIGURA 3.2 Detalhes do ensaio da esfera.

No que se refere às Figuras 3.1 e 3.2, observe que o túnel de vento é mostrado em corte longitudinal, por exemplo, com comprimento de 20 m, com 2 m de altura e 3 m de largura. A esfera poderia ter diâmetro de 500 mm, suficientemente pequena para não sofrer influência das camadas-limite geradas pelas paredes do túnel e grande o suficiente para produzir resultados experimentais com incertezas adequadas. A esfera está suportada por uma haste metálica instrumentada com um *strain gauge*, um dispositivo para medir a deformação da haste e, a partir dessa medição, facilmente calcular a força exercida pelo vento sobre a esfera. O ventilador pode ter sua rotação modificada por um inversor de frequência, gerando dessa forma diversas velocidades médias de escoamento. O tubo de Pitot é um instrumento simples muito utilizado para a medição da velocidade do escoamento (Cap. 4).

3. Hipóteses simplificadoras

O primeiro passo para resolver um problema é saber quais grandezas têm influência no fenômeno, e isso sempre representa uma dificuldade, pois sempre há muitas possibilidades de escolha.

Esse passo pode ser difícil: depende de consulta a publicações e a engenheiros e técnicos experientes, e a equações e teorias que estejam disponíveis para tratar o assunto. Para complicar, geralmente depende de experimentos para a verificação da sensibilidade do fenômeno às diversas grandezas hipotéticas e para a determinação da relação matemática entre elas.

Importante ressaltar que a teoria matemática que suporta a AD exige que as grandezas envolvidas devam ser **linearmente independentes**, ou seja, não se pode escolher como grandezas, por exemplo, viscosidade **e** temperatura, pois a viscosidade depende da temperatura.

A variável dependente neste exercício é, obviamente, a força de arrasto F_A na esfera, que é uma das grandezas envolvidas. Outras grandezas:

- **Geométricas** – Nesse caso da esfera, a variável geométrica normalmente utilizada é o diâmetro. Observe que, para simplificar, será ensaiada uma esfera lisa, com rugosidade desprezível. A existência de rugosidade tem implicações na separação da camada-limite e no valor da força de arrasto, o que exigiria um número muito maior de ensaios, com esferas de diferentes rugosidades parametrizadas com o diâmetro da esfera (rugosidade relativa). Se o corpo em estudo fosse uma placa retangular com dimensões W e H, seriam utilizadas as grandezas geométricas W e H, e não a área WH, pois sabe-se que a esbelteza da placa W/H é importante no fenômeno: placas quadradas geram forças de arrasto muito diferentes de placas retangulares com $W >> H$.

- **Propriedades** - Nesse caso, sabe-se da literatura que as grandezas importantes são a massa específica ρ (kg/m^3) e a viscosidade μ (kg/ms), sempre presentes no cálculo de forças de arrasto sobre superfícies. Observe que foram desprezadas a temperatura e a pressão atmosférica, pois a viscosidade e a massa específica são funções da temperatura e da pressão, e **não se podem utilizar grandezas linearmente dependentes no equacionamento da análise dimensional**. Perceba que poderiam ser selecionados também, por exemplo, o peso específico (γ), a tensão superficial (σ), a cor da esfera, a fase da Lua ou qualquer outra grandeza que pareça ter importância; sabe-se por experiência que essas grandezas, todavia, não são importantes nessas situações. Este caso deve ser admitido também como de escoamento de **fluido incompressível** (ou seja, com número de Mach inferior a 0,3, como se verá no Cap. 4), em regime permanente.
- **Efeitos externos** - De experiências passadas, sabe-se que esse problema da esfera depende da velocidade, mas não da aceleração da gravidade ou do tempo t. Sabe-se, ainda, que o perfil de velocidades que atinge a esfera tem uma grande influência nos resultados, mas será admitido um perfil de velocidades uniforme, com velocidade média V.

4. Prepare o modelo matemático e resolva o problema

Pelas hipóteses aqui relatadas, pode-se iniciar o tratamento matemático assumindo que a força sobre a esfera lisa é função da dimensão D, da velocidade média sobre a esfera, da viscosidade e da massa específica:

$$F_A = f(D, V, \mu, \rho)$$

Observe que há uma relação entre cinco grandezas: sem a AD teria que ser feito um levantamento das relações entre todas elas, com 10 pontos experimentais em cada experimento, pelo menos, para se ter alguma segurança quanto à incerteza dos resultados. Seriam fixados inicialmente D, μ e ρ, variando, por exemplo, 10 valores de V e obtendo-se os valores de F_A. Em um segundo experimento, seriam fixados V, μ e ρ e variado o diâmetro, e assim sucessivamente com as outras grandezas. Isso levaria a uma necessidade de 10^4 experimentos, o que consumiria um tempo extremamente elevado, sem contar as dificuldades enormes e caras para variar massa específica e viscosidade, e instrumentar 10 esferas com diâmetros diferentes.

Para evitar esse procedimento longo, tedioso e custoso, pode-se utilizar a AD para encontrar previamente quais seriam os **números adimensionais** mais importantes nesse fenômeno, que seriam em número menor que o das grandezas envolvidas. Pode-se ter uma ideia do ganho de tempo no experimento: em vez de tratar da relação entre a variação de cinco grandezas, trataremos da relação entre dois números adimensionais apenas, como se verá. Grosso modo, passa-se de uma situação com 10^4 pontos experimentais para uma situação com 10 pontos. O ganho é de três ordens de grandeza, e a economia de tempo é enorme. Possivelmente, nenhum outro método em engenharia possibilita esse ganho de tempo.

Perceba que a AD pode ser aplicada sem conhecimento dos detalhes do fenômeno. Mas ainda assim é necessária uma compreensão muito boa do problema, sob pena de tomar caminhos e decisões erradas. Além disso, a AD dá pistas excelentes para o planejamento dos experimentos.

Algoritmo para análise dimensional

Nesse ponto, pode-se utilizar um **algoritmo modelo** como explicado a seguir, aplicável a qualquer problema de análise dimensional, incluindo passos de "a" a "f".

a) **Escreva as grandezas em função das grandezas fundamentais MLT (massa, comprimento e tempo)** ou FLT (força, comprimento e tempo), que são as mais comuns em Mecânica dos Fluidos. No caso:

- $[F_A] = MLT^{-2}$
- $[D] = L$
- $[\rho] = ML^{-3}$
- $[V] = LT^{-1}$
- $[\mu] = ML^{-1}T^{-1}$

b) Monte a matriz dimensional

	F	D	V	μ	ρ
M	1	0	0	1	1
L	1	1	1	-1	-3
T	-2	0	-1	-1	0

Observe que os números na matriz são os expoentes das grandezas fundamentais na representação das grandezas que interferem no fenômeno.

Característica da matriz (r): ordem da matriz do maior determinante não nulo. No caso, $r = 3$. Perceba que podem existir matrizes 3×3 com determinante igual a zero, mas deve haver pelo menos uma com determinante diferente de zero, que garantiria $n = 3$. Se todos os determinantes 3×3 possíveis forem zero, deve-se buscar os determinantes 2×2.

c) Determine o número de adimensionais (NA) necessário para descrever o fenômeno

$$NA = n - r$$

em que n é o número de grandezas envolvidas no fenômeno e r é a característica da matriz. No caso deste exercício, $NA = n - r = 5 - 3 = 2$.

Alguns autores simplesmente adotam como r o número de grandezas fundamentais (MLT) utilizado nas grandezas que afetam o fenômeno.

d) Defina os números adimensionais

Tradicionalmente, cada um dos ***n–r*** números adimensionais obtidos no processo são representados por π_i, com $1 \leq i \leq n - r$.

Deve-se escolher uma **base reduzida** com o número de grandezas igual ao número utilizado de grandezas fundamentais. Quando na matriz dimensional forem utilizadas as **três** grandezas fundamentais MLT, a base reduzida deverá ter **três** elementos, e quando se usar apenas ML ou MT ou LT, deve ter dois elementos.

Em casos como este da força de arrasto sobre corpos, pode-se, por exemplo, optar por escolher a base reduzida ρVD, pois sabe-se que quando há arrasto geralmente o número de Reynolds $\left(\mathrm{Re} = \frac{\rho VD}{\mu}\right)$ deve ser um dos adimensionais π_i. Há, obviamente, uma grande discussão aqui sobre por que escolher essa base ρVD e não outra: é difícil justificar esta escolha com a profundidade necessária, dado o escopo deste livro. Na Seção 3.3, é mostrada quão complexa pode ser esta discussão.

A escolha da base reduzida **não é única**, pois podem existir diversas combinações de grandezas linearmente independentes. Isso não é um problema, mas pode gerar números adimensionais diferentes dos habituais da literatura, mas que ainda assim estão corretos e podem ser úteis, como mostrado na Seção 3.3.

e) Determine os números adimensionais, π_i

Cada um dos dois adimensionais que serão necessários para substituir as cinco grandezas podem ser determinados como:

$$\pi_1 = D^{\alpha 1} V^{\alpha 2} \rho^{\alpha 3} F_A = M^0 L^0 T^0$$
$$\pi_2 = D^{\alpha 1} V^{\alpha 2} \rho^{\alpha 3} \mu = M^0 L^0 T^0$$

Observe que é mantida a base reduzida ρVD com suas grandezas fundamentais elevadas a expoentes convenientes, multiplicada pelas grandezas (F_A e μ) que não entraram na composição da base reduzida.

Os π_i devem ser adimensionais, por isso $M^0L^0T^0$.

$$\pi_1 = D^{\alpha 1} V^{\alpha 2} \rho^{\alpha 3} F_A = L^{\alpha 1} \left(LT^{-1}\right)^{\alpha 2} \left(ML^{-3}\right)^{\alpha 3} MLT^{-2} = M^0 L^0 T^0$$

Utilizando os expoentes, pode-se montar um conjunto de equações a serem resolvidas:

$$M \rightarrow \alpha_3 + 1 = 0$$
$$L \rightarrow \alpha_1 + \alpha_2 - 3\alpha_3 + 1 = 0$$
$$T \rightarrow -\alpha_2 - 2 = 0$$

Disso resulta, $\alpha_3 = -1$, $\alpha_2 = -2$ e $\alpha_1 = -2$. Portanto:

$$\pi_1 = \frac{F_A}{D^2 V^2 \rho}$$

Repetindo agora com μ no lugar do F_A:

$$\pi_2 = D^{\alpha 1} V^{\alpha 2} \rho^{\alpha 3} \mu = L^{\alpha 1} \left(LT^{-1}\right)^{\alpha 2} \left(ML^{-3}\right)^{\alpha 3} ML^{-1}T^{-1} = M^0 L^0 T^0$$
$$M \rightarrow \alpha_3 + 1 = 0$$
$$L \rightarrow \alpha_1 + \alpha_2 - 3\alpha_3 - 1 = 0$$
$$T \rightarrow -1 - \alpha_2 = 0$$

Disso resulta, $\alpha_3 = -1$, $\alpha_2 = -1$ e $\alpha_1 = -1$. Portanto:

$$\pi_2 = \frac{\mu}{DV\rho}$$

A relação inicial $F_A = f(D, V, \mu, \rho)$, com cinco grandezas, evoluiu para uma relação entre apenas dois números adimensionais $\pi_1 = \varphi(\pi_2)$ ou, conforme foi calculado,

$$\frac{F_A}{D^2 V^2 \rho} = \varphi\left(\frac{\mu}{\rho V D}\right)$$

Aí está a grande vantagem e uma das grandes limitações da análise dimensional: chega-se rapidamente a uma relação entre dois números adimensionais que permitirão resolver o problema, mas a AD para aí. Não resolve o problema: ainda não se sabe qual é a função φ. Para se determinar a **forma da função** φ, devem ser realizados **experimentos**.

f) Determine a relação funcional, $\pi_1 = \varphi(\pi_2)$

A forma da função φ pode ser determinada com um experimento no túnel de vento. Antes, porém, podem ser feitas algumas modificações nesses adimensionais para tornar o exercício compatível com a experiência descrita nos livros.

O adimensional $\frac{\mu}{\rho V D}$ também pode ser escrito $\frac{\rho V D}{\mu}$, pois o inverso de um adimensional também é um adimensional, e este último é conhecido como número de Reynolds, Re, um número sempre presente nos escoamentos com viscosidade.

O adimensional $\pi_1 = \frac{F_A}{\rho V^2 D^2}$ pode ser multiplicado por números puros (e continua a ser adimensional) para representar um adimensional bastante conhecido, denominado **coeficiente de arrasto** (a ser discutido no Cap. 8 - Escoamentos Externos):

$$C_A = \frac{F_A}{\frac{1}{2}\rho V^2 \frac{\pi D^2}{4}}$$

Observe que $\frac{\pi D^2}{4}$ é a área projetada da esfera (mesmo se fosse outro tipo de corpo a área é sempre a área vista por um observador frontal), e C_A continua sendo adimensional. O coeficiente de arrasto, C_A, também pode ser denotado como C_D, *drag coefficient*, na literatura inglesa.

A expressão da relação $\pi_1 = \varphi(\pi_2)$ pode ser escrita como:

$$C_A = \varphi(\text{Re})$$

ou

$$\frac{F_A}{\frac{1}{2}\rho V^2 A} = \varphi\left(\frac{\rho VD}{\mu}\right)$$

Como se trata de um túnel de vento, a grandeza mais fácil de ser variada é a velocidade média, *V*, cuja variação pode ser obtida por meio de variação da rotação do ventilador, ou com uma válvula associada ao ventilador, ou com uma combinação de ambos.

As grandezas μ e ρ praticamente não variam durante um ensaio, pois se alteram pouco com temperatura e pressão, e pode-se adotar uma esfera com diâmetro *D* compatível com as dimensões da seção transversal do túnel de vento, ou seja, longe dos efeitos das camadas-limites (Cap. 4) geradas pelas paredes do túnel. F_A pode ser obtida experimentalmente com o condicionador do *strain gauge* calibrado, que fornece o valor da força de arrasto na esfera para cada variação de velocidade.

A expressão aqui referida mostra que será necessário variar apenas a velocidade média no interior do túnel e medir o valor correspondente da força de arrasto para se construir uma curva que descreva adequadamente o fenômeno.

Esse experimento é um trabalho clássico da Mecânica dos Fluidos, apresentado na Figura 3.3, com experimentos de diversos autores, em diversas épocas, com diversas esferas etc.

Esses dados foram obtidos com esferas de diâmetros diferentes, velocidades diferentes, em épocas diferentes e condições diferentes (esfera caindo em fluido viscoso, esfera parada etc.). Cada parte distinta da curva obtida corresponde a situações particulares do escoamento, como escoamento laminar, diversas fases de escoamentos turbulentos, região de estabilidade do arrasto e crise do arrasto. Trata-se de uma esfera lisa: se a esfera fosse rugosa, os resultados seriam diferentes.

Como se vê aqui, dados de diversos pesquisadores, quando adimensionalizados e estudados usando os princípios da análise dimensional e semelhança, comportam-se de maneira muito coerente: **definem uma curva única**.

Perceba a potência e o imenso potencial da AD: qualquer que seja o tamanho da esfera, a velocidade do fluido e o tipo de fluido (μ, ρ), basta calcular o Re $\left(\mathrm{Re} = \frac{\rho VD}{\mu}\right)$, entrar no gráfico, cruzar a curva e encontrar o valor do C_A e, consequentemente, da força de arrasto. Não é necessário resolver $F_A = f(D, V, \mu, \rho)$.

Uma única curva dá acesso à solução para a força de arrasto em uma esfera lisa em qualquer situação, seja uma esfera de aço com 5 mm de diâmetro caindo em um tubo para a determinação da viscosidade do óleo, seja um balão de borracha com 15 m de diâmetro e cheio de hidrogênio ancorado em um campo, seja uma boia sinalizadora de alumínio com 0,5 m de diâmetro submersa no mar.

Qualquer esfera é semelhante a outra esfera: a **Teoria da Semelhança**, que será apresentada adiante, mostra como aplicar esses conceitos de modelagem.

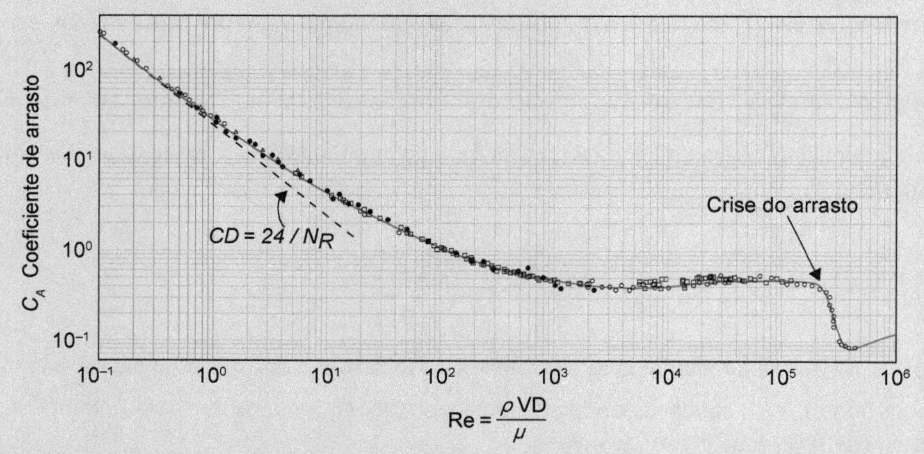

FIGURA 3.3 Coeficiente de arrasto de **qualquer esfera lisa** em função do número de Reynolds. Gráfico bilogarítmico. Adaptada de: https://kdusling.github.io/teaching/Applied-Fluids/Notes/DragAndLift#spheres. Acesso em: ago. 2024.

3.3 COMENTÁRIOS SOBRE O TEOREMA DOS π, DE VASCHY-BUCKINGHAM

a) *A seleção das grandezas pode ser difícil.* Deve-se ter uma boa compreensão do fenômeno físico, cujas grandezas podem ser enquadradas, geralmente, em três grupos:

- **Geométricas** – comprimentos e ângulos importantes. *Atenção*: se houver algum ângulo importante, este já é o primeiro adimensional π_1, pois radiano é adimensional. Se você estiver estudando, por exemplo, a força de arrasto sobre uma placa plana submetida a uma corrente de vento, o ângulo β que essa placa fizer com a direção preferencial do vento já é um dos adimensionais. Isso significa que esse ângulo não entra na matriz dimensional, mas sim na equação $\pi_1 = \varphi(\beta, \pi_2, \pi_3, ..., \pi_{n-r})$. Cada ângulo β deve gerar um novo conjunto de dados.
- **Propriedades do fluido e materiais** – as dificuldades podem ser substanciais quanto à escolha das grandezas relacionadas com as propriedades dos fluidos: massa específica, viscosidade, temperatura, peso específico, pressão, pressão atmosférica, calor específico, tensão superficial etc. Atenção a possíveis efeitos de compressibilidade do escoamento do fluido, indicados pelo número de Mach (que deve ser inferior a 0,3 para que o escoamento seja considerado incompressível).
- **Efeitos externos que afetam o escoamento** – campos de velocidade e efeitos de camadas-limite, aceleração da gravidade, campos eletromagnéticos, rugosidade de superfícies, tempo etc.

b) *Todas as grandezas devem ser independentes.* As dependentes devem ser eliminadas: por exemplo, se μ for uma grandeza importante, não se pode colocar a temperatura θ como grandeza no estudo, pois $\mu = f(\theta)$.

c) *O tempo e a gravidade podem ser importantes.* Por exemplo, em um terminal de ônibus, os motores diesel geram partículas que, se inaladas, podem causar diversos problemas de saúde. De modo simplificado, partículas menores que 10 μm são inaláveis e, como se depositam na parte superior do sistema respiratório, podem ser eliminadas ou penetrar até os alvéolos pulmonares, enquanto as partículas inferiores a 2,5 μm atingem os alvéolos e aparentemente não saem mais, o que pode se transformar em um problema grave. Para modelar esse problema, você deverá entender como uma partícula se comporta, qual a ação da **gravidade** e do empuxo sobre uma partícula, qual o **tempo** de queda dessas partículas e, a partir de modelos e experimentos, quais seriam as ações de ventilação/sucção, forçadas e/ou naturais mais adequadas para resolver ou minorar o problema (ventilador succionando no teto ou no chão do prédio do terminal?).

d) *É indiferente usar MLT ou FLT.*

e) *Não há unicidade nos termos π.* Esta é a maior causa de confusão e má interpretação no uso da análise dimensional, portanto, vale a pena gastar um tempo a mais discutindo o processo por meio de outro exemplo. Esse exemplo vai ajudar você a perceber que, para tratar determinado conjunto de dados experimentais, pode ser necessário escolher outras bases reduzidas.

Em artigo recente, Jonsson (2014) faz uma discussão muito interessante acerca das limitações da abordagem com a matriz dimensional, e chama a atenção para um problema: geralmente só se considera **uma** base reduzida e seus respectivos $n-r$ adimensionais, em uma relação da forma $\pi_1 = \varphi(\pi_2, \pi_3, ..., \pi_{n-r})$.

Mas existem outros adimensionais, pois os números adimensionais podem ser escritos como:

$$\pi_1 = \frac{X_1}{X_{2i}^{\alpha_{2i}} X_{3i}^{\alpha_{3i}} X_{4i}^{\alpha_{4i}}}, \quad \pi_2 = \frac{X_2}{X_{2i}^{\alpha_{2i}} X_{3i}^{\alpha_{3i}} X_{4i}^{\alpha_{4i}}}$$

e assim sucessivamente, em que cada grandeza X_i que aparece no numerador ocorre em apenas um adimensional na relação, enquanto cada uma das grandezas $X_{2i}, ..., X_{ri}$, que juntas representam a base reduzida escolhida, pode ocorrer em um ou em todos os adimensionais da relação. Esse conjunto de grandezas ocorrendo nos denominadores (ou seja, a base reduzida) pode, em geral, ser escolhido em mais de uma maneira.

Conjuntos diferentes de bases reduzidas fornecem diferentes números adimensionais na relação $\pi_1 = \varphi(\pi_2, \pi_3, ..., \pi_{n-r})$, e aí reside um problema: o número total possível de adimensionais pode ser maior que $n-r$, se forem escolhidas outras bases reduzidas!

Essa "anomalia" leva alguns autores a tentar estabelecer um "critério" para escolher a base reduzida "correta", por exemplo, escolher ρVD (numerador da expressão do número de Reynolds) em casos de estudo da força de arrasto; outros, a assumir que não há unicidade, mas argumentam, talvez erroneamente, que o mesmo resultado será obtido ao final, qualquer que seja a base; ao passo que outros aceitam que não há unicidade, mas não avançam além disso.

Jonsson toma um exemplo muito utilizado nos livros: a perda de pressão em trecho reto de duto, para mostrar seu ponto de vista, que será seguido aqui, de forma compacta.

Muitos livros de Mecânica dos Fluidos iniciam o tema Análise Dimensional e Teoria da Semelhança com o exemplo do escoamento de fluido em um duto, que, apesar de ser muito simples, não pode ser resolvido sem um experimento, em velocidades mais elevadas (escoamento turbulento, Re > 2000). Richard Feynman (um físico brilhante e criativo, prêmio Nobel em 1965) (Feynman, 2019) assim colocou:

> *Finalmente, há um problema físico... que é muito velho e que ainda não foi resolvido... Ninguém na física foi realmente capaz de analisá-lo matematicamente de modo satisfatório apesar de sua importância... É a análise do escoamento de fluidos turbulentos... A forma mais simples desse problema é o escoamento de água em alta velocidade em um duto longo. Pode-se perguntar: para escoar água através desse duto, quanta pressão é necessária? Ninguém pode analisar isso a partir dos princípios fundamentais e das propriedades da água. Se a água escoar muito devagar ou se usarmos um fluido muito viscoso como o mel, então nós podemos analisar isso (isso seria escoamento laminar). Você pode achar isso (o equacionamento completo de um escoamento laminar) em seu livro-texto. Mas o que realmente não conseguimos fazer é analisar água real (ou seja, considerando a viscosidade) escoando através de um duto. Esse é o problema central que temos que resolver um dia, e que ainda não resolvemos.*

EXERCÍCIO 3.2

Determine a perda de pressão por metro de comprimento no escoamento de fluido em trecho reto de duto liso

1. Entenda o que se está resolvendo

Como será visto no capítulo que trata de cálculo de condutos (Cap. 6), este problema não pode ser resolvido analiticamente se o escoamento for turbulento (Re > 2000), restando a experimentação ou o acesso a dados experimentais de outros, como forma de solução.

2. Faça um croqui

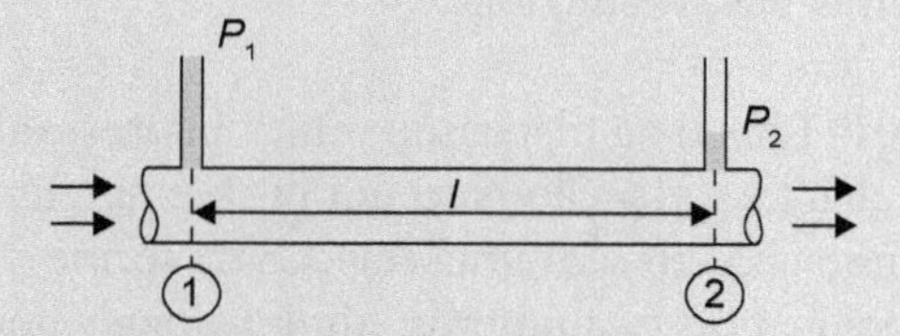

FIGURA 3.4 Trecho de duto.

A pergunta é a perda de pressão por metro de duto:

$$\frac{\Delta P}{l} = \frac{P_1 - P_2}{l}$$

3. Hipóteses simplificadoras

Para simplificar o problema, considere um duto cilíndrico liso, na horizontal, com escoamento em regime permanente de fluido incompressível, como água, por exemplo. Para planejar o experimento que fornecerá a resposta, será empregada a análise dimensional.

A variável dependente é a perda de pressão ΔP, e se necessita saber de quais grandezas depende. O diâmetro, D, da tubulação é importante, assim como a distância, l, entre os pontos de tomada de pressão, pois a perda de pressão depende do comprimento do trecho considerado. Também são importantes a massa específica, ρ, a viscosidade, μ, e a rugosidade superficial da tubulação, ε, mas para simplificar optamos por supor que o tubo é liso, ou seja, não sofre influência significativa da rugosidade. A velocidade média, V, do fluido também é importante. Perceba que poderiam ser selecionados também o peso específico, γ, ou a tensão superficial, σ, ou a aceleração da gravidade, g, ou qualquer outra grandeza que nos pareça ter relevância; essas grandezas, todavia, não são importantes como os experimentos demonstraram.

Finalmente, pode-se considerar a perda de pressão por metro linear de tubulação, apenas para diminuir uma das grandezas na matriz dimensional, sem alterar a qualidade do resultado: $\frac{\Delta P}{l}$.

4. Prepare o modelo matemático e resolva o problema

Das hipóteses, resulta que:

$$\frac{\Delta P}{l} = f(D, V, \rho, \mu)$$

Desta expressão podem-se medir o diâmetro, a distância l e a diferença de pressão entre os dois pontos com manômetros. As propriedades ρ e μ podem ser tomadas em tabelas a partir de dados de temperatura. Porém, a velocidade média, V, deve ser calculada, por exemplo, a partir da utilização de um medidor de vazão instalado em série com o trecho de duto, como mostrado na Figura 3.5.

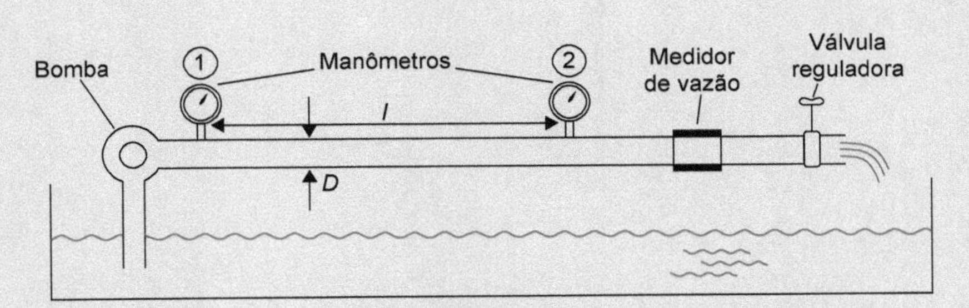

FIGURA 3.5 Arranjo experimental para determinação da perda de carga em trecho de duto.

Com esse circuito experimental, com a bomba funcionando, se estabelece um regime permanente com vazão Q, regulada com a válvula. As pressões P_1 e P_2 são constantes para cada abertura da válvula.

A vazão Q é obtida com o medidor de vazão, e se obtém a velocidade média V pela divisão da vazão Q pela área da seção transversal A da tubulação, como será mostrado no Capítulo 4.

Como $Q = V \cdot A$ é constante para cada posição da válvula, pode-se calcular a velocidade média, V, constante no interior da tubulação.

$$V = \frac{4Q}{\pi D^2}$$

Com isso, têm-se condições para avaliar todos os parâmetros importantes na expressão $\frac{\Delta P}{l} = f(D, V, \rho, \mu)$. Sem a análise dimensional, para determinar a função f da dependência de $\frac{\Delta P}{l}$ com relação a todas as variáveis, teriam que ser fixadas três grandezas, variar a quarta e verificar como varia a perda de carga por metro de duto em função de cada grandeza variada. Como no Exercício 3.1, isso levaria à realização de 10^4 experimentos, com um enorme custo operacional e um longo período realizando ensaios.

Se for, porém, aplicada a análise adimensional, com a base reduzida ρVD, isso nos levaria rapidamente a dois possíveis números adimensionais:

$$\pi_1 = \text{Re} = \frac{\rho VD}{\mu} \text{ e } \pi_2 = \frac{\frac{\Delta P}{l}}{\rho V^2 D^{-1}}$$

E a relação entre eles pode ser expressa como:

$$\frac{\frac{\Delta P}{l}}{\rho V^2 D^{-1}} = \varphi_1(\text{Re})$$

Continuando com a análise de Jonsson, suponha que na matriz dimensional sejam resolvidas todas as possíveis bases reduzidas: $(\rho VD)(\rho, \mu, D)$; (ρ, μ, V); (V, μ, D). Aplicando a AD, ocorrerá a geração dos seguintes números adimensionais:

$$\left(\frac{\rho VD}{\mu}; \frac{\frac{\Delta P}{l}}{\rho V^2 D^{-1}}; \frac{\frac{\Delta P}{l}}{\rho^{-1}\mu^2 D^{-3}}; \frac{\frac{\Delta P}{l}}{\mu D^{-2} V}; \frac{\frac{\Delta P}{l}}{\rho^2 \mu^{-1} V^3}\right)$$

Têm-se, então, quatro possibilidades para escrever a relação $\pi_1 = \varphi(\pi_2, \pi_3, \ldots, \pi_{n-r})$, e não apenas uma:

a) $$\frac{\frac{\Delta P}{l}}{\rho V^2 D^{-1}} = \varphi_1\left(\frac{\rho VD}{\mu}\right)$$

b) $$\frac{\frac{\Delta P}{l}}{\mu^2 \rho^{-1} D^{-3}} = \varphi_2\left(\frac{\rho VD}{\mu}\right)$$

c) $$\frac{\frac{\Delta P}{l}}{\mu V D^{-2}} = \varphi_3\left(\frac{\rho VD}{\mu}\right)$$

d) $$\frac{\frac{\Delta P}{l}}{\rho^2 V^3 \mu^{-1}} = \varphi_4\left(\frac{\rho VD}{\mu}\right)$$

Uma análise preliminar dessas equações mostra que, como $\frac{\Delta P}{l}$ aparece dividido por grandezas que estão no argumento das funções φ_i, não é possível concluir muita coisa a respeito dessas funções sem uma abordagem via experimentos. Nenhuma delas está errada, e Jonsson mostra que cada uma delas pode representar uma situação importante.

a) A maioria dos autores publica a expressão (a), $\frac{\frac{\Delta P}{l}}{\rho V^2 D^{-1}} = \varphi_1\left(\frac{\rho VD}{\mu}\right)$, como a "certa", ou seja, a mais comum.

Se for considerado que o tubo é **liso** (isto é, sem rugosidade), esta equação é uma forma da equação de Darcy-Weisbach $\frac{\Delta P}{\gamma} = f\frac{l}{D}\frac{V^2}{2g}$, com $f = \varphi_1\left(\frac{\rho VD}{\mu}\right)$, a qual será vista quando se tratar de cálculo de condutos. A equação de Darcy-Weisbach pode ser escrita como:

$$\Delta P = f\frac{l}{D}\frac{\rho V^2}{2}$$

Será mostrada na abordagem de cálculo de condutos (Cap. 6) que, na expressão de Darcy-Weisbach, $f = f\left(\frac{\rho VD}{\mu}, \frac{\varepsilon}{D}\right)$ é o coeficiente de atrito para dutos, mas para tubos lisos a rugosidade uniforme equivalente $\varepsilon = 0$ e daí resulta que $f = f\left(\frac{\rho VD}{\mu}\right)$. Seu valor foi levantado experimentalmente por diversos autores e popularizado pela equação de Colebrook e diagrama de Moody, mostrado na Figura 3.6. Esse diagrama será apresentado e utilizado no Capítulo 6. Observe que apenas a primeira linha cheia apontada no gráfico representa o valor de *f*, para uma tubulação sem rugosidade; para as outras curvas do gráfico, tem-se que $f = f\left(\frac{\rho VD}{\mu}, \frac{\varepsilon}{D}\right)$, em que ε é a rugosidade uniforme equivalente da tubulação.

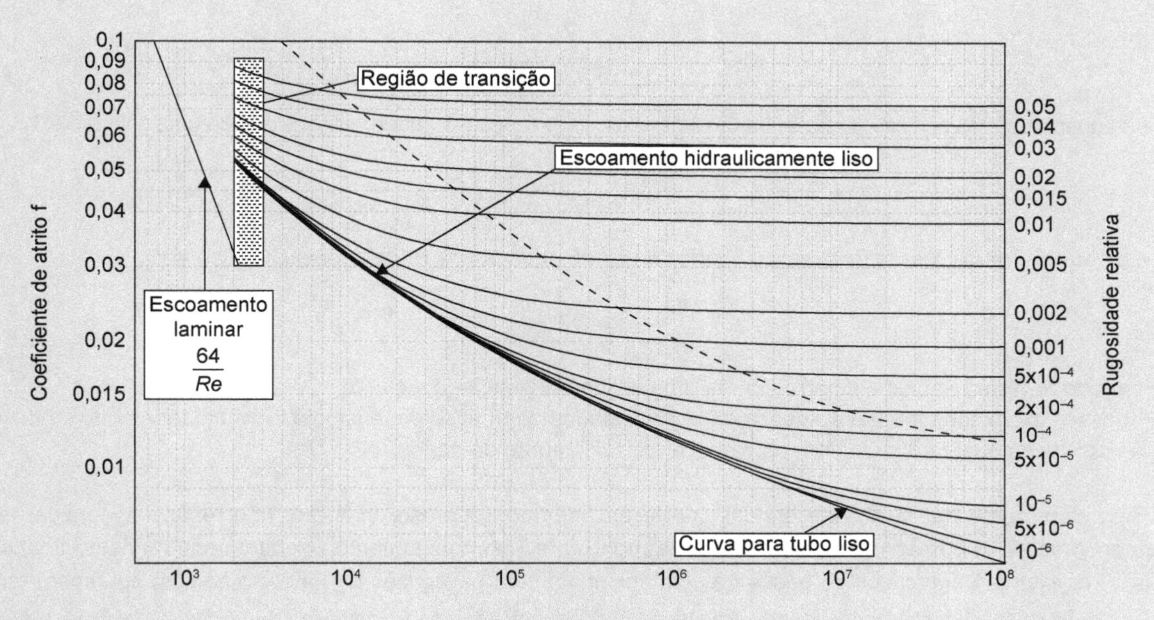

FIGURA 3.6 Diagrama de Moody, para obtenção do coeficiente de atrito, que possibilita o cálculo da perda de carga em trecho de duto. Fonte: Moody (1944).

b) A equação (b), $\frac{\frac{\Delta P}{l}}{\mu^2 \rho^{-1} D^{-3}} = \varphi_2\left(\frac{\rho VD}{\mu}\right)$, pode ser transformada, como fez Jonsson, para ficar similar à lei de perda de carga em dutos cilíndricos enunciada no trabalho de 1883 de Reynolds. Naquele trabalho, Reynolds considerou que μ variava apenas com a temperatura e que ρ era constante na duração do experimento (pois é uma função fraca da temperatura θ). A Lei de Reynolds adaptada à notação aqui empregada resulta exatamente na expressão (b) para massa específica constante:

$$\frac{\Delta P}{l}\frac{D^3}{\mu^2} = \varphi\left(\frac{DV}{\mu}\right)$$

c) No caso da equação (c), $\frac{\frac{\Delta P}{l}}{\mu V D^{-2}} = \varphi_3\left(\frac{\rho VD}{\mu}\right)$, se for tomado o caso de escoamento laminar, com Re < 2000, pode-se considerar que as partículas se movem em linhas paralelas com velocidade constante, e velocidade constante implica, nessas condições, aceleração igual a zero! Sedov (1993) destacou que a **propriedade de inércia representada pela grandeza ρ só terá interesse se a aceleração diferir de zero**. Assim, no escoamento laminar (nesse caso, escoamento de Hagen-Poiseuille), a resistência ao escoamento não deve depender de ρ.

Pode-se então montar uma nova matriz dimensional, sem ρ, para escoamento laminar, para a relação $\frac{\Delta P}{l} = f(\mu, D, V)$:

	$\Delta P/l$	μ	D	V
M	1	1	0	0
L	-2	-1	1	1
T	-2	-1	0	-1

$n-r=1$, e tem-se apenas um número adimensional:

$$\frac{\frac{\Delta P}{l}}{\mu V D^{-2}}$$

E a relação $\frac{\Delta P}{l}=f(\mu, D, V)$ pode ser escrita como:

$$\frac{\frac{\Delta P}{l}}{\mu V D^{-2}}=\varphi()$$

que é a equação (c). Nesse caso, como só há um adimensional, a função φ () pode ser considerada uma constante, K:

$$\Delta P = K\frac{\mu V L}{D^2}$$

que é a equação para a perda de pressão conhecida como equação de Hagen-Poiseuille (Cap. 4):

$$\Delta P = 32\frac{\mu V L}{D^2}$$

Segundo Jonsson, não se encontrou ainda uma aplicação para a equação (d).

Por esses exemplos, nota-se a riqueza de possibilidades da análise dimensional, e os cuidados que se deve ter com a escolha da base reduzida para representar certo conjunto de dados.

5. Vê-se claramente que a análise dimensional é um método poderoso, mas que não resolve a equação a ser empregada. O experimento será extremamente importante, mas o julgamento de engenharia vai determinar como agir. Por exemplo, em casos de busca de adimensionais para navegação de navios e barcos, aparecem rapidamente os adimensionais Reynolds $Re=\frac{\rho V D}{\mu}$ e Froude $Fr=\frac{V}{\sqrt{gl}}$. Mas foi amplamente mostrado que não é possível utilizar ambos na semelhança de navios, pois são incompatíveis entre si nesse caso, como se verá em um exemplo.

3.4 NÚMEROS ADIMENSIONAIS MAIS IMPORTANTES

Há centenas de números adimensionais, e em extensas áreas da Engenharia, Física e Biologia são extremamente úteis. Na Mecânica dos Fluidos, os mais úteis são apresentados a seguir. Acostume-se a pensar em termos de relação entre numerador e denominador, como será mostrado.

- **Reynolds:** $Re=\frac{\rho V D}{\mu}$

O número de Reynolds é o mais utilizado e o mais presente em Mecânica dos Fluidos, porque representa a relação do escoamento com o mundo real, com viscosidade e, consequentemente, com perdas irreversíveis.

Como se pode escrever

$$Re=\frac{\rho V D}{\mu}=\frac{\rho V^2}{\mu\frac{V}{l}}=\frac{\text{inércia}}{\text{tensão de cisalhamento}},$$

perceba que este quociente representa a razão entre forças de inércia e a Lei de Newton da Viscosidade, ou seja, entre as **forças de inércia e as forças viscosas**.

Observe que, se o gradiente de velocidades, da tensão de cisalhamento, for muito pequeno, isso representa quase um escoamento de fluido ideal, sem viscosidade, como nas regiões **longe** de paredes, jatos ou esteiras, situação em que normalmente o Re pode ser desprezado.

Números de Reynolds com valores pequenos, abaixo de 2000, denotam que o escoamento é laminar e as forças viscosas são muito importantes. Números de Reynolds muito elevados significam forças de inércia muito mais importantes que as viscosas e, em algumas situações, podem ser desprezados.

- **Euler:** $\text{Eu} = \dfrac{\Delta P}{\rho V^2}$

Razão entre forças de pressão e de inércia. É importante quando for pequeno e se relacionar com a pressão de vapor, é mais conhecido então como o número de cavitação $\text{Ca} = \dfrac{P - P_v}{\frac{1}{2}\rho V^2}$. Este número é muito importante porque representa o risco de cavitação no escoamento, fenômeno destrutivo em bombas e válvulas. P_v representa a pressão de vapor do líquido.

- **Coeficiente de arrasto:** $C_A = \dfrac{F_A}{\frac{1}{2}\rho V^2 A}$

Semelhante na forma ao número de Euler, é muito utilizado no estudo de arrasto sobre corpos submersos, como aviões, navios, automóveis, estruturas etc.

- **Froude:** $\text{Fr} = \dfrac{V}{\sqrt{gl}}$, ou $\text{Fr} = \dfrac{V^2}{gl}$

Representa a razão entre energia cinética (inércia) e a energia potencial (força gravitacional), sendo o adimensional mais importante em escoamentos com superfície livre, como em canais e navegação de navios.

- **Mach:** $\text{Ma} = \dfrac{V}{c}$

Razão entre inércia e velocidade do som. O número de Mach é importante por ser o parâmetro que determina um limite entre escoamentos compressíveis e incompressíveis: se Ma > 0,3, o escoamento é compressível, e se Ma < 0,3, é incompressível. Por isso, o escoamento de gases realizado a Mach < 0,3 é incompressível. Acostume-se com essa ideia.

- **Strouhal:** $\text{St} = \dfrac{\omega l}{V}$

Razão entre frequência de oscilação e velocidade do escoamento. Muito utilizado nos estudos onde há vibrações ou oscilações induzidas por vórtices, em cilindros e fios expostos a escoamentos, por exemplo.

- **Weber:** $\text{We} = \dfrac{\rho V^2 l}{\sigma}$

É utilizado no estudo de gotas, capilares e bolhas.

3.5 TEORIA DA SEMELHANÇA OU SIMILARIDADE

Em Engenharia, é muito comum trabalhar com **modelos** (geralmente em escala reduzida) para prever o comportamento do escoamento, por exemplo, em **protótipos**. É uma abordagem mais sensata testar soluções e correções em um modelo em escala reduzida de um automóvel, um navio, um foguete espacial, um cais, uma barragem ou um edifício, do que arriscar a construção direta do protótipo e ser imobilizado por uma situação imprevista.

Assim, se existir uma relação funcional entre os adimensionais $\pi_1 = \varphi(\pi_2, \pi_3, \ldots, \pi_n)$ para um protótipo (digamos, um navio), então deve existir $\pi_{1m} = \varphi(\pi_{2m}, \pi_{3m}, \ldots, \pi_{nm})$ para um modelo do navio em escala reduzida, em que a função φ e os adimensionais são os mesmos, pois se assume que **o fenômeno é o mesmo** no protótipo e no modelo.

Na Mecânica dos Fluidos, devem-se procurar três tipos de similaridade:

1. **Geométrica** – exige as mesmas formas e ângulos entre modelos e protótipos, e que as três dimensões lineares estejam relacionadas entre si por um mesmo **fator de escala**. Se houver alguma escala diferente em um dos eixos coordenados, aparece o **efeito de escala** e o modelo é dito distorcido. Não é incomum se trabalhar com modelos distorcidos, onde a escala em uma direção é diferente das outras direções, para realçar alguma grandeza de interesse. Suponha que se deseja fazer um modelo em escala reduzida de um trecho de 100 km do rio Tietê, com largura de 100 m e profundidade de 6 m, em um laboratório com a maior dimensão igual a 10 m. Os 100 km se referem a 10 m e definem a escala de 1:10.000, fornecendo largura no modelo de 1 cm e profundidade de 0,6 mm. Com essa profundidade, os efeitos de tensão superficial inviabilizariam o ensaio; assim, o executor pode optar por aumentar essa dimensão no modelo e depois estabelecer correlações para correções.

2. **Cinemática** – exige a semelhança geométrica, e que as velocidades em pontos correspondentes no modelo e no protótipo tenham a mesma direção e sentido, e fator de escala constante entre as magnitudes. Algo do tipo: aviões voam para a frente e, portanto, deve-se posicionar o modelo no túnel de vento na mesma direção das velocidades.

3. **Dinâmica** – modelo e protótipo com a mesma escala geométrica, a mesma escala de tempo e a mesma escala de força.

EXERCÍCIO 3.3

Estude como aumentar a vazão de uma bomba instalada em um circuito hidráulico, de 360 m³/h (condição 1) para 508 m³/h (condição 2)

As condições dessa bomba no ponto de operação na condição 1 são:

Altura manométrica, $Hm_1 = 34$ mca

Vazão, $Q_1 = 360\ m^3/h$

Diâmetro do rotor, $D_1 = 250$ mm

Rotação, $N_1 = 1700$ rpm

Potência, $W_1 = 60$ cv

A bomba deverá operar na condição 2, com $Q_2 = 508\ m^3/h$.

Observe que a condição 2 implica uma bomba geometricamente semelhante à bomba 1: pode ser a mesma bomba, operando em outra condição, ou pode ser outra bomba, maior. Para determinar as inter-relações entre as grandezas de interesse, será necessário aplicar os conceitos de análise dimensional a uma bomba.

Análise dimensional de uma máquina de fluxo

As máquinas de fluxo são apresentadas para seleção na forma de um conjunto de curvas características (Cap. 7), como mostrado hipoteticamente para a bomba 1 (Fig. 3.7).

No eixo das ordenadas, são colocadas diversas escalas: da altura manométrica, da potência, do rendimento, todas em função da vazão.

Devem-se determinar quais são as grandezas importantes no estudo de máquinas de fluxo como esta bomba. Observando o gráfico da Figura 3.7, em termos de grandezas dependentes tem-se Hm; W_{eixo}; η. A vazão é uma grandeza, evidentemente, importante. Sabe-se que o escoamento em uma máquina de fluxo depende também de um diâmetro

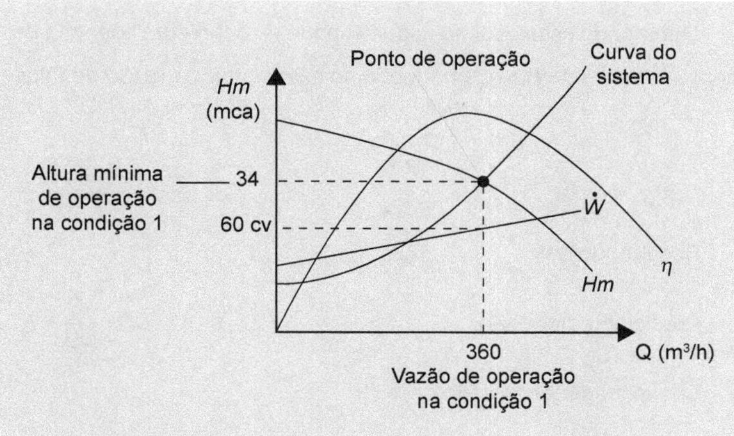

FIGURA 3.7 Curvas características de uma bomba. *Hm* é a altura manométrica (simplificadamente o aumento de pressão que a bomba proporciona), η é o rendimento ou eficiência da bomba, $\dot{W}$ é a potência transmitida pelo motor no eixo da bomba e a curva do sistema representa como o sistema se comporta à medida que se varia a vazão. Ressalte-se que a bomba sempre irá "percorrer" a curva de *Hm*, para cada vazão, e o encontro dessa curva com a curva do sistema determina o ponto de operação do conjunto bomba-circuito hidráulico.

característico *D* (geralmente tomado como o diâmetro do rotor), de um comprimento característico *L* (pode ser uma dimensão, como o diâmetro da boca de saída da bomba, por exemplo), da rugosidade superficial, ε, da velocidade angular, *N* (frequentemente tomada como rotação por minuto - rpm), da viscosidade dinâmica, μ, e da massa específica, ρ.

Aplicando a análise dimensional a cada grandeza dependente, pode-se escrever:

Grandeza dependente (Hm ou W_{eixo} ou η) = $f_i(D, l, \varepsilon, Q, N, \mu, \rho)$.

Montando as matrizes dimensionais e calculando os números adimensionais, pode-se obter a seguinte expressão, em que π_i representa os adimensionais formados a partir das grandezas dependentes:

$$\pi_i = \varphi_i\left(\frac{l}{D}, \frac{\varepsilon}{D}, \frac{Q}{ND^3}, \frac{\rho ND^2}{\mu}\right)$$

Alguns dos adimensionais dentro da função φ_i poderão ser desprezados:

- $\frac{l}{D}$: como se está tratando de bombas geometricamente semelhantes, esta proporção é **constante**, pois o fator de escala é constante.
- $\frac{\varepsilon}{D}$: a rugosidade relativa tem um papel muito importante em tubulações, como se verá mais à frente (Cap. 6) com os diagramas de Moody e a equação de Colebrook.

A rugosidade é difícil de tratar matematicamente e, por essa razão, se usam diagramas e equações com base em dados experimentais, sendo responsável por parcela importante de perda de energia nos escoamentos. Como se está tratando de bombas geometricamente semelhantes, se puder ser assumido que os materiais e os processos de fabricação são similares para uma bomba com 100 cm de diâmetro de rotor e uma de 450 mm, pode ser que as rugosidades sejam similares, mas as rugosidades relativas, $\frac{\varepsilon}{D}$, podem ser bem diferentes e levar a patamares diferentes de perda de energia. Pode-se também considerar que esse valor seja pequeno para diferenças não tão grandes de tamanho e, portanto, esse adimensional normalmente é desprezado. Todavia, deve-se observar que simplificações desse tipo levam a um aumento de incerteza nos cálculos: sempre se deve considerar alguma variação nos resultados quando se trabalha com máquinas de fluxo.

- $\frac{\rho ND^2}{\mu}$: esse adimensional é o número de Reynolds e costuma ser inicialmente desprezado na análise de máquinas de fluxo, com a suposição de que o Re é normalmente da ordem de milhões no interior de máquinas de fluxo e, nas operações normais, os efeitos viscosos serão muito menos importantes que os efeitos inerciais. Obviamente, com bombas trabalhando com fluidos muito viscosos em baixas vazões, o Re passa a ser importante.

Eliminando esses adimensionais, pode-se definir um conjunto de números adimensionais importantes para tratar com máquinas de fluxo, em função do coeficiente de vazão definido por $\frac{Q}{ND^3}$:

$$\pi_i = \varphi_i\left(\frac{Q}{ND^3}\right)$$

Resultando daí:

Coeficiente de vazão:
$$C_Q = \frac{Q}{ND^3}$$

Coeficiente manométrico:

$$C_H = \frac{gH_m}{N^2D^2} = \varphi_1\left(\frac{Q}{ND^3}\right)$$

Coeficiente de potência:

$$C_W = \left(\frac{W_{eixo}}{\rho N^3 D^5}\right) = \varphi_2\left(\frac{Q}{ND^3}\right)$$

Eficiência:
$$\eta = \varphi_3\left(\frac{Q}{ND^3}\right)$$

Será visto no Capítulo 7 que

$$\eta = \frac{C_H C_Q}{C_W} = \frac{\gamma QH}{W_{eixo}} = \frac{\gamma QH}{\omega T}$$

Com esses adimensionais, **toda a família de bombas geometricamente semelhantes** pode ser resumida a um único gráfico com números adimensionais (Fig. 3.8).

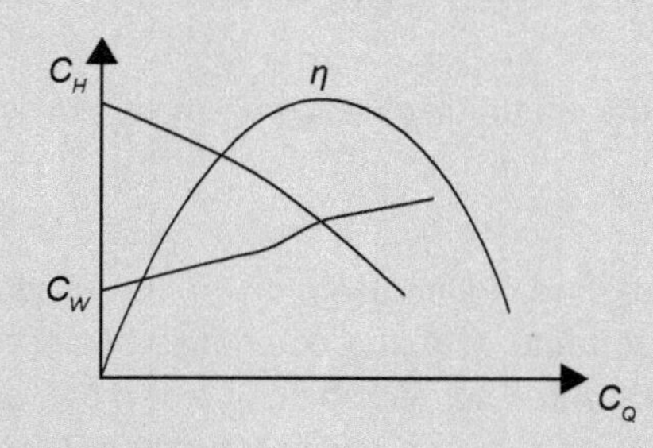

FIGURA 3.8 Curvas características de uma família de bombas geometricamente semelhantes.

Isso significa que os dados de qualquer bomba geometricamente semelhante podem ser estimados a partir de uma única curva.

Para se ter semelhança entre duas máquinas de fluxo, deve-se ter, de acordo com a Teoria da Similaridade, os adimensionais iguais no modelo e protótipo:

$$\frac{Q_1}{N_1D_1^3} = \frac{Q_2}{N_2D_2^3}$$
$$\frac{g_1H_{m1}}{N_1^2D_1^2} = \frac{g_2H_{m2}}{N_2^2D_2^2}$$
$$\frac{W_{eixo1}}{\rho_1N_1^3D_1^5} = \frac{W_{eixo2}}{\rho_2N_2^3D_2^5}$$

Voltando ao problema, a maneira mais fácil para aumentar a vazão seria simplesmente abrir gradualmente uma válvula, mas com isso se altera a curva do sistema e o ponto de operação (vazão e pressão), e poderá diminuir o rendimento do conjunto, com reflexos importantes também no aumento do consumo de energia.

Simplificadamente, sem considerações sobre o NPSH (indicativo de cavitação, Cap. 7) ou sobre a queda na eficiência, para aumentar a vazão da bomba instalada existem duas opções: **aumentar a rotação da bomba** ou **aumentar o diâmetro do rotor**.

a) Aumente a rotação

Parte-se da semelhança entre as duas condições, com Q_1 = 360 m³/h e Q_2 = 508 m³/h:

$$\frac{Q_1}{N_1 D_1^3} = \frac{Q_2}{N_2 D_2^3}$$

$$\frac{360}{1700(250)^3} = \frac{508}{N_2(250)^3}$$

de onde se tira a nova rotação N_2 = 2400 rpm.

Isso significa que, se a rotação do motor for aumentada de 1700 para 2400 rpm, a vazão original será aumentada de Q_1 = 360 m³/h para a vazão desejada Q_2 = 508 m³/h.

Obviamente, trata-se de um aumento muito grande na rotação, o que pode ser conseguido, por exemplo, com a instalação de um conversor de frequência junto ao motor elétrico, o que permite alterar rapidamente a rotação até atingir a vazão desejada.

Supondo que isso seja possível a um custo adequado, e que esse aumento de velocidade angular não traga problemas de estabilidade dinâmica ao conjunto (que podem ser críticos), têm de ser investigados os efeitos desse aumento na **altura manométrica** e na **potência de eixo necessária**.

Efeito na altura manométrica da diminuição de rotação:

$$\frac{g_1 H_{m1}}{N_1^2 D_1^2} = \frac{g_2 H_{m2}}{N_2^2 D_2^2} \text{ ou } \frac{9{,}8 \times 34}{(1700)^2 (250)^2} = \frac{9{,}8 H_{m2}}{(2400)^2 (250)^2}$$

de onde se tira a altura manométrica na nova condição de operação H_{m2} = 68 mca. A altura manométrica dobrou, com a mudança de rotação. Este valor de pressão começa a ser preocupante, pois as tubulações e seus componentes possuem classes limites de pressão a que podem ser submetidas, e este valor representa o limite de uma dessas classes. Uma análise cuidadosa da tubulação deve ser realizada antes de qualquer decisão.

Efeito do aumento de rotação na potência de eixo necessária:

$$\frac{W_{eixo1}}{\rho_1 N_1^3 D_1^5} = \frac{W_{eixo2}}{\rho_2 N_2^3 D_2^5} \text{ ou } \frac{60}{1000 \times (1700)^3 (250)^3} = \frac{W_{eixo2}}{1000 \times (2400)^3 (250)^3}$$

de onde se tira que a nova rotação irá exigir potência no eixo de 169 cv, muito maior que o valor inicial. Nesse ponto, devem ser analisados os valores de potência disponível no motor elétrico, no painel de comando e na cablagem. Esse valor provavelmente inviabiliza essa solução.

b) Aumente o diâmetro do rotor

Novamente, serão usados os adimensionais adequados:

$$\frac{Q_1}{N_1 D_1^3} = \frac{Q_2}{N_2 D_2^3} \text{ ou } \frac{360}{1700 \times (250)^3} = \frac{508}{1700 D_2^3}$$

o que fornece o novo diâmetro como 280 mm. Trata-se de um aumento que irá exigir usinagem da carcaça da bomba para acomodar o novo diâmetro do rotor, e também vai requerer a compra de um novo rotor com o diâmetro calculado. Se isso for viável, terão de ser analisados os efeitos nas novas pressão e potência.

Efeito da redução do rotor na altura manométrica:

$$\frac{g_1 H_{m1}}{N_1^2 D_1^2} = \frac{g_2 H_{m2}}{N_2^2 D_2^2} \quad \text{ou} \quad \frac{9{,}8 \times 34}{(1700)^2 (250)^2} = \frac{9{,}8 H_{m2}}{(1700)^2 (280)^2}$$

de onde se conclui que a altura manométrica na nova condição de operação será de 42,6 mca.

Efeito da redução do diâmetro do rotor na potência de eixo necessária:

$$\frac{W_{eixo1}}{\rho_1 N_1^3 D_1^5} = \frac{W_{eixo2}}{\rho_2 N_2^3 D_2^5} \quad \text{ou} \quad \frac{60}{1000 \times (1700)^3 (250)^5} = \frac{W_{eixo2}}{1000 \times (1700)^3 (280)^5}$$

de onde se tira que o novo diâmetro irá exigir potência no eixo de 106 cv.

A decisão sobre alterar a velocidade ou o diâmetro do rotor deverá passar por considerações sobre as condições da instalação, sobre a estabilidade dinâmica do conjunto rotativo, o custo das modificações e a economia a longo prazo, mas percebe-se facilmente como a análise dimensional é imprescindível nesse tipo de estudo. Observe que se assumiu, implicitamente, que a eficiência se mantém com a mudança de rotação ou de rotor, mas deve-se esperar alguma queda de rendimento.

Problema da semelhança incompleta

Em algumas situações não é possível utilizar os conceitos de semelhança completa. O caso clássico é o de ensaio de modelos de navios em tanques de prova.

Um parâmetro importante em estudos de navios e seus modelos é a força de arrasto, F_A (em inglês, F_D de *drag*). De maneira simplificada (pois há diversos tipos de forças de arrasto envolvidos no escoamento ao redor de um navio: de forma, de atrito, de impacto de ondas etc.), admite-se que essa força depende da massa específica, ρ, da viscosidade, μ, de uma dimensão como o comprimento do navio, da velocidade, V, e da gravidade g, esta diretamente ligada às ondas produzidas.

Utilizando os procedimentos para produção de adimensionais ($n = 6$, $r = 3$), pode-se chegar a uma relação entre os três adimensionais:

$$\frac{F_A}{\rho V^2 L^2} = \left(\frac{\rho V L}{\mu}, \frac{V^2}{gL} \right)$$

Ou seja, a força de arrasto é função do número de Reynolds e do número de Froude.

Como mostrado, é preciso ter a similaridade entre os números de Froude e de Reynolds no modelo e no protótipo:

$$\left(\frac{V^2}{gL} \right)_m = \left(\frac{V^2}{gL} \right)_p \quad \text{e} \quad \left(\frac{\rho V L}{\mu} \right)_m = \left(\frac{\rho V L}{\mu} \right)_p$$

Se o ensaio for realizado com água (mesma massa específica e viscosidade) nas duas situações, com um modelo em escala de 1:10, para um navio protótipo navegando a 8 m/s resultaria:

- no caso de aplicação do número de Froude: velocidade no modelo de 2,5 m/s;
- no caso de aplicação do número de Reynolds: velocidade no modelo de 80 m/s.

A conclusão imediata é que não é possível utilizar os dois adimensionais ao mesmo tempo.

Também não é possível alterar a viscosidade do fluido de testes do tanto necessário para manter a igualdade dos dois adimensionais, nem mudar o g.

Nesse caso, frequentemente é **utilizado apenas o número de Froude** como parâmetro de similaridade, pois, em muitos casos, o arrasto tende a assumir um valor estável para números de Reynolds muito elevados. Mas sempre deve-se tomar cuidado em situações como esta.

EXERCÍCIO 3.4

Ensaio de balão meteorológico em túnel de vento e em tanque de prova

Um balão meteorológico, protótipo, com D_p = 4,5 m, deverá ser ancorado e submetido a escoamento de ar a 20 °C em uma ilha ao nível do mar e submetido a uma velocidade do vento de 2 m/s.

Para a determinação da força de arrasto, o modelo será uma esfera com D_m = 0,4 m, que deverá ser ensaiada tanto em um túnel de vento quanto em um tanque de prova com água. Determine as condições de semelhança e a força de arrasto no protótipo.

São dados:

$$\rho_{água} = 1000\frac{\text{kg}}{\text{m}^3} \qquad \rho_{ar} = 1{,}22\frac{\text{kg}}{\text{m}^3}$$

$$\mu_{água} = 1{,}16\times10^{-3}\text{Ns/m}^2 \qquad \mu_{ar} = 1{,}8\times10^{-5}\text{Ns/m}^2$$

A análise dimensional fornece, como visto no Exercício 3.1:

$$\frac{F_a}{\rho V^2 D^2} = \varphi\left(\frac{\rho V D}{\mu}\right)$$

ou seja, Euler = φ(Re) e, portanto, para semelhança completa, $Re_m = Re_p$ e $Eu_m = Eu_p$ ou, escrito de outra forma para a semelhança de Reynolds:

$$\left(\frac{\rho_m}{\rho_p}\right)\left(\frac{V_m}{V_p}\right)\left(\frac{D_m}{D_p}\right) = \frac{\mu_m}{\mu_p} \text{ ou, ainda, } K_\rho K_V K_D = K_\mu \tag{1}$$

ou, escrito de outra forma para a semelhança de Euler:

$$\left(\frac{\rho_m}{\rho_p}\right)\left(\frac{V_m}{V_p}\right)^2\left(\frac{D_m}{D_p}\right)^2 = \frac{F_{am}}{F_{ap}} \text{ ou, ainda, } K_\rho K_V{}^2 K_D{}^2 = K_{F_a} \tag{2}$$

Caso 1 – Ensaio de esfera com 40 cm em túnel de vento

$$K_\rho = 1 \quad \text{e} \quad K_\mu = 1 \quad \text{(mesmo fluido)}$$

$$\text{Como } Re_m = Re_p \quad \rightarrow \quad K_V K_D = 1$$

$$\text{E como } Eu_m = Eu_p \quad \rightarrow \quad K_V{}^2 K_D{}^2 = K_{F_a}$$

$$\text{Como } K_D = \frac{0{,}4}{4{,}5} = 0{,}0888 \rightarrow K_V = 11{,}25 = \frac{V_m}{V_p} \text{ e como } V_p = 4{,}0\frac{\text{m}}{\text{s}} \rightarrow V_m = 22{,}5 \text{ m/s.}$$

Essa tem de ser a velocidade de ensaio no túnel de vento. Para verificar a relação de forças, deve-se usar o adimensional de Euler:

Como $K_V K_D = 1$ e $K_{F_a} = K_V^2 K_D^2$, resulta que $K_{F_a} \approx 1$. Isso significa que, no caso do túnel de vento, a força no modelo será igual à força medida no protótipo.

Caso 2 – Ensaio em tanque de provas

Os adimensionais são os mesmos, mas mudam o fluido de trabalho. Assim:

$$K_\rho = \frac{1000}{1,22} = 819 \quad \text{e} \quad K_\mu = \frac{1,16 \times 10^{-3}}{1,8 \times 10^{-5}} = 64,1$$

Substituindo esses valores na expressão (1), $K_\rho K_V K_D = K_\mu$, com $K_D = 0,0888$, resulta

$$K_V = 0,89 = \frac{V_m}{V_p} \text{ e como } V_p = 2,0 \text{ m/s} \rightarrow V_m = 1,78 \text{ m/s}$$

que deve ser a velocidade de arrasto da esfera de 30 cm no tanque de provas. Para a relação de forças: $K_{F_a} = K_\rho K_V^2 K_D^2$, e, substituindo as escalas, resulta $K_{F_a} = 5,12$. Isso significa que o modelo pode ser ensaiado em água com V_m = 1,78 m/s, e que a força no modelo será 5,12 vezes maior que no protótipo.

3.6 ADIMENSIONALIZAÇÃO DE EQUAÇÕES DIFERENCIAIS

Adimensionalização é um procedimento bastante utilizado ao se trabalhar com as complexas equações diferenciais, como as de Navier-Stokes, comuns na Mecânica dos Fluidos e estudadas no Capítulo 4.

Não é escopo deste livro, mas para demonstrar as possibilidades, se for tomada a equação da continuidade (Cap. 4) para a direção x:

$$\frac{\partial \rho}{\partial t} + \frac{\partial \rho u}{\partial x} = 0$$

Podem ser definidos alguns adimensionais, marcados com *, em função de grandezas características, como a velocidade ao longe, u_∞, um tempo característico, t_c, uma massa específica, ρ_c, de um ponto qualquer do escoamento e um comprimento característico, L_c:

$$u^* = \frac{u}{u_\infty} \qquad x^* = \frac{x}{L_c} \qquad t^* = \frac{t_c u_\infty}{L_c} \qquad \rho^* = \frac{\rho}{\rho_c}$$

E a equação da continuidade se torna

$$\frac{\rho_c}{t_c} \frac{\partial \rho^*}{\partial t^*} + \frac{\rho_c u_\infty}{L_c} \frac{\partial \left(\rho^* u^* \right)}{\partial x^*} = 0$$

que, rearranjada, fornece:

$$\frac{L_c}{t_c u_\infty} \frac{\partial \rho^*}{\partial t^*} + \frac{\partial \left(\rho^* u^* \right)}{\partial x^*} = 0$$

Observe que $\frac{L_c}{t_c u_\infty}$ é o adimensional chamado número de Strouhal. Durst (2008) faz uma observação muito importante em seu livro: "podem ser obtidas soluções similares para problemas de escoamento somente quando os números de Strouhal forem iguais".

CONSIDERAÇÕES FINAIS

Você vai utilizar análise dimensional em qualquer trabalho de Engenharia, implícita ou explicitamente. Na Mecânica dos Fluidos, sempre que há um problema ou projeto novo a resolver é muito conveniente usar o método de abordagem da AD: ajuda a organizar o pensamento, entender o que pode ser importante considerar, perceber se há necessidade de um experimento. E, se houver um experimento a fazer, a AD é insubstituível na preparação e análise dos dados e na obtenção de equacionamentos.

No ensaio com modelos para determinar situações de protótipos, a AD é o método a ser usado, mesmo na realização de simulações digitais e nos experimentos físicos.

Como foi mostrado, a operação de sistemas de bombeamento também usa a AD.

Finalmente, ao abordar um problema de escoamento, lembre-se de prestar muita atenção ao básico, às equações fundamentais que serão vistas nos próximos capítulos, e suas correlações com a AD na montagem de um modelo matemático. Aproprie-se da AD, vai ser muito útil.

CAPÍTULO 4

MOVIMENTO E ANÁLISE DIFERENCIAL DE ESCOAMENTOS

O mundo ficou mais difícil: entendendo e equacionando o escoamento de fluidos e o movimento de suas partículas, a equação de Navier-Stokes, a turbulência e a camada-limite...

Importante: *toda a base para entender a Mecânica dos Fluidos está contida neste capítulo, com uma poderosa abordagem matemática, fonte de temor para os iniciantes. Mas, em oposição a esta importância, a* **Análise diferencial** *praticamente não é aplicada diretamente no cotidiano da engenharia: as aplicações diretas se desenvolvem a partir do que é fornecido nos Capítulos* **5 – Análise Integral de Escoamentos** e **6 – Cálculo de Escoamento em Condutos** *em diante, com suas decisivas inserções de fórmulas e dados experimentais e conceitos de Engenharia.*

A exceção seria o uso de simulação digital de alguns tipos de situações, geralmente com o uso de códigos computacionais. Ressalte-se que a Dinâmica do Fluido Computacional (na sigla em inglês, CFD) é uma abordagem extremamente vigorosa para simular escoamentos, e utiliza intensamente os conceitos de análise diferencial apresentados neste capítulo. Há códigos computacionais disponíveis comercialmente e que podem auxiliar na solução de problemas específicos, por exemplo, o escoamento ao redor de corpos (aviões, navios, estruturas etc.) e os escoamentos interiores (bombas, turbinas, válvulas etc.). Entretanto, até o momento há a necessidade de validações experimentais de seus resultados. A dificuldade com os códigos é a falsa sensação de segurança de que o resultado ou a imagem gerada, por exemplo, representa de fato o fenômeno, e isso pode estar longe da realidade. *Entretanto, este é um capítulo fundamental para entender todo o resto, e é a base, o alicerce da Mecânica dos Fluidos. Você deve ler e entender muito bem o seu conteúdo: sem esse conhecimento você se tornará um mero aplicador de fórmulas integrais, sem base para introduzir mudanças de fato a partir do conhecimento mais íntimo do escoamento. Em suma: o capítulo é cansativo, mas indispensável.*

Atenção à leitura dos tópicos camada-limite, separação e turbulência (Seção 4.9). Em geral, não é cobrado em provas na graduação, mas iniciar o entendimento nesses assuntos é importante para a qualidade da engenharia de fluidos.

OBJETIVOS

Este capítulo trata do entendimento e do equacionamento do movimento dos fluidos em escoamentos incompressíveis, por meio da aplicação da análise diferencial aos escoamentos. Serão apresentados os movimentos da partícula fluida; o referencial de Euler; as equações da conservação da massa, da quantidade de movimento e da energia aplicadas à partícula; e as importantes equações de Bernoulli, de Euler e de Navier-Stokes.

Neste capítulo, é feita ainda a introdução aos fenômenos fundamentais da **turbulência**, **separação**, **descolamento** e do conceito de **camada-limite**. Trata-se de uma preparação importante e fundamental para os cálculos de condutos e também de escoamentos externos a corpos.

O capítulo anterior tratou de análise dimensional, e o próximo tratará da análise integral. Deve ser observado novamente que são três abordagens quase sempre complementares, utilizadas para analisar e solucionar problemas técnicos relativos à Mecânica dos Fluidos.

Em situações convencionais, a análise integral resolve a maior parte das situações cotidianas, mas deve-se ter consciência de seu caráter de "caixa-preta": analisam-se os contornos e fronteiras dos problemas, mas geralmente não se consegue, apenas com ela, melhorar algo no interior de escoamentos que implique melhora de parâmetros. Para sair da fronteira e "entrar" no interior do escoamento faz-se necessária a análise diferencial.

4.1 MÉTODO

Os estudos partem do que se entende que ocorre no escoamento em nível infinitesimal com a cinemática de **partículas fluidas**, e se desenvolvem as leis de conservação na forma diferencial: conservação da massa (ou equação da continuidade), Segunda Lei de Newton (equação da quantidade de movimento) e Primeira Lei da Termodinâmica (equação da energia).

Ressalte-se que a partícula fluida deve ter dimensões muito pequenas, mas ao mesmo tempo grandes o suficiente para que propriedades físicas – como massa específica, viscosidade, pressão, temperatura etc. – possam ser definidas no domínio do *continuum*.

A modelagem e a solução de problemas utilizam essas leis, amparadas por equações fundamentais da física e uma grande quantidade de equações empíricas, próprias da Mecânica dos Fluidos, com diversas simplificações e hipóteses.

Observe atentamente o Quadro 4.1, com a **rota** de utilização das equações, e familiarize-se com os termos e expressões ali apresentados.

4.1.1 Visualização de escoamentos

A visualização é **muito importante** no estudo de escoamentos de fluidos, seja por meio de experimentos físicos, simulações digitais (CFD) ou experimentos mentais, em que o projetista tenta entender trajetórias e caminhos que o fluido irá seguir, bem como procura antecipar onde se situarão os sempre presentes pontos de turbulência e separação, que levam a perdas de energia e à destruição do escoamento projetado.

Leonardo da Vinci (1452-1519) foi um grande observador de fenômenos naturais e reconhecia a forma e a estrutura dos fenômenos hidráulicos. Planejou e supervisionou a construção de canais e portos. Sua obra *Del moto e misura dell'acqua* (Sobre o movimento e medição da água) mostra desenhos de vórtices, quedas d'água, jatos livres, interferências de ondas e muitos outros fenômenos só recentemente observados com câmeras de alta velocidade. Um dos fenômenos por ele descrito, o *vortex shedding*, por meio do qual estimou a vazão do rio Arno, em Florença, observando os vórtices formados nos pilares das pontes sobre o rio, foi utilizado na década de 1970 para a construção de um instrumento de medição de vazão, o *vortex shedding meter*. Seus desenhos eram incrivelmente precisos, como pode ser visto no acervo da Biblioteca Pública de Nova York, disponível por meio do QR Code.

uqr.to/1w64b

Uma das maneiras mais importantes de ganhar conhecimento e sensibilidade nos fenômenos de escoamentos é mediante a visualização de escoamentos, e pode-se acessar uma série de filmes do *National Committee for Fluid Mechanics Films*, dos Estados Unidos, produzidos na década de 1960 por Ascher Shapiro. Os filmes encontram-se no *site* do MIT (Massachusetts Institute of Technology), acessível por meio do QR Code.

uqr.to/1w64c

Outra fonte de belas imagens relacionadas com a Mecânica dos Fluidos é a NASA, por exemplo, mostrando a MecFlu envolvida na observação da atmosfera de Júpiter. Digitalize o QR Code para ver mais.

uqr.to/1w64d

Ou, ainda, mostrando uma concepção da forma da heliosfera, claramente influenciada por linhas de corrente e turbulências espaciais, como pode-se observar no QR Code.

uqr.to/1w64e

Muitas vezes, a visualização é auxiliada pelo uso de instrumentos de medição de velocidade do fluido. O conhecimento do campo de velocidades é tão importante que foram desenvolvidos muitos métodos de medição de velocidades de correntes de fluidos e de partículas, para os diversos pontos do escoamento: tubos de Pitot (desde 1732!); tubos de Pitot multifuros com três, cinco ou até 12 orifícios (*five holes Pitot tubes*); anemômetros de fio e de filme quente para uma, duas ou três dimensões (*hot wire anemometers*); anemômetros a *laser* para uma, duas ou três dimensões (*laser doppler anemometers*).

No início dos anos 2000, foi desenvolvido um sistema potente para visualização e quantificação de campos inteiros de velocidade em escoamentos: o *Particle Image Velocimetry* (PIV), que consiste em alimentar (*seeding*) um escoamento com partículas refletoras com densidades próximas às do fluido em escoamento, e, então, iluminá-las com um plano de luz *laser* pulsado. Perpendicular a esse "plano" uma câmera de alta resolução capta momentos sucessivos (intervalos de microssegundos) e, por meio de tratamento desses sinais, mostra os campos completos de velocidade, onde podem ser vistas as linhas de corrente do escoamento. Trata-se de um auxiliar importante para entender escoamentos, ainda aplicável apenas em condições laboratoriais.

4.1.2 Rotas de cálculo (ou rotas de utilização de equações)

Trabalhar com escoamentos exige que se faça um esforço para entender tanto o movimento das partículas fluidas que compõem o *continuum* quanto os mecanismos de separação e descolamento da corrente de fluido e da turbulência, daí a importância crucial deste capítulo.

O Quadro 4.1 apresenta rotas para utilização das equações. Use-o como referência e guia para entender o ponto em que você estará em cada momento do estudo ou da resolução de um problema ou projeto. O quadro com rotas possíveis tem a intenção de mostrar o equacionamento simplificado mais adequado para várias necessidades e oferecer uma visão de conjunto para o leitor.

QUADRO 4.1 ■ Rota de utilização das equações

<table>
<tr><th colspan="4">Análise Diferencial do Escoamento</th></tr>
<tr><td rowspan="8">Velocidade</td><td rowspan="6">Movimentos da partícula fluida</td><td>Linhas de corrente $\frac{u}{dx}=\frac{v}{dy}$</td><td rowspan="6">A velocidade é a propriedade mais importante na Mecânica dos Fluidos. Se o campo de velocidades for conhecido, o escoamento está resolvido. Observe como todas as equações de movimento tratam com a velocidade.</td></tr>
<tr><td>Translação trajetória $u=\frac{dx}{dt}$ e $v=\frac{dy}{dt}$</td></tr>
<tr><td>Velocidade angular
$\vec{\omega}=\nabla\vec{V}=\frac{1}{2}\left[\left(\frac{\partial w}{\partial y}-\frac{\partial v}{\partial z}\right)\vec{i}+\left(\frac{\partial u}{\partial z}-\frac{\partial w}{\partial x}\right)\vec{j}+\left(\frac{\partial v}{\partial x}-\frac{\partial u}{\partial y}\right)\vec{k}\right]$</td></tr>
<tr><td>Vorticidade $\vec{\Omega}=2\vec{\omega}=\nabla\wedge\vec{V}$</td></tr>
<tr><td>Deformação linear e taxa de deformação volumétrica
$\varepsilon_x=\frac{\partial u}{\partial x}$ e $\varepsilon_{\forall}=\frac{\partial u}{\partial x}+\frac{\partial v}{\partial y}+\frac{\partial w}{\partial z}$</td></tr>
<tr><td>Deformação angular $\varepsilon_{xy}=\frac{1}{2}\left(\frac{\partial v}{\partial x}+\frac{\partial u}{\partial y}\right)$</td></tr>
<tr><td rowspan="2">Escoamento potencial</td><td>Função potencial $d\varphi=udx+vdy=\frac{\partial\varphi}{\partial x}dx+\frac{\partial\varphi}{\partial y}dy$</td><td rowspan="2"></td></tr>
<tr><td>Função de corrente $d\psi=-vdx+udy=\frac{\partial\psi}{\partial x}dx+\frac{\partial\psi}{\partial y}dy$</td></tr>
<tr><td rowspan="2">Aceleração</td><td rowspan="2"></td><td>Lagrange $\vec{a}=\frac{du}{dt}\vec{i}+\frac{dv}{dt}\vec{j}+\frac{dw}{dt}\vec{k}$</td><td rowspan="2">A existência da aceleração convectiva é um grande complicador nas soluções da Mecânica dos Fluidos.</td></tr>
<tr><td>Euler $\vec{a}=\frac{d\vec{V}}{dt}=\frac{\partial\vec{V}}{\partial t}+\left(\vec{V}\cdot\nabla\right)\vec{V}$</td></tr>
<tr><td rowspan="6">Massa, Força e Energia: equações fundamentais</td><td rowspan="3">Equação da Continuidade</td><td>Forma geral $\frac{\partial\rho}{\partial t}+\nabla\cdot\left(\rho\vec{v}\right)=0$</td><td rowspan="3">Grande parte dos problemas com tubulações é encaminhada e resolvida com a equação da continuidade.</td></tr>
<tr><td>Escoamento compressível, Regime Permanente $div\left(\rho\vec{v}\right)=0$</td></tr>
<tr><td>Escoamento incompressível, Regime Permanente $div\vec{v}=0$</td></tr>
<tr><td rowspan="3">Equação da Quantidade de Movimento</td><td>Equação de Euler $\rho\vec{g}-\nabla P=\rho\left[\frac{\partial\vec{v}}{\partial t}+\left(\vec{v}\cdot\nabla\right)\vec{v}\right]$</td><td rowspan="3">As equações de Navier-Stokes podem teoricamente “resolver” qualquer escoamento, mas ainda não existe uma solução geral para elas, exceto em casos simples, com escoamentos laminares.</td></tr>
<tr><td>Equação Geral de Navier-Stokes (escoamento incompressível e viscosidade constante)
$\rho\vec{g}-\nabla p+\mu\nabla^2\vec{V}=\rho\frac{d\vec{V}}{dt}$ e $\nabla\cdot\vec{v}=0$</td></tr>
<tr><td>Equação de Navier-Stokes, componente x (escoamento incompressível e viscosidade constante)
$\rho g_x-\frac{\partial P}{\partial x}+\mu\left(\frac{\partial^2 u}{\partial x^2}+\frac{\partial^2 u}{\partial y^2}+\frac{\partial^2 u}{\partial z^2}\right)=\rho\left(\frac{\partial u}{\partial t}+u\frac{\partial u}{\partial x}+v\frac{\partial u}{\partial y}+w\frac{\partial u}{\partial z}\right)$</td></tr>
</table>

(*continua*)

QUADRO 4.1 ■ Rota de utilização das equações (*continuação*)

Análise Diferencial do Escoamento			
Massa, Força e Energia: equações fundamentais	Equação da Energia	Primeira Lei da Termodinâmica $de_{int} + d\left(\frac{P}{\rho}\right) + vdv + gdz = \delta q - \delta w$	Apesar de sérias limitações quanto aos limites de aplicação, a equação de Bernoulli é um poderoso auxiliar para a solução de problemas.
		Bernoulli $\frac{V^2_1}{2g} + \frac{p_1}{\gamma} + h_1 = \frac{V^2_2}{2g} + \frac{p_2}{\gamma} + h_2$	
Viscosidade e mundo real	Camada-limite	Equação de Prandtl (escoamento laminar) $V\frac{\partial V}{\partial x} + \frac{\mu}{\rho}\frac{\partial^2 u}{\partial y^2} = u\frac{\partial u}{\partial x} + v\frac{\partial u}{\partial y}$ e $\frac{\partial u}{\partial x} + \frac{\partial v}{\partial y} = 0$	O conceito de camada-limite permite entender melhor os escoamentos e possibilita diversas soluções para importantes problemas de engenharia.
		Blasius (escoamento laminar em placa plana) δ, δ^*, θ $\frac{\delta}{x} = \frac{5,0}{Re_x^{1/2}}$ e $\frac{\delta^*}{x} = \frac{1,72}{Re_x^{1/2}}$ e $\frac{\theta}{x} = \frac{0,664}{Re_x^{1/2}}$	
		CL turbulenta usando lei 1/7 de Prandtl $\frac{\delta}{x} = \frac{0,16}{(Re_x)^{1/7}}$ e $\frac{\delta^*}{x} = \frac{0,02}{Re_x^{1/7}}$ e $\frac{\theta}{x} = \frac{0,016}{Re_x^{1/7}}$	
Turbulência	Escalas e camadas-limite Equação Kolmogorov	$\hat{\varepsilon}(k) \sim k^{-5/3}$	Turbulência é o último fenômeno não resolvido da mecânica clássica. O modelo de dissipação em cascata, de Kolmogorov em 1941, ainda oferece muitas possibilidades de abordagem e soluções, e não foi substituído por nada melhor.

4.1.3 Tipos de exercícios que poderão ser resolvidos após o aprendizado

Se for necessário entender os detalhes dos escoamentos e as complexas interações fluido-sólidos para agir no sentido de melhorar os escoamentos, a análise diferencial é a abordagem que deve ser adotada. Ao entender os detalhes do escoamento, pode-se alterar a geometria para facilitar o desenvolvimento das linhas de corrente e com isso diminuir a separação e a turbulência, bem como melhorar a qualidade do escoamento e a eficiência energética de sistemas.

A Figura 4.1, que representa um corte do sistema de exaustão de ar de uma estação de metrô, pode ajudar a entender melhor os conceitos.

A Figura 4.1 mostra um trem saindo do túnel e empurrando o ar (incompressível) para a estação do metrô, e o sistema de dutos de exaustão de ar. São medidas as pressões nos pontos 1 e 2 para avaliar a curva do sistema hidráulico e, com o auxílio das curvas características do ventilador de exaustão, pode-se determinar o ponto de operação do sistema de exaustão, como visto nos Capítulos 3 e 6.

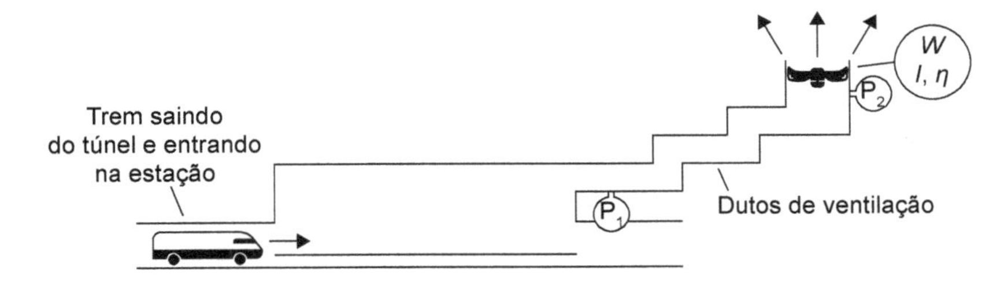

FIGURA 4.1 Representação em corte de uma estação de metrô, sem escala. *W* é a potência consumida pelo ventilador, *I* é a corrente e η, a eficiência do ventilador.

O ar ambiente da estação é aspirado (para renovação e remoção eventual de carga térmica) por meio do sistema de dutos indicado, com muitas mudanças de direção e vários ângulos retos. Ao passar por essas mudanças de direção e ângulos retos ocorrem descolamento e separação do escoamento, que perde energia, como ilustra a Figura 4.2.

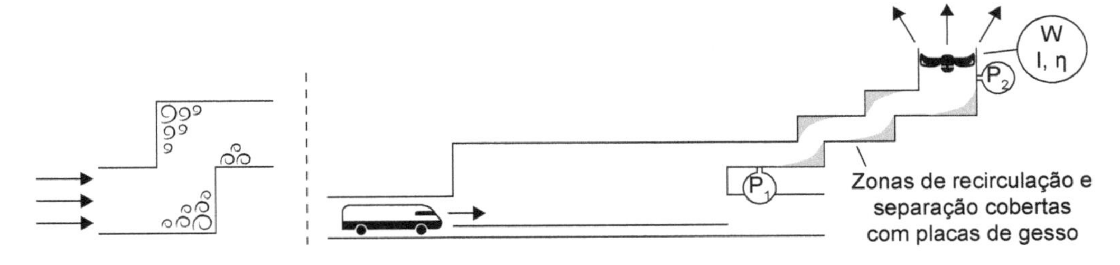

FIGURA 4.2 Descolamento e separação do escoamento, que levam à perda de energia.

Utilizando os conceitos da análise integral de escoamentos no próximo capítulo, ao medir a vazão de ar (chamada "tiragem") que passa pelo sistema de ventilação, percebeu-se que a vazão de ar era inferior à de projeto. Colocou-se então em um gráfico (Fig. 4.3) a curva manométrica do ventilador axial e a curva de perda de carga do sistema de dutos (isto será visto em profundidade no Capítulo 7 – Bombas, Ventiladores e Bombeamentos), e percebeu-se que ou se substituía o ventilador, modificando a curva da máquina para chegar à tiragem necessária, ou se modificava a curva do sistema, reduzindo a perda de carga (que corresponde à perda de energia por atrito) no sistema de dutos.

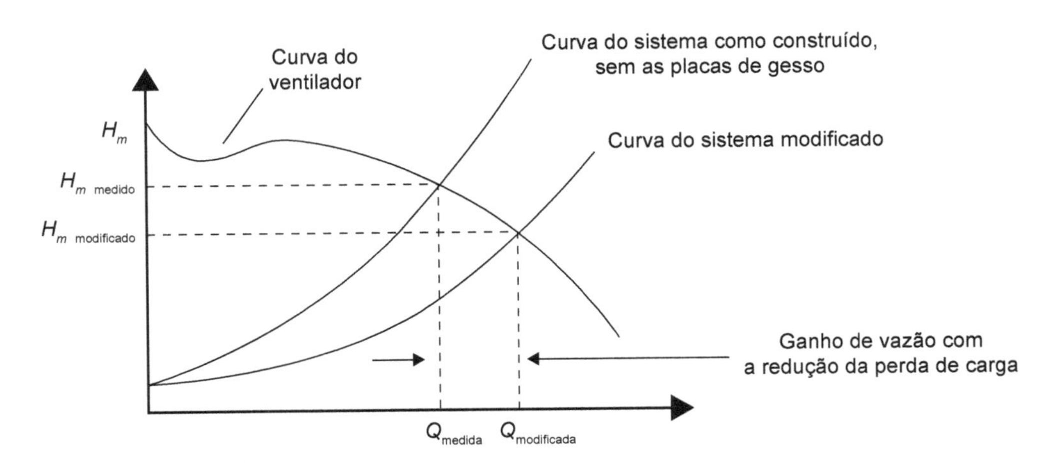

FIGURA 4.3 A curva da altura manométrica (H_m) do ventilador é imutável, e a curva do sistema medido mostra o ponto de operação atual (com a vazão Q_{medida} e altura manométrica $H_{m\ medida}$).

Como trocar o ventilador é caro e aumentaria o consumo de energia, a busca pela solução poderá se valer de uma abordagem **diferencial** (no sentido de estudo das linhas de corrente do escoamento) para entender onde e como será possível reduzir as perdas de energia no circuito de dutos de exaustão.

Sabe-se por meio de visualização e estudos que escoamentos viscosos, ao passarem por curvas e ressaltos, produzem separação e zonas de recirculação, e com base nessas informações, pode-se projetar uma série de curvas concordantes suavemente com as paredes, com placas curvas de material moldável, por exemplo, que irão substituir as zonas de recirculação, que consomem energia, como mostrado na Figura 4.2. Esse procedimento poderá ser calculado e visualizado inicialmente com CFD, que usa intensamente equações diferenciais, podendo ser em seguida confirmado e ajustado por um modelo físico experimental.

Observe que o escoamento descola da superfície (figura à esquerda) e gera recirculação e turbulência em cada canto da tubulação, o que significa perda de energia. Se forem feitas simulações em um modelo físico em acrílico em escala reduzida ou digital utilizando CFD (que emprega os conceitos da análise diferencial), pode-se encontrar a melhor maneira de as paredes do duto evitarem a separação do escoamento e aumentarem a vazão disponível. As formas escuras nos cantos representam as regiões de estagnação com os vórtices gerados nas separações, como mostrados na figura à esquerda.

Com essas modificações no sistema, a curva do sistema é alterada, e as curvas do ventilador se ajustam às da condição de projeto, como mostrado na Figura 4.3. O ponto de operação muda para o valor desejado, no ponto de encontro da curva do sistema modificado, com a curva do ventilador.

Ao se alterar a curva do sistema, com a suavização dos ângulos retos e diminuição das perdas de carga singulares, a curva do sistema cai para outro patamar, passando a operar sobre a mesma curva do ventilador, mas com um ponto de operação com vazão maior.

Este é um exemplo de como os conceitos de linha de corrente, separação e camada-limite, fundamentalmente associados à análise diferencial e apresentados ao fim do capítulo, são utilizados para resolver um problema real.

4.2 CLASSIFICAÇÃO DOS ESCOAMENTOS

As possíveis classificações dos escoamentos (taxonomia) compreendem:

- geométrica;
- quanto à variação no tempo;
- quanto à turbulência (direção e variação);
- quanto ao movimento de rotação;
- quanto à compressibilidade etc.

Classificação geométrica

Os escoamentos podem ser classificados como unidimensionais, bidimensionais ou tridimensionais, dependendo do número de variáveis utilizados na referência de sua velocidade.

Em rigor, todos os escoamentos reais são tridimensionais e as velocidades de suas partículas fluidas, em cada seção transversal, variam em três direções, como mostra a Figura 4.4.

Escoamentos são denominados bidimensionais quando puderem ser completamente definidos por linhas de corrente contidas em um único plano, como mostra a Figura 4.5. Muitos escoamentos tridimensionais podem ser simplificados para bidimensionais, com pouca perda de qualidade.

Escoamentos são ditos unidimensionais quando uma única coordenada é suficiente para descrever as velocidades do fluido, como mostra a Figura 4.6. Para que isso aconteça é necessário que a velocidade seja constante em cada seção.

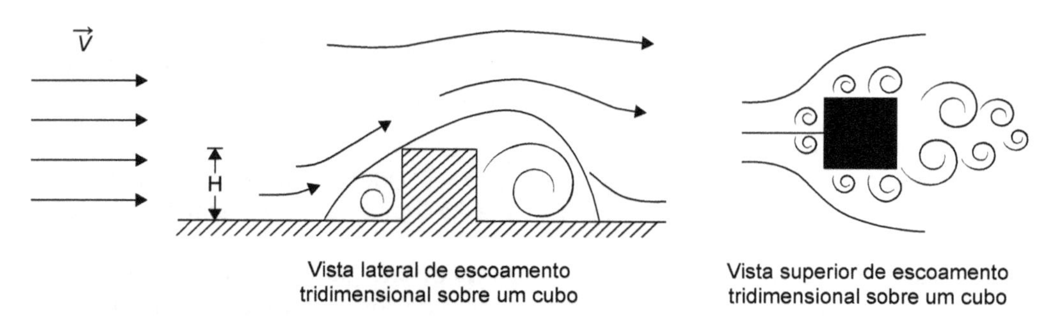

FIGURA 4.4 Representação da tridimensionalidade do escoamento de ar sobre um bloco.

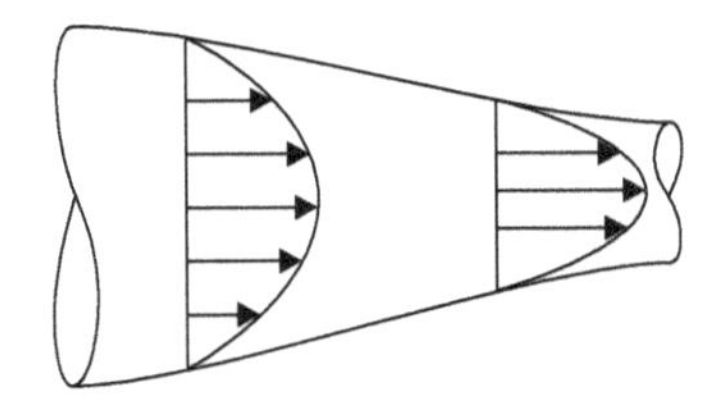

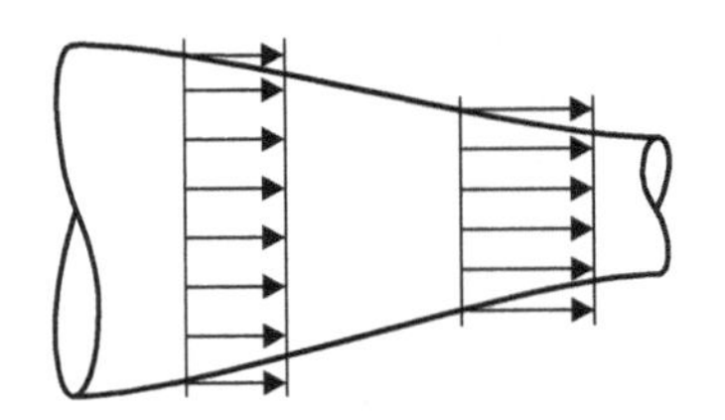

FIGURA 4.5 Escoamentos bidimensionais apresentados como simplificações do escoamento sobre um cilindro (por exemplo, um cabo de alta-tensão em uma torre de transmissão) e no escoamento interno em um convergente.

FIGURA 4.6 Simplificação do escoamento em um convergente como um escoamento unidimensional.

Classificação quanto à variação no tempo

Os escoamentos podem ser permanentes ou transitórios.

O escoamento é dito **permanente** quando as médias estatísticas das propriedades são funções exclusivas de ponto e não dependem do tempo:

$$\frac{\partial m}{\partial t}=0 \quad \frac{\partial \vec{V}}{\partial t}=0 \quad \frac{\partial P}{\partial t}=0 \quad \frac{\partial \rho}{\partial t}=0 \text{ etc.}$$

Ressalte-se que, nas aplicações industriais e no saneamento, as propriedades são consideradas muitas vezes em regime permanente em uma média de tempo conveniente.

Regimes transientes ocorrem quando as propriedades do fluido ou do escoamento mudam ao longo do período de interesse.

Classificação quanto à turbulência

- **Escoamento laminar** ocorre quando as partículas fluidas descrevem trajetórias paralelas e suaves, com o número de Reynolds Re < 2000; o perfil de velocidades no interior de um duto tem a forma parabólica, como se mostrará mais à frente.

Na Figura 4.7 (parte inferior), é representada a injeção de corante na corrente fluida. No caso do escoamento laminar, o feixe de tinta segue não perturbado, enquanto no escoamento turbulento, rapidamente as linhas de corrente são destruídas e o escoamento apresenta um aspecto de muita "mistura" do corante. Aparecem componentes de velocidade em todas as direções, mas a velocidade média na direção horizontal continua no sentido da direita, como representado na parte superior da Figura 4.7.

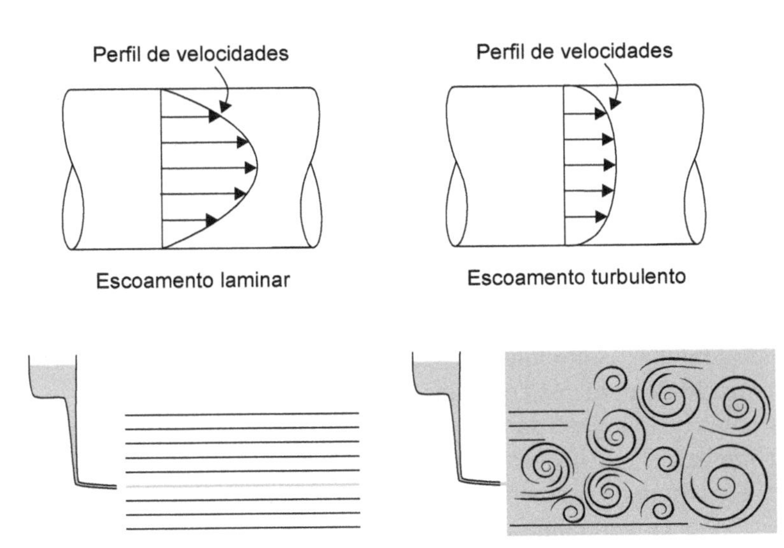

FIGURA 4.7 Representação de escoamentos laminar e turbulento em um duto.

- **Escoamento turbulento** ocorre quando as trajetórias das partículas fluidas são erráticas, de comportamento "imprevisível", e o perfil de velocidades pode seguir uma lei diferente da parabólica, podendo ser bastante deformado. $Re > 2400$.
- **Transição** representa a passagem do escoamento laminar para o turbulento, ou vice-versa.

Classificação quanto ao movimento de rotação

A existência de movimentos de rotação está associada a importantes restrições no que concerne ao uso de várias equações, como se verá. Os escoamentos são classificados em:

- **Rotacional**, quando a maioria das partículas fluidas se desloca animada de velocidade angular em torno de seu centro de massa.
- **Irrotacional**, quando as partículas se movimentam sem exibir movimento de rotação.

Classificação quanto à compressibilidade

Os escoamentos são ditos **incompressíveis** quando o número de Mach $Ma = \frac{V}{c} \leq 0,3$. Trata-se de uma propriedade do escoamento e não do fluido, e é muito importante no uso das equações de escoamento.

Para **ar em pressões e temperaturas próximas à ambiente**, esta restrição significa que as equações da MecFlu são válidas até velocidades de cerca de 100 m/s (V = velocidade do fluido, C = velocidade do som no fluido). Para $Ma = \frac{V}{C} > 0,3$, o escoamento é considerado compressível e a maioria das equações da MecFlu não pode ser usada. Nesse caso, são empregadas as equações da termodinâmica do escoamento compressível.

4.3 MOVIMENTOS DA PARTÍCULA FLUIDA

A cinemática do escoamento é muito importante no estudo de fluidos. Nos escoamentos incompressíveis, se for conhecido o campo de velocidades e a diferença de pressão entre dois pontos, pode ser possível resolver todo o escoamento.

A discussão da cinemática da partícula fluida é complexa e exige um tratamento matemático adaptado para os fluidos, que são deformáveis e estão em movimento. Esses conceitos possibilitam uma introdução à Mecânica dos Fluidos Computacional (CFD), nome genérico dado aos trabalhos computacionais que possibilitam realizar simulações de escoamentos e podem auxiliar grandemente o entendimento dos fenômenos e a solução de projetos.

Partículas fluidas podem estar animadas por diversos movimentos, individuais ou combinados: translação, rotação, deformação linear e deformação angular, representados na Figura 4.8.

Esses conceitos facilitam o estudo e a visualização dos aspectos cinemáticos dos escoamentos e ampliam as possibilidades para propor correções que possam melhorar a qualidade e a eficiência energética do escoamento.

Por que melhorar a qualidade do escoamento e a eficiência energética?

Frequentemente, a destruição das linhas de corrente dos escoamentos também leva a aumento de ruídos e vibrações, que podem ser perigosos para a integridade de equipamentos em diversas situações. E um grande problema das tecnologias envolvidas com a Mecânica dos Fluidos é o **consumo de energia dos escoamentos**: sempre se deve buscar melhorar escoamentos em dutos e as linhas aerodinâmicas de carros, aviões, navios e submarinos justamente para reduzir a separação e turbulência e, assim, reduzir o consumo de energia, permitindo não só aumentar a autonomia desses meios de transporte com o mesmo consumo de energia, mas também reduzir a emissão de poluentes e de gases de efeito estufa.

Esses conceitos também são fundamentais nos projetos de movimentações de fluidos, tanto nas máquinas de fluxo (bombas e ventiladores) quanto nas tubulações que conduzem os fluidos. Sempre se deve buscar melhorar a eficiência do escoamento, reduzir a vibração e o ruído de origem aerodinâmica, e o bom caminho para isso é conhecer a cinemática do escoamento.

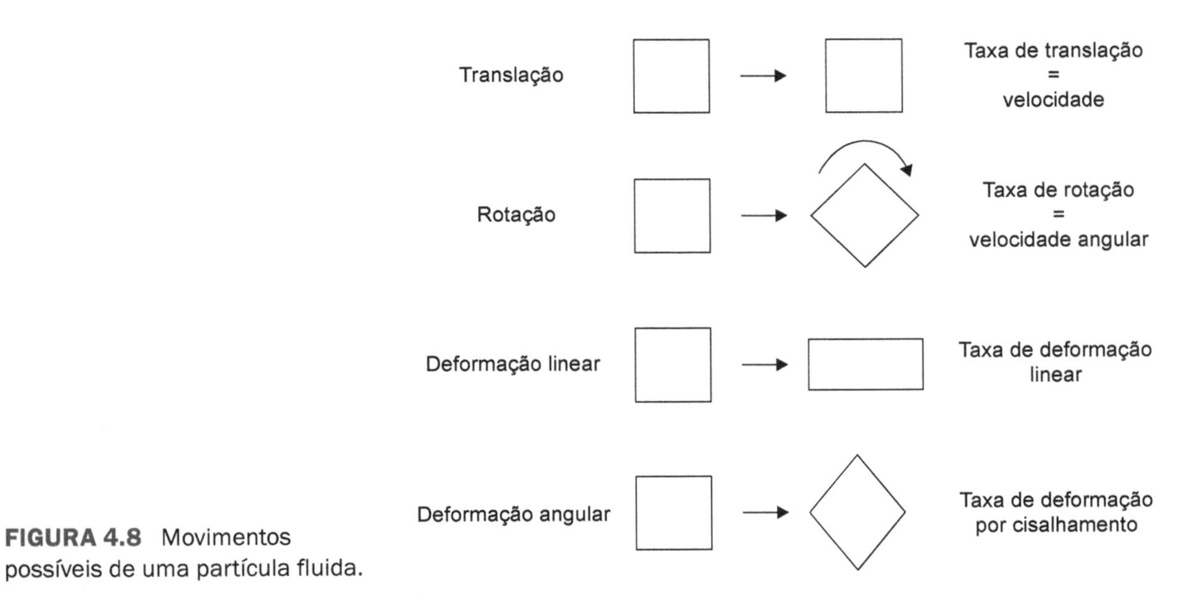

FIGURA 4.8 Movimentos possíveis de uma partícula fluida.

4.3.1 Movimento de translação

Há equacionamentos e conceitos muito úteis para descrever o movimento de translação de partículas fluidas em um escoamento, quais sejam: linha de corrente, trajetória, linha de emissão e linha de tempo.

Linha de corrente (*streamline*), LC

Linhas de corrente são linhas imaginárias tangentes à direção da velocidade em cada ponto do campo de escoamento, em um dado instante. A Figura 4.9 ilustra linhas de corrente passando por um aerofólio, como se fosse uma foto instantânea.

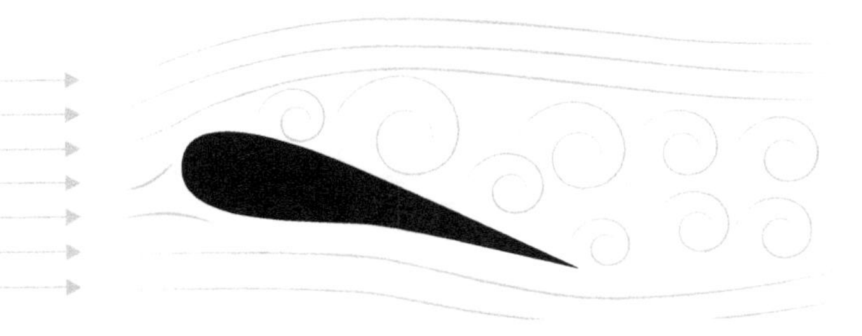

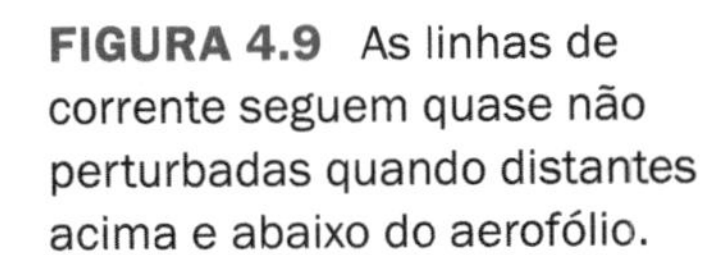

FIGURA 4.9 As linhas de corrente seguem quase não perturbadas quando distantes acima e abaixo do aerofólio.

Ao passar pelo aerofólio ocorre a separação do escoamento, representado pelas esteiras de vórtices e consequente destruição das linhas de corrente. A destruição das linhas de corrente a jusante do aerofólio gera pressões negativas e perdas de energia importantes, além de, nesse caso, produzir uma força de sustentação. As linhas de corrente geradas dependem fortemente do número de Reynolds do escoamento.

O tempo não é variável na equação das LC, já que o conceito se refere a determinado instante: é como se fosse uma fotografia instantânea de diversas partículas fluidas e seus vetores velocidade que determinam uma linha curva suave tangente a todos esses vetores, como representa a Figura 4.10.

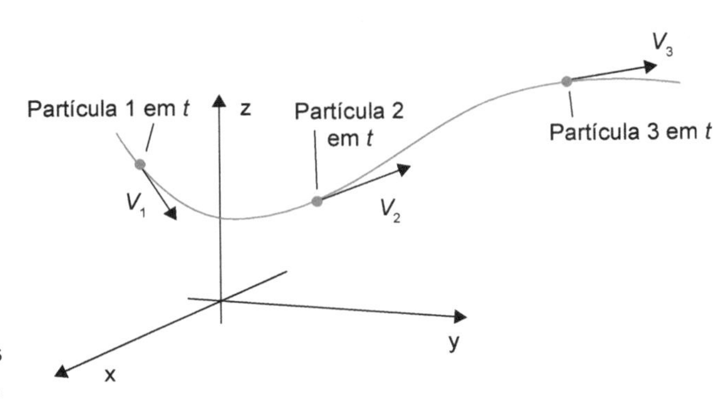

FIGURA 4.10 Representação de uma linha de corrente. Valor instantâneo de velocidades de três partículas em um mesmo instante.

Como as linhas de corrente são tangentes ao vetor velocidade, isso pode ser expresso matematicamente de forma elegante para um **campo bidimensional**, como o produto vetorial da velocidade pelo deslocamento, pois vetores tangentes dão produto vetorial igual a zero:

$$\vec{V} \cdot d\vec{r} = \left(u\vec{i} + v\vec{j}\right) \wedge \left(dx\vec{i} + dy\vec{j}\right) = \left(udy - vdx\right)\vec{k} = 0$$

Dessa igualdade resulta a **equação da linha de corrente**, válida em toda a extensão da linha de corrente, para um escoamento bidimensional em regime permanente:

$$udy - vdx = 0$$

A linha de corrente foi definida aqui para um campo bidimensional de modo a facilitar o entendimento, mas poderia ser estendida para um campo tridimensional. Em diversas situações, escoamentos tridimensionais podem ser aproximados para bidimensionais sem perdas significativas de qualidade na análise. Essa simplificação para modelos que nem sempre representam todos os aspectos do fenômeno é particularmente útil na Mecânica dos Fluidos, em que os fenômenos envolvidos são, em grande parte, não totalmente compreendidos e nem sempre equacionáveis. Uma solução simplificada é muito melhor que solução nenhuma.

No interior de um fluido em escoamento, existem infinitas linhas de corrente, definidas por suas partículas fluidas. Deve-se observar que duas linhas de corrente não se interceptam, pois, nesse caso, uma única partícula no espaço teria duas velocidades, o que é impossível.

As linhas de corrente são muito úteis na visualização e em análises de escoamentos, mas são difíceis de serem observadas experimentalmente em escoamentos muito perturbados e com números de Reynolds elevados.

Se for considerada uma curva fechada, que não seja linha de corrente, no interior de um fluido escoando, a superfície constituída pelas linhas de corrente por ela interceptada definirá um tubo de corrente (ou veia líquida, ou filete de corrente), como mostra a Figura 4.11.

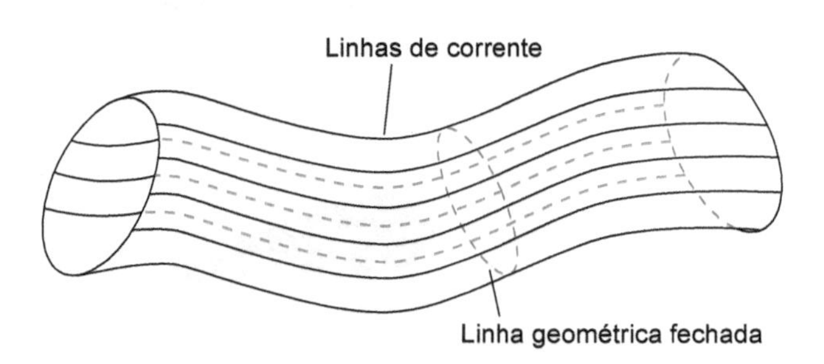

FIGURA 4.11 Representação de um tubo de corrente ou filete de corrente ou veia líquida.

Trajetória (*pathline*)

A trajetória é o caminho seguido por uma dada partícula ao longo de seu escoamento, como representado na Figura 4.12. Seria como emitir uma partícula refletora e acompanhá-la iluminada em uma foto de longa exposição.

Novamente, para um escoamento bidimensional, parte-se da definição de velocidade, que fornece as **equações da trajetória** para as componentes u e v do vetor velocidade:

$$u = \frac{dx}{dt} \quad \text{e} \quad v = \frac{dy}{dt}$$

Ao integrar essas expressões com o tempo, encontram-se as **expressões paramétricas da trajetória**:

$$x = x_0 f(t) \quad \text{e} \quad y = y_0 f(t)$$

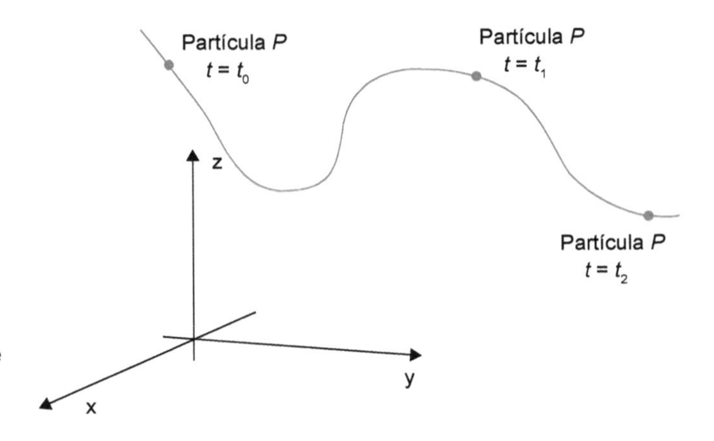

FIGURA 4.12 Representação da trajetória de uma partícula. Seria como a trajetória de uma partícula em um filme de longa exposição.

Linha de emissão (*streakline*)

São linhas definidas pela sucessão de partículas que tenham passado por um mesmo ponto. A pluma de fumaça de vapor que se desprende de uma chaminé permite visualizar de maneira grosseira uma linha de emissão.

Atenção: em regime permanente, a linha de corrente, a trajetória e a linha de emissão coincidem.

EXERCÍCIO 4.1

É conhecido o campo de velocidades em uma curva de canto reto, seção transversal retangular, em uma tubulação de ar condicionado: $\vec{V} = 40x\vec{i} - 40y\vec{j}$. Aplique os conceitos de linhas de corrente e de trajetória, e calcule a situação no ponto (0,20 m; 0,20 m), mostrado na Figura 4.13.

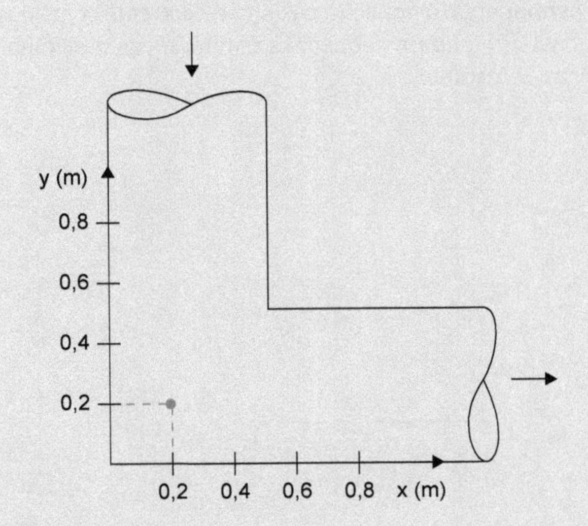

FIGURA 4.13 Modelo de curva de canto reto.

Como as linhas de corrente são tangentes ao vetor velocidade em cada ponto, será traçada a *LC* que passa pelo ponto (0,2; 0,2), cuja equação é:

$$udy - vdx \rightarrow \frac{dy}{dx} = \frac{v}{u} \rightarrow \frac{dy}{v} = \frac{du}{x}$$

Integrando os dois membros:

$$\int \frac{dy}{-40y} = \int \frac{dx}{40x} \rightarrow lny = -lnx + lnC$$

$$lnxy = lnC \rightarrow xy = C$$

A linha de corrente que passa pelo ponto (0,2; 0,2) tem valor constante $C = 0{,}04\ m^2$.

Pode-se representar o vetor velocidade no ponto (0,2; 0,2) por $\vec{V} = 8\vec{i} - 8y\vec{j}$ e determinar a equação da trajetória de qualquer partícula nesta *LC*. As equações da trajetória são dadas por:

$$u = \frac{dx}{dt} \quad \text{e} \quad v = \frac{dy}{dt}$$

E, como $\vec{V} = 40x\vec{i} - 40y\vec{j} = \frac{dx}{dt}\vec{i} - \frac{dy}{dt}\vec{j}$, pode-se separar as variáveis e integrar para se obter as coordenadas das trajetórias:

$$\int_{x_0}^{x} \frac{dx}{x} = \int_0^t 40dt \text{ e tem-se } \ln\left(\frac{x}{x_0}\right) = 40t \text{ e } \therefore x = x_0e^{40t}$$

$$\int_{y_0}^{y} \frac{dy}{y} = \int_0^t -40dt \text{ e tem-se } \ln\left(\frac{y}{y_0}\right) = -40t \text{ e } \therefore y = y_0e^{-40t}$$

$x = x_0e^{40t}$ e $y = y_0e^{-40t}$ são chamadas **equações paramétricas**.

Com essas equações, é possível saber, se uma partícula estivesse na posição (0,2; 0,2) no instante zero, onde estaria no instante t = 0,01 s:

$$x = 0{,}2e^{40\times 0{,}01} = 0{,}30 \text{ m}$$

$$y = 0{,}2e^{-40\times 0{,}01} = 0{,}134 \text{ m}$$

Como o regime é permanente, a equação da linha de corrente coincide com a equação da trajetória. Se não fosse regime permanente, bastaria tomar as equações paramétricas e eliminar o tempo dessas equações para se ter a trajetória em determinados instantes.

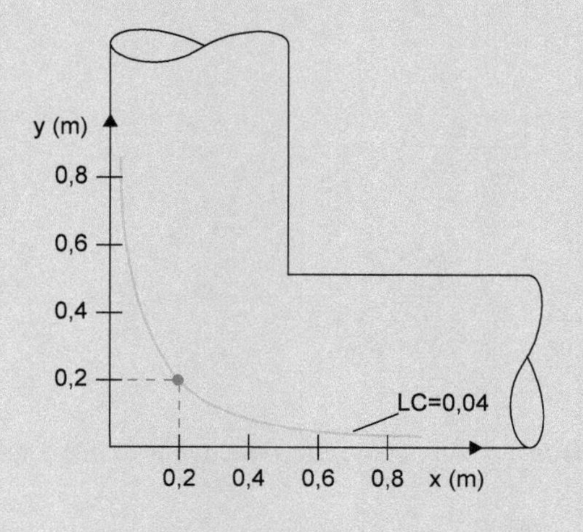

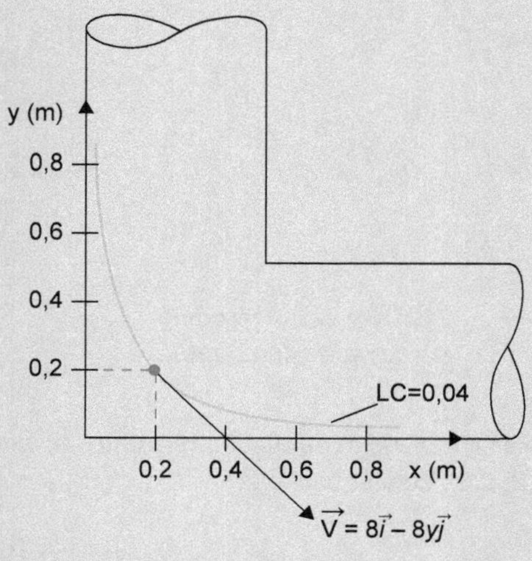

FIGURA 4.14 Representação da linha de corrente e velocidades.

4.3.2 Movimento de rotação[1]

A partícula fluida pode sofrer movimento de rotação na maior parte das situações de escoamento, e a existência de rotação acarreta diretamente maior dificuldade para equacionar o escoamento.

Deste ponto em diante não foram feitas demonstrações matemáticas, que podem ser encontradas com facilidade pelos interessados neste campo de estudos.

Partindo da análise diferencial do movimento de rotação de um quadrado infinitesimal, chega-se com facilidade às equações de rotação em torno dos três eixos coordenados:

$$\omega_z = \frac{1}{2}\left(\frac{\partial v}{\partial x} - \frac{\partial u}{\partial y}\right)$$

$$\omega_x = \frac{1}{2}\left(\frac{\partial w}{\partial y} - \frac{\partial v}{\partial z}\right)$$

$$\omega_y = \frac{1}{2}\left(\frac{\partial u}{\partial z} - \frac{\partial w}{\partial x}\right)$$

De modo vetorial, a velocidade angular de uma partícula fluida pode ser expressa por:

$$\vec{\omega} = \frac{1}{2}\left[\left(\frac{\partial w}{\partial y} - \frac{\partial v}{\partial z}\right)\vec{i} + \left(\frac{\partial u}{\partial z} - \frac{\partial w}{\partial x}\right)\vec{j} + \left(\frac{\partial v}{\partial x} - \frac{\partial u}{\partial y}\right)\vec{k}\right]$$

ou

$$\vec{\omega} = \omega_x\vec{i} + \omega_y\vec{j} + \omega_z\vec{k}$$

A partir da velocidade angular, define-se a vorticidade, que é uma medida da rotação do fluido:

$$\vec{\Omega} = 2\vec{\omega} = \nabla \wedge \vec{V}$$

Comparando a expressão anterior com as definições do Cálculo, a expressão que define a vorticidade é o produto vetorial do operador nabla ($\nabla = \frac{\partial}{\partial x}\vec{i} + \frac{\partial}{\partial y}\vec{j} + \frac{\partial}{\partial z}\vec{k}$) pelo vetor velocidade $\vec{V} = u\vec{i} + v\vec{j} + w\vec{k}$, em coordenadas cartesianas:

$$\vec{\Omega} = rot\vec{V} = \nabla \wedge \vec{V} = \begin{vmatrix} \vec{i} & \vec{j} & \vec{k} \\ \frac{\partial}{\partial x} & \frac{\partial}{\partial y} & \frac{\partial}{\partial z} \\ u & v & w \end{vmatrix}$$

ou

$$\vec{\Omega} = \left(\frac{\partial w}{\partial y} - \frac{\partial v}{\partial z}\right)\vec{i} + \left(\frac{\partial u}{\partial z} - \frac{\partial w}{\partial x}\right)\vec{j} + \left(\frac{\partial v}{\partial x} - \frac{\partial u}{\partial y}\right)\vec{k}$$

---

[1] Os leitores que quiserem se aprofundar no assunto podem consultar, entre outros, o livro *A physical introduction to fluid mechanics*, de Alexander J. Smits. 2. ed. 2014.

Se $\vec{\Omega} = 0$, o fluido é irrotacional.

Observe que todos os escoamentos reais de fluidos são rotacionais em maior ou menor intensidade, em virtude da ação da viscosidade, mas em parte das situações pode-se desprezar a vorticidade, implicitamente, considerando a rotação do fluido como parte da "caixa-preta" utilizada na abordagem integral. Lembre-se de que a Mecânica dos Fluidos convive com níveis elevados de incerteza, por conta das frequentes simplificações introduzidas.

A mesma definição de vorticidade pode ser expressa para dutos, convenientemente, em termos de **coordenadas cilíndrico-polares**:

$$\vec{\Omega} = \nabla \wedge \vec{V} = \left(\frac{1}{r}\frac{\partial V_z}{\partial \theta} - \frac{\partial V_\theta}{\partial z}\right)\overrightarrow{e_e} + \left(\frac{\partial V_r}{\partial z} - \frac{\partial V_z}{\partial r}\right)\overrightarrow{e_\theta} + \left(\frac{1}{r}\frac{\partial r V_\theta}{\partial r} - \frac{1}{r}\frac{\partial V_r}{\partial \theta}\right)\vec{k}$$

O escoamento rotacional é caracterizado pelo movimento de rotação das partículas do fluido em torno de seus centros de massa, originados por conjugados oriundos das diferenças entre as tensões de cisalhamento. O conceito pode ser exemplificado na Figura 4.15, quando se comparam dois escoamentos circulares que podem parecer semelhantes, mas são bem distintos: $u_\theta = \omega R$ e $u_\theta = \dfrac{k}{R}$.

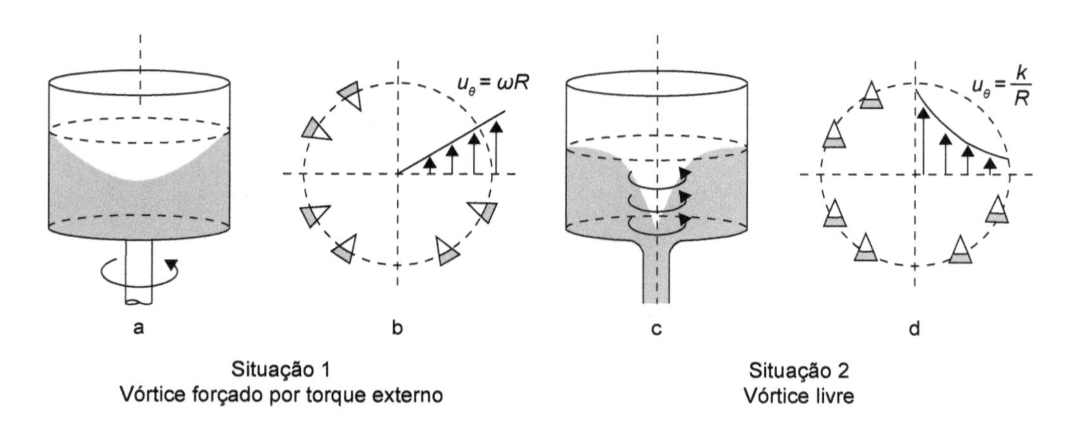

FIGURA 4.15 Em (a), é representado um viscosímetro, no qual o fluido é animado de movimento de rotação (vórtice forçado) e se move como um corpo sólido; (b) mostra a representação dos vetores velocidade e posição das partículas fluidas, que estão girando em torno de seu eixo próprio; em (c), tem-se a representação de um vórtice livre, ou irrotacional, como o caso do escoamento pelo ralo de uma pia; em (d), as partículas não giram em torno de seu eixo. Um furacão mostra basicamente um vórtice forçado no centro e um vórtice livre na periferia.

Nas Figuras 4.15(a) e (b), têm-se $u_r = 0$ e $u_\theta = \omega r$ e, consequentemente, a vorticidade vale:

$$\vec{\Omega} = \frac{1}{r}\left[\frac{\partial(r u_\theta)}{\partial r} - \frac{\partial u_r}{\partial \theta}\right]\overrightarrow{e_z} = \frac{1}{r}\left[\frac{\partial(\omega r^2)}{\partial r} - 0\right]\overrightarrow{e_z} = 2\omega\overrightarrow{e_z}$$

A equação mostra que existe rotação e as partículas fluidas ali representadas assim o indicam.

No caso das Figuras 4.15(c) e (d), têm-se $u_r = 0$ e $u_\theta = \dfrac{k}{r}$ e, consequentemente, a vorticidade vale:

$$\vec{\Omega} = \frac{1}{r}\left[\frac{\partial(r u_\theta)}{\partial r} - \frac{\partial u_r}{\partial \theta}\right]\overrightarrow{e_z} = \frac{1}{r}\left[\frac{\partial(k)}{\partial r} - 0\right]\overrightarrow{e_z} = 0$$

No caso da situação 2, das Figuras 4.15(c) e (d), a equação mostra que a vorticidade é zero e o escoamento, irrotacional, como expressam as partículas ilustradas. Esse escoamento possui movimento relativo de rotação com relação ao referencial inercial, porém o que vai determinar a irrotacionalidade é se a velocidade média angular das **partículas de fluido** é zero, de modo que $\nabla \wedge \vec{V} = 0$.

Não é demais ressaltar que sempre que a viscosidade for importante em um escoamento, ou seja, quando as tensões de cisalhamento estiverem atuando, o escoamento será rotacional, e o rotacional da velocidade será diferente de zero. Sempre será o caso no escoamento em dutos ou externo a corpos, **embora muitas vezes se possa ignorar este fato e resolver o escoamento de maneira mais simplificada**.

Outra lembrança importante é que na camada-limite o escoamento é sempre rotacional, como será visto na Seção 4.9.1 (camada-limite).

4.3.3 Movimento de deformação linear

A partícula fluida pode sofrer também movimentos de dilatação/contração. É uma noção intuitiva: usando um cubo para representar uma partícula fluida, se esta partícula estiver em um escoamento compressível, este cubo pode se contrair ou expandir em uma, duas ou nas três direções. Se o escoamento for incompressível, o cubo pode encolher ou expandir em cada uma das três direções, desde que o volume final seja igual ao inicial.

Na Figura 4.16, está representada a contração de um cubo nas direções x e z e sua expansão na direção y, mantendo o mesmo volume, por ser considerado escoamento incompressível.

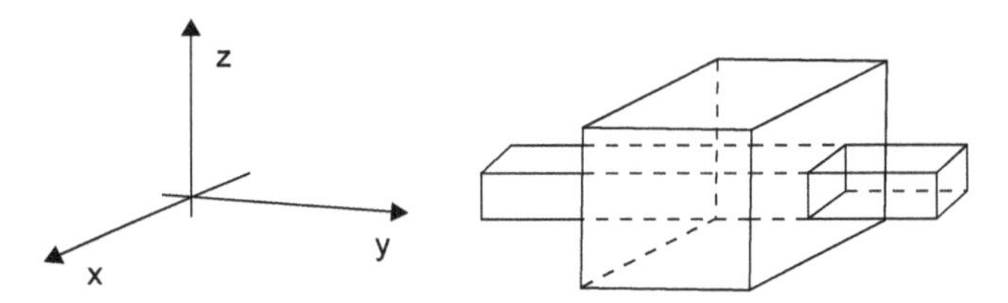

FIGURA 4.16 Representação de contração e expansão de uma partícula.

O resultado a que se chega para a deformação em cada eixo coordenado é:

$$\varepsilon_x = \frac{\partial u}{\partial x}$$

$$\varepsilon_y = \frac{\partial v}{\partial y}$$

$$\varepsilon_z = \frac{\partial w}{\partial z}$$

A partir desses resultados, pode-se definir a taxa de deformação volumétrica, $\varepsilon_{\forall}$, de uma partícula fluida como a soma das variações nos três eixos:

Taxa de dilatação volumétrica

$$\varepsilon_{\forall} = \frac{\partial u}{\partial x} + \frac{\partial v}{\partial y} + \frac{\partial w}{\partial z}$$

Essa expressão é exatamente o **divergente da velocidade** ($div\vec{V}$ ou $\nabla \cdot \vec{V}$), e terá grande importância na análise de escoamentos por representar parte da **equação da conservação da massa**.

$$\nabla \cdot \vec{V} = \frac{\partial u}{\partial x} + \frac{\partial v}{\partial y} + \frac{\partial w}{\partial z}$$

Portanto, **a taxa de deformação volumétrica é igual ao divergente da velocidade** de uma partícula fluida. Consequentemente, se um fluido não sofre deformação volumétrica, então o escoamento é dito incompressível e o $div\vec{V} = 0$. Observe que a partícula fluida em um escoamento incompressível pode encolher ou esticar em quaisquer direções desde que não mude o volume.

4.3.4 Movimento de deformação angular

Será usada a Figura 4.17, semelhante à utilizada para a dedução da rotação de uma partícula fluida, só que agora as paredes se movem em um ângulo agudo γ.

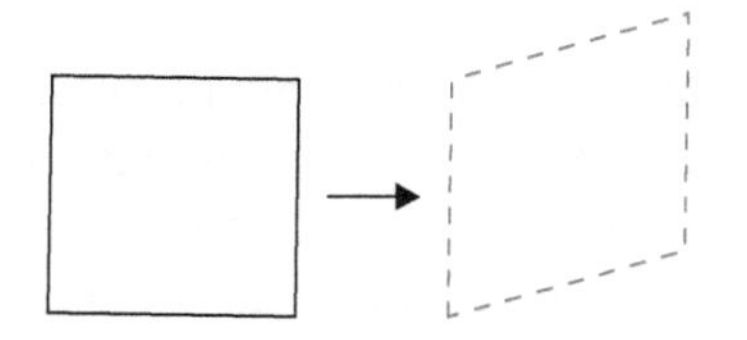

FIGURA 4.17 Representação da deformação angular de uma partícula fluida.

Com o equacionamento dessa figura se chegam aos seguintes resultados para as taxas de deformação em cada eixo coordenado:

$$\varepsilon_{xy} = \varepsilon_{yx} = \frac{1}{2}\left(\frac{\partial v}{\partial x} + \frac{\partial u}{\partial y}\right)$$

$$\varepsilon_{yz} = \varepsilon_{zy} = \frac{1}{2}\left(\frac{\partial w}{\partial y} + \frac{\partial v}{\partial z}\right)$$

$$\varepsilon_{zx} = \varepsilon_{xz} = \frac{1}{2}\left(\frac{\partial u}{\partial z} + \frac{\partial w}{\partial x}\right)$$

Tensor taxa de deformação

Podem-se combinar as taxas de deformação linear e de deformação por cisalhamento e obter o tensor taxa de deformação, que é simétrico e de segunda ordem.

$$\varepsilon_{\forall} = \begin{bmatrix} \varepsilon_{xx} & \varepsilon_{xy} & \varepsilon_{xz} \\ \varepsilon_{yx} & \varepsilon_{yy} & \varepsilon_{yz} \\ \varepsilon_{zx} & \varepsilon_{zy} & \varepsilon_{zz} \end{bmatrix} = \begin{bmatrix} \frac{\partial u}{\partial x} & \frac{1}{2}\left(\frac{\partial u}{\partial y} + \frac{\partial v}{\partial x}\right) & \frac{1}{2}\left(\frac{\partial u}{\partial z} + \frac{\partial w}{\partial x}\right) \\ \frac{1}{2}\left(\frac{\partial v}{\partial x} + \frac{\partial u}{\partial y}\right) & \frac{\partial u}{\partial y} & \frac{1}{2}\left(\frac{\partial v}{\partial z} + \frac{\partial w}{\partial y}\right) \\ \frac{1}{2}\left(\frac{\partial w}{\partial x} + \frac{\partial u}{\partial z}\right) & \frac{1}{2}\left(\frac{\partial w}{\partial y} + \frac{\partial v}{\partial z}\right) & \frac{\partial u}{\partial z} \end{bmatrix}$$

Aqui foram apresentados todos os movimentos possíveis para uma partícula fluida e seus equacionamentos, que serão úteis em diversas situações quando se aplica dinâmica dos fluidos computacional (CFD).

Escoamento potencial ou de fluido ideal

Se o escoamento for **incompressível** e **sem viscosidade**, as equações para linhas de corrente e trajetórias podem ser simplificadas com o auxílio de duas novas funções: função de corrente, ψ, e função potencial, φ. Para o caso da função potencial, o escoamento precisa ser também irrotacional.

A função potencial de velocidade pode ser utilizada em escoamentos tridimensionais, e será mostrado que a função de corrente é válida para escoamentos bidimensionais apenas.

Função potencial, φ

A função potencial de velocidade é consequência da irrotacionalidade do escoamento, e é definida apenas para escoamentos irrotacionais, ou seja, onde a vorticidade é igual a zero em cada ponto:

$$\vec{\Omega} = \nabla \wedge \vec{V} = 0$$

O rotacional de qualquer gradiente de um escalar é sempre zero, o que permite dizer que deve haver uma função potencial, φ, que obedece à equação $\nabla \wedge \nabla\varphi = 0$.

Resulta que pode ser definida uma função φ:

$$\vec{V} = \nabla\varphi = \frac{\partial\varphi}{\partial x}\vec{i} + \frac{\partial\varphi}{\partial y}\vec{j} + \frac{\partial\varphi}{\partial z}\vec{k}$$

E se conclui que

$$u = \frac{\partial\varphi}{\partial x},\ v = \frac{\partial\varphi}{\partial y} \text{ e } w = \frac{\partial\varphi}{\partial z}$$

O que resulta na equação de Laplace:

$$\nabla \wedge \nabla\varphi = \nabla^2\varphi = \frac{\partial^2\varphi}{\partial x^2} + \frac{\partial^2\varphi}{\partial y^2} + \frac{\partial^2\varphi}{\partial z^2} = 0$$

A equação de Laplace é válida para diversos fenômenos em Engenharia e Física, usada para resolver diversos problemas de transmissão de calor, eletricidade, magnetismo etc.

Portanto, se o escoamento for invíscido e irrotacional, esta equação resolve elegantemente a mecânica do escoamento por meio de $\nabla^2\varphi = 0$.

Observe que o escoamento pode ser compressível ou incompressível, mas o potencial de velocidade possui como restrições o escoamento ser **invíscido e irrotacional**. O escoamento pode ser tridimensional, em regime não permanente e de fluido compressível, mas normalmente a equação de Laplace é utilizada para escoamentos bidimensionais e de fluidos incompressíveis, fazendo um par muito interessante com linhas de corrente e com a função de corrente.

O grande atrativo da função potencial se mostra em certos trabalhos computacionais: φ não possui tantas componentes quanto à velocidade e é, portanto, muito mais fácil de se usar.

Função de corrente, ψ

Enquanto a função potencial indica se o escoamento é rotacional ou não, a função de corrente traz informações sobre a conservação da massa.

A função de corrente representa uma função tangente aos vetores de velocidade e corresponde às linhas de corrente quando seu valor é constante. Auxilia na visualização e projeto de escoamentos bidimensionais.

Assim como a velocidade pode ser expressa por uma função potencial, φ, **se o escoamento for irrotacional**, a mesma velocidade pode ser expressa por uma função de corrente, ψ se o escoamento for **incompressível e bidimensional**.

A função de corrente $\psi(x, y, t)$ pode ser utilizada para representar e substituir as duas componentes de velocidade $u(x, y, t)$ e $v(x, y, t)$, e, se além de incompressível e bidimensional o escoamento for irrotacional, a função de corrente também poderá ser encontrada resolvendo a equação de Laplace: $\nabla^2\psi = 0$.

Foi mostrado que a equação para linhas de corrente em escoamentos bidimensionais em regime permanente pode ser expressa por:

$$\frac{u}{dx} = \frac{v}{dy}$$

Como a intenção é que uma única variável ψ substitua u e v na equação de uma linha de corrente, pode-se definir ψ de modo que satisfaça à equação da linha de corrente anterior:

$$u = \frac{\partial \psi}{\partial y} \text{ e } v = -\frac{\partial \psi}{\partial x}$$

$$\frac{\partial \psi}{\partial y} dy + \frac{\partial \psi}{\partial x} dx = 0$$

Essa expressão mostra que ψ = constante, justamente o caso em uma linha de corrente. A função de corrente pode, portanto, ser expressa por:

$$d\psi = \frac{\partial \psi}{\partial y} dy + \frac{\partial \psi}{\partial x} dx = -vdx + udy$$

Pode-se mostrar que, se o escoamento for não viscoso (não há gradientes de velocidade) e também irrotacional ($\omega_z = 0$), a equação de Laplace também se verifica, à semelhança da função potencial anteriormente descrita.

$$\nabla^2 \psi = 0$$

Uma importante propriedade da função de corrente, útil em cálculos e simulações computacionais, é a que permite avaliar a vazão entre duas funções de corrente. A vazão por unidade de comprimento, Q_m, pode ser dada por:

$$Q_m = \int_{\psi_1}^{\psi_2} d\psi = \psi_2 - \psi_1$$

QUADRO 4.2 ▪ Resumo das funções potencial e de corrente

Função potencial

cartesianas $u = \frac{\partial \varphi}{\partial x}$ e $v = \frac{\partial \varphi}{\partial y}$

cilíndrico-polares $u = \frac{\partial \varphi}{\partial r}$ e $v = \frac{1}{r}\frac{\partial \varphi}{\partial \theta}$

Função de corrente

cartesianas $u = \frac{\partial \psi}{\partial y}$ e $v = -\frac{\partial \psi}{\partial x}$

cilíndrico-polares $u = \frac{1}{r}\frac{\partial \psi}{\partial \theta}$ e $v = -\frac{\partial \psi}{\partial r}$

Escoamento incompressível e irrotacional: usar φ e ψ
Escoamento rotacional: só pode usar ψ
Escoamento compressível: só pode usar φ

As informações do Quadro 4.2 levam à definição de escoamentos básicos como estagnação, escoamento uniforme, fonte pontual, sumidouro pontual, vórtice potencial e dipolo etc.

As possibilidades de exploração matemática das propriedades dos movimentos das partículas fluidas são vastas. Há milhares de dissertações, teses, artigos e livros sobre o assunto, no campo mais matemático que de aplicação em Engenharia, e não serão exploradas neste livro.

4.4 CINEMÁTICA DOS FLUIDOS E ACELERAÇÃO LOCAL E CONVECTIVA

Como o campo de velocidades representa completamente o escoamento incompressível de um fluido, a velocidade é a propriedade mais importante na mecânica dos fluidos incompressíveis. Por isso, neste capítulo, será mostrado como a Mecânica dos Fluidos em escoamento possui como espinha dorsal a expressão de resultados em termos de equações diferenciais envolvendo os vetores velocidade.

Na mecânica geral dos corpos sólidos, a velocidade, V, de um corpo é descrita em função de um referencial, e apresenta geralmente a forma:

$$\vec{V} = \vec{V}(x, y, z, t)$$

No caso dos fluidos, considerados como um *continuum*, qualquer propriedade, como a velocidade, de **qualquer** partícula, deveria ser formulada também em função da posição, em um dado instante. Porém, aqui se depara com uma dificuldade: descrever o movimento (posição, velocidade, aceleração) de uma partícula fluida é uma tarefa muito difícil em escoamentos reais, pois são compostos por um número infinito de partículas.

A descrição cinemática do movimento da **lata** de *spray* em uma sala apresenta um nível de dificuldade muito menor que a descrição do movimento de todas as partículas fluidas emitidas na forma de **spray**, como representa a Figura 4.18.

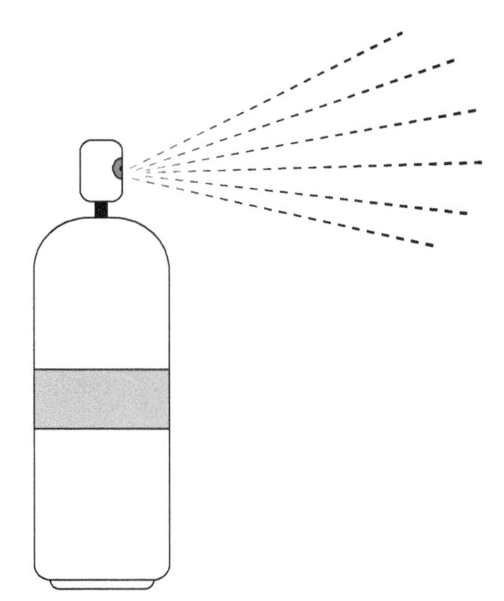

FIGURA 4.18 Exemplo de escoamento em que é impossível seguir cada partícula fluida individualmente, pois o campo do vetor de velocidades pode ser extremamente complexo.

É necessário desenvolver uma nova maneira para descrever o movimento.

O vetor velocidade utilizado na Mecânica dos Fluidos, em coordenadas cartesianas, tem geralmente a forma:

$$\vec{V} = u(t)\vec{i} + v(t)\vec{j} + w(t)\vec{k}$$

em que u, v e w são os valores das projeções do vetor velocidade, V, nos respectivos eixos coordenados x, y e z. A Figura 4.19 mostra o sistema de referência geralmente utilizado neste livro, na forma de coordenadas cartesianas e polares.

Para possibilitar o estudo cinemático dos fluidos, dois tipos de métodos são possíveis – o de **Lagrange** e o de **Euler**.

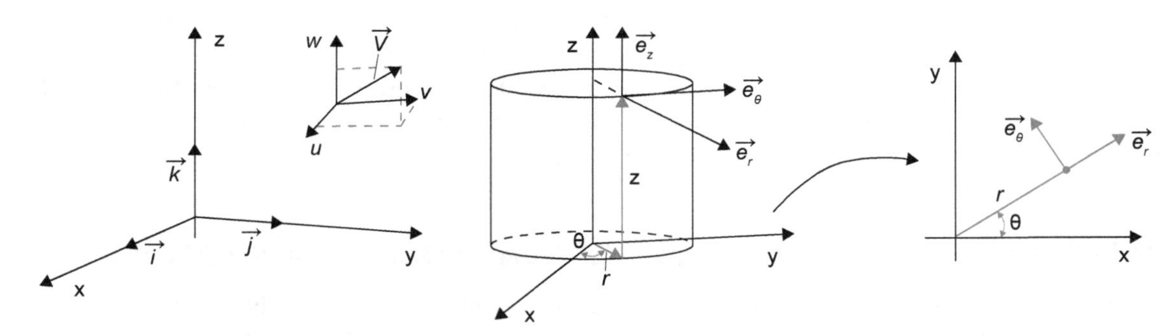

FIGURA 4.19 Representação dos sistemas de coordenadas utilizados neste livro: cartesianas e cilíndrico-polar. São mostrados também os versores para os dois sistemas.

O método de Lagrange é um velho conhecido dos cursos introdutórios de física e de mecânica geral, onde se acompanha o movimento de um corpo e, em instantes sucessivos, se observa a variação de uma grandeza G qualquer $\left(\vec{x},\ \vec{v},\ \vec{a},\ p,\ \rho,\ \gamma \text{ etc.}\right)$ nesses corpos.

Para os sólidos, as leis da Física descrevem **sistemas** usando o referencial de **Lagrange**: os conceitos de **conservação da massa, de quantidade de movimento e de energia** são aplicados a corpos sólidos, sem deformação e de massa constante.

Para superar a dificuldade de seguir todas as partículas, a Mecânica dos Fluidos usa um método engenhoso desenvolvido por Euler: fixa-se um ponto geométrico $P(x_1, x_2, x_3)$ solidário a um sistema de referência e, em instantes sucessivos, observa-se a variação de uma grandeza G neste ponto. Matematicamente, o referencial de Euler torna possível o trabalho com essa informação, como se verá.

Euler permite obter informações importantes para estudar um escoamento ao medir, por exemplo, a velocidade e a temperatura dos gases em uma posição fixa na boca de uma chaminé, em vez de tentar medir velocidade e temperatura de cada partícula ao longo de sua (complicada) trajetória.

É importante observar que as leis da Física foram desenvolvidas para sistemas com o referencial de Lagrange, mas valem para o referencial de Euler, pois a simples mudança de referencial não altera os fenômenos.

No Capítulo 5 – Análise Integral de Escoamentos, será apresentado um importante teorema que mostra como passar de um referencial de Lagrange para um referencial de Euler, o **Teorema de Transporte de Reynolds**.

Deve-se notar que, na maior parte dos arranjos na engenharia e na física dos sólidos, a aceleração é determinada por suas coordenadas espaciais x e pelas velocidades V, e, portanto, a aceleração não é um parâmetro de estado, o que facilita muito a abordagem.

Para os fluidos, a velocidade é o parâmetro mais importante, pois se o campo de velocidades de um escoamento for conhecido, tem-se acesso a todas as informações de importância para o escoamento, como acelerações, forças, pressões, linhas de corrente, turbulência, separações etc., como será visto mais adiante com a aceleração convectiva e com as equações de Navier-Stokes.

Aceleração da partícula fluida

Derivada total de uma grandeza, segundo o referencial de Lagrange – Aceleração

Grandezas (m, ρ, μ, $\vec{x}$, $\vec{V}$, $\vec{a}$, P, T etc.) de partículas fluidas deveriam ser descritas como **função do tempo ao longo de suas trajetórias**, mas normalmente isso é impossível.

No método de Lagrange, se observa a variação de uma grandeza $G(\vec{d},t) = G(d_1,d_2,d_3,t)$ associada a uma partícula ξ ao longo do tempo em um eixo coordenado inercial, em que d representa distância. Na Figura 4.20, d e P são posições da mesma partícula nos instantes 0 e t.

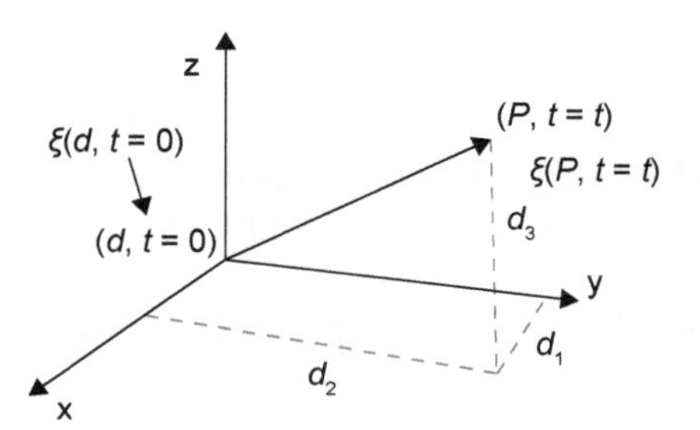

FIGURA 4.20 Variação espacial da partícula ξ entre os instantes 0 e t.

A variação de uma grandeza G qualquer desta partícula ξ com o tempo é a **derivada total** da grandeza desta partícula:

$$\frac{dG}{dt}=\left(\frac{\partial G}{\partial t}\right)_{\xi}=\left(\frac{G(P,t)-G(d,t_0)}{t-t_0}\right)$$

$\left(\frac{\partial G}{\partial t}\right)_{\xi}$ é a variação observada na grandeza G associada à partícula ξ que ocupou as posições d em 0 e P em t.

A **derivada total** também é chamada derivada **material**, porque acompanha matéria, ou **substantiva**, porque acompanha substância.

Segundo o referencial de Lagrange, a variação da grandeza G existe apenas ao longo do tempo, ao se acompanhar uma partícula.

Se a grandeza G for a velocidade, então $G=\vec{V}=u\vec{i}+v\vec{j}+w\vec{k}$, e a **aceleração no referencial de Lagrange** pode ser expressa por uma equação bem conhecida:

$$\frac{dG}{dt}=\frac{d\vec{V}}{dt}=\vec{a}=\frac{du}{dt}\vec{i}+\frac{dv}{dt}\vec{j}+\frac{dw}{dt}\vec{k}$$

Derivada total de uma grandeza, segundo o referencial de Euler. O aparecimento da parcela convectiva - Aceleração

O referencial de Euler permite descrever um **campo** de propriedades (m, ρ, μ, $\vec{x}$, $\vec{V}$, $\vec{a}$, P, T etc.) como **função da posição** (normalmente uma posição fixa) **e do tempo**.

Euler observa um campo (ou um ponto) fixo no espaço e ***não*** acompanha a partícula. Mas para os fluidos, uma grandeza G, como a velocidade medida com um tubo de Pitot, ou a temperatura dos gases emitidos por uma chaminé, varia no **tempo e no espaço**, e isso tem que ser levado em consideração.

Compare com Lagrange, onde propriedades de partículas são descritas apenas como função do **tempo** ao longo de sua trajetória.

Para equacionar o referencial de Euler, será tomado um referencial natural S. O referencial natural é um sistema de coordenadas situado convenientemente sobre a trajetória da partícula e, assim, pode-se considerar uma partícula ξ cujo centro (P, t) descreve no referencial S uma trajetória que passa por P em t e por $P+\Delta P$ em $t+\Delta t$.

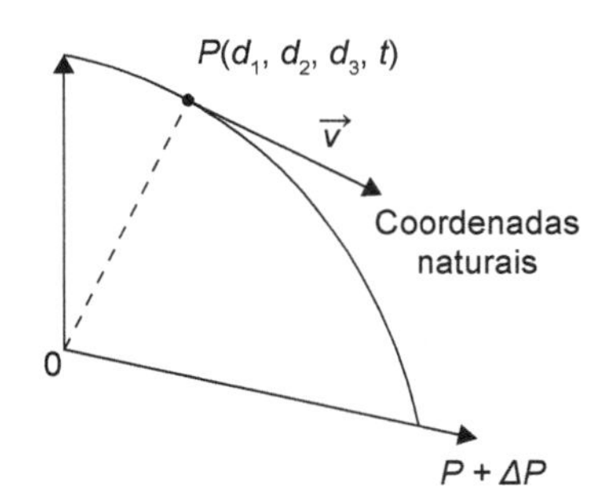

FIGURA 4.21 Partícula fluida em referencial natural S.

Seja $G(\xi, t)$ o valor da grandeza associado à partícula ξ cuja derivada se pretende em $P(d_1, d_2, d_3, t)$.

O valor dessa grandeza G será, em variáveis de Euler:

$$G(\xi,t)=G(P,t) \text{ em } t \text{ e}$$

$$G(\xi,\ t+\Delta t)=G(P+\Delta P,\ t+\Delta t), \text{ no instante } t+\Delta t$$

e, assim, a derivada total da grandeza G será, segundo a definição fornecida por Lagrange:

$$\frac{dG}{dt} = \left.\frac{\partial G}{\partial t}\right)_{part \cdot \xi} = \underbrace{\lim_{\Delta t \to 0} \frac{G(\xi, t+\Delta t) - G(P,t)}{\Delta t}}_{\substack{Lagrange \\ \text{partícula}}} = \underbrace{\lim_{\Delta t \to 0} \frac{G(P+\Delta P, t+\Delta t) - G(P,t)}{\Delta t}}_{\substack{Euler \\ \text{posição}}}$$

Pode-se subtrair e somar o termo $\frac{G(P,t+\Delta t)}{\Delta t}$ nas duas parcelas do limite na segunda igualdade:

$$\frac{dG}{dt} = \lim_{\Delta t \to 0}\left[\frac{G(P+\Delta P, t+\Delta t) - \boldsymbol{G(P,t+\Delta t)}}{\Delta t} + \frac{\boldsymbol{G(P,t+\Delta t)} - G(P,t)}{\Delta t}\right]$$

A segunda parcela desta expressão é a derivada local da grandeza G, expressa por $\left.\frac{\partial G}{\partial t}\right)_P$, no ponto P.

Na primeira parcela da expressão, deve-se usar a regra da cadeia do cálculo:

$$\frac{dG}{dt} = \frac{dx}{dt}\frac{dG}{dx}$$

Como $\frac{dx}{dt} = u$ e $\frac{dG}{dx} = \nabla G$ (lembrando que $\nabla = \frac{\partial}{\partial x}\vec{i} + \frac{\partial}{\partial y}\vec{j} + \frac{\partial}{\partial z}\vec{k}$), a equação anterior pode ser escrita como:

$$\frac{dG}{dt} = \frac{DG}{Dt} = u\frac{\partial G}{\partial x} + v\frac{\partial G}{\partial y} + w\frac{\partial G}{\partial z} + \frac{\partial G}{\partial t}$$

Em forma concisa, a derivada material de uma grandeza G pode ser expressa, em um referencial de Euler, como:

$$\frac{dG}{dt} = \frac{\partial G}{\partial t} + (\vec{V}.\nabla)G$$

Derivada total de uma grandeza	=	Derivada local da grandeza	+	Derivada convectiva da grandeza

$$\frac{DG}{Dt} = \frac{\partial G}{\partial t} + u\frac{\partial G}{\partial x} + v\frac{\partial G}{\partial y} + w\frac{\partial G}{\partial z}$$

Este é provavelmente um dos conceitos mais fundamentais de um curso de Mecânica dos Fluidos, mas não é muito intuitivo.

A derivada local exprime a variação com o tempo da propriedade em um ponto fixo, enquanto os termos convectivos podem ser vistos como uma correção em virtude de novas partículas com diferentes propriedades estarem se movendo para o campo de observação, **transportadas pela velocidade do escoamento**.

EXERCÍCIO 4.2[2]

Um pesquisador deseja monitorar variações de temperatura na saída de duto de ventilação de um gás frio. Se fosse usar o método lagrangeano, teria de monitorar a variação de infinitas partículas, medindo a temperatura em cada uma delas, o que é impossível. Usou então o conceito de Euler e monitorou a temperatura em dois pontos apenas. Além disso, mediu também a velocidade próxima ao local de medição de temperatura e com isso teve uma boa noção do escoamento.

Foi instalado um termopar na origem de um sistema de coordenadas e, no instante $t = 0$, mediu-se a temperatura de uma partícula A como $T = 273$ K e, neste mesmo instante, mediu a velocidade dessa partícula como $V_A = 10$ m/s. Admitiu que essa partícula passou pelo ponto α ($x = 0{,}1$; $y = 0{,}1$ e $z = 0{,}142$) em um instante $t' > 0$ e a temperatura desta partícula neste ponto foi medida com um termopar como $T'A = 285$ K. Neste mesmo instante, t', uma partícula B está passando pela origem com $T'B = 275$ K.

Pedem-se: as derivadas local, convectiva e total da temperatura na origem (Euler) e no instante $t = 0$ e a derivada total da temperatura em variáveis de Lagrange no instante $t = 0$.

1. Entenda o que se está resolvendo

Consiste em aplicar dois referenciais distintos para resolver um problema. Uma vez que se trata de um caso que envolve o escoamento de fluidos, não sendo possível acompanhar a temperatura de todas as partículas, então usou-se o modo de pensar euleriano e uma aproximação para uma linha de corrente no método de Lagrange.

2. Faça um croqui

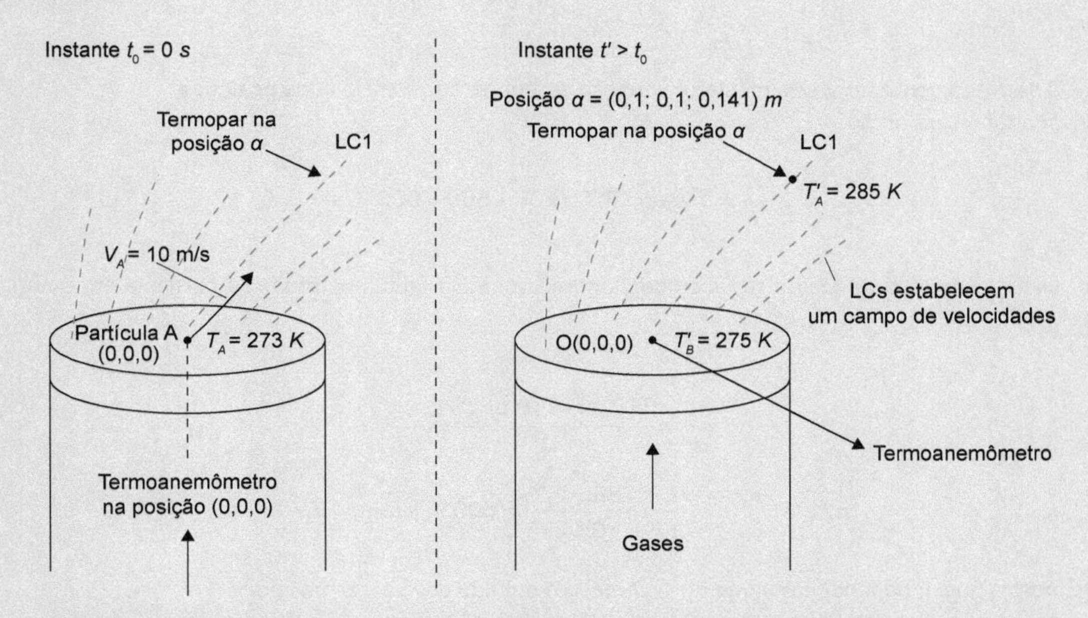

FIGURA 4.22 Escoamento em chaminé fria, a ser equacionado segundo Euler e Lagrange.

3. Hipóteses simplificadoras

O termoanemômetro e o termômetro não afetam significativamente o escoamento. A partícula A percorre a linha de corrente 1.

4. Prepare o modelo matemático e resolva o problema

A derivada total da temperatura, segundo Euler, pode ser expressa por:

$$\frac{dT}{dt} = \frac{\partial T}{\partial t} + \left(\vec{V} \cdot \nabla\right) T$$

[2] Exercício adaptado de Oswaldo Fernandes, apostila 2 - Cinemática da partícula fluida - Coletânea de exercícios resolvidos de mecânica dos fluidos. Escola Politécnica da USP - Depto de Engenharia Mecânica - Epusp 1995, Reedição 2015.

Tomando coordenadas naturais, pode-se escrever:

$\vec{V} = V\vec{e_s}$ e $\vec{V} \cdot \nabla = v\dfrac{\partial}{\partial s}$ e, então,

$$\frac{dT}{dt} = \frac{\partial T}{\partial t} + v\frac{\partial T}{\partial s} \qquad \text{(I)}$$

A primeira parcela do segundo membro é a derivada local, e a segunda parcela é a derivada convectiva.

Pode-se aproximar $\dfrac{\partial T}{\partial t} \cong \dfrac{\Delta T}{\Delta t}$, em que $\Delta T = t' = \dfrac{\Delta s}{v}$

Como $\Delta s = \sqrt{\Delta x^2 + \Delta y^2 + \Delta z^2} = 0{,}2\text{m}$, e V_A = 10 m/s, resulta que Δt = 0,02s.

Então:

$$\frac{\partial T}{\partial t} \cong \frac{\Delta T}{\Delta t} = \frac{T_{B,origem} - T_{A,origem}}{\Delta t} = \frac{275-273}{0{,}02} = \frac{100\ \text{K}}{\text{s}}$$

que é a derivada local, variação local (na origem) da temperatura ao longo do **tempo**.

O segundo termo na expressão (I) pode ser escrito:

$$v\frac{\partial T}{\partial s} \cong v\frac{\Delta T}{\Delta s} = 10\frac{285-275}{0{,}2} = \frac{500\ \text{K}}{\text{s}}.$$

Esta é a derivada convectiva, que mostra a variação da temperatura entre **duas posições**.

A derivada total será então:

$$\frac{dT}{dt} = \frac{\partial T}{\partial t} + (\vec{V} \cdot \nabla)T \cong 100 + 500 = 600\ \text{K/s}$$

Se for usado o método de Lagrange, acompanhando a variação de temperatura da partícula em uma linha de corrente:

$$\frac{dT}{dt} = \frac{T(P,t') - T(P,t=0)}{\Delta t} \cong \frac{\Delta T}{\Delta t}$$

$$\frac{dT}{dt} = \frac{285-273}{0{,}02} = 600\ \text{K/s}$$

O que mostra que, independentemente do sistema, o resultado deve ser o mesmo.

Seguir todas as partículas é impossível, mas com duas medições de temperatura e uma de velocidade, no caso deste exercício, pode-se ter uma noção adequada de como o escoamento se desenvolve. Obviamente, é uma simplificação, mas boa o suficiente para dar suporte ao estudo do problema.

Aceleração com o referencial de Euler em coordenadas cartesianas

Se $G = \vec{V} = u\vec{i} + v\vec{j} + w\vec{k}$ na expressão $\dfrac{dG}{dt} = \dfrac{\partial G}{\partial t} + (\vec{V} \cdot \nabla)G$, então:

$$\vec{a} = \frac{d\vec{V}}{dt} = \frac{\partial \vec{V}}{\partial t} + (\vec{V} \cdot \nabla)\vec{V}$$

$$\vec{a} = \frac{\partial \vec{V}}{\partial t} + u\frac{\partial \vec{V}}{\partial x} + v\frac{\partial \vec{V}}{\partial y} + w\frac{\partial \vec{V}}{\partial z}$$

O termo $\frac{\partial V}{\partial t}$ é chamado aceleração local; representa a "instabilidade", a variação da velocidade em um ponto e vale zero para escoamentos em regime permanente.

Os termos $u\frac{\partial \vec{V}}{\partial x}; v\frac{\partial \vec{V}}{\partial y}$ e $w\frac{\partial \vec{V}}{\partial z}$ são as acelerações convectivas: representam o fato de que a velocidade do fluido pode variar em razão do movimento de uma partícula de um ponto a outro do espaço, ou seja, o campo de velocidades carrega informações para dentro do espaço de observação, por meio da convecção de partículas animadas de velocidades. Esses termos convectivos podem ocorrer tanto para escoamentos transientes quanto para **escoamentos em regime permanente**.

Mesmo em regime permanente pode existir aceleração, fornecida pelo termo convectivo.

Com valores de $\vec{V}$ substituídos na expressão anterior, têm-se, em termos das várias componentes da aceleração convectiva:

$$u\frac{\partial \vec{V}}{\partial x} = u\frac{\partial u}{\partial x}\vec{i} + u\frac{\partial v}{\partial x}\vec{j} + u\frac{\partial w}{\partial x}\vec{k}$$

$$v\frac{\partial \vec{V}}{\partial y} = v\frac{\partial u}{\partial y}\vec{i} + v\frac{\partial v}{\partial y}\vec{j} + v\frac{\partial w}{\partial y}\vec{k}$$

$$w\frac{\partial \vec{V}}{\partial z} = w\frac{\partial u}{\partial z}\vec{i} + w\frac{\partial v}{\partial z}\vec{j} + w\frac{\partial w}{\partial z}\vec{k}$$

E substituindo esses valores na equação da aceleração, para a parte convectiva:

$$\vec{a} = \left(\frac{\partial u}{\partial t} + u\frac{\partial u}{\partial x} + v\frac{\partial u}{\partial y} + w\frac{\partial u}{\partial z}\right)\vec{i} + \left(\frac{\partial v}{\partial t} + u\frac{\partial v}{\partial x} + v\frac{\partial v}{\partial y} + w\frac{\partial v}{\partial z}\right)\vec{j} + \left(\frac{\partial w}{\partial t} + u\frac{\partial w}{\partial x} + v\frac{\partial w}{\partial y} + w\frac{\partial w}{\partial z}\right)\vec{k}$$

Compare com a equação de Lagrange, $\vec{a} = \frac{du}{dt}\vec{i} + \frac{dv}{dt}\vec{j} + \frac{dw}{dt}\vec{k}$, e veja como geralmente pode ser mais trabalhoso o cálculo da aceleração para os fluidos.

EXERCÍCIO 4.3

Um bocal convergente bem projetado é uma das melhores soluções para a redução do diâmetro de uma tubulação em um circuito, porque perde bem menos energia que uma simples redução brusca da tubulação e também perturba muito menos o escoamento. Por meio de um anemômetro de fio quente foram medidas as velocidades em quatro pontos do eixo de simetria de um bocal, como mostra a Figura 4.23. O bocal transporta ar em pressão próxima à atmosférica. Determine o valor da aceleração ao longo desse eixo. Determine também o valor da velocidade axial 20 mm acima do ponto C. Admita escoamento de ar em regime permanente, incompressível.

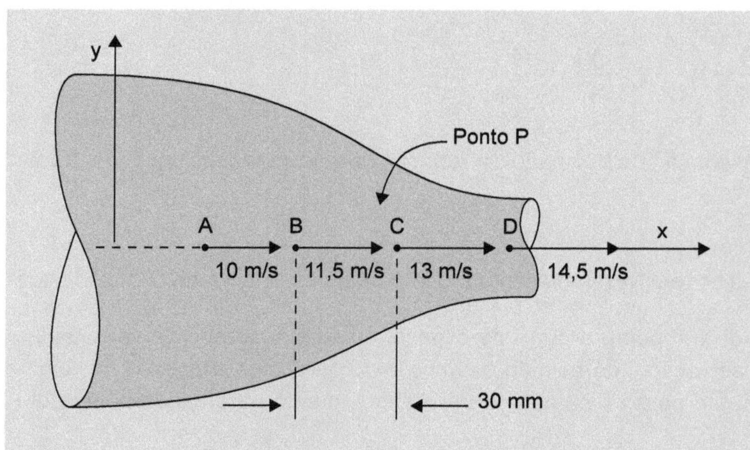

FIGURA 4.23 Velocidades subsônicas em um bocal convergente.

A aceleração é dada por

$$\vec{a} = \frac{d\vec{V}}{dt} = \frac{\partial \vec{V}}{\partial t} + \left(\vec{V} \cdot \nabla\right)\vec{V}$$

E, nesse caso, interessa a componente x:

$$a_x = \frac{\partial u}{\partial t} + u\frac{\partial u}{\partial x} + v\frac{\partial u}{\partial y} + w\frac{\partial u}{\partial z}$$

É admitido que o escoamento é simétrico com relação ao seu eixo axial, e que não há movimento rotacional.

O conceito de simetria é amplamente utilizado na Física, e o assumimos como um conceito óbvio, mas existe uma importante discussão feita sobre simetria por Pierre Curie.

Nessas condições, o regime permanente implica $\frac{\partial u}{\partial t} = 0$, e, na linha axial, tanto v quanto w também são zero. Então, pode-se escrever:

$$a_x = u\frac{\partial u}{\partial x} \approx u\frac{\partial \Delta u}{\Delta x} = 13\frac{14{,}5 - 11{,}5}{0{,}06} = 650 \text{ m/s}^2$$

Observe que a aceleração é muito elevada, pois o bocal sofre uma redução grande da seção transversal, e a vazão deve ser constante em cada seção transversal ao eixo x.

Para a determinação da velocidade em um ponto P situado 20 mm acima do ponto C, será utilizado, como visto anteriormente para escoamentos incompressíveis, que o divergente de velocidade é igual a zero:

$$\nabla \cdot \vec{V} = \frac{\partial u}{\partial x} + \frac{\partial v}{\partial y} + \frac{\partial w}{\partial z} = 0$$

A componente $w = 0$, pois não há rotação do fluido. Assim:

$$\frac{\partial u}{\partial x} = -\frac{\partial v}{\partial y}$$

Será admitido que se podem aproximar as derivadas parciais por diferenças simples:

$$\frac{\Delta u}{\Delta x} = -\frac{\Delta v}{\Delta y} \rightarrow \frac{14{,}5 - 11{,}5}{0{,}06} = -\frac{V_P - 0}{0{,}02}$$

$$\therefore V_P = -1{,}0 \text{ m/s}$$

Aceleração com o referencial de Euler, em coordenadas cilíndrico-polares

Em algumas situações, pode ser vantajoso expressar a aceleração em coordenadas cilíndrico-polares, no referencial de Euler, como é o caso de escoamentos no interior de dutos. A Figura 4.24 mostra uma representação desse referencial.

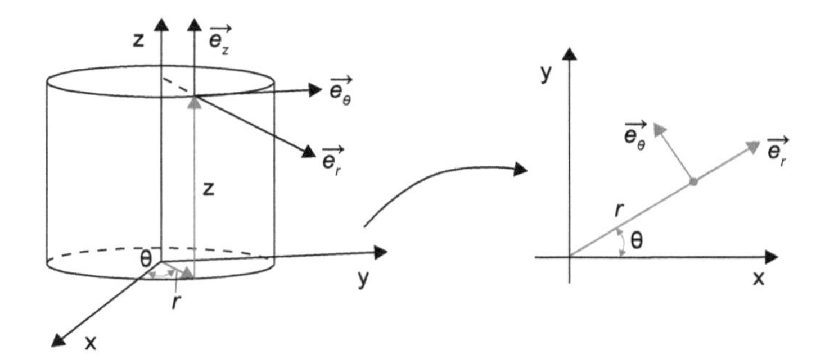

FIGURA 4.24 Representação de sistema de coordenadas cilíndrico-polares.

A transformação de um sistema cartesiano para cilíndrico-polar é trabalhosa e pode ser encontrada em vários livros. Pode ser expressa em suas componentes como:

$$a_r = \frac{DV_r}{Dt} = \frac{\partial V_r}{\partial t} + V_r \frac{\partial V_r}{\partial r} + \frac{V_\theta}{r}\frac{\partial V_r}{\partial \theta} - \frac{V_\theta^2}{r} + V_z \frac{\partial V_r}{\partial z}$$

$$a_\theta = \frac{DV_\theta}{Dt} = \frac{\partial V_\theta}{\partial t} + V_r \frac{\partial V_\theta}{\partial r} + \frac{V_\theta}{r}\frac{\partial V_\theta}{\partial \theta} + \frac{V_r V_\theta}{r} + V_z \frac{\partial V_\theta}{\partial z}$$

$$a_z = \frac{DV_z}{Dt} = \frac{\partial V_z}{\partial t} + V_r \frac{\partial V_z}{\partial r} + \frac{V_\theta}{r}\frac{\partial V_z}{\partial \theta} + V_z \frac{\partial V_z}{\partial z}$$

4.5 EQUAÇÕES FUNDAMENTAIS NA MECÂNICA DOS FLUIDOS NA FORMA DIFERENCIAL

Para tratar da análise do movimento das massas, das forças e da energia dos fluidos, parte-se das leis e equações da mecânica clássica, desenvolvidas para sólidos:

- **Conservação da Massa** – na Mecânica dos Fluidos é também chamada **Equação da Continuidade**.
- **Conservação da Quantidade de Movimento Linear** – aplicação das Leis de Newton, incluindo também a **Conservação da Quantidade de Movimento Angular**.
- **Conservação da Energia** – trata-se da **Primeira Lei da Termodinâmica**, por vezes na Mecânica dos Fluidos chamada **equação da energia** ou, ainda, **equação da energia cinética** e também, em sua forma simplificada (sem considerar as perdas por atrito), **equação de Bernoulli**.

No caso da aplicação destas leis aos sólidos, considerados indeformáveis e sem passagem de massa pelas fronteiras, a abordagem é mais imediata que na Mecânica dos Fluidos.

Quando é possível resolver estas três equações para fluidos são obtidas três grandezas primárias: $\vec{V}$, P e T, que definem um campo de escoamentos. Pressão e temperatura são variáveis termodinâmicas independentes e, portanto, definem o estado de equilíbrio do fluido e permitem obter as outras variáveis de importância: μ, ρ e, quando necessário, também a entalpia e a condutividade térmica.

Tenha em mente que na Mecânica dos Fluidos a **pressão é utilizada como uma medição no escoamento e não é a propriedade termodinâmica**, a qual depende do estado. A pressão na Mecânica dos Fluidos é aquela medida no escoamento com manômetros, ou calculada segundo as leis da mecânica dos fluidos.

Como mostrado anteriormente, o uso do referencial de Euler já dá a pista para entender como essas leis serão tratadas: fixa-se uma região do espaço e se monitoram as grandezas que vão escoando através dessa região.

As leis de conservação são desenvolvidas de forma a acompanhar as variações que um volume infinitesimal de um fluido em movimento sofre para três grandezas de muito interesse: massa (m), quantidade de movimento (*QDM*) e energia (E).

Será considerado que o fluido em movimento passa por um pequeno volume fixo no espaço: uma partícula fluida possui uma massa fixa e se move com o escoamento, passando pelo interior desse volume infinitesimal escolhido, conforme mostra a Figura 4.25. Nesse volume infinitesimal fixo, as leis de conservação para essas três grandezas podem ser escritas como um balanço de propriedades.

Como os fluidos são deformáveis e estão em movimento, essas leis são mais bem expressas na forma de **taxas de variação com o tempo**.

4.5.1 Equação da conservação da massa

A equação da conservação da massa também pode ser chamada **equação da continuidade**.

Balanços de massa são importantes para o engenheiro: o fluxo de massa de fluidos entrando, saindo e sendo retidos ou não nos sistemas estudados, projetados e operados é parte fundamental da solução de qualquer problema.

Ao bombear certa quantidade de fluido incompressível como água, petróleo ou gases (com Mach $< 0{,}3$) em uma tubulação, se for verificado que a mesma quantidade não chegou ao destino, depreende-se que houve um vazamento pelo caminho. Isto é o balanço de massa.

Para desenvolver uma equação adequada para estudar o balanço de massa, serão utilizados os conceitos do cálculo diferencial, a partir de um volume infinitesimal atravessado por um fluido em movimento, com relação a um referencial inercial xyz, na forma de um cubo com lados infinitesimais dx, dy e dz, como mostrado na Figura 4.25.

Com essa figura, pode-se explicar a Lei da Conservação da Massa por duas formas: do ponto de vista físico, ou matematicamente, por expansão em série de Taylor.

Do ponto de vista físico (ou de engenharia), pode-se imaginar que na área transversal ao eixo x no centro do cubo infinitesimal está estabelecida uma vazão mássica, ρu, por unidade de área. Saindo pela face da direita deve-se ter a vazão por área, ρu, somada a uma pequena variação desta vazão por unidade de área $\frac{\partial \rho u}{\partial x}$ e que percorreu uma pequena distância $\frac{dx}{2}$ do centro do cubo até esta face à direita.

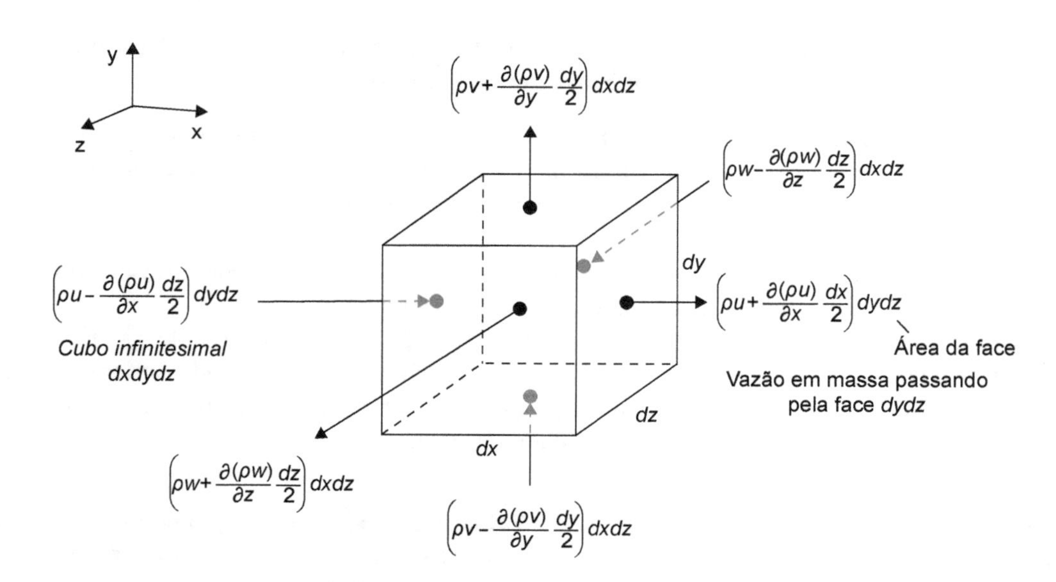

FIGURA 4.25 Representação de um cubo infinitesimal em meio a um escoamento de fluido.

Para calcular a vazão em massa que sai pela face direita, deve-se somar a vazão mássica por unidade de área no centro do cubo, na direção x, mais sua variação $\frac{\partial \rho u}{\partial x}\frac{dx}{2}$, multiplicadas pela área desta seção, que é $(dydz)$. A vazão em massa nesta face é expressa por $\left(\rho u + \frac{\partial \rho u}{\partial x}\frac{dx}{2}\right)dydz$.

Aplicando a mesma lógica na face esquerda do cubo, perpendicular à direção x: a vazão em massa que entra por esta face é igual à vazão no centro, menos uma pequena variação da vazão, de modo análogo à saída. Com este procedimento, deduz-se que existe uma função linear de variação da massa entre a entrada e a saída de massa no cubo, nesta direção. Como o lado do cubo é muito pequeno, mesmo se a variação não for linear, poderá ser aproximada por uma variação linear.

Repete-se o procedimento para todas as faces do cubo e ao final somam-se as vazões em massa que entram e saem das seis faces do cubo:

Vazão líquida de massa entrando no cubo:

$$\sum_{entradas} \dot{m} \approx \left(\rho u - \frac{\partial \rho u}{\partial x}\frac{dx}{2}\right)dydz + \left(\rho u - \frac{\partial \rho v}{\partial y}\frac{dy}{2}\right)dxdz + \left(\rho u - \frac{\partial \rho w}{\partial z}\frac{dxz}{2}\right)dxdy$$

Vazão líquida de massa saindo do cubo:

$$\sum_{saídas} \dot{m} \approx \left(\rho u + \frac{\partial \rho u}{\partial x}\frac{dx}{2}\right)dydz + \left(\rho u + \frac{\partial \rho v}{\partial y}\frac{dy}{2}\right)dxdz + \left(\rho u + \frac{\partial \rho w}{\partial z}\frac{dxz}{2}\right)dxdy$$

Porém, com essas duas equações ainda há um problema adicional: se o fluido for compressível, ele pode acumular ou perder massa no volume do cubo ao longo do tempo, e esta variação de massa no interior do cubo pode ser expressa por:

$$\frac{\partial \rho}{\partial t}dxdydz$$

Massa específica multiplicada por volume é igual à massa e, portanto, esta expressão representa a derivada parcial da massa com relação ao tempo, ou seja, da massa deixada ou extraída do cubo em certo tempo.

A lógica induz a considerar que a variação da vazão em massa no interior do cubo deve ser igual à soma das vazões mássicas que saíram do cubo menos a soma das vazões mássicas que entraram no cubo. Isto é o balanço de massa.

Somando as três equações anteriores, resulta:

$$\frac{\partial \rho}{\partial t}dxdydz = -\frac{\partial(\rho u)}{\partial x}dxdydz - \frac{\partial(\rho v)}{\partial y}dxdydz - \frac{\partial(\rho w)}{\partial z}dxdydz$$

e, dividindo pelo volume $dxdydz$, resulta na **equação da continuidade**, para qualquer fluido em qualquer situação:

$$\frac{\partial \rho}{\partial t} + \frac{\partial(\rho u)}{\partial x} + \frac{\partial(\rho v)}{\partial y} + \frac{\partial(\rho w)}{\partial z} = 0$$

Essa forma da equação da continuidade pode ser apresentada na versão vetorial, mais compacta e elegante, empregando o conceito de **divergência de um vetor**. Resulta na equação diferencial da conservação da massa, também chamada equação da continuidade na forma diferencial.

Equação da continuidade

$$\frac{\partial \rho}{\partial t} + \nabla \cdot (\rho \vec{v}) = 0$$

Observe que $\nabla \cdot (\rho \vec{v})$ também pode ser representado como $div(\rho \vec{v})$. O divergente mede o escoamento do fluido para fora (*divergindo*) de um ponto. Se o escoamento estiver voltado para o ponto central, então o divergente é negativo.

Em geral, a equação da continuidade na forma diferencial não pode ser usada por si só para resolver um campo de velocidades, mas sim para determinar se o campo de velocidades é incompressível, ou para encontrar componentes perdidas de velocidades.

Chega-se ao mesmo resultado usando as ferramentas do cálculo diferencial, aproximando a vazão mássica entrando ou saindo de cada uma das seis faces usando expansão em séries de Taylor. Por exemplo, ao redor do ponto central, na face direita, e ignorando os termos de ordem > *dx*, pode-se escrever a vazão mássica por unidade de área como:

$$(\rho u)_{face\ direita} = \rho u + \frac{\partial(\rho u)}{\partial x}\frac{dx}{2} + \frac{1}{2!}\frac{\partial^2(\rho u)}{\partial x^2}\left(\frac{dx}{2}\right)^2 \ldots$$

e assim por diante, chegando-se ao mesmo resultado.

Conservação da massa em coordenadas cilíndrico-polares

Para usar coordenadas cilíndrico-polares em problemas de escoamentos em dutos, pode ser utilizado o sistema de coordenadas da Figura 4.26, com o eixo *z* saindo do plano da página, na direção axial de um tubo.

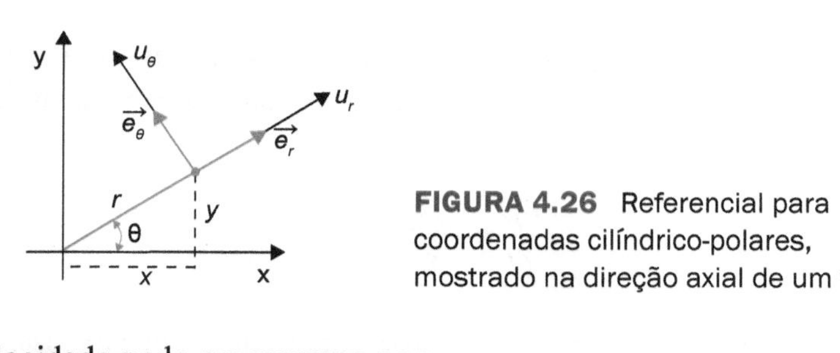

FIGURA 4.26 Referencial para coordenadas cilíndrico-polares, mostrado na direção axial de um tubo.

Nesse caso, a velocidade pode ser expressa por:

$$\vec{V} = u_r\vec{e_r} + u_\theta\vec{e_\theta} + u_z\vec{e_z}$$

Com o operador nabla:

$$\nabla = \frac{1}{r}\frac{\partial(r)}{\partial r}\vec{e}_r + \frac{1}{r}\frac{\partial}{\partial \theta}\vec{e}_\theta + \frac{\partial}{\partial z}\vec{e}_z$$

A continuidade $\frac{\partial \rho}{\partial t} + \nabla \cdot (\rho \vec{v}) = 0$ ficaria expressa para coordenadas cilíndrico-polares da seguinte maneira:

$$\frac{\partial \rho}{\partial t} + \frac{1}{r}\frac{\partial(r\rho u_r)}{\partial r} + \frac{1}{r}\frac{\partial(\rho u_\theta)}{\partial \theta} + \frac{\partial(\rho u_z)}{\partial z} = 0$$

Conservação da massa para fluido compressível em regime permanente

Se o regime for permanente, $\frac{\partial \rho}{\partial t} = 0$, a equação da continuidade na forma diferencial para escoamentos de fluidos **compressíveis** em regime permanente pode ser expressa por qualquer uma das três formas:

$$\nabla \cdot (\rho \vec{v}) = 0 \quad \text{ou}$$

$$\frac{\partial \rho u}{\partial x} + \frac{\partial \rho v}{\partial y} + \frac{\partial \rho w}{\partial z} = 0 \quad \text{ou}$$

$$div(\rho \vec{v}) = 0$$

Para escoamento permanente em regime compressível em coordenadas cilíndrico-polares:

$$\frac{1}{r}\frac{\partial(r\rho u_r)}{\partial r} + \frac{1}{r}\frac{\partial(\rho u_\theta)}{\partial \theta} + \frac{\partial(\rho u_z)}{\partial z} = 0$$

Conservação da massa para fluido incompressível (e não importa se o regime é permanente!)

Se o fluido for incompressível, então ρ é constante, assumindo que o escoamento seja adiabático, como é de praxe na Mecânica dos Fluidos, e a diferencial $\frac{\partial \rho}{\partial t}$ é zero.

Com isso, pode-se tirar ρ (que é constante por ser incompressível) do divergente e a equação da continuidade se torna:

$$\nabla \cdot \vec{v} = 0 \quad \text{ou}$$

$$div\vec{v} = 0 \quad \text{ou}$$

$$\frac{\partial u}{\partial x} + \frac{\partial v}{\partial y} + \frac{\partial w}{\partial z} = 0$$

Observe que esta é uma relação **muito poderosa** – válida, inclusive, se o escoamento não for permanente –, pois a massa específica é constante (incompressível), mesmo se o regime for transiente (mas tem de ser adiabático também).

Em casos assim, como se depende só do campo de velocidades e não mais da massa específica, a termodinâmica passa a não ser importante e pode-se simplificar muito a descrição do escoamento.

Em coordenadas cilíndrico-polares, para regime permanente em escoamento incompressível:

$$\frac{1}{r}\frac{\partial(ru_r)}{\partial r} + \frac{1}{r}\frac{\partial(u_\theta)}{\partial \theta} + \frac{\partial(u_z)}{\partial z} = 0$$

4.5.2 Primeira Lei da Termodinâmica, ou equação da conservação da energia

Na forma diferencial, a Primeira Lei da Termodinâmica tem pouca aplicação nos projetos e situações convencionais, mas para sistemas compostos por fluidos incompressíveis, com uma entrada e uma saída, como em um filamento de corrente com dimensões infinitesimais, pode-se chegar a:

$$de_{int} + d\left(\frac{P}{\rho}\right) + vdv + gdz = \delta q - \delta w$$

Todo o lado esquerdo representa derivadas totais ou "exatas" e se aplica a quantidades determinadas somente pelo estado (T, P) do sistema, portanto, são propriedades de ponto (em que de_{int} representa variação da energia interna, $d\left(\frac{P}{\rho}\right)$ a variação de energia por diferenças de pressão, vdv é a variação de energia cinética e gdz é a variação de energia potencial). O lado direito representa quantidades que são diferenciais inexatas e dependem do caminho tomado para ir de um ponto a outro (variações de transferência de calor e de trabalho mecânico).

Lembre-se de que continua válida a hipótese de *continuum*, à qual se adiciona a de equilíbrio termodinâmico local (o que significa que suas propriedades termodinâmicas variam lentamente de um ponto a outro).

Nesse ponto, cabe fazer uma distinção entre escoamentos **compressíveis** e **incompressíveis**, que levam a **caminhos bem diferentes** na solução da equação de energia.

Quando o escoamento for compressível, pode-se entrar com uma **equação de estado**, fornecida pela termodinâmica como, por exemplo, a relação de gás perfeito:

$$p = \rho RT$$

com R sendo a constante do gás, em unidades de $\dfrac{\text{J}}{\text{kg} \cdot \text{K}}$ no SI.

Ainda para gás ideal, a energia interna pode ser calculada simplesmente com a temperatura e com o calor específico a volume constante:

$$de_{int} = c_V dT$$

Para escoamentos incompressíveis, a situação é outra: como não há equação de estado a ser resolvida, normalmente não há dependência da temperatura e, com isso, as propriedades são constantes e, portanto, podem-se resolver apenas as equações da continuidade e de Navier-Stokes para encontrar os campos de pressão e de velocidade.

4.6 EQUAÇÃO DE BERNOULLI

Daniel Bernoulli foi um excepcional matemático, filósofo e fluidodinamicista suíço que trouxe importantes contribuições no início da organização das ideias da Mecânica dos Fluidos. Foi amigo de Euler e, em 1738, publicou o livro *Hidrodinâmica: Ensaio. Comentários sobre a força e os movimentos dos fluidos*, no qual estabeleceu alguns princípios importantes, entre eles, o que se passou a chamar de equação de Bernoulli.

Conforme mostrado, as propriedades termodinâmicas não são importantes nas situações em que os escoamentos são incompressíveis, exceto, evidentemente, no caso de gases em escoamentos incompressíveis em que são necessárias as equações de gases perfeitos no cálculo de propriedades. Se, adicionalmente, a viscosidade puder ser desprezada, pode-se utilizar uma simplificação da equação da energia, que passa a ser chamada equação de Bernoulli.

A equação de Bernoulli pode ser obtida de diversas maneiras: com a simplificação da equação de Euler ou da equação de Navier-Stokes, ou a partir da Primeira Lei da Termodinâmica, ou com a aplicação da equação da continuidade ou com a aplicação da Segunda Lei de Newton.

Neste texto, será usado o método do balanço de forças aplicado a um diagrama de corpo livre, com a Segunda Lei de Newton aplicada a uma partícula de fluido em uma linha de corrente, admitindo-se que trocas de calor são inexistentes ou desprezíveis.

A equação de Bernoulli tornou-se uma das **mais usadas** na Mecânica dos Fluidos, tendo em vista sua simplicidade e eficácia para resolver problemas dentro das seguintes limitações: escoamentos **incompressíveis**, em **regime permanente** e com **viscosidade desprezível**.

Deve-se usar a equação de Bernoulli com cautela, sempre entendendo as condições e hipóteses em que ela pode ser aplicada.

Hipóteses:

- Escoamento não viscoso, $\mu \approx 0$, ou pelo menos com $F_{viscosas} <<$ outras forças ($F_{gravitacionais}$, $F_{inércia}$ ou $F_{pressão}$).
- Observar que não deve ser aplicada perto de camadas-limites ou esteiras, em que há gradientes de velocidade $\left(\tau = \mu \dfrac{\partial v_x}{\partial y}\right)$.

- Regime permanente $\left(\frac{\partial \vec{v}}{\partial t} = 0\right)$.
- Fluido incompressível $\nabla \cdot \vec{v} = 0$, ou Mach < 0,3.
- Forças atuantes: pressão e peso.

Para facilitar a dedução, será considerado um sistema de coordenadas intrínseco, aplicado a uma partícula cilíndrica com dimensões de comprimento *ds* e área da seção transversal *dA*.

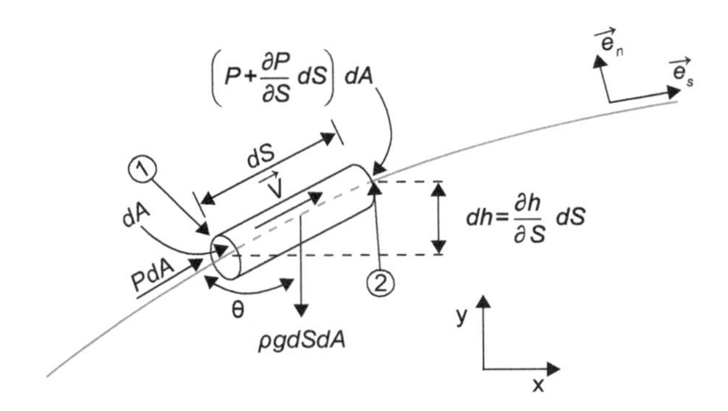

FIGURA 4.27 Filamento cilíndrico com distribuição de forças.

Usando a Segunda Lei de Newton, tem-se que a somatória das forças externas sobre a partícula é igual à aceleração experimentada, multiplicada pela massa:

$$\sum F_{ext\,\vec{e}_s} = m \cdot a_{\vec{e}_s}$$

Em termos de forças externas, serão consideradas pressão (multiplicada pela área) e força peso, desprezando-se as forças de contato decorrentes de atrito, uma vez que a **viscosidade foi considerada negligível**.

Observe que o cilindro (filamento de corrente) da figura precisa ser equilibrado com forças externas, como qualquer diagrama de equilíbrio de forças aplicado a um corpo, com o uso da Segunda Lei de Newton. No diagrama de corpo livre, considera-se que o filamento de corrente "enxerga" uma força externa em razão da pressão do fluido multiplicada pela área do filamento, em sua seção de entrada 1, empurrando o escoamento para dentro do cilindro.

Pode-se considerar que o cilindro "enxerga" outra força externa decorrente de pressão vezes a área, resistindo à saída do fluido em sua seção transversal 2. Essa pressão pode ser entendida como a pressão exercida na área 1, mais um pequeno gradiente de pressão exercido na direção do escoamento, modificado na distância *ds* do filamento. A força peso tem que ser projetada na direção da coordenada natural *s*. Disso resulta para o equilíbrio de forças:

$$pdA - \left(p + \frac{\partial p}{\partial s} ds\right) dA - \rho g \cdot ds \cdot dA \cdot \cos\theta = \rho ds \cdot dA \cdot a_s$$

$$\text{em que } a_s = V\frac{\partial V}{\partial s} + \frac{\partial V}{\partial t} \quad \text{e} \quad \frac{\partial V}{\partial t} = 0$$

Geometricamente, $dh = ds\cos\theta = \frac{\partial h}{\partial s} ds$, pois $\cos\theta = \frac{\partial h}{\partial s}$

Tomando-se a primeira equação, dividindo por *dsdA* e fazendo as substituições:

$$-\frac{\partial p}{\partial s} - \rho g \frac{\partial h}{\partial s} = \rho V \frac{\partial V}{\partial s}$$

como ρ é constante, e

$$V\frac{\partial V}{\partial s}=\frac{\partial V^2/2}{\partial s}$$

resulta:

$$\frac{\partial}{\partial s}\left(\frac{V^2}{2}+\frac{p}{\rho}+gh\right)=0$$

ou:

$$\frac{V^2}{2}+\frac{p}{\rho}+gh=\text{constante}$$

E se é constante na linha de corrente, então, entre dois pontos quaisquer de uma linha de corrente pode ser escrito:

$$\frac{V^2{}_1}{2}+\frac{p_1}{\rho}+gh_1=\frac{V^2{}_2}{2}+\frac{p_2}{\rho}+gh_2$$

Se a expressão anterior for dividida por g, resulta na forma mais utilizada da equação de Bernoulli.

Equação de Bernoulli

$$\frac{V^2{}_1}{2g}+\frac{p_1}{\gamma}+h_1=\frac{V^2{}_2}{2g}+\frac{p_2}{\gamma}+h_2$$

Válida para escoamentos incompressíveis, em regime permanente e com viscosidade desprezível.

Observe que cada termo nessa forma da equação de Bernoulli tem dimensões de energia ou trabalho por unidade de força (ou seja, é expressa em metros), e indica que a soma da energia cinética, do trabalho da pressão e da energia potencial é constante ao longo de uma linha de corrente. Cada lado da equação representa a **energia mecânica total** disponível nos pontos 1 e 2 de uma linha de corrente.

A equação de Bernoulli pode ser considerada um "Princípio da Conservação da Energia Mecânica" em que não há perdas por atrito a serem consideradas, ou seja, não há conversão de energia mecânica para energia térmica.

A pressão p é a pressão estática.

A soma dos termos $\left(\frac{p}{\gamma}+h\right)$ é também chamada **carga piezométrica**.

A soma dos dois termos $p+\rho\frac{V^2}{2}=p_T$ é chamada **pressão total** ou **pressão de estagnação**.

EXERCÍCIO 4.4

Óleo com peso específico de 8300 N/m^3 escoa por um bocal convergente-divergente mostrado na Figura 4.28, com pressão de vapor de 25,4 kPa absoluta. Sabendo que a pressão atmosférica local é de 91 kPa, determinar a vazão em que se inicia o processo de cavitação. Pressão a montante do convergente P_1 = 70 kPa. D_1 = 10 m, D_2 = 0,25 m. Sempre que se referir à pressão, assume-se neste livro que se trata da **pressão efetiva (ou manométrica)**, a menos que explicitamente dito pressão absoluta.

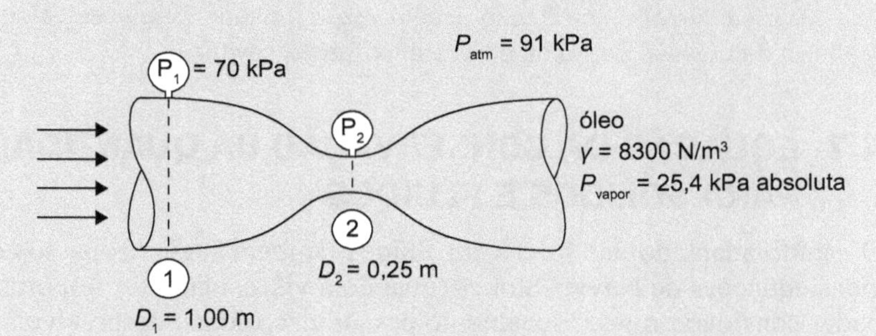

FIGURA 4.28 Óleo escoando com atrito desprezível em bocal convergente-divergente.

1. Entenda o que se está resolvendo

Bocais convergentes têm a função de acelerar o fluido, provocando velocidades muito elevadas e pressões muito baixas na garganta. Por esse motivo, há a preocupação de não haver risco de se atingir a pressão de vapor do fluido nessa região, o que ocasionaria o fenômeno da cavitação.

2. Faça um croqui

Perceba que o problema é descobrir o valor da pressão na garganta, e se ela atinge a pressão de vapor.

3. Hipóteses simplificadoras

Em um caso como esse, pode-se considerar, em uma primeira aproximação, que as perdas de carga por atrito do fluido com a tubulação podem ser desprezadas, abrindo espaço para a utilização da equação de Bernoulli em uma linha de corrente entre as seções transversais 1 e 2. O escoamento na linha de corrente no centro da tubulação pode ser considerado adiabático e isentrópico, sem perda de energia e troca de calor. O escoamento está em regime permanente. O fluido é incompressível, o que permite usar com facilidade a equação da continuidade (conservação da massa) entre os pontos 1 e 2. O valor da pressão de vapor para uma dada temperatura e pressão do fluido foi fornecido para a condição do escoamento.

4. Prepare o modelo matemático e resolva o problema

Para as condições e hipóteses adotadas, pode-se usar a equação de Bernoulli para solucionar o problema entre os pontos 1 (na tubulação a montante) e 2 (na garganta do bocal).

$$\frac{V^2{}_1}{2g}+\frac{P_1}{\gamma}+h_1=\frac{V^2{}_2}{2g}+\frac{P_2}{\gamma}+h_2$$

Observe que a vazão Q é constante, pois o regime é permanente. Mais à frente será visto que a aplicação da equação da conservação da massa permite escrever as velocidades em função da vazão Q:

$$V_1=Q\frac{4}{\pi D_1^2} \text{ e } V_2=Q\frac{4}{\pi D_2^2}$$

A pressão limite em P_2 é a pressão de vapor: P_v = 25,4 kPa, e como P_{atm} = 91,0 kPa, resulta em: P_2 = 25,4 kPa - 91,0 kPa = -65,8 kPa, que é a pressão efetiva em P_2 ao se atingir a pressão de vapor.

Têm-se então:

$$\frac{P_2}{\gamma}=-\frac{65.800}{8300}=-7{,}93 \text{ mco (metros de coluna de óleo)}$$

$$\frac{P_1}{\gamma}=\frac{70.000}{8300}=8{,}43 \text{ mco (metros de coluna de óleo)}$$

Substituindo na equação de Bernoulli:

$$\frac{1}{2g}\left(\frac{4Q}{\pi D_1^2}\right)^2 + 8{,}43 = \frac{1}{2g}\left(\frac{4Q}{\pi D_2^2}\right)^2 - 7{,}93$$

e resulta $Q = 0{,}881\ m^3/s$.

Este é o limiar da cavitação e, se a vazão for superior a esse valor, implica diminuição da pressão, que ficará abaixo da pressão de vapor, e haverá, portanto, cavitação.

4.7 EQUAÇÃO DA CONSERVAÇÃO DA QUANTIDADE DE MOVIMENTO LINEAR PARA SÓLIDOS E FLUIDOS

O estudo adaptado das forças em fluidos também segue os passos da mecânica clássica e resulta nas conhecidas equações de Navier-Stokes (quando a viscosidade for importante), ou nas equações de Euler, quando se puder considerar que o escoamento possui viscosidade desprezível.

À semelhança do que foi feito na dedução para a equação da continuidade, parte-se de um pequeno elemento cúbico infinitesimal fixo com relação a eixos coordenados *xyz*, com fluido escoando por suas paredes.

Há, porém, uma diferença importante: na equação da continuidade, a massa é escalar, enquanto na apresentação da equação da quantidade de movimento serão utilizadas forças e velocidades, que são grandezas vetoriais, e tensões, que são grandezas tensoriais.

Quando forças são aplicadas geram tensões na matéria, normalmente decompostas em direções perpendiculares e denominadas tensões normais e tensões de cisalhamento, como mostra a Figura 4.29.

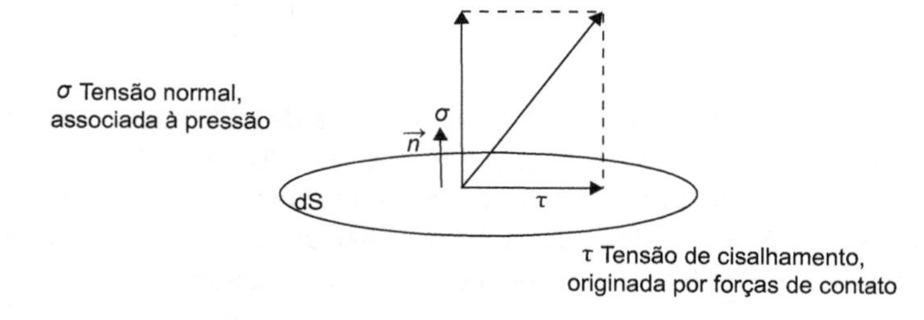

FIGURA 4.29 Representação de tensões normais e de cisalhamento aplicadas a uma superfície infinitesimal *dS*.

Lembre-se de que forças são grandezas com magnitude e com uma direção associada, enquanto tensões possuem magnitude e duas direções associadas: a direção da aplicação da força e a direção do versor da área na qual age.

Será utilizada a notação subscrita dupla para tensões: o 1º subscrito representa o plano normal ao eixo em que a tensão atua e o 2º representa a direção do tensor. τ_{xy} representa, portanto, um tensor atuando em um plano ortogonal ao eixo *x*, na direção do eixo *y*, como mostra a Figura 4.30.

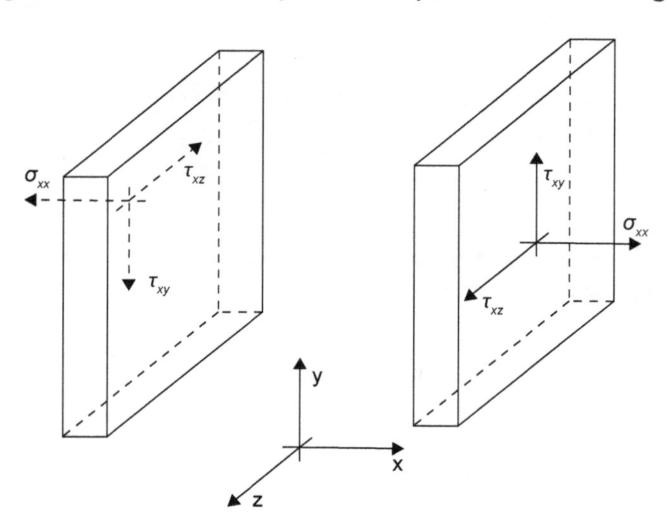

FIGURA 4.30 Representação de tensões em planos diferentes.

Na demonstração da conservação da quantidade de movimento, parte-se da distribuição de tensões em um pequeno elemento cúbico (δx, δy, δz), que pode ser tanto fluido quanto sólido. Na Figura 4.31 estão representadas, para facilitar a visualização, as tensões de contato superficial (tensões normais e tangenciais) agindo apenas na direção do eixo x. Não estão representadas as forças de campo (como a gravidade).

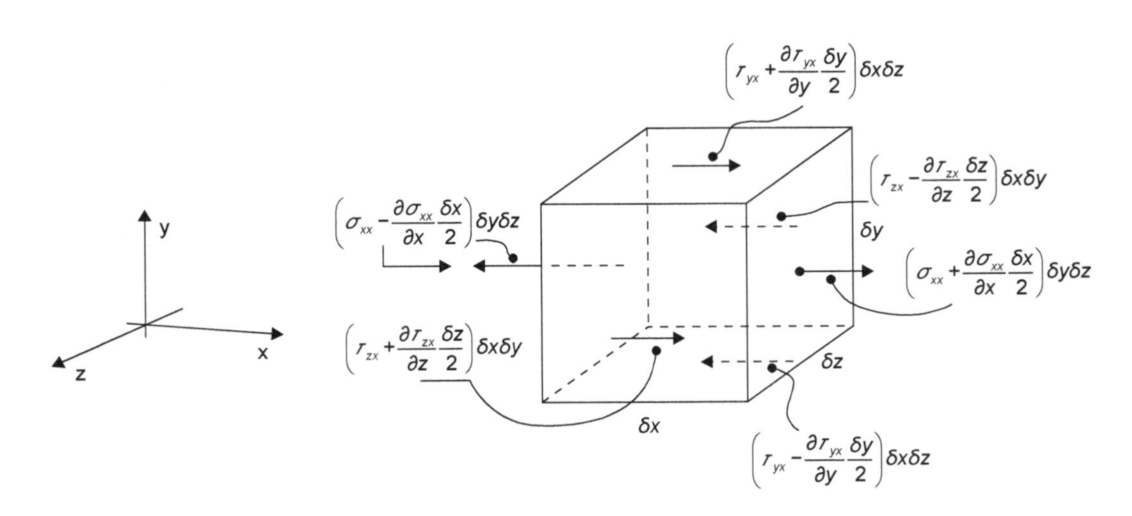

FIGURA 4.31 Tensões aplicadas na direção do eixo x de um cubo infinitesimal.

Com a Segunda Lei de Newton, pode-se escrever, para cada eixo coordenado, o balanço de forças com as seguintes equações:

$$\delta F_x = \delta F_{cont\ x} + \delta F_{campo\ x} = \delta m\, a_x$$

$$\delta F_y = \delta F_{cont\ y} + \delta F_{campo\ y} = \delta m\, a_y$$

$$\delta F_z = \delta F_{cont\ z} + \delta F_{campo\ z} = \delta m\, a_z$$

Observe que se trata de uma massa infinitesimal, δm, animada de uma aceleração total na direção considerada (a_x, a_y e a_z). Também se sabe que $\delta m = \rho \delta_x \delta_y \delta_z = \rho d\forall$.

As forças de contato infinitesimais (δF_{cont}) são as tensões normais e de cisalhamento e δF_{compo} é a representação da força peso. A força resultante infinitesimal, δF_i, é representada por suas componentes na direção dos eixos coordenados.

Deve-se fazer o balanço de forças para cada eixo coordenado. No eixo x, apresentado na Figura 4.31, as tensões σ_{xx}, τ_{yx} e τ_{zx} se anulam porque têm sinais opostos, enquanto seus segundos termos, com as diferenciais, se somam e, assim, desaparece o número dois do denominador.

Importante: sabe-se ainda que $\tau_{yx} = \tau_{xy}$ e assim sucessivamente, pois trata-se de um elemento infinitesimal **isotrópico**, que não possui direções preferenciais no espaço, comportamento da maioria dos fluidos.

Voltando-se à Figura 4.31 e realizando o balanço de forças, por simetria forma-se então um conjunto de equações para os três eixos coordenados, que descrevem a Segunda Lei de Newton aplicada a uma partícula infinitesimal:

Conjunto de equações que representa a aplicação da Segunda Lei de Newton a um corpo infinitesimal qualquer (fluido ou sólido) nos três eixos coordenados

$$\rho g_x + \frac{\partial \sigma_{xx}}{\partial x} + \frac{\partial \tau_{yx}}{\partial y} + \frac{\partial \tau_{zx}}{\partial z} = \rho\left(\frac{\partial u}{\partial t} + u\frac{\partial u}{\partial x} + v\frac{\partial u}{\partial y} + w\frac{\partial u}{\partial z}\right)$$

$$\rho g_y + \frac{\partial \tau_{xy}}{\partial x} + \frac{\partial \sigma_{yy}}{\partial y} + \frac{\partial \tau_{zy}}{\partial z} = \rho\left(\frac{\partial v}{\partial t} + u\frac{\partial v}{\partial x} + v\frac{\partial v}{\partial y} + w\frac{\partial v}{\partial z}\right)$$

$$\rho g_z + \frac{\partial \tau_{xz}}{\partial x} + \frac{\partial \tau_{yz}}{\partial y} + \frac{\partial \sigma_{zz}}{\partial z} = \rho\left(\frac{\partial w}{\partial t} + u\frac{\partial w}{\partial x} + v\frac{\partial w}{\partial y} + w\frac{\partial w}{\partial z}\right)$$

Algumas observações:

- essas equações são aplicáveis a qualquer *continuum* (**sólido** ou **fluido**), em movimento ou parado. São relações **muito poderosas**;
- os termos no lado direito representam massa vezes aceleração total, composta pela soma da aceleração local e convectiva;
- os termos do lado esquerdo representam as forças externas: força gravitacional e as forças de contato, sejam elas de tração, compressão ou cisalhantes, aplicadas sobre o elemento infinitesimal.

Observe que há apenas **três** equações e **dez** incógnitas: todas as tensões, velocidades e ρ. Para resolver este sistema de equações aplicáveis a fluidos, faz-se necessário introduzir novos conhecimentos, na forma de simplificações ou novas equações.

Equação da quantidade de movimento no escoamento de fluido com viscosidade desprezível: a equação de Euler

Em uma primeira aproximação, pode-se considerar, em algumas situações, que as viscosidades da água e do ar são suficientemente pequenas para permitir considerá-los como fluidos invíscidos ($\mu_{água\ a\ 20\ °C} = 1{,}002 \times 10^{-3}$ Pa · s e $\mu_{ar\ a\ 20\ °C} = 1{,}82 \times 10^{-7}$ Pa · s) e, consequentemente, $\tau = \mu \dfrac{\partial V}{\partial y} \sim 0$.

No Capítulo 2, já foi mostrado que as tensões normais independem da direção e são iguais à pressão:

$$-P = \sigma_{xx} = \sigma_{yy} = \sigma_{zz}$$

O sinal negativo foi adotado por convenção para que as tensões de compressão (as mais comuns nos fluidos) forneçam sinal positivo (+) para a pressão.

Do conjunto de equações que representam a Segunda Lei para um corpo infinitesimal qualquer, pode-se considerar que para determinados fluidos, com $\mu \rightarrow 0$ e $\tau \rightarrow 0$, essas simplificações geram as **equações de Euler do movimento**:

Equações de Euler do movimento

$$\rho g_x - \frac{\partial P}{\partial x} = \rho\left(\frac{\partial u}{\partial t} + u\frac{\partial u}{\partial x} + v\frac{\partial u}{\partial y} + w\frac{\partial u}{\partial z}\right)$$

$$\rho g_y - \frac{\partial P}{\partial y} = \rho\left(\frac{\partial v}{\partial t} + u\frac{\partial v}{\partial x} + v\frac{\partial v}{\partial y} + w\frac{\partial v}{\partial z}\right)$$

$$\rho g_z - \frac{\partial P}{\partial z} = \rho\left(\frac{\partial w}{\partial t} + u\frac{\partial w}{\partial x} + v\frac{\partial w}{\partial y} + w\frac{\partial w}{\partial z}\right)$$

que podem ser elegantemente colocadas na forma vetorial:

Equação de Euler na forma vetorial

$$\rho\vec{g} - \nabla P = \rho\left[\frac{\partial \vec{v}}{\partial t} + (\vec{v}\cdot\nabla)\vec{v}\right]$$

Observe que são válidas para escoamentos **sem viscosidade**, muito úteis na aplicação de CFD, fora da camada-limite. Resolvem uma parte do espaço em que as tensões viscosas são desprezíveis.

Incorporação da viscosidade aos cálculos

Desde a antiguidade, havia conhecimento empírico para a construção de canais e sistemas de distribuição de água, e que levavam implicitamente em consideração a viscosidade, mesmo que não soubessem o conceito como, hoje, o conhecemos. Com o iluminismo, houve uma profusão de estudos matemáticos e de hidráulica, nos quais Euler e Bernoulli foram exemplos de muita importância.

Euler, que faleceu em 1783, gerou a equação que leva o seu nome talvez até de modo paralelo à equação $\left(\frac{V^2}{2g} + \frac{p}{\gamma} + z = \text{constante}\right)$ de Daniel Bernoulli (de quem foi contemporâneo e amigo) para escoamento de fluidos. Observe que ambas as equações não levam em conta a viscosidade.

A viscosidade introduz modificações complicadas no escoamento e teve que ser desenvolvida uma teoria que auxiliasse os cálculos, tendo em conta a viscosidade e os movimentos turbulentos que ocorrem em cada interface fluido-sólido e fluido-fluido.

A hidráulica era praticada e problemas reais eram resolvidos pelo menos desde 4000 a.C. pelos sumérios, e depois pelos egípcios desde 3000 a.C., com projetos de canais de distribuição e cobrança pelo uso da água no delta do Nilo, embora não houvesse um corpo de conhecimento científico, como atualmente. A prática e sucessivas tentativas e erros possibilitaram a realização, ao longo dos séculos, de várias obras hidráulicas importantes, na essência não muito diferentes das utilizadas hoje.

A viscosidade entrou nos equacionamentos científicos a partir de dois trabalhos independentes que abordaram o problema: Navier (1758-1836), em 1827, e Stokes (1819-1903), em 1842, no que ficou conhecida como a equação de Navier-Stokes, que será desenvolvida mais à frente.

A ligação com o mundo real, porém, foi feita em 1845 com a formulação da equação de Darcy-Weisbach $h_f = f\frac{L}{D}\frac{V^2}{2g}$.

A determinação do coeficiente de atrito, f, da equação de Darcy-Weisbach só viria a ser utilizada de modo geral em 1932/1933, com o trabalho de Nikuradse, discípulo de Prandtl, como será abordado no Capítulo 6 – Cálculo de Escoamento em Condutos.

4.8 EQUAÇÃO DA QUANTIDADE DE MOVIMENTO PARA ESCOAMENTOS VISCOSOS – EQUAÇÕES DE NAVIER-STOKES

Na maioria das situações reais, a viscosidade é muito importante e as equações de Euler não fornecem boas respostas. Era necessário introduzir novas informações para estabelecer as relações possíveis entre as tensões de cisalhamento e o movimento dos fluidos.

Isso foi o que fizeram dois grandes pesquisadores, Navier, em 1827 e Stokes, em 1842: desenvolveram, de forma independente ao que parece, um conjunto de equações que, teoricamente, possibilitaria resolver qualquer problema de escoamento. Entretanto, a solução analítica dessas equações se restringe a pouquíssimos casos aplicados a baixos números de Reynolds, ainda nos dias de hoje.

A seguir serão utilizadas algumas hipóteses e mostrado o caminho para se chegar às equações simplificadas de Navier-Stokes, para fluidos incompressíveis e newtonianos, a partir do **conjunto de equações fundamentais** a que se chegou anteriormente.

Naquele conjunto de equações, as tensões são difíceis de medir e, portanto, ruins para serem usadas em equacionamentos. Felizmente, existem algumas abordagens teóricas que relacionam as tensões normais com a pressão, e as tensões de cisalhamento são relacionadas com taxas de mudança de deformação, ou gradientes de velocidade, como na Lei de Newton da Viscosidade.

Este trabalho matemático está além dos objetivos deste livro, que utilizará os resultados sem provas, as quais podem ser encontradas em livros mais avançados.

Duas observações iniciais são importantes: já foi mostrado experimentalmente que muitos fluidos podem ser considerados newtonianos, ou seja, as tensões são linearmente relacionadas com as derivadas da velocidade $\left(\tau = \mu \frac{\partial v}{\partial y}\right)$, e sabe-se que a maior parte dos fluidos é isotrópica: as tensões normais ou de cisalhamento (σ e τ) não possuem direções preferenciais com relação à coordenada de posição, e essa simetria evita muito trabalho braçal.

Para fluidos newtonianos, Stokes mostrou, em 1845:

$$\sigma_{xx} = \lambda \vec{V} + 2\mu \frac{\partial u}{\partial x}$$

$$\sigma_{yy} = \lambda \vec{V} + 2\mu \frac{\partial v}{\partial y}$$

$$\sigma_{zz} = \lambda \vec{V} + 2\mu \frac{\partial w}{\partial z}$$

e

$$\tau_{xy} = \tau_{yx} = \mu \left(\frac{\partial u}{\partial y} + \frac{\partial v}{\partial x} \right)$$

$$\tau_{yz} = \tau_{zy} = \mu \left(\frac{\partial v}{\partial z} + \frac{\partial w}{\partial y} \right)$$

$$\tau_{zx} = \tau_{xz} = \mu \left(\frac{\partial u}{\partial z} + \frac{\partial w}{\partial x} \right)$$

μ é a viscosidade dinâmica e λ é o chamado coeficiente de viscosidade total (*bulk viscosity coefficient*). Segundo Wendt (2008), em seu livro *Computational Fluid Dynamics*, Stokes elaborou a hipótese frequentemente usada de que $\lambda = \frac{2}{3}\mu$, mas ainda não confirmada até hoje!

Como se vê, o terreno é pantanoso: a equação mais abrangente de toda a Mecânica dos Fluidos está alicerçada em hipóteses que podem ser discutidas e criticadas, o que reflete nos níveis de incerteza dos cálculos realizados. Por exemplo, no cálculo de condutos, será visto que se parte de incertezas de 15 %.

Para encurtar a demonstração, pode-se aproveitar os resultados da excelente demonstração de Prandtl (1957).

Utilizando apenas relações geométricas de deformação normal em uma partícula cúbica infinitesimal, com muito trabalho chega-se ao seguinte resultado para as equações gerais da Segunda Lei de Newton:

$$\sigma_{xx} = -p - \frac{2}{3}\mu\left(\frac{\partial u}{\partial x} + \frac{\partial v}{\partial y} + \frac{\partial w}{\partial z}\right) + 2\mu\frac{\partial u}{\partial x}$$

$$\sigma_{yy} = -p - \frac{2}{3}\mu\left(\frac{\partial u}{\partial x} + \frac{\partial v}{\partial y} + \frac{\partial w}{\partial z}\right) + 2\mu\frac{\partial v}{\partial y}$$

$$\sigma_{zz} = -p - \frac{2}{3}\mu\left(\frac{\partial u}{\partial x} + \frac{\partial v}{\partial y} + \frac{\partial w}{\partial z}\right) + 2\mu\frac{\partial w}{\partial z}$$

Observe que se o fluido for incompressível, o segundo termo do lado direito das equações anteriores se anula, pois o termo entre parênteses é o divergente da velocidade, que foi mostrado ser zero para escoamentos incompressíveis. Prandtl também prova que:

$$p = -\frac{1}{3}(\sigma_{xx} + \sigma_{yy} + \sigma_{zz})$$

Voltando ao conjunto de equações que representa a Segunda Lei de Newton e fazendo a substituição das equações de σ e τ, obtêm-se, para os três eixos coordenados, as equações de Navier-Stokes, apresentadas a seguir para **fluidos incompressíveis** e com **viscosidade constante**, em coordenadas cartesianas.

Equações de Navier-Stokes para fluidos incompressíveis e viscosidade constante

$$\rho g_x - \frac{\partial P}{\partial x} + \mu\left(\frac{\partial^2 u}{\partial x^2} + \frac{\partial^2 u}{\partial y^2} + \frac{\partial^2 u}{\partial z^2}\right) = \rho\left(\frac{\partial u}{\partial t} + u\frac{\partial u}{\partial x} + v\frac{\partial u}{\partial y} + w\frac{\partial u}{\partial z}\right)$$

$$\rho g_y - \frac{\partial P}{\partial y} + \mu\left(\frac{\partial^2 v}{\partial x^2} + \frac{\partial^2 v}{\partial y^2} + \frac{\partial^2 v}{\partial z^2}\right) = \rho\left(\frac{\partial v}{\partial t} + u\frac{\partial v}{\partial x} + v\frac{\partial v}{\partial y} + w\frac{\partial v}{\partial z}\right)$$

$$\underbrace{\rho g_z - \frac{\partial P}{\partial z} + \mu\left(\frac{\partial^2 w}{\partial x^2} + \frac{\partial^2 w}{\partial y^2} + \frac{\partial^2 w}{\partial z^2}\right)}_{\Sigma \vec{F}_{externas}} = \underbrace{\rho\left(\frac{\partial w}{\partial t} + u\frac{\partial w}{\partial x} + v\frac{\partial w}{\partial y} + w\frac{\partial w}{\partial z}\right)}_{m.\vec{a}}$$

Força gravitacional + forças de diferenças de pressão + forças dissipativas de atrito	=	Força, com aceleração local e convectiva

Expressas em força por unidade de volume

Equação da continuidade:

$$\frac{\partial u}{\partial x} + \frac{\partial v}{\partial y} + \frac{\partial w}{\partial z} = 0.$$

De modo mais elegante, essas equações de N-S (sempre consideradas em conjunto com a equação da continuidade) para **escoamentos incompressíveis** e **viscosidade constante** podem ser colocadas na forma vetorial:

Equações de Navier-Stokes na forma vetorial para escoamentos incompressíveis e viscosidade constante

$$\rho\vec{g} - \nabla p + \mu\nabla^2\vec{V} = \rho\frac{d\vec{V}}{dt}$$

$$\nabla\vec{V} = 0$$

Em diversas situações com escoamentos em tubulações, as equações de Navier-Stokes podem ser convenientemente expressas em coordenadas cilíndrico-polares.

Equações de Navier-Stokes para fluidos incompressíveis e viscosidade constante, em coordenadas cilíndrico-polares

$$\rho g_r - \frac{\partial P}{\partial r} + \mu\left(\frac{1}{r}\frac{\partial}{\partial r}\left(r\frac{\partial u_r}{\partial r}\right) - \frac{u_r}{r^2} + \frac{1}{r^2}\frac{\partial^2 u_r}{\partial \theta^2} - \frac{2}{r^2}\frac{\partial u_\theta}{\partial \theta} + \frac{\partial^2 u_r}{\partial z^2}\right) = \rho\left(\frac{\partial u_r}{\partial t} + u_r\frac{\partial u_r}{\partial r} + \frac{u_\theta}{r}\frac{\partial u_r}{\partial \theta} - \frac{u_\theta^2}{r} + u_z\frac{\partial u_r}{\partial z}\right)$$

$$\rho g_\theta - \frac{1}{r}\frac{\partial P}{\partial \theta} + \mu\left(\frac{1}{r}\frac{\partial}{\partial r}\left(r\frac{\partial u_\theta}{\partial r}\right) - \frac{u_\theta}{r^2} + \frac{1}{r^2}\frac{\partial^2 u_\theta}{\partial \theta^2} + \frac{2}{r^2}\frac{\partial u_r}{\partial \theta} + \frac{\partial^2 u_\theta}{\partial z^2}\right) = \rho\left(\frac{\partial u_\theta}{\partial t} + u_r\frac{\partial u_\theta}{\partial r} + \frac{u_\theta}{r}\frac{\partial u_\theta}{\partial \theta} - \frac{u_r u_\theta}{r} + u_z\frac{\partial u_\theta}{\partial z}\right)$$

$$\rho g_z - \frac{\partial P}{\partial z} + \mu\left(\frac{1}{r}\frac{\partial}{\partial r}\left(r\frac{\partial u_z}{\partial r}\right) + \frac{1}{r^2}\frac{\partial^2 u_z}{\partial \theta^2} + \frac{\partial^2 u_z}{\partial z^2}\right) = \rho\left(\frac{\partial u_z}{\partial t} + u_r\frac{\partial u_z}{\partial r} + \frac{u_\theta}{r}\frac{\partial u_z}{\partial \theta} + u_z\frac{\partial u_z}{\partial z}\right)$$

$$\frac{1}{r}\frac{\partial(r\rho u_r)}{\partial r} + \frac{1}{r}\frac{\partial(\rho u_\theta)}{\partial \theta} + \frac{\partial(\rho u_z)}{\partial z} = 0$$

Comentários e observações sobre as equações de Navier-Stokes

As equações da conservação da massa, de Navier-Stokes e da energia constituem o que se chama, em matemática, sistema acoplado de equações diferenciais parciais não lineares: como aparecem incógnitas em todas as equações, não é possível obter uma única equação em função de qualquer incógnita particular, o que significa que é preciso resolver todas as equações **simultaneamente**.

Para escoamentos **incompressíveis**, este sistema geral é composto por quatro equações (continuidade e as três componentes da equação de Navier-Stokes) com quatro incógnitas (p, u, v, w).

No caso de escoamentos **compressíveis**, pode ser introduzida a equação de gás perfeito $p = \rho RT$, que, por sua vez, introduz uma nova incógnita T, gerando a necessidade de se ter mais uma equação para fechar o sistema por meio de uma equação de estado, por exemplo, $e_i = c_v T$, para um gás com calor específico constante.

Nos escoamentos incompressíveis, deve ser observado que essas equações podem ser aplicadas, por exemplo, ao escoamento no interior de dutos e de máquinas de fluxo como bombas, turbinas ou ventiladores, em escoamentos ao redor de navios, aviões, edifícios, ou ainda, em escoamentos em canais ou em plumas de poluição na atmosfera ou em corpos de água como oceanos, rios ou represas. Como as mesmas equações são usadas para situações muito diferentes e o corpo de equações é o mesmo, as **condições de contorno** e as **condições iniciais** irão definir metodologias próprias para abordar cada tipo de problema. Perceba a enorme importância das condições de contorno e iniciais.

Como não se conseguem resolver analiticamente as equações de N-S para escoamentos turbulentos, a opção foi utilizar conhecimentos derivados da experimentação para poder avançar no tratamento das soluções de projetos e operação de instalações, o que será visto em mais detalhes nos Capítulos 5 – Análise Integral de Escoamentos e 6 – Cálculo de Escoamento em Condutos.

Os filósofos-matemáticos-hidráulicos após o Renascimento desenvolveram diversas teorias e equações que resolviam problemas teóricos, mas funcionavam mal no mundo real. No entanto, em 1883, foi dado um passo importante quando Reynolds realizou seu célebre experimento mostrando que havia diferentes regimes de escoamento, o que chamou a atenção para a complexidade da solução de escoamentos turbulentos e de transição.

Logo após Reynolds, destacou-se um grupo muito forte em Gottingen, na Alemanha, dirigido por Ludwig Prandtl. Ele propôs, em 1904, a **Teoria da Camada-Limite** (*boundary layer*), a qual afirmava que, em um escoamento, todos os efeitos viscosos se concentravam em uma fina camada junto ao contorno sólido em contato com o fluido, e o **restante** do escoamento poderia ser considerado escoamento potencial, que pode ser resolvido com as equações de Euler, muito mais simples. Essa abordagem prática e brilhante foi fundamental para o desenvolvimento moderno da Engenharia.

Deve ser observado que, para as condições de escoamento incompressível, a pressão é assumida como uma média de tensões normais e não é calculada como uma propriedade termodinâmica. Nos escoamentos incompressíveis, **a pressão é resultado do campo de velocidades estabelecido**.

A equação de N-S para escoamentos incompressíveis também mostra claramente que o que importa é a variação de pressão, ΔP, no espaço, não o valor da pressão em si. Se for considerada uma tubulação, interessa no cálculo a diferença entre as pressões de entrada e de saída, mas não se o valor da pressão estática individual é de 10 ou 10^6 Pa.

As equações de N-S não são usadas diretamente na prática cotidiana da Engenharia, pois são não lineares, o que impossibilita resolvê-las por qualquer método simples. Como será visto nos capítulos à frente, os engenheiros usam simplificações e coeficientes levantados experimentalmente, desenvolvendo modelos que permitem efetuar cálculos e operações com fluidos, sem que resolvam diretamente N-S.

As equações de Navier-Stokes são consideradas um dos seis problemas mais importantes da Matemática ainda não resolvidos. O Instituto Clay de Matemática oferece US$ 1 milhão para quem provar ao menos que essas equações possuem solução. Ressalte-se que há apenas cinco outros problemas de Matemática que merecem tal distinção, como se pode ver em seu *site* (em 2023), acessível por meio do QR Code.

uqr.to/1w64f

Trazer detalhes matemáticos dessa abordagem está fora dos objetivos deste livro, mas se pode mostrar que para as equações diferenciais parciais elípticas, como no caso das equações de Navier-Stokes, as características (raízes) são imaginárias ou complexas e representam bem problemas em regime permanente; a solução depende apenas das condições de contorno. Veja os livros de Çengel e Cimbala (2013) e Anderson (1995) para aprofundar as informações.

Porém, uma perturbação no interior da solução afeta a solução em todos os locais: a perturbação se propaga em todas as direções, e também a solução em qualquer ponto do escoamento é influenciada por todas as condições de fronteira. Em linguajar matemático, a solução em um ponto do escoamento **precisa** ser calculada simultaneamente com a solução em todos os pontos do escoamento.

Em um escoamento incompressível, em regime permanente, isotérmico e com viscosidade constante, o que significa regido pelas equações de N-S, uma perturbação gerada, por exemplo, por uma singularidade em uma tubulação também tem seus efeitos propagados para montante! E obviamente para jusante. Em outras palavras, as condições de contorno têm de ser conhecidas em todo o contorno do escoamento, o que, evidentemente, contribui para a complexidade das soluções.

Tira-se daí uma importante informação prática: perturbações causadas em escoamentos viscosos incompressíveis podem caminhar em todas as direções, inclusive para montante, e isso obriga a ter muito cuidado nos projetos e na análise de instalações existentes.

Casos de solução analítica das equações de Navier-Stokes

As equações de Navier-Stokes apresentam dificuldades ainda insuperáveis para sua solução analítica em escoamentos turbulentos, muito por conta das dificuldades matemáticas geradas por flutuações aleatórias. Mas ainda que se tenham dificuldades imensas para resolver as equações diferenciais não lineares, algumas soluções podem ser individualizadas em casos de **escoamentos laminares** clássicos, com condições de contorno favoráveis e simplificações importantes.

Esses escoamentos simplificados são divididos em dois grupos: o primeiro em que as forças motrizes do escoamento estão associadas a gradientes de pressão ou força gravitacional, chamados escoamentos de Poiseuille, e o segundo onde o escoamento está associado a escoamentos forçados por bombeamentos, chamados escoamentos de Couette. Podem ser resolvidos exercícios de quatro tipos distintos desses escoamentos:

1. Escoamento de Hagen-Poiseuille, laminar em duto cilíndrico.
2. Escoamento de Poiseuille (Couette), laminar entre duas placas paralelas infinitas.
3. Escoamento de Couette, laminar entre duas placas paralelas, sem gradiente de pressão provocado por bombeamento, sendo o movimento causado unicamente pela placa superior movendo-se com velocidade V.
4. Escoamento de Couette, como o tipo anterior, mas com gradiente de pressão provocado por bombeamento.

EXERCÍCIO 4.5

Calcule a potência perdida por atrito para transportar óleo lubrificante SAE30, à temperatura de 60 °C e com vazão de 12,72 m³/h em uma tubulação com diâmetro de 5 cm. O trecho de tubulação, com 200 m de comprimento, pode ser considerado reto e sem singularidades importantes.

Na definição do problema, é recomendável seguir um método:

1. Entenda o que se está resolvendo

A primeira providência seria determinar se o escoamento é laminar ou turbulento, para decidir que tipo de equacionamento será possível. Se o escoamento for turbulento, não há solução analítica possível, somente soluções empíricas, o que representa um dos grandes problemas não resolvidos da mecânica clássica, segundo Richard Feynman, Prêmio Nobel de Física, já mencionado no Capítulo 3. Se o escoamento for laminar (Re < 2000), a situação é melhor, pois são os únicos escoamentos que podem ser resolvidos analiticamente com a equação de Navier-Stokes.

O valor da velocidade média deve ser calculado a partir da vazão fornecida $Q = V \cdot A$, e se obtém $V = 1{,}8$ m/s.

De tabelas ou gráficos de propriedades, encontra-se a viscosidade dinâmica $\mu = 4 \times 10^{-2}$ Pa · s e a massa específica $\rho = 890$ kg/m³, o que possibilita o cálculo do número de Reynolds:

$$\text{Re} = \frac{\rho V D}{\mu} = 2000$$

Esse Re = 2000 caracteriza escoamento laminar e, portanto, é possível uma solução analítica. Se o escoamento estivesse na transição do laminar para turbulento (mais ou menos 2000 < Re < 2700), não haveria uma solução analítica nem empírica publicada, e teria que se fazer um experimento ou assumir um valor entre a solução laminar e a turbulenta, com erros e incertezas grandes. Se Re > 2700, você poderia resolver com os métodos apresentados para escoamentos turbulentos no Capítulo 6 – Cálculo de Escoamento em Condutos, com base em soluções experimentais. Esses valores limites de Re variam de acordo com a referência.

2. Faça um croqui, como na Figura 4.32

Nunca é demais enfatizar a importância de se fazer um croqui para tentar entender o escoamento. Inclua as informações importantes: duto com 5 cm de diâmetro e 200 m de comprimento, escoamento laminar. Desenhe o perfil de velocidades parabólico típico de um escoamento laminar. A vazão de 12,72 m³/h pode ser meio difícil de "visualizar", então escolha outra unidade: 3,53 l/s. Esta conversão é interessante para você ir desenvolvendo uma compreensão física do problema e faz parte das habilidades de Engenharia a serem desenvolvidas.

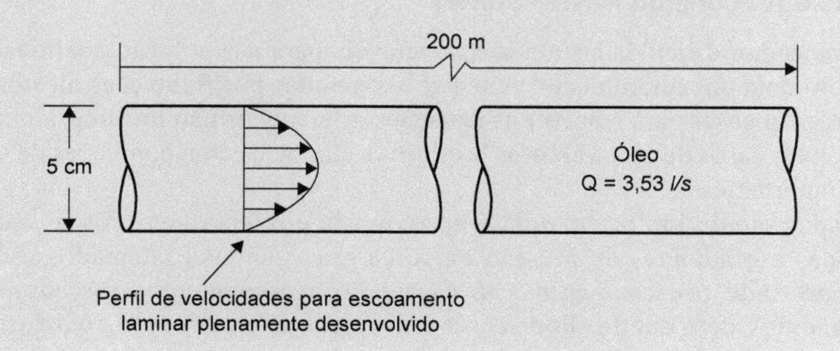

FIGURA 4.32 Transporte de óleo lubrificante SAE30 em uma tubulação.

3. Hipóteses simplificadoras

O escoamento deve estar **plenamente desenvolvido**, ou seja, o perfil de velocidades em uma seção transversal não varia no trecho considerado (200 m). O escoamento deve ser suposto **adiabático**, sem transmissão de calor pelas paredes. O fluido tem de ser incompressível, caso contrário a aplicação da equação de Navier-Stokes seria mais complicada. O fluido deve ser newtoniano, com viscosidade constante, tanto para resolver a equação de Navier-Stokes quanto para aplicar a equação de Darcy-Weisbach. E o escoamento deve estar estabelecido em regime permanente.

4. Prepare o modelo matemático e resolva o problema

Esse problema pode ser resolvido de duas maneiras: por balanço de forças ou pela equação de Navier-Stokes. Serão usadas as equações de Navier-Stokes, e o melhor sistema de coordenadas, nesse caso, é o cilíndrico-polar, representado na Figura 4.33.

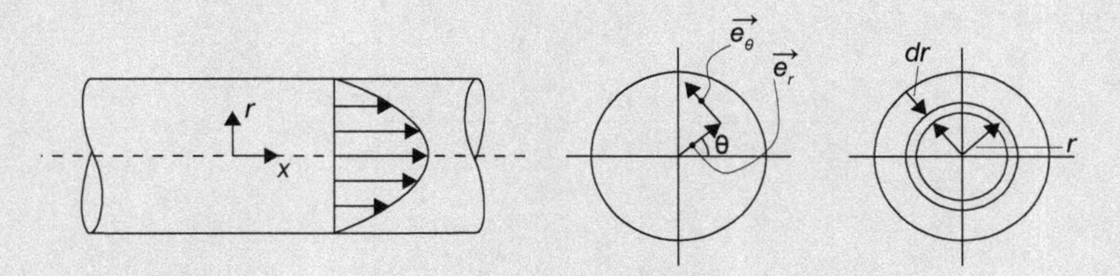

FIGURA 4.33 Sistema de coordenadas cilíndrico-polar aplicado ao escoamento laminar em um duto cilíndrico.

Com coordenadas cilíndrico-polares:

$$\vec{V} = v_r \vec{e}_r + v_\theta \vec{e}_\theta + v_x \vec{e}_x$$

Uma vez que se admite que o escoamento não está girando em torno do eixo, $v_\theta = 0$.
Também se admite que não há componentes radiais, $v_r = 0$. Resta somente a componente axial:

$$\vec{V} = v_x \vec{e}_x$$

Aplicando a equação da continuidade para coordenadas cilíndricas:

$$\frac{1}{r}\frac{\partial(r\rho v_r)}{\partial r} + \frac{1}{r}\frac{\partial(\rho v_\theta)}{\partial \theta} + \frac{\partial(\rho v_x)}{\partial x} = 0$$

Observe que os dois primeiros termos são nulos, com as hipóteses antes descritas, e resta:

$$\frac{\partial v_x}{\partial x} = 0$$

Pode-se aplicar a equação de Navier-Stokes em coordenadas cilíndrico-polares para o eixo x, e cada termo deve ser analisado:

$$\rho g_x - \frac{\partial P}{\partial x} + \mu\left(\frac{1}{r}\frac{\partial}{\partial r}\left(r\frac{\partial v_x}{\partial r}\right) + \frac{1}{r^2}\frac{\partial^2 v_x}{\partial \theta^2} + \frac{\partial^2 u_x}{\partial x^2}\right) = \rho\left(\frac{\partial u_z}{\partial t} + u_r\frac{\partial u_x}{\partial r} + \frac{u_\theta}{r}\frac{\partial u_x}{\partial \theta} + u_x\frac{\partial u_x}{\partial x}\right)$$

Todos os termos assinalados com setas são nulos, como mostrado anteriormente. Resta, portanto:

$$\frac{1}{r}\frac{\partial}{\partial r}\left(r\frac{\partial v_x}{\partial r}\right) = \frac{1}{\mu}\frac{\partial P}{\partial x} \qquad \text{(I)}$$

Como $v_x = v_x(r)$ apenas, as derivadas parciais anteriores podem ser transformadas em derivadas totais.

De maneira análoga se procede com relação aos eixos θ e r. Na direção de r, todos os termos relativos à velocidade são zero, restando apenas:

$$\frac{\partial P}{\partial r} = 0$$

Ou seja, P não é função do raio e, como também não é função de t ou de θ, tem-se que:

$$P = p(x) \text{ e, portanto, } \frac{\partial P}{\partial x} = \frac{dP}{dx}$$

Pode-se agora resolver a equação (I):

$$\frac{d}{dr}\left(r\frac{\partial v_x}{\partial r}\right) = \frac{r}{\mu}\frac{dP}{dx} \rightarrow d\left(r\frac{\partial v_x}{\partial r}\right) = \frac{rdr}{\mu}\frac{dP}{dx}$$

Integrando:

$$r\frac{\partial v_x}{\partial r} = \frac{r^2}{2\mu}\frac{dP}{dx} + C_1 \qquad \text{(II)}$$

$\frac{dP}{dx}$ é constante, pois o duto é "infinito", sem singularidades, e não há motivos para o gradiente ser diferente disso em qualquer região da tubulação.

Integrando (II):

$$v_x = \frac{r^2}{4\mu}\frac{dP}{dx} + C_1 \ln r + C_2 \qquad \text{(III)}$$

Como condições de contorno têm-se:

a) Para a equação (II), no eixo, $r = 0$, o que implica $C_1 = 0$.

b) Pelo Princípio da Aderência Completa, para $r = R$ tem-se que $v_x = 0$ e substituindo em (III):

$$C_2 = -\frac{R^2}{4\mu}\frac{dP}{dx}$$

que, substituindo em (III), resulta:

$$v_x = \frac{1}{4\mu}\frac{dP}{dx}\left(r^2 - R^2\right) \qquad \text{(IV)}$$

Tem-se que, para $r = 0$, a velocidade é máxima:

$$v_{xmáx} = -\frac{1}{4\mu}\frac{dP}{dx}R^2$$

e, portanto:

$$\frac{dP}{dx} = -\frac{v_{xmáx}}{R^2}4\mu$$

Substituindo em (IV):

$$v_x = -\frac{1}{4\mu}\frac{v_{xmáx}}{R^2}4\mu(r^2 - R^2) =$$

$$v_x = v_{xmáx}\left(1 - \frac{r^2}{R^2}\right)$$

Equação do perfil de velocidades em uma seção transversal da tubulação, como mostrado na Figura 4.34.

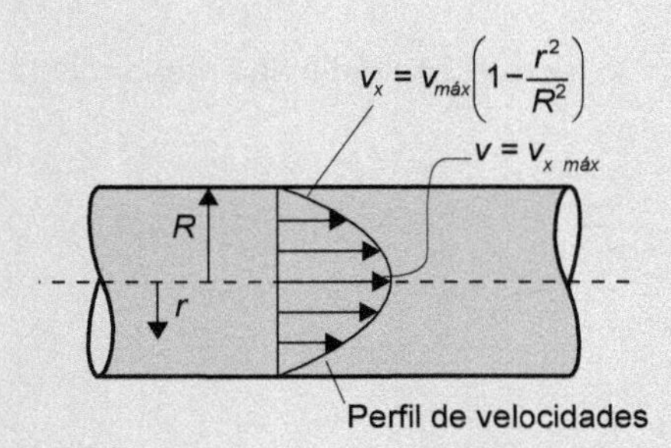

FIGURA 4.34 Representação do perfil de velocidades no escoamento laminar.

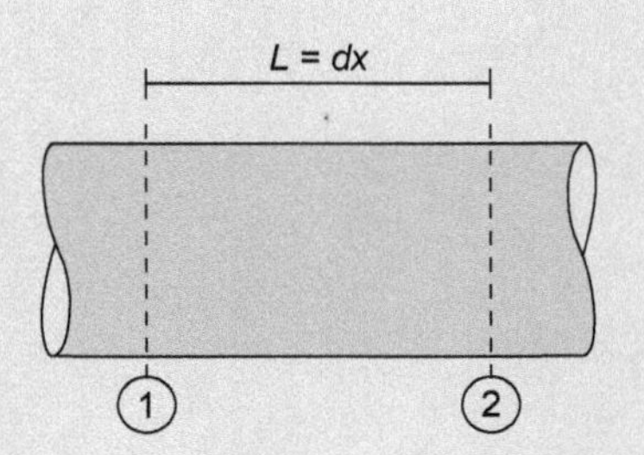

FIGURA 4.35

Deve-se recordar a definição de vazão volumétrica Q como a integração dos vetores velocidade em toda a área transversal: $Q = \int_S \vec{V} \cdot \vec{n} dS$.

Com as substituições devidas:

$$Q = \int_S \vec{V} \cdot \vec{n} dS = \int_o^R v_x \cdot 2\pi r dr = \int_0^r \frac{1}{4\mu} \frac{dP}{dx}(r^2 - R^2) 2\pi r dr = \frac{2\pi}{4\mu} \frac{dP}{dx}\left(\frac{r^4}{4} - \frac{R^2 r^2}{2}\right)\Bigg\{\begin{matrix} R \\ 0 \end{matrix} =$$

$$Q = \frac{\pi R^4}{8\mu}\left(-\frac{dP}{dx}\right)$$

Com a definição de vazão como a multiplicação da velocidade média pela área da seção transversal, pode-se agora obter o valor da velocidade média na tubulação:

$$Q = \bar{v}_x \cdot S \rightarrow \bar{v}_x = \frac{R^2}{8\mu}\left(-\frac{dP}{dx}\right) \rightarrow \bar{v}_x = \frac{1}{2} v_{xmáx}$$

O valor de $\frac{dP}{dx} = -\frac{v_{xmáx}}{R^2} 4\mu$ antes obtido foi usado na equação anterior.

Como $dP = P_2 - P_1$; $v_x = \frac{1}{2} v_{xmáx}$; $R = \frac{D}{2}$ e $dx = L$, pode-se tomar $\frac{dP}{dx} = -\frac{v_{xmáx}}{R^2} 4\mu$ e:

$$P_1 - P_2 = 32 \frac{\mu}{D^2} v_x L$$

E, aplicando a Primeira Lei da Termodinâmica na forma integral, a ser vista no Capítulo 5:

$$H_1 - H_2 = \frac{\dot{W}_a}{\gamma Q} - \frac{\dot{W}_m}{\gamma Q}$$

em que H_1 e H_2 representam a energia mecânica total em cada seção transversal (Bernoulli), $\frac{\dot{W}_a}{\gamma Q}$ representa as perdas por atrito entre as seções 1 e 2, e $\frac{\dot{W}_m}{\gamma Q}$ a energia de máquina inserida ou retirada do trecho em questão, que nesse caso é zero.

Será mostrado também no Capítulo 6 – Cálculo de Escoamento em Condutos:

$$\frac{\dot{w}_a}{\gamma Q} = f \frac{L}{D} \frac{V^2}{2g}$$

que é a equação de Darcy-Weisbach, com f sendo o coeficiente de atrito.

Como $H_1 - H_2 = \left(\frac{V_1^2}{2g} + \frac{P_1}{\gamma} + z_1 \right) - \left(\frac{V_2^2}{2g} + \frac{P_2}{\gamma} + z_2 \right) = \frac{P_1 - P_2}{\gamma}$, e usando a expressão definida anteriormente,

$$P_1 - P_2 = 32 \frac{\mu}{D^2} v_x L$$

resulta em:

$$f = \frac{64\nu}{V_x D} = \frac{64}{\text{Re}}$$

O coeficiente de atrito, f, é usado na equação de Darcy-Weisbach para estimar a perda de energia por atrito no trecho de duto considerado. No Capítulo 6, essa equação será definida e usada intensivamente no cálculo de escoamentos em condutos.

Então, para escoamentos laminares, basta usar essa expressão para calcular o coeficiente de atrito. No entanto, obter f para escoamentos turbulentos é bem mais trabalhoso, como será visto no Capítulo 6.

Voltando à parte numérica deste exercício, pode-se agora calcular o coeficiente de atrito:

$$f = \frac{64}{\text{Re}} = \frac{64}{2000} = 0{,}032$$

Substituindo na equação de Darcy-Weisbach:

$$\frac{\dot{w}_a}{\gamma Q} = h_f = f \frac{L}{D} \frac{V^2}{2g} = 0{,}032 \frac{200}{0{,}05} \frac{1{,}8^2}{2 \times 9{,}8} = 21{,}16 \text{ mco}$$

Isso significa que foram perdidos por atrito 21,16 metros de coluna de óleo (mco), o que equivale à energia por unidade de força.

Para calcular a potência consumida por atrito:

$$\dot{W}_{atrito} = \gamma Q h_f = 890 \times 9{,}8 \times 0{,}003533 \times 21{,}16 = 652 \text{ watts}$$

Essa potência de 652 W pode ser, por exemplo, a potência que deve ser entregue por uma bomba ao fluido para manter o escoamento nas condições de vazão, pressão, geometria e topologia como as deste exercício. Observe que o duto está na horizontal, sem elevação. Nessa faixa de potência, é comum encontrar bombas com eficiências da ordem de 50 %, o que significa que a bomba deve receber no eixo de acionamento 652 watts/0,50 = 1,3 kW. Se o motor tiver eficiência de 90 %, deve ser alimentado com, pelo menos, 1,3 kW/0,90 = 1,45 kW.

Como se vê, apesar do longo caminho, da grande quantidade de hipóteses fortes e do uso de equações empíricas, existe um método possível a ser seguido para o cálculo de parâmetros de Engenharia nos projetos de escoamentos.

QUADRO DAS EQUAÇÕES FUNDAMENTAIS NA FORMA DIFERENCIAL

Velocidade

$$\vec{V} = u(x,y,z,t)\vec{i} + v(x,y,z,t)\vec{j} + w(x,y,z,t)\vec{k}$$

Aceleração

$$\vec{a} = \frac{\partial V}{\partial t} + u\frac{\partial \vec{V}}{\partial x} + v\frac{\partial \vec{V}}{\partial y} + w\frac{\partial \vec{V}}{\partial z}$$

Conservação da massa

$$\frac{\partial \rho}{\partial t} + \nabla \cdot (\rho \vec{v}) = 0$$

Quantidade de movimento para fluido não viscoso – Equação de Euler

$$\rho\vec{g} - \nabla P = \rho\left[\frac{\partial \vec{v}}{\partial t} + (\vec{v}\cdot\nabla)\vec{v}\right]$$

Conservação da QDM ou Navier-Stokes para fluido viscoso, escoamento incompressível com viscosidade constante

$$\rho\vec{g} - \nabla p + \mu\nabla^2\vec{V} = \rho\frac{d\vec{V}}{dt}$$

$$\rho g_x - \frac{\partial P}{\partial x} + \mu\left(\frac{\partial^2 u}{\partial x^2} + \frac{\partial^2 u}{\partial y^2} + \frac{\partial^2 u}{\partial z^2}\right) = \rho\left(\frac{\partial u}{\partial t} + u\frac{\partial u}{\partial x} + v\frac{\partial u}{\partial y} + w\frac{\partial u}{\partial z}\right)$$

Conservação da energia

$$du + d\left(\frac{P}{\rho}\right) + vdv + gdz = \delta q - \delta w$$

Equação de Bernoulli – Equação da energia válida em uma linha de corrente com fluido incompressível e sem viscosidade

$$\frac{V^2{}_1}{2g} + \frac{p_1}{\gamma} + h_1 = \frac{V^2{}_2}{2g} + \frac{p_2}{\gamma} + h_2$$

Equação de estado

$$p = \rho RT$$

4.9 TRANSIÇÃO DO MUNDO IDEAL PARA O MUNDO DO ESCOAMENTO REAL

Os próximos assuntos a serem apresentados neste capítulo - camada-limite, separação, descolamento e turbulência - são fundamentais, mas apenas uma minoria de engenheiros irá trabalhar diretamente com os equacionamentos relativos a esses fenômenos. Nas equações empíricas empregadas nos capítulos seguintes, os efeitos desses fenômenos sempre estarão implicitamente presentes, ocultos nas equações derivadas de experimentos. Todavia, o conhecimento desses conceitos é **imprescindível** para uma Engenharia de MecFlu eficiente e de qualidade, mesmo que não sejam explicitamente aplicados em grande parte das situações. Saber que eles existem e tomar cuidados em projetos para evitar separações e descolamentos pode representar a diferença para o sucesso de um projeto ou na operação de um sistema.

Os conceitos que serão brevemente discutidos a seguir – **camada-limite**, **separação de escoamentos**, **vórtices**, **esteiras** e **turbulência** – são muito importantes para o trabalho dos engenheiros: é necessário imaginar como o escoamento se comporta dentro de uma tubulação ou externamente a um corpo, como se forma a camada limite e os pontos de separação ainda antes de iniciar os cálculos, para que os projetos sejam resolvidos a partir de condições mais próximas do ideal.

Para resolver problemas e projetos, por exemplo, o cálculo de condutos, os engenheiros normalmente não têm condições de aplicar explicitamente os equacionamentos disponíveis relativos a esses conceitos antes mencionados. Em geral, os problemas e projetos são resolvidos por meio de equações empíricas, obtidas por experimentos (que podem trazer de modo implícito a influência de turbulência, camada-limite etc.) e pelo uso das equações fundamentais na forma integral, como se fossem uma caixa-preta, sem acessar o que se passa no interior do escoamento, como será visto no Capítulo 6, de cálculo de condutos.

Nesta seção, serão fornecidos conceitos e equações possíveis que podem auxiliar nos projetos e na operação de fluidos escoando e que podem ajudar a perceber questões como: onde irá ocorrer a separação do escoamento na fuselagem de um automóvel ou de um avião? Qual o efeito de uma curva na tubulação a montante de uma bomba hidráulica, na eficiência energética? Qual será a carga do vento em um edifício em uma região urbana, com obstáculos ao seu redor? Deve-se deixar claro que várias dessas perguntas ainda só podem ser abordadas com experimentos e análise dimensional, ou com códigos computacionais, que geralmente necessitam validação por meio de experimentos.

O fenômeno da separação do escoamento implica muitos transtornos no mundo real: perda de eficiência energética, geração de ruídos, vibração e diminuição da vida útil de equipamentos, o que precisa ser bem compreendido para a prática de engenharia de melhor qualidade. A Figura 4.36 mostra a representação da separação do escoamento sobre um cilindro liso, e a Figura 4.37 representa o que pode ocorrer em um escoamento no interior de um divergente.

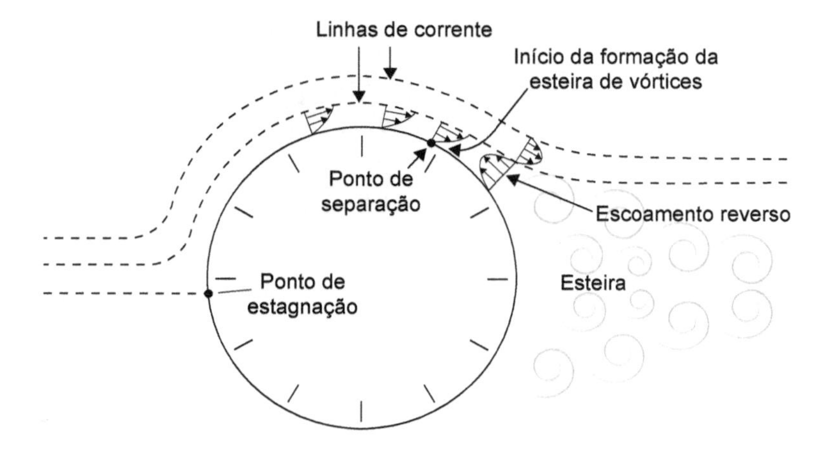

FIGURA 4.36 Representação de escoamento turbulento, com número de Reynolds elevado, ao redor de um cilindro liso.

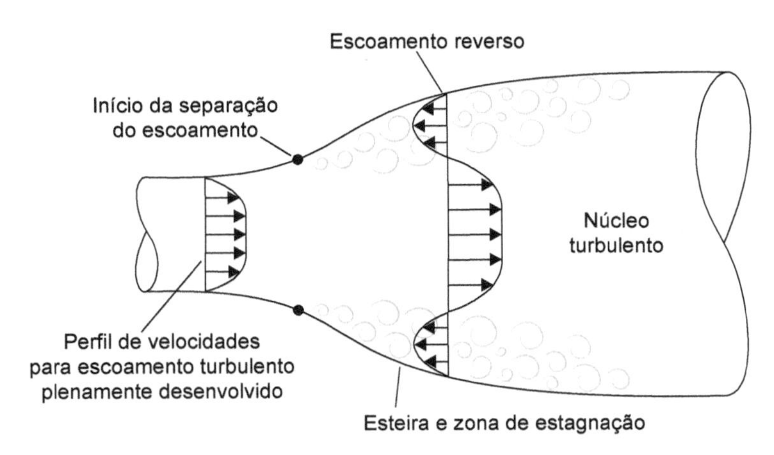

FIGURA 4.37 Representação do descolamento do escoamento no interior de um bocal divergente, a determinado número de Reynolds.

Observe que a **camada-limite** (assunto tratado na sequência) representada no lado superior da Figura 4.36 vai crescendo e desenvolve um escoamento reverso, por conta de um gradiente adverso de pressão formado. Em determinada posição, chamada ponto de separação, o escoamento "descola" do cilindro e são geradas esteiras de vórtices (*eddies*). Essa é a representação de uma situação, e a figura vai variar de acordo com o número de Reynolds do escoamento. Qualquer corpo submetido a um escoamento externo de fluido irá sofrer efeitos de forças de arrasto.

Na Figura 4.37, observe que o formato geral é similar ao que ocorre em uma placa plana ou um cilindro com escoamento externo, ou no interior de um duto. Há um ponto de separação (descolamento) com formação de esteira de vórtices, seguido de escoamento reverso. Cada vez que o vetor velocidade muda de direção, ocorre uma perda de energia, indicativa da ação da viscosidade e seu movimento rotacional associado.

4.9.1 Camada-limite

Foi Ludwig Prandtl quem propôs, em 1904, com base em observações experimentais e teoria, que se considerasse a divisão dos escoamentos em duas regiões: uma região muito fina que concentra os efeitos viscosos, chamada camada-limite, e outra região, acima da camada-limite, sem efeitos viscosos, representadas na Figura 4.38 para escoamento externo sobre placa plana (um caso clássico apresentado em todos os livros) e na Figura 4.39 para um escoamento no interior de um duto.

O escoamento real deve ser tridimensional, mas a representação bidimensional adotada na Figura 4.38 é muito boa. Quando o escoamento alcança o bordo de ataque da placa, atinge a condição do Princípio da Aderência Completa, com velocidade zero sobre a superfície da placa. Como a uma boa distância

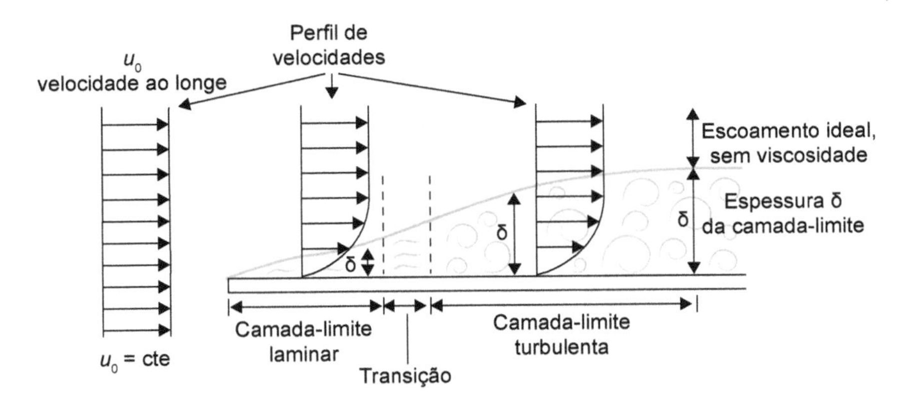

FIGURA 4.38 Representação do que se entende que ocorre no escoamento de um fluido com velocidade u_0 constante ao longe, sobre uma placa plana com largura b perpendicular ao papel.

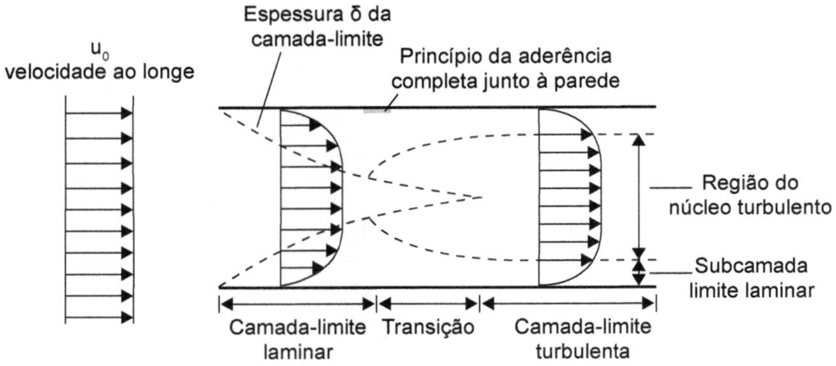

FIGURA 4.39 Representação do que se entende que ocorre no interior de um duto. Também há formação da camada-limite, com perfis de velocidade com algumas similaridades aos dos escoamentos externos.

da placa a velocidade continua sendo u_0, o perfil de velocidades se acomoda aproximadamente como mostrado na figura. Prandtl elaborou então a hipótese de que o perfil de velocidades assume a forma de uma curva no interior do que chamou de "*reibunschicht*" (camada de atrito), traduzido para o inglês como *boundary layer* e por camada-limite, em português. Definiu que a camada-limite tinha espessura δ (variável com o comprimento da placa plana), é muito fina e concentra todos os efeitos viscosos.

Na Figura 4.39, a linha imaginária leva o nome de camada-limite e mostra uma divisão entre o escoamento onde a viscosidade é importante (entre a superfície sólida e a camada-limite) e a região onde se pode aplicar a equação de Euler (escoamento ideal ou potencial).

Como mostrado, Prandtl identificou duas regiões:

- **camada-limite**, que concentra os efeitos viscosos, ou seja, onde as tensões de cisalhamento são elevadas, pois o gradiente de velocidade $\frac{\partial u}{\partial y}$ é grande, conforme as duas figuras mostram. Prandtl definiu arbitrariamente a espessura, δ, da camada-limite como a distância, medida com relação à placa, onde a componente da velocidade paralela atinge 99 % da velocidade ao longe, ou seja, $u = 0{,}99u_0$;
- **região acima da camada-limite**, onde o escoamento pode ser considerado como potencial de velocidade, ou seja, ideal, **sem atrito**. Nesta região as equações de Euler podem ser usadas para resolver o escoamento.

O conceito de camada-limite simplifica os estudos: fora da camada-limite podem-se resolver as equações de Euler, ou mesmo a de Bernoulli, consideravelmente mais simples que as de Navier-Stokes. Além disso, o estudo da camada-limite ajuda a entender a separação do escoamento, sendo fundamental para quantificar a atuação das forças dissipativas.

Nas Figuras 4.38 e 4.39, percebe-se que ao longo do eixo x aparecem três regiões: de escoamento laminar, de transição e turbulenta. Até o início da transição, o escoamento é equacionável, obtido pela simplificação da equação de N-S para escoamento laminar, e os resultados mostram muito boa correlação com dados experimentais. Quando se inicia a transição, surgem oscilações caóticas de difícil equacionamento, e no escoamento turbulento as soluções possíveis dependem de modelos experimentais e métodos numéricos.

Camadas-limites também se desenvolvem na interação entre fluidos, como jatos e esteiras, com o mesmo tipo de equacionamento, mas a discussão dessa situação está além do escopo deste livro.

Escoamento rotacional na camada-limite

A parte acima da "fronteira" representada pela camada-limite mostra um escoamento de fluido ideal ou potencial e, portanto, irrotacional. A parte inferior representa o escoamento de um fluido real, com viscosidade, sempre rotacional e, portanto, as partículas fluidas giram, pois os gradientes de velocidades associados às tensões de cisalhamento geram um torque causado pela diferença entre as velocidades.

Na Figura 4.40, é mostrado que, dentro da camada-limite, a componente u da velocidade cresce de zero até o valor da velocidade ao longe u_0 (na camada-limite, por convenção, $u = 0{,}99u_0$) e $\frac{\partial u}{\partial y}$ possui valor elevado.

Já a componente da velocidade na direção y, v, apesar de crescer da superfície sólida até a camada-limite, deve ter crescimento muito lento ao longo do eixo x (olhe a figura novamente) de forma que $\frac{\partial v}{\partial x}$ é pequeno quando comparado com $\frac{\partial u}{\partial y}$. Isso mostra que a expressão do rotacional é diferente de zero e, portanto, o escoamento é rotacional dentro da camada-limite. Lembre-se de que o rotacional foi definido como $\nabla \wedge \vec{V} = \left(\frac{\partial v}{\partial x} - \frac{\partial u}{\partial y}\right)$.

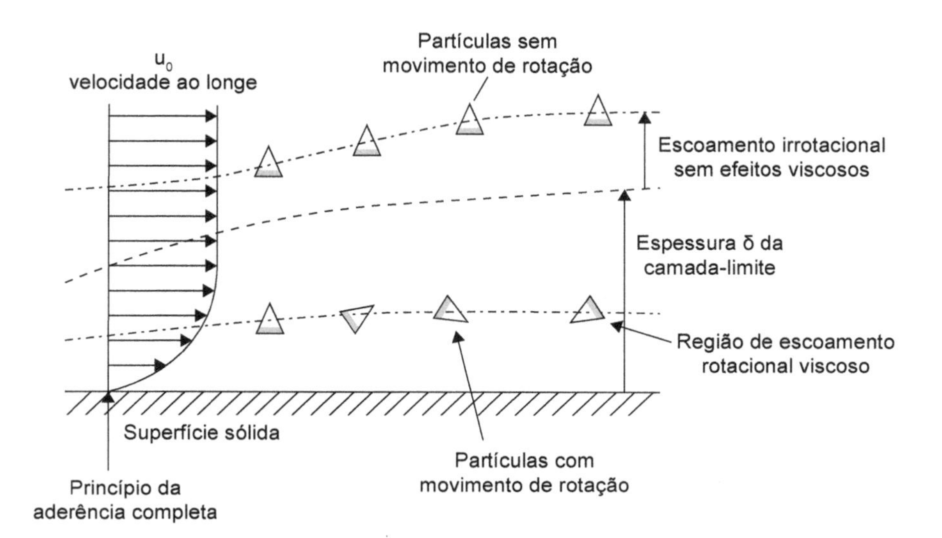

FIGURA 4.40 No interior da camada-limite, o escoamento é rotacional. Adaptada de Nakayama e Boucher (2002).

A seguir, são apresentados os conceitos de camada-limite aplicados ao escoamento sobre uma placa plana, divididos em três condições: laminar, transição e turbulento e, no interior de tubulações, também nas três condições.

Quando e enquanto o escoamento for laminar, é possível algum tipo de equacionamento, seja analítico, como mostrado, seja por meio do uso de métodos numéricos. Entretanto, na medida em que as velocidades aumentam, passa-se por uma região de transição e, finalmente, para um escoamento turbulento, com equacionamento muito mais complicado.

Em 1883, Reynolds mostrou isso com visualização em seu famoso experimento sobre os tipos de escoamentos possíveis no interior de um duto. Para a tecnologia da época, era mais urgente e importante projetar sistemas de tubulações e de bombeamento que atendessem às nascentes demandas por parte da produção industrial, do que entender o desenvolvimento do escoamento externo sobre superfícies: a indústria aeronáutica só nasceria mais de duas décadas depois.

Atualmente, há muito mais artigos sobre as camadas-limites em escoamentos externos do que em dutos, como resultado de uma forte demanda dos setores aeronáuticos, navais, automobilísticos e militares (mísseis e aviões).

Como nos últimos 100 anos nunca houve de fato uma crise séria de energia (a pior foi em 1974, e desencadeou uma série de programas de conservação de energia, que foram pouco a pouco perdendo força), e como a maior razão para estes estudos em dutos seria a eficiência energética, as pesquisas de escoamentos no interior de tubulações passaram a ser os primos pobres dos estudos de escoamentos externos, mesmo sendo do conhecimento a baixíssima eficiência média real de instalações de bombeamentos. No Brasil, segundo o Plano Nacional de Eficiência Energética (PNEf), há possibilidades de economizar até 45 % no consumo de energia do setor de saneamento, que, basicamente, consome energia em bombeamentos.

Camada-limite em placa plana – Região de escoamento laminar

A seção laminar da camada-limite pode ser equacionada e resolvida.

Para facilitar, se as equações de Navier-Stokes forem aplicadas em escoamento bidimensional em regime permanente (lembrando que o escoamento deve ser **incompressível, isotérmico e com viscosidade constante**), a componente do eixo x resulta, em conjunto com a equação da continuidade, nas equações de Prandtl para a camada-limite laminar, como se verá.

É possível provar (está fora do escopo deste livro) que $V\dfrac{\partial V}{\partial x} = -\dfrac{1}{\rho}\dfrac{\partial P}{\partial x}$.

Em rigor, o problema trata de duas equações e duas incógnitas, u e v. O gradiente de pressão, $\dfrac{\partial P}{\partial x}$, é obtido do escoamento **fora da camada-limite**. Com esta observação se chega às equações de Prandtl para a camada-limite laminar a partir das equações de Navier-Stokes.

Equações de Prandtl para a camada-limite laminar

$$V\frac{\partial V}{\partial x} + \frac{\mu}{\rho}\frac{\partial^2 u}{\partial y^2} = u\frac{\partial u}{\partial x} + v\frac{\partial u}{\partial y}$$

$$\frac{\partial u}{\partial x} + \frac{\partial v}{\partial y} = 0$$

A incógnita principal é u em toda a camada-limite $u(x, y)$. Não há ainda uma solução analítica para isso, mas esta equação será usada para mostrar uma abordagem matemática da separação do escoamento em uma superfície.

Diferentes abordagens podem ser utilizadas para determinar a espessura da camada-limite, e pode-se até usar a análise dimensional de uma forma criativa envolvendo a espessura da camada-limite, o comprimento da superfície em que ela se desenvolve e o número de Reynolds, mas não será mostrada aqui.

Solução de Blasius para a espessura δ da camada-limite em escoamento laminar em placa plana

Logo após o artigo de Prandtl de 1904, sobre o conceito de camada-limite, um de seus estudantes, Blasius, publicou em sua dissertação uma solução exata para **escoamento laminar** sobre uma placa plana:

$$\frac{\delta}{x} = \frac{5{,}0}{\mathrm{Re}_x^{\frac{1}{2}}}$$

Observe que se for escoamento de ar a 1 m/s e 20 °C sobre uma placa plana, com viscosidade cinemática $\nu = 15 \times 10^{-6}\,\dfrac{\mathrm{m}^2}{\mathrm{s}}$, a espessura da camada-limite a 1 m do início da placa seria $\delta \approx 1{,}9$ cm, se o escoamento for laminar.

A espessura da camada-limite foi definida **arbitrariamente** como o local onde $u = 0{,}99u_0$ (perceba que se pode até argumentar **por que não 0,98 ou 1?**), mas há outra fragilidade. Com esta definição de δ, fisicamente podem-se ter linhas de corrente do escoamento externo à camada-limite (onde o escoamento é potencial) penetrando na camada-limite. δ **não é uma linha de corrente**, e não representa uma barreira "física" ao escoamento.

Para evitar tais indefinições e possibilitar maior segurança nos cálculos, foram definidos outros dois conceitos para a espessura da camada-limite: a **espessura de deslocamento δ^* e a espessura da quantidade de movimento θ.**

*Espessura de deslocamento, δ**

Como mostrado na Figura 4.41, a espessura da camada-limite não representa um contorno das linhas de corrente, e as Figuras 4.42(a) e (b) mostram o motivo de se usar o conceito de espessura de deslocamento.

A integral dessas áreas pode ser feita e, utilizando esse balanço de massas, novamente Blasius derivou uma solução exata para a espessura de deslocamento:

$$\frac{\delta^*}{x} = \frac{1,72}{\mathrm{Re}_x^{\frac{1}{2}}}$$

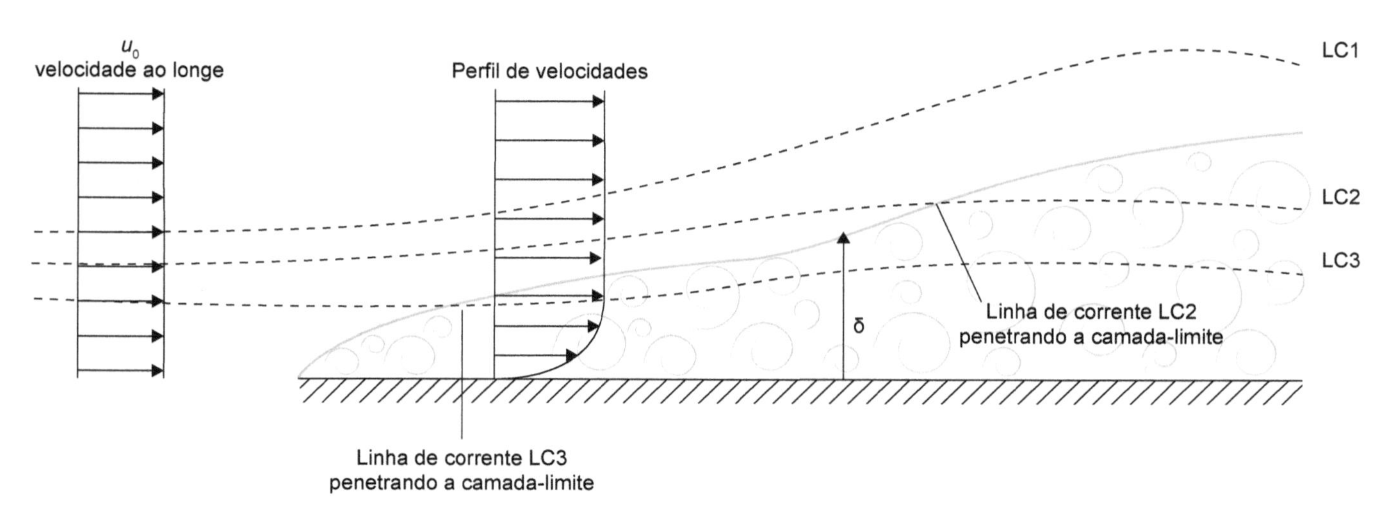

FIGURA 4.41 A camada-limite não representa uma barreira ao escoamento: é penetrada por linhas de corrente.

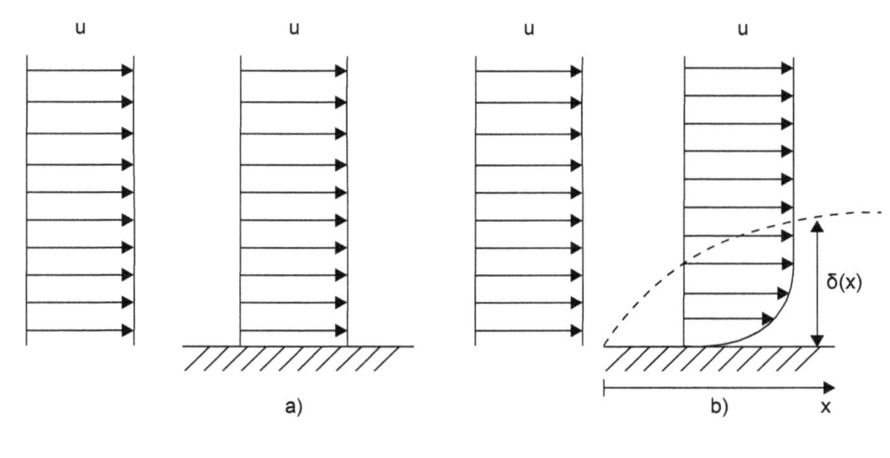

FIGURA 4.42 Se o escoamento fosse de fluido ideal, sem atrito, não haveria o Princípio da Aderência Completa e o perfil de velocidades seria como o mostrado na figura (a). No caso de fluidos reais, o perfil é o da figura (b). Muitos autores chamam isso de déficit de velocidades, mas o fato é que isso afeta a equação da continuidade: a vazão mássica deve ser a mesma nos dois casos. Observe que há uma componente *v* na direção *y*, que é pequena.

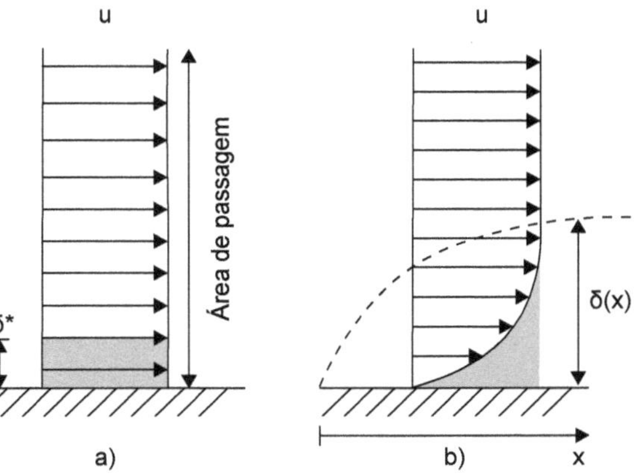

FIGURA 4.43 A definição da espessura de deslocamento está ligada ao conceito de que a camada-limite deve ser **deslocada** de uma distância δ*, que representa o déficit de vazão mássica que ocorre no escoamento de fluido real. Note que as áreas cheias são iguais no escoamento de fluido ideal (sem atrito) e de fluido real, com atrito e formação de camada-limite.

A espessura de deslocamento, δ^*, é uma propriedade importante, pois delimita a área de passagem real de um escoamento.

A Figura 4.44 mostra a passagem de escoamento de fluido por uma expansão (bocal divergente), com a representação bastante ampliada da espessura da camada-limite e da espessura de deslocamento. A expansão mede internamente $D(x)$, mas a área efetiva, ou seja, livre, de passagem do fluido é dada por $e(x) = D(x) - 2\delta^*$.

Pode-se dizer que a vazão é zero dentro da espessura de deslocamento. Esta consideração é importante: a área efetiva de passagem pode afetar os cálculos de medição de vazão. Observe que essas equações só valem para a camada-limite laminar, mas o fenômeno de área efetiva de passagem também ocorre na camada-limite turbulenta, sem equacionamento teórico possível.

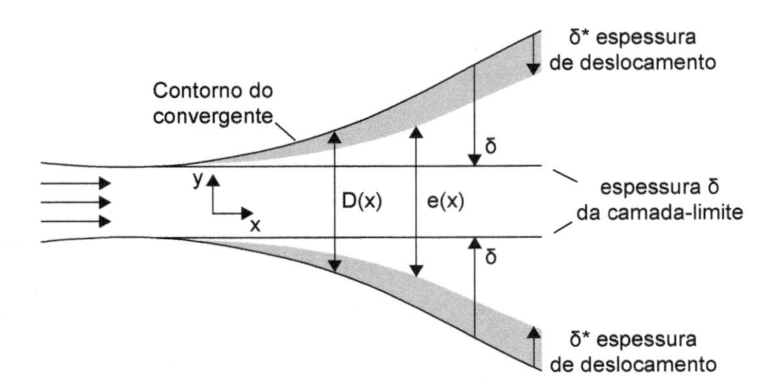

FIGURA 4.44 Visão da espessura de deslocamento como um bloqueio da área de passagem do escoamento. Adaptada de Greitzer, Tan e Graf (2004).

Espessura da quantidade de movimento, θ

Na definição e equacionamento da espessura de deslocamento, δ^*, foi utilizada a hipótese de compensação de vazão mássica entre o escoamento ideal (u constante) e o escoamento real que gera a camada-limite.

De modo similar, para tratar da diferença de quantidade de movimento que surge ao se comparar um escoamento real (viscoso) com um escoamento ideal (invíscido), nas mesmas condições de vazão, define-se a espessura da quantidade de movimento θ.

A espessura da quantidade de movimento, θ, é definida como a espessura da camada de fluido, de velocidade u, para a qual o fluxo de quantidade de movimento é igual ao déficit do fluxo de quantidade de movimento através da camada-limite, similar ao que foi mostrado na espessura de deslocamento.

A espessura da quantidade de movimento, θ, após alguma matemática similar à utilizada para δ e δ^*, foi calculada por Blasius como:

$$\frac{\theta}{x} = \frac{0,664}{\mathrm{Re}_x^{\frac{1}{2}}}$$

Também se pode determinar a tensão de cisalhamento na superfície quando se conhece o perfil de velocidades, pois como $\tau = \mu \frac{\partial u}{\partial y}$, a solução de Blasius permite calcular:

$$\tau = 0,332 V^{3/2} \sqrt{\frac{\rho u}{x}}$$

Observe que a tensão de cisalhamento na superfície de uma placa diminui com o aumento de x em função do aumento na espessura da camada-limite.

Comparações entre δ, δ^* e θ

Tomando as soluções exatas de Blasius para a camada-limite:

$$\frac{\delta}{x} = \frac{5,0}{\mathrm{Re}_x^{\frac{1}{2}}}$$

$$\frac{\delta^*}{x} = \frac{1,72}{\mathrm{Re}_x^{\frac{1}{2}}}$$

$$\frac{\theta}{x} = \frac{0,664}{\mathrm{Re}_x^{\frac{1}{2}}}$$

vê-se, claramente, que essas espessuras estão relacionadas entre si por escalas constantes:

$$\delta^* = 0,34\delta \text{ e } \theta = 0,133\delta$$

A Figura 4.45 ilustra as relações entre as diversas espessuras de camadas, em escala entre si, mas ainda assim fora de escala com relação ao escoamento real.

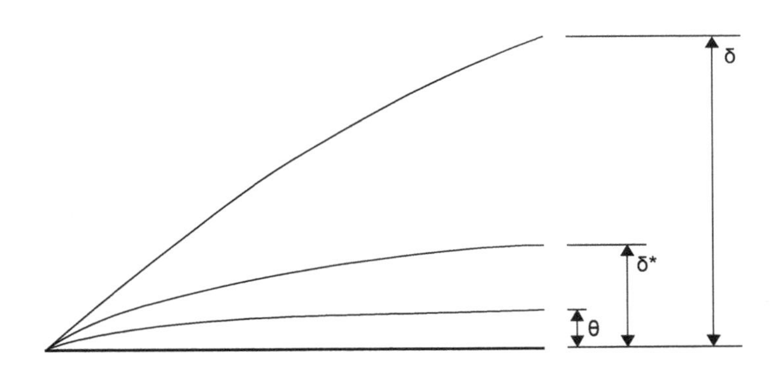

FIGURA 4.45 Representação das espessuras de camada-limite, de deslocamento e de quantidade de movimento para uma placa plana, escoamento laminar. Observe as proporções $\delta^* = 0,34\delta$ e $\theta = 0,133\delta$.

Transição na camada-limite na placa plana

Não há, ainda, uma teoria fundamental da transição. Para uma camada-limite se desenvolver sobre uma placa plana, foi observado experimentalmente que a distância entre o início da placa e o início da transição do escoamento laminar para turbulento é função do número de Reynolds, da rugosidade na placa, da existência de singularidades, como curvaturas e imperfeições, e de choques e vibrações.

Sabe-se que a transição se dá, na maior parte dos casos de escoamento sobre placas, no intervalo $10^5 < \mathrm{Re} < 3 \cdot 10^6$. Perceba a amplitude desta faixa (2900 %), que mostra mais uma vez a dificuldade da Mecânica dos Fluidos no que se refere às incertezas de suas observações, equações e coeficientes. Engenheiros adotam frequentemente que a transição para o escoamento turbulento em uma placa plana se dá quando $\mathrm{Re}_x = \frac{\rho V x}{\mu} \approx 5 \cdot 10^5$.

Camada-limite turbulenta na placa plana

A camada-limite turbulenta também ainda é um problema com equacionamento não resolvido. Sabe-se que ela produz aumento nas trocas de calor, de quantidade de movimento e de massa, que aumenta a perda de energia por atrito, e que possui movimentos internos caóticos.

A Figura 4.46 mostra o entendimento atual do que ocorre no escoamento junto a uma superfície plana.

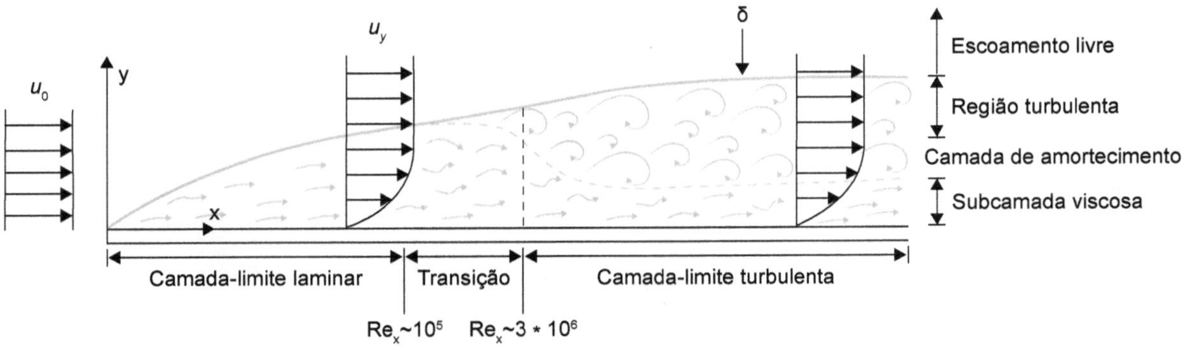

FIGURA 4.46 Pelo Princípio da Aderência Completa, junto à superfície a velocidade é zero, e logo em seguida se forma uma região denominada subcamada limite laminar, ou subcamada laminar, e mais recentemente **subcamada viscosa**. Como está próxima a uma região de aderência completa (ou não escorregamento), é uma região onde a velocidade parte do valor zero até um ponto em que atinge o número de Reynolds suficiente para que o escoamento se desenvolva de laminar para transição.

Para alguns autores, a região onde o escoamento faz a transição do laminar para o turbulento é denominada camada amortecedora (*buffer layer*) ou de acomodação.

Na camada seguinte, na qual o escoamento é turbulento, conforme alguns autores, a velocidade média do escoamento pode ser relacionada com o logaritmo da distância à parede, para outros, pode ser explicada por uma lei de potência. Essa região também é chamada lei logarítmica.

Um pouco acima, tem-se a região de escoamento ideal, ou potencial, com viscosidade desprezível, onde podem ser usadas as equações de Euler.

Enquanto na camada-limite laminar a transferência de quantidade de movimento ocorre em uma escala molecular, na camada turbulenta o transporte se dá de maneira macroscópica e a velocidade em qualquer ponto é função do tempo, dentro dessa camada.

Há amplas divergências entre resultados obtidos por diferentes autores para espessuras de camadas-limites turbulentas e mesmo quanto ao perfil de velocidades nesse tipo de camada. Mais uma vez, isso expõe as dificuldades e incertezas ligadas à Mecânica dos Fluidos.

Resultados experimentais mostraram que, para $5 \times 10^5 < Re < 10^7$, uma lei de potência pode ser usada:

$$\frac{u}{V} = \left(\frac{y}{\delta}\right)^{\frac{1}{7}}$$

Esta também é chamada de Lei da Potência 1/7 de Prandtl. Com alguma manipulação, pode-se mostrar que a espessura da camada-limite turbulenta pode ser dada por:

$$\frac{\delta}{x} = \frac{0,16}{(\mathrm{Re}_x)^{\frac{1}{7}}}$$

Usando a lei 1/7 e a equação para a espessura de deslocamento, pode-se obter:

$$\frac{\delta^*}{x} = \frac{0,02}{\mathrm{Re}_x^{\frac{1}{7}}}$$

e

$$\frac{\theta}{x} = \frac{0,016}{\mathrm{Re}_x^{\frac{1}{7}}}$$

Porém, os coeficientes desses equacionamentos podem ser bem diferentes, dependendo do autor e das hipóteses.

Camada-limite em dutos

Assim como mostrado para placas planas, serão mostradas três situações para escoamentos em dutos: escoamento **laminar**, **transição** e escoamento **turbulento**.

Escoamento laminar

Se o número de Reynolds com base no diâmetro for laminar, entende-se que se forma a seguinte figura no interior de um tubo (Fig. 4.47).

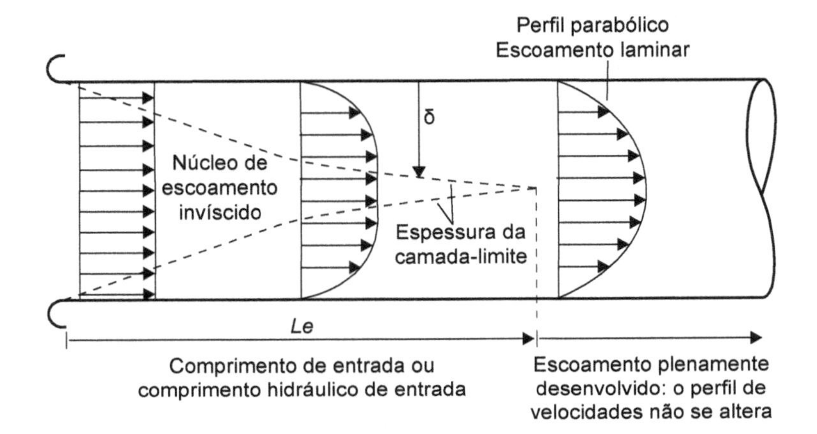

FIGURA 4.47 Representação do que se entende que ocorre no interior de um duto quando o escoamento é laminar.

O equacionamento do perfil de velocidades para um escoamento laminar foi apresentado no Exercício 4.5 deste capítulo, em que se usou a equação de Navier-Stokes para resolver um escoamento do tipo Hagen-Poiseuille.

O comprimento de entrada pode ser dado pela seguinte equação (há outras possibilidades):

$$\frac{L_e}{d} \approx 0,05\text{Re}$$

Transição laminar-turbulento no interior de dutos

Para escoamentos em dutos, Reynolds mostrou visualmente que o escoamento se comportava como laminar desde números de Reynolds $\left(\text{Re} = \frac{\rho VD}{\mu}\right)$ muito baixos (0,1) até cerca de 2300. Acima disso, ocorre uma série de perturbações, denominadas *puffs* na literatura, que mostram que a transição se iniciava.

Essas perturbações têm a forma de uma queda rápida e lisa, como uma parábola, no valor da velocidade no eixo do escoamento, seguida de oscilações muito rápidas e acomodação no valor inicial da velocidade. Houve uma extensa discussão sobre a transição na tese de doutorado do autor (Pereira, 1996).

O aumento da frequência desses *puffs* vai indicando o fim da transição, até que se chega ao ponto de não se distinguir mais nenhum *puff*, e o escoamento apresenta oscilações que indicam uma mistura violenta de todas as linhas de corrente.

Todavia, nem mesmo este valor de Re = 2300 é seguro: há relatos na literatura – ver Pfenniger (1961) e Ekman (1910) – de escoamentos em condições muito bem controladas, com excelente projeto de bocais de entrada, sem vibrações, aquecimentos ou ruídos no ambiente e no interior da tubulação, onde foram obtidos escoamentos laminares com Re = 10^5. Re = 2000 parece ser o valor mais comum a ser adotado como limite (talvez porque mesmo escoamentos que sejam externamente muito perturbados abaixo deste valor recuperam o caráter de escoamento laminar após cessar a perturbação).

Como descrito no livro *Boundary-Layer Theory* de Schlichting e Gersten (2017), a transição do escoamento laminar para o turbulento é um problema de estabilidade, em que o escoamento inicialmente laminar recebe pequenas perturbações, sejam elas decorrentes de rugosidade, entrada não adequada na tubulação, flutuações a montante no escoamento etc. Essas perturbações podem ser fácil e rapidamente amortecidas quando o Re for baixo (caracterizado por forças viscosas importantes quando comparadas com as forças de inércia), ou então amplificadas e levar o escoamento à transição quando os efeitos viscosos passam a ter menos influência, com a elevação do número de Reynolds.

Pode-se argumentar qual a importância de se discutir a transição para dutos, uma vez que no mundo real os escoamentos são em sua maioria turbulentos, e acima de tudo, sempre muito perturbados pelos arranjos espaciais das tubulações. Há contraposição a este argumento: em plataformas *off-shore*, o óleo é bombeado do subsolo com temperaturas relativamente altas (o que significa viscosidade mais baixa), garantindo números de Reynolds elevados e escoamentos turbulentos. Ao ser bombeado para terra firme por longas distâncias, a tubulação encontra águas com temperaturas suficientemente baixas para tornar a viscosidade muito elevada, podendo ocorrer a transição do escoamento turbulento para o laminar.

Outras situações podem ocorrer na indústria química com escoamentos que exijam tempos de residência muito longos na tubulação, ou nos escoamentos em micro e nano dispositivos.

No momento, provavelmente a única saída para o engenheiro obter equacionamentos mais seguros é a experimentação.

Camada-limite turbulenta em dutos

No escoamento turbulento em dutos, o perfil é estimado como mostra o modelo representado na Figura 4.48.

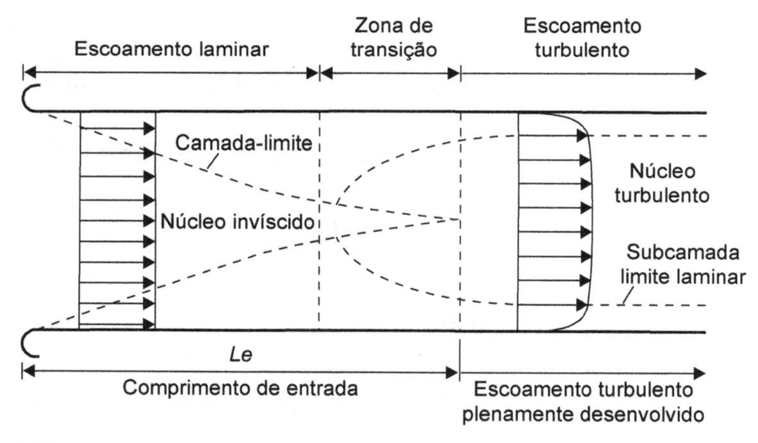

FIGURA 4.48 Representação do que se entende que ocorre no escoamento turbulento no interior de um duto.

White fornece como resultado aproximado para paredes lisas a seguinte equação para o comprimento de entrada: $\frac{L_e}{d} \approx 4,4Re^{\frac{1}{6}}$, embora muitas outras equações sejam possíveis, porque as fronteiras estão muito mal definidas (efeitos da forma da tubulação na entrada, efeitos da rugosidade, deformações no perfil de entrada da velocidade etc.).

Nas aplicações práticas, sabe-se que, no transporte de água, tubulações de diâmetro elevado (digamos 1,5 m) necessitam, eventualmente, de um comprimento livre de mais de 120 vezes o diâmetro da tubulação (120*D) para se ter o escoamento plenamente desenvolvido. O assunto está aberto.

4.9.2 Separação/descolamento – Camada-limite com gradiente adverso de pressão

A separação é um fenômeno muito importante que ocorre quando o fluido se destaca da superfície, levando à destruição do escoamento organizado e ao aparecimento de esteira de vórtices junto à superfície.

As Figuras 4.49 a 4.52 representam a separação em diversos tipos de situações, tanto em escoamentos externos como internos a corpos.

A separação aparece na forma de vórtices e *eddies*, leva à perda de eficiência energética e pode produzir vibrações e ruídos, sendo, portanto, um fenômeno altamente indesejado. E muito difícil de corrigir.

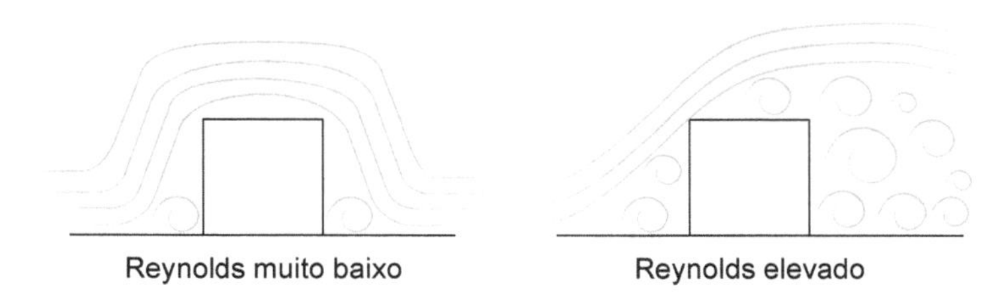

FIGURA 4.49 Escoamento em um obstáculo, que poderia ser a representação de um edifício. A separação e a formação de esteiras de vórtices estão relacionadas com o número de Reynolds.

FIGURA 4.50 Separação em um perfil de asa de avião.

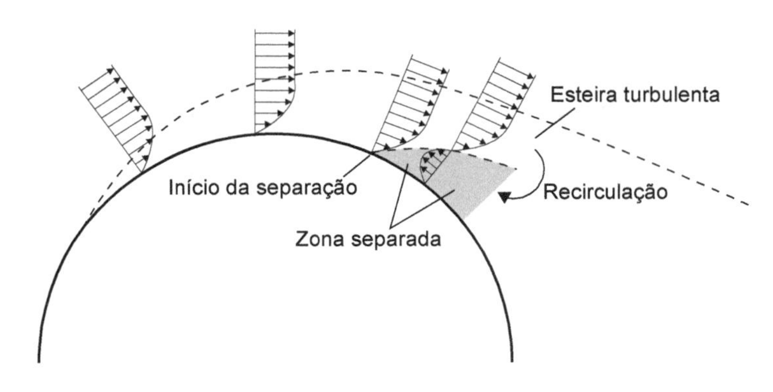

FIGURA 4.51 Separação representada sobre uma curva.

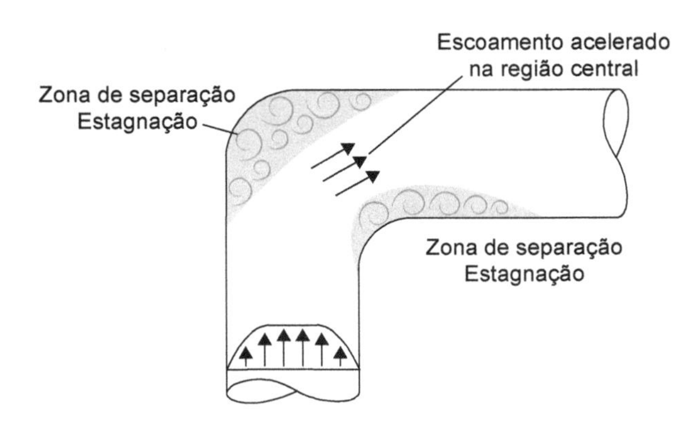

FIGURA 4.52 Separação em um cotovelo em uma tubulação.

Enquanto o gradiente de pressão $\frac{dP}{dx}$ for negativo, o escoamento segue sem problemas na direção de pressões menores e não há descolamento da superfície sólida. Nas situações mostradas nas figuras mencionadas, chega um ponto em que o gradiente se torna zero e depois positivo, o que significa que as pressões a jusante são maiores e que o escoamento tende a voltar para montante, ocorrendo então o descolamento ou separação por gradiente adverso de pressão.

O problema é: por que motivo o gradiente muda o sinal?

Três motivos podem ser apontados: a forma da superfície, a rugosidade e um mecanismo de energia dissipada acoplada a um gradiente de velocidade (basicamente a tensão de cisalhamento).

A tentativa de explicação do ponto de vista do equacionamento pode estar no balanço de energia: provavelmente, a energia dissipada pela viscosidade chega a tal nível que o escoamento tenta se reacomodar em suas formas de transferência de energia e rearranja as velocidades (para manter o balanço de energia). Esse rearranjo de velocidades modifica as tensões de cisalhamento $\left(\tau = \mu \frac{\partial u}{\partial y}\right)$, que a equação de Prandtl mostra que está relacionada com o gradiente de pressão na direção do escoamento.

Pode-se começar uma análise colocando a equação de Bernoulli na forma diferencial e desprezando a energia potencial no trecho:

$$\frac{dP}{dx} = -\rho V \frac{dV}{dx}$$

Tomando a equação de Prandtl, anteriormente mostrada, para a camada-limite:

$$V \frac{\partial V}{\partial x} + \frac{\mu}{\rho} \frac{\partial^2 u}{\partial y^2} = u \frac{\partial u}{\partial x} + v \frac{\partial u}{\partial y}$$

E aplicando Bernoulli na superfície sólida com $u = 0$ e $v = 0$ e substituindo na equação de Prandtl, resulta em:

$$\frac{\mu}{\rho} \frac{\partial^2 u}{\partial y^2} = \frac{dp}{dx}$$

Essa expressão mostra que, quando a pressão aumenta no sentido do escoamento, a derivada de segundo grau da velocidade também aumenta. Mas, ao mesmo tempo, a expressão de Bernoulli, válida na camada-limite, mostra que $\frac{\mu}{\rho} \frac{\partial^2 u}{\partial y^2} = \frac{dp}{dx} = -\rho V \frac{dV}{dx}$, e a derivada de segundo grau deve ser negativa na fronteira da camada-limite, $y = \delta$, para que não ocorra transição brusca de velocidade na fronteira.

A mudança de sinal positivo na superfície sólida para um sinal negativo na fronteira significa que é obrigatória uma mudança de sinal no interior da camada-limite, como está representado na Figura 4.53.

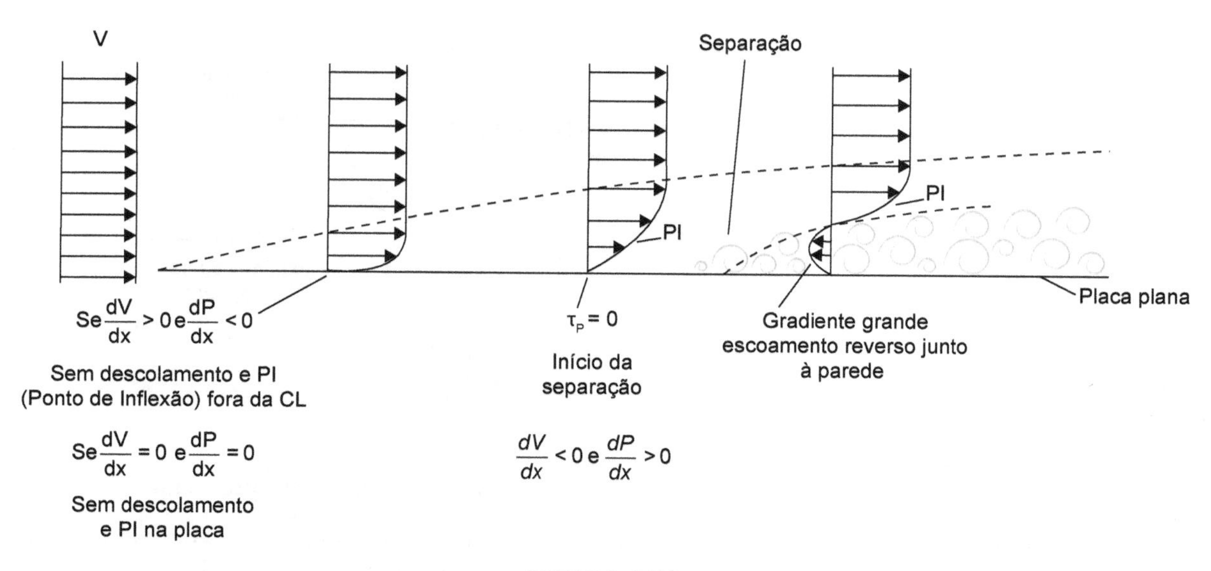

FIGURA 4.53

4.9.3 Turbulência

Grande parte dos fenômenos encontrados nos escoamentos são difíceis ou mesmo impossíveis de serem equacionados somente a partir dos princípios básicos (continuidade, Primeira Lei da Termodinâmica, Segunda Lei de Newton), como é o caso do cálculo da perda de carga, da influência da rugosidade, do descolamento e separação de escoamentos, da distribuição de perfis de velocidades, da turbulência etc. Sempre é necessário buscar apoio em resultados experimentais ou simulações digitais combinadas com simplificações muito restritivas, o que geralmente resulta em incertezas bastante elevadas nos modelos obtidos.

Nesse contexto, um dos problemas mais importantes e difíceis de equacionar é o fenômeno da turbulência.

O estudo da turbulência é muito complexo, envolvendo outras áreas do conhecimento (estabilidade dinâmica, fractais, atratores estranhos etc.), cuja dificuldade matemática é bastante substancial. Uma simples pesquisa na internet sobre o tema "*turbulence in fluid mechanics*" mostra uma variedade de imagens que chega a ser desanimadora até para selecionar alguma como símbolo do assunto: simplesmente não há uma representação única possível.

Assista ao curioso vídeo sobre van Gogh e turbulência, disponível por meio do QR Code.

uqr.to/1w64g

Assista também ao vídeo da década de 1960 mostrado no *site* do MIT. Basta digitalizar o QR Code.

uqr.to/1w64h

Acesse a foto de uma erupção vulcânica por meio do QR Code.

uqr.to/1w64i

O conhecimento das possibilidades de solução de problemas em que a turbulência tem um papel importante pode ter consequências que são transversais a muitas aplicações da Mecânica dos Fluidos: medição de vazão, cálculo de perdas de carga, eficiência energética, descolamento do escoamento em superfícies de aviões, influência da turbulência na eficiência de máquinas de fluxo, escoamento através de válvulas cardíacas e de aneurisma de aorta, além de uma quantidade enorme de fenômenos na interação escoamento/superfície, determinantes para o sucesso das soluções de engenharia.

FIGURA 4.54 Observe a turbulência de grande escala e as de menor escala que a acompanham.

O assunto turbulência rendeu observações anedóticas de cientistas de primeira linha:

- Sir Horace Lamb: "Agora sou velho e, quando eu morrer e for para o céu, há dois assuntos que eu gostaria de ver esclarecidos. Um é eletrodinâmica e o outro é o movimento turbulento dos fluidos. E sobre o primeiro eu sou bem mais otimista".
- Werner Heisenberg: "Quando eu encontrar Deus, eu irei perguntar duas questões: por que relatividade? E por que turbulência? E realmente acredito que vou obter resposta para a primeira".
- Richard Feynman: "Turbulência é o mais importante problema não resolvido da mecânica clássica".
- Um autor recente, Warhaft, comenta que, para números de Reynolds elevados o problema da não linearidade dos termos da equação de Navier-Stokes a torna a mais intratável de todas as equações de campo conhecidas, incluindo aquelas da relatividade geral.
- Tsinober (2001), em seu livro *An informal introduction to turbulence*, comenta que "ao contrário de outros fenômenos complicados, a turbulência é facilmente observável, mas é extremamente difícil para interpretar, entender e explicar". Essa é uma frase poderosa e muito bem construída.
- Liepman afirma de forma clara a importância da turbulência: "Há exemplos de problemas de importância imediata em engenharia que podem, em certa medida, ser tratados por uma mistura de fatos empíricos e modelagem fenomenológica, adequadas para algumas aplicações, mas assentados em fundações muito frágeis, de modo que, ao prever um caso novo com geometria diferente, surpresas podem e devem ocorrer. Sem dúvida, não é exagero dizer que **todas as dificuldades ao tratar de escoamentos de fluidos... estão ligadas ao problema de turbulência**".

Para os engenheiros a turbulência precisa ser entendida como uma fonte importante de perda de eficiência/energia e de geração de vibrações e ruídos em grande parte das situações, embora quase nunca entrem explicitamente nos cálculos. Do lado positivo, a turbulência é imprescindível quando se trata de promover misturas para homogeneizar escoamentos, espécies químicas, produtos ou temperaturas.

O que é turbulência

A dificuldade começa ao se tentar uma definição: o que é exatamente turbulência, como caracterizá-la?

No que é talvez o melhor livro-texto sobre o assunto, *A first course in turbulence*, de Tennekes e Lumley (2018), diante da dificuldade de se definir turbulência, apenas são apontadas as **principais características da turbulência**, citadas também em muitos outros livros e publicações, como o artigo de Lars Davidson (2003). São elas:

Eddies – A turbulência apresenta-se na forma de *eddies* e esteiras de vórtices de diversas escalas: a dimensão dos maiores *eddies* corresponde às maiores dimensões do escoamento, por exemplo, do diâmetro da tubulação onde ocorre o escoamento, ou dezenas de quilômetros, como nas nuvens, ou mesmo dezenas de milhares de quilômetros, como a grande mancha vermelha de Júpiter. Os menores *eddies* podem ser muito pequenos, desde que bem maiores que a ordem de grandeza molecular. Na literatura, isso é tratado como escala de turbulência, desde Kolmogorov.

Tridimensionalidade – Os escoamentos turbulentos são sempre tridimensionais e rotacionais, o que faz a vorticidade ser sempre importante. Muitas vezes, os engenheiros ignoram deliberadamente essas características, para produzir soluções simplificadas e factíveis que, embora imperfeitas, têm muito valor em Engenharia.

Números de Reynolds elevados – Escoamentos turbulentos sempre ocorrem em números de Reynolds elevados.

Irregularidade – A turbulência é uma característica do escoamento, não do fluido. Apresenta comportamento aleatório, irregular e caótico, mas ainda pode ser abordada com as equações de Navier-Stokes.

Difusividade – A turbulência se difunde no escoamento e é responsável pelas aumento das taxas de transferência de quantidade de movimento, de calor e de massa nos escoamentos. Esse aumento pode significar, entre outras coisas, aumento da perda de carga no interior de tubulações, geração de instabilidades e, do lado positivo, redução (!) da separação/descolamento de escoamentos sobre corpos rombudos e melhora da eficácia em misturas de líquidos e gases.

Continuum – A turbulência continua sendo um fenômeno do *continuum*, ou seja, mesmo as menores escalas são muito maiores que as escalas moleculares.

Dissipação – O escoamento turbulento é dissipativo, aceitando-se geralmente que ocorra a transferência de energia cinética de *eddies* maiores para os menores em um processo em cascata até o ponto em que esta energia cinética é dissipada nos menores vórtices pelas tensões viscosas e transformada em calor, segundo o modelo de Kolmogorov. Este modelo parece funcionar bem, mas há outras hipóteses em estudo.

Ao longo de todo o texto foi mantido o termo em inglês *eddy* (mais comumente *eddies*, no plural) como significado dos vórtices formados em escoamentos por algum motivo, por exemplo, interação do fluido com alguma superfície sólida.

Uma das formas mais comuns de manifestação de *eddies* é no caso da chamada esteira de vórtices de von Kármán, representada na Figura 4.55, quando o escoamento passa por um corpo e gera uma separação instável.

FIGURA 4.55 Representação da esteira de vórtices formada pelo escoamento ao redor de um corpo. Esse corpo pode ser um cilindro, uma ilha, entre outros, e sua forma depende consideravelmente do número de Reynolds do escoamento.

Pode-se afirmar que o trabalho mais importante em turbulência, e o mais utilizado até hoje, é o do matemático russo Kolmogorov (1941).

Kolmogorov propôs que o escoamento turbulento é constituído por "cascatas" de energia cinética turbulenta que acompanham os *eddies* das escalas maiores sucessivamente para escalas cada vez menores, até que nas menores escalas as tensões viscosas chegam a valores suficientemente elevados para que a energia cinética seja então dissipada na forma de calor.

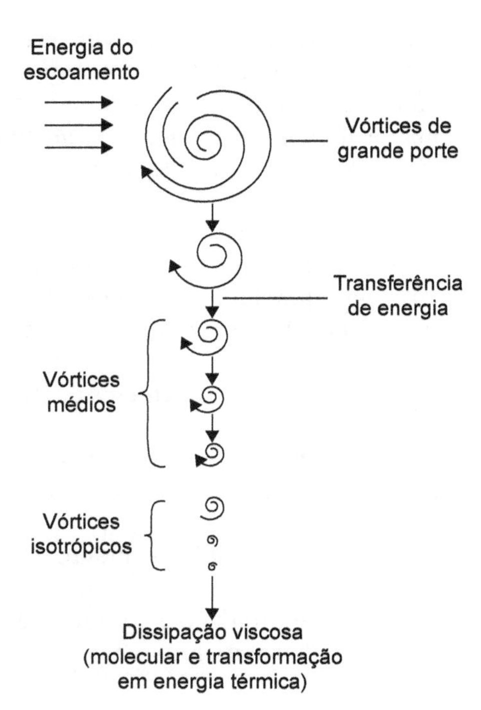

FIGURA 4.56 Representação da cascata de vórtices segundo Kolmogorov.

Os *eddies* maiores são tão grandes quanto a maior dimensão relevante do escoamento (diâmetro de um duto, largura de um canal, tamanho de uma nuvem etc.), e vão ficando cada vez menores até alcançar o nível dos termos dissipativos na equação de Navier-Stokes, chegando, portanto, à dissipação de energia da turbulência na forma de calor, por meio da viscosidade, μ.

É fácil imaginar que as escalas maiores de turbulência são únicas: a maior escala de turbulência da saída de gases por uma chaminé com 2 metros de diâmetro é diferente da maior escala de turbulência em uma tubulação com 50 mm de diâmetro com água, e diferente da escala do movimento de grandes massas de ar na atmosfera, que pode ter quilômetros de extensão. Mas, pelo modelo de Kolmogorov, a turbulência nas escalas menores é sempre igual, ou seja, a **turbulência nas escalas menores é isotrópica** (estatisticamente falando, não possui uma direção preferencial), **enquanto nas escalas maiores a turbulência é anisotrópica**.

O modelo de Kolmogorov, que admite a hipótese de isotropia, mesmo sendo o mais bem-sucedido até o momento, ainda assim é apenas um modelo e seu calcanhar de Aquiles é facilmente intuído: como o atrito age em todas as escalas, evidentemente há dissipação em todas elas. Todavia, autores como Davidson assumem que talvez 90 % da energia é mesmo dissipada na forma de calor nas menores escalas, na transição para o mecanismo molecular da viscosidade (Davidson, 2003).

Colocando de outra maneira: a estatística dessas escalas isotrópicas pequenas tem comportamento universal, independentemente da forma do escoamento de maior escala, como ressalta Tennekes com muita propriedade.

Algumas observações foram feitas com base nas seguintes referências:

- SOUZA, J. F. A. *et al*. Uma revisão sobre a turbulência e sua modelagem. *Revista Brasileira de Geofísica*. Sociedade Brasileira de Geofísica. *Brazilian Journal of Geophysics*, v. 29, n. 1, p. 21-41, 2011.
- TENNEKES, H.; LUMLEY, J. L. *A first course in turbulence*. MIT, 1972.
- DAVIDSON, P. A. *Turbulence* - an introduction for scientists and engineers. Oxford University Press, 2004.
- DAVIDSON, L. *An introduction to turbulence models*. Göteborg, Sweden: Chalmers University Technology, 2003.
- DAVIDSON, L. *Fluid mechanics, turbulent flow and turbulence modeling*. Division of Fluid Dynamics. Department of Mechanics and Maritime Sciences Göteborg, Sweden: Chalmers University of Technology SE-412 96, 2021.

CONSIDERAÇÕES FINAIS

Este capítulo é uma introdução à Mecânica dos Fluidos teórica. Não se espera que o engenheiro vá utilizá-lo para encontrar as equações e parâmetros que possibilitem resolver ou abordar problemas, situações e projetos no mundo do dia a dia. A exceção é o uso da equação de Bernoulli, em muitos casos aplicável já em uma primeira abordagem.

Mas, como realçado no início, não se consegue ir a uma prática de engenharia com qualidade sem o conhecimento dos conceitos apresentados neste capítulo. As linhas de corrente, os tipos de escoamento, o equacionamento dos movimentos da partícula fluida, o conceito de aceleração local e convectiva, o referencial de Euler, as equações fundamentais da massa, a equação de Bernoulli, o conhecimento da existência das equações de Navier-Stokes e, finalmente, a difícil convivência do equacionamento com o mundo real: separação, descolamento, camada-limite e turbulência são os temas abordados.

Para uma prática de Engenharia em condições convencionais (a imensa maioria das situações), você não vai precisar dominar em profundidade esses assuntos, mas sem o conhecimento deles é impossível evoluir nas transformações que o profissional tem de realizar sobre as aplicações, que, enfim, é o trabalho dos engenheiros.

CAPÍTULO 5

ANÁLISE INTEGRAL DE ESCOAMENTOS

A análise integral de escoamentos é a abordagem utilizada na grande maioria dos problemas de escoamentos.

A análise integral, com o uso das equações de conservação e de hipóteses simplificadoras, coeficientes e dados experimentais, é uma abordagem essencial e insubstituível na execução de projetos e operação de instalações de quaisquer sistemas fluidos, incluindo os escoamentos externos a corpos.

A abordagem integral tem um caráter de "caixa-preta": analisam-se os contornos e fronteiras dos problemas, sem entrar no mérito do detalhamento do escoamento em seu interior.

A análise diferencial, por outro lado, é mais difícil de ser aplicada, mas possibilita, em muitos casos, entender como melhorar a eficiência dos movimentos do fluido no interior ou exterior de dutos, equipamentos, veículos e estruturas.

Serão apresentados o Teorema de Transporte de Reynolds, a equação da Continuidade, a Primeira Lei da Termodinâmica e as equações da Quantidade de Movimento Linear e Angular.

OBJETIVOS

Neste capítulo, são apresentados os conceitos de **sistema** e de **volume de controle** (**VC**) e as equações básicas de conservação para sistemas e o acoplamento para VC por meio do **Teorema de Transporte de Reynolds**, com a sólida sustentação de hipóteses científicas da teoria newtoniana aplicada às equações integrais da Mecânica dos Fluidos:

- **Equação da continuidade** (conservação da massa).
- **Primeira Lei da Termodinâmica** (conservação da energia).
- **Equações da quantidade de movimento linear e angular** (conservação da quantidade de movimento).
- **Segunda Lei da Termodinâmica**, que leva em conta as perdas de energia por atrito.

Esses conceitos serão aplicados à solução de problemas em diversas habilitações da engenharia para a solução de projetos e operação em áreas como: hidrodinâmica, aerodinâmica, máquinas de fluxo, circuitos hidráulicos, cálculo de condutos, hemodinâmica etc.

Método

A base da análise integral é a aplicação do Teorema de Transporte de Reynolds às equações de conservação: Massa, Primeira Lei da Termodinâmica e Quantidade de Movimento, trabalhando com o conceito de volume de controle. Com isso, podem ser analisados e resolvidos a maior parte dos problemas de projeto e operação relacionados com o uso cotidiano da Mecânica dos Fluidos.

Ressalte-se que boa parte das soluções é encontrada com o uso de dados obtidos empiricamente e que possibilitam obter soluções dentro de uma faixa de incerteza aceitável.

Nos capítulos seguintes, são apresentadas aplicações desta teoria e que se valem profundamente das bases experimentais da Mecânica dos Fluidos.

Outra alternativa é a abordagem via modelos digitais, como o uso de Dinâmica dos Fluidos Computacional (CFD), por exemplo, ou de modelagem matemática analítica, quando possível.

Observe atentamente o Quadro 5.1, que apresenta a rota de utilização das equações, e familiarize-se com os termos e equações ali apresentados.

QUADRO 5.1 ■ Rotas de cálculo (ou rotas de utilização de equações)

Equação da continuidade

$$\frac{\partial}{\partial t}\int_{VC}\rho d\forall + \int_{SC}\rho\vec{V}\cdot\vec{n}dS = 0$$

$\int_{SC}\rho\vec{V}\cdot\vec{n}dS = 0$ – regime permanente

$\int_{SC}\rho\vec{V}\cdot\vec{n}dS = 0$ – fluido incompressível

Primeira Lei da Termodinâmica

Primeira Lei – forma geral

$$\dot{W}_m + \dot{Q} = -\int_{A_e}\left(u_e + \frac{V_e^2}{2} + gz_e + \frac{p_e}{\rho}\right)\rho v_e dA_e + \int_{A_s}\left(u_s + \frac{V_s^2}{2} + gz_s + \frac{p_s}{\rho}\right)\rho v_s dA_s$$

Primeira Lei – geral, aplicada a dutos

$$\underbrace{\left(\frac{\alpha_e V_e^2}{2} + gz_e + \frac{p_e}{\rho}\right)}_{\substack{\text{energia mecânica por}\\ \text{unidade de massa}\\ \text{na entrada}}} - \underbrace{\left(\frac{\alpha_s V_s^2}{2} + gz_s + \frac{p_s}{\rho}\right)}_{\substack{\text{energia mecânica por}\\ \text{unidade de massa}\\ \text{na saída}}} = \underbrace{\left\{u_s - u_e - \frac{Q}{\rho Q}\right\}}_{\substack{\text{termos térmicos}\\ \text{perda de}\\ \text{energia por}\\ \text{dissipação}\\ \text{viscosa incluída}}} - \underbrace{\frac{\dot{W}_m}{\rho Q}}_{\substack{\text{potência por}\\ \text{unidade de}\\ \text{massa devida}\\ \text{ao trabalho}\\ \text{de eixo}}}$$

Primeira Lei aplicada a dutos em forma operacional

$$\left(\frac{\alpha_e V_e^2}{2g} + \frac{p_e}{\gamma} + z_e\right) - \left(\frac{\alpha_s V_s^2}{2g} + \frac{p_s}{\gamma} + z_s\right) = \underbrace{\frac{\dot{W}_a}{\gamma Q}} - \underbrace{\frac{\dot{W}_m}{\gamma Q}}$$

Equação da quantidade de movimento

Forma básica

$$\underbrace{\sum\vec{F}_{ext}}_{\text{sistema}} = \underbrace{\sum\vec{F}_d + \sum\vec{F}_c}_{\substack{\Sigma\text{ das forças externas}\\ \text{a distância } (g,\ \beta,\ E) \text{ e de}\\ \text{contato (pressão e atrito)}\\ \text{atuando sobre o VC}}} = \underbrace{\frac{\partial}{\partial t}\int_{VC}\rho\vec{v}dV}_{\substack{\text{taxa de}\\ \text{variação da}\\ \text{QDM no VC}}} + \underbrace{\int_{SC}\vec{v}\rho\vec{v}\cdot\vec{n}dS}_{\substack{\text{fluxo da QDM}\\ \text{através da SC}}}$$

Equação da quantidade de movimento forma operacional aplicada a dutos

$$\vec{G} + \vec{R} = \Sigma(p_e S_e + \beta_e V_e \dot{m}_e)\vec{n}_e + \Sigma(p_s S_s + \beta_s V_s \dot{m}_s)\vec{n}_s + \frac{\partial}{\partial t}\int_{VC}\rho\vec{v}dV$$

Alguns definem ainda a função impulso: $\varnothing = pS + \beta\dot{m}v$, com dimensão de força.

Tipos de exercícios que poderão ser resolvidos após o aprendizado

A análise integral, realizada com o uso do Teorema de Transporte de Reynolds, possui abrangência muito grande e é muito aplicada em trabalhos de engenharia, como se pode ver pelos exemplos resolvidos neste capítulo.

Seria muito bom ler agora os 11 exercícios propostos para se familiarizar com o assunto e observar a potência do método, sem procurar entender, neste momento, as equações e conceitos envolvidos.

	Conceitos abordados
Exercício 5.1	Aplicação da equação da continuidade para resolver o tempo de esgotamento de um reservatório médico de oxigênio
Exercício 5.2	Cálculo das velocidades de saída de água em um tubo poroso de irrigação, também com o uso da equação da continuidade
Exercício 5.3	Como trabalhar com volume de controle deformável
Exercício 5.4	Aplicação da Primeira Lei da Termodinâmica em um sistema de combate a incêndio com um reservatório pressurizado com altura estática positiva
Exercício 5.5	Aplicação da Primeira Lei da Termodinâmica na transferência de ar de reservatório para um cilindro
Exercício 5.6	Mostra uma turbina em um reservatório, com a Primeira lei
Exercício 5.7	Equação da quantidade de movimento aplicada sobre pá de turbina inicialmente parada
Exercício 5.8	Equação da quantidade de movimento aplicada sobre pá de turbina móvel
Exercício 5.9	Equação da quantidade de movimento aplicada sobre tubulação em um poço de petróleo
Exercício 5.10	Equação da quantidade de movimento aplicada sobre suporte de ventilador axial
Exercício 5.11	Equação do momento da quantidade de movimento aplicada sobre duto em balanço

5.1 APLICAÇÃO DAS LEIS BÁSICAS DE CONSERVAÇÃO A UM VOLUME DE CONTROLE (VC) FIXO NO ESPAÇO (MÉTODO DE EULER)

As leis básicas de conservação da Física (da massa, da energia e da quantidade de movimento) se aplicam diretamente a sistemas, como visto no Capítulo 4, e será necessário passar a formulação dessas leis, válidas para **sistemas** adequados para sólidos, para a formulação de **VC** (volume de controle), adequada para fluidos, a partir do **Teorema de Transporte de Reynolds**.

Observações

- Um **sistema** é uma quantidade de **matéria** de identidade **fixada**. Massa não atravessa a fronteira de um sistema (Lagrange).
- Já com a forma de representação de Euler, mostrada no Capítulo 4, é definido um volume de controle (VC) como uma região do espaço escolhida para observação/estudo. O tamanho e a forma do VC são totalmente arbitrários, escolhidos de acordo com a conveniência. O VC também pode ser chamado de sistema aberto.
- Massa pode atravessar fronteira do VC pela **superfície de controle** (**SC**) do VC.
- O exemplo da lata de *spray* comentado no Capítulo 4 é útil novamente (Fig. 5.1).
- O movimento do fluido em uma lata de *spray* pode ser analisado de duas formas:

1. acompanhando o conteúdo da lata por **Lagrange – sistema fechado**: massa não varia, ou seja, após *spray* a fronteira do sistema **inclui** a massa expelida da lata;
2. monitorando o volume de controle representado pela lata por **Euler – volume de controle**: monitora-se apenas o que a lata contém, antes e depois de acionado o *spray*, podendo-se medir a vazão que passa pelo bocal, mas não se monitoram as partículas da massa que foi expelida.

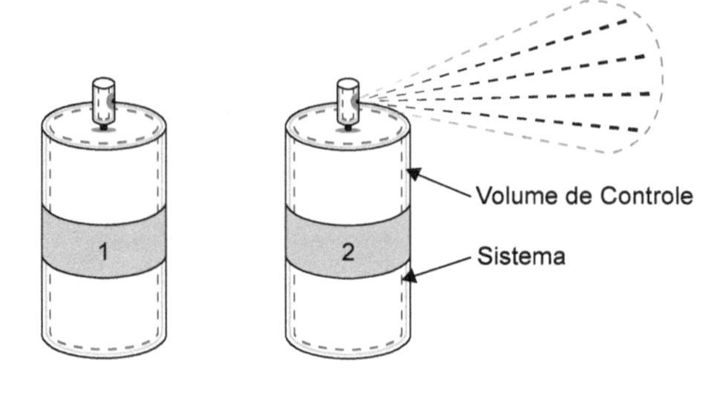

FIGURA 5.1 Representação dos conceitos de sistema e de volume de controle (VC) aplicados à emissão de um jato de *spray*. Na posição 1, o sistema e o VC são idênticos, mas, ao acionar a válvula na posição 2, o sistema, que representa determinada quantidade de matéria, tem de contabilizar, inclusive, as partículas emitidas, o que torna a análise muito difícil.

Propriedades extensivas e intensivas

As leis básicas são escritas na forma de taxa de variação de alguma propriedade com o tempo, como é conveniente na Mecânica dos Fluidos.

- **Propriedade extensiva** (N): depende da extensão, da quantidade de matéria do sistema, por exemplo, massa, energia, QDM.
- **Propriedade intensiva** (η – letra grega *eta*): propriedade por unidade de massa. Assim:

$$\eta = \frac{N}{m}$$

ou melhor:

$$N_{sist} = \int_{m_{sist}} \eta dm = \int_{\forall_{sist}} \eta \rho d\forall$$

em que $\forall$ é o volume.

Deve ser observado que, se $N = m$ (massa), então $\eta = 1$.

5.2 TEOREMA DE TRANSPORTE DE REYNOLDS

O Teorema de Transporte de Reynolds possibilita a passagem da Mecânica dos Sólidos (conceito de sistema, com massa invariável), para a Mecânica dos Fluidos (conceito de volume de controle, onde se observa uma região do espaço, mas não as mesmas partículas).

O **conceito de sistema** está associado ao fato de que o corpo material preserva a sua massa e a sua identidade (mesmas partículas) e utiliza o método de Lagrange para a análise, conforme desenvolvido no Capítulo 4.

A seguir será demonstrado como efetivar a transição do conceito de **sistema** para o de **volume de controle**, na análise integral das leis de conservação.

Hipóteses:

- Campo de escoamento arbitrário $\vec{V}(x, y, z, t)$ com relação ao sistema de coordenadas inercial xyz.
- VC fixo no espaço.
- Sistema movimenta-se no campo de escoamento (por definição, mantendo sempre as mesmas partículas de fluido).

Considere na Figura 5.2 uma **propriedade extensiva** N qualquer (massa, energia, quantidade de movimento) exposta a um meio fluido em movimento em dois instantes, t_0 e $t_{0+\Delta t}$.

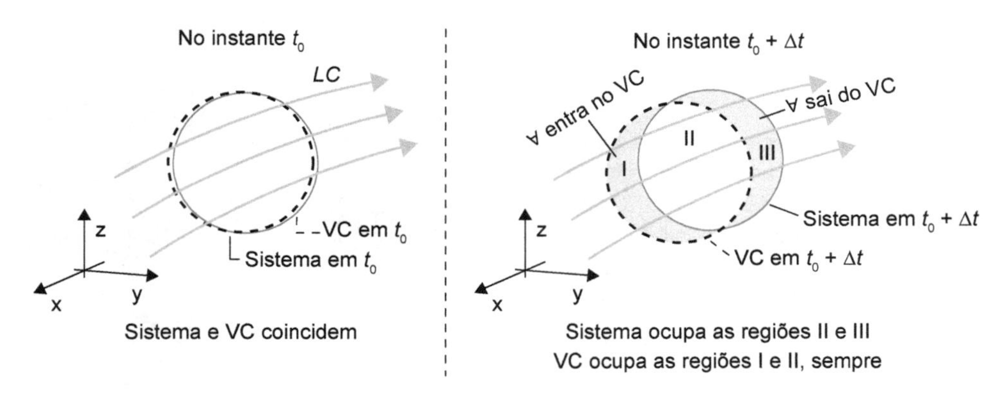

FIGURA 5.2 No instante t_0, foi escolhido um sistema composto pelas partículas contidas no cilindro representado com linha cheia, com a dimensão de altura do cilindro saindo do papel. Coincidente com este cilindro foi escolhido um volume de controle em linha tracejada. Observe que linhas de corrente (LC) representadas indicam que há vetores velocidade tangenciais às LC, que mostram que as partículas de fluido são arrastadas para fora do VC. No instante $t_{0+\Delta t}$, o volume de controle permanece no mesmo local com relação ao sistema de coordenadas inercial *xyz*, mas as partículas do sistema se movem ocupando agora apenas os volumes II e III. Massa nova entra no VC, representada pelo volume I em $t_{0+\Delta t}$, e massa antiga deixa o VC, volume III, em $t_{0+\Delta t}$.

A partir desse modelo é feita a análise do balanço do fluxo de massa pelas paredes do VC. Trata-se de uma análise típica do cálculo diferencial e, como resultado dessa análise, chega-se ao Teorema de Transporte de Reynolds, apresentado no quadro a seguir. A dedução completa é apresentada no Anexo 1, no fim deste capítulo.

Teorema de Transporte de Reynolds

$$\left.\frac{dN}{dt}\right)_{sist} = \frac{\partial}{\partial t}\int_{VC} \eta\rho d\forall + \int_{SC} \eta\rho\vec{V}\cdot\vec{n}dA$$

Taxa de variação total de uma propriedade extensiva N qualquer em um sistema no instante	Taxa de variação com relação ao tempo da propriedade extensiva N **dentro do volume de controle**, que coincide com o sistema no instante	Taxa resultante do fluxo da propriedade extensiva N, **através das superfícies de controle** no instante

Essa fórmula relaciona as taxas de variação de uma propriedade extensiva *N* qualquer de um sistema com as variações em função do tempo da propriedade intensiva η associada ao volume de controle. Observe que o segundo membro da equação é simplesmente um balanço da propriedade *N*: o que sobra no volume de controle, mais a diferença entre o que entra e o que sai de *N*, representa a variação de *N*.

Como se vê, a fórmula integral tem similaridade com a fórmula diferencial apresentada no Capítulo 4, ao relacionar as derivadas de **Lagrange** e **Euler**:

$$\frac{DN}{Dt} = \frac{\partial N}{\partial t} + \left(\vec{V}\cdot\nabla\right)N$$

5.3 EQUAÇÃO DA CONTINUIDADE, OU DA CONSERVAÇÃO DA MASSA

A equação da continuidade, também chamada conservação da massa, é apropriada e imprescindível nas mais variadas aplicações de Engenharia:

- projeto, balanceamento e controle de sistemas de escoamento de água, gases, óleos, ar-condicionado, ventilação etc.;
- fechamento de balanços de massa de fluidos ao redor de corpos, estruturas e equipamentos;
- controle e cobranças do consumo de fluidos, como água, gás natural, gasolina, diesel etc., diretamente aos consumidores;
- estimativa das perdas por vazamento nas redes de distribuição de água;
- medição e estimativa da emissão de gases de efeito estufa;
- medição de esgotos e efluentes;
- medição da compra e venda de petróleo, água, gás natural, etanol, sucos etc. por grandes empresas distribuidoras;
- operação de sistemas de movimentação de fluidos em indústrias e estações de tratamento de água e esgoto etc.

O consumo de petróleo no mundo atinge cerca de 100 Mbpd (milhões de barris por dia; cada barril = 158,98 l), a um custo médio de US$ 80/barril: isso significa que são medidos no mínimo US$ 8 bilhões/dia (referência internet), e isso só na primeira medição, ao sair do poço, em vista que este fluido pode ser trocado de mão várias vezes, seja por vendas sucessivas por *pipelines*, passagens por fronteiras etc. Erros na aplicação da medição de vazão (que representa a conservação da massa) podem ser muito importantes no balanço financeiro de empresas considerando-se os valores e volumes envolvidos.

As figuras para os outros fluidos são também importantes: somos mais de 8 bilhões de pessoas no mundo e, segundo estimativa da OMS, cada ser humano precisa de 110 litros de água por dia, para viver com conforto e saúde: como a água é um recurso finito e já muito escasso, as perdas por vazamento em sistemas de distribuição devem ser controladas, sempre com o uso da equação da continuidade. O controle dessas perdas é fundamental e, infelizmente, nas condições de operação atuais, essas perdas podem variar entre 20 e 40 % do volume de água tratada.

Para desenvolver a equação da continuidade, parte-se da formulação do Teorema de Transporte de Reynolds (TTR):

$$\left.\frac{dN}{dt}\right)_{sist} = \frac{\partial}{\partial t}\int_{VC} \eta\rho d\forall + \int_{SC} \eta\rho\vec{V}\cdot\vec{n}dA$$

e, como estamos interessados em massa, $N = m \rightarrow \eta = 1$ e o TTR se torna para massa:

$$\left.\frac{dm}{dt}\right)_{sist} = \frac{\partial}{\partial t}\int_{VC} \rho d\forall + \int_{SC} \rho\vec{V}\cdot\vec{n}dS = 0$$

Taxa de variação de massa no sistema	=	Taxa de variação de massa no VC	+	Fluxo de massa através da SC

Como a massa não varia em sistemas fechados, $\left.\frac{dm}{dt}\right)_{sist} = 0$ e, por isso, pode ser expresso como:

Equação da continuidade

$$\frac{\partial}{\partial t}\int_{VC} \rho d\forall + \int_{SC} \rho \vec{V} \cdot \vec{n} dS = 0$$

Taxa de variação de massa no VC + Fluxo de massa através da SC = 0

Observe que o sinal da 2ª integral depende do produto escalar $\vec{V} \cdot \vec{n}$: como o versor $\vec{n}$ **sempre aponta para fora do VC**, o produto escalar é negativo nas entradas e positivo nas saídas, como mostra a Figura 5.3.

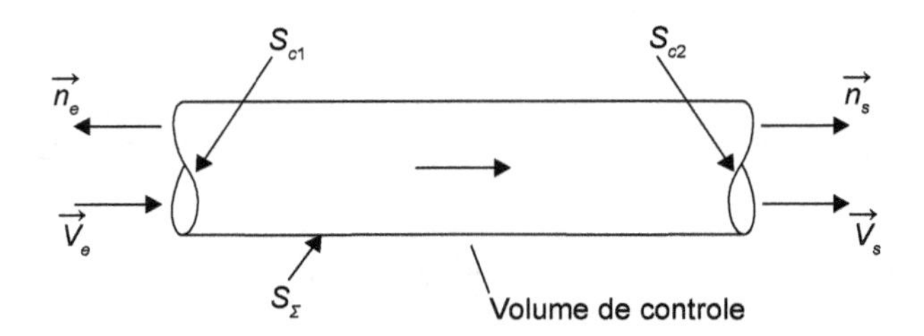

FIGURA 5.3 Observe que, em uma tubulação, S_{C1} e S_{C2} são as superfícies de controle referentes às áreas de entrada e saída do duto por onde passa o fluido, e S_Σ representa a superfície de controle da parede da tubulação, onde não há passagem de massa.

EXERCÍCIO 5.1

Um cilindro de oxigênio com 30 cm de diâmetro e 1,20 m de altura, de uso hospitalar, representado na Figura 5.4, está pressurizado com 200 atmosferas (20,265 MPa), pressão absoluta. Na parte superior do cilindro há uma válvula, com diâmetro interno de 4 mm quando totalmente aberta e, nessa condição, a velocidade média é V = 1 m/s na garganta. A temperatura do ar no cilindro pode ser considerada constante e igual a 22 °C, mesmo quando há escoamento pela válvula. Qual o tempo de abertura máxima da válvula até que a pressão caia a 50 % da pressão inicial?

Para resolver diversos problemas, conforme mostrado em capítulos anteriores, é conveniente orientar-se pelo seguinte método:

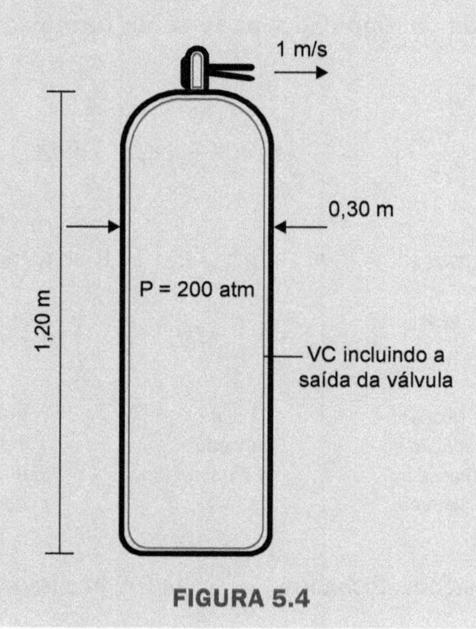

FIGURA 5.4

1. Entenda o que se está resolvendo

Trata-se de um problema envolvendo a equação da continuidade, na forma integral, pois interessam o fluxo de massa e a massa de fluido residual no reservatório.

2. Faça um croqui

Desenhar o volume de controle adequado e identificar todos os dados do problema é muito útil.

3. Hipóteses simplificadoras

Trata-se de um regime transiente, mas a melhor hipótese que se pode fazer é que a massa específica do oxigênio no interior do cilindro é uniforme espacialmente em cada momento, ou seja, ρ é constante em cada momento no interior do cilindro, o que permite tirar a massa específica para fora das integrais da equação da continuidade.

4. Prepare o modelo matemático e resolva o problema

Pode-se formular o modelo matemático a partir da **equação da continuidade**:

$$\frac{\partial}{\partial t}\int_{VC}\rho d\forall+\int_{SC}\rho\vec{V}\cdot\vec{n}dS=0$$

Como ρ pode ser considerado uniforme dentro do cilindro em cada momento, e uma vez que o cilindro é indeformável, resulta para a primeira parcela da equação:

$$\frac{\partial}{\partial t}\int_{VC}\rho d\forall=\frac{\partial(\rho\forall)}{\partial t}$$ e, aplicando a regra do produto: $$\frac{\partial(\rho\forall)}{\partial t}=\forall\frac{\partial\rho}{\partial t}+\rho\frac{\partial\forall}{\partial t}.$$

Como o 2º termo é zero, pois o volume é constante, resulta: $\frac{\partial}{\partial t}\int_{VC}\rho d\forall=\forall\frac{\partial\rho}{\partial t}$.

Admitindo-se o oxigênio como gás ideal, da equação de Clapeyron, tem-se: $\rho=\frac{P}{RT}$. Como se assume que a temperatura é constante, pode-se escrever então:

$$\frac{\partial}{\partial t}\int_{VC}\rho d\forall=\forall\frac{\partial\rho}{\partial t}=\forall\frac{\partial}{\partial t}\left(\frac{P}{RT}\right)=\frac{\forall}{RT}\frac{\partial P}{\partial t}$$

A 2ª parcela da continuidade pode ser escrita como:

$$\int_{SC}\rho\vec{V}\cdot\vec{n}dS=\rho V\cdot A_{válvula}=\frac{P}{RT}V\cdot A_{válvula}$$

Substituindo tudo na equação da continuidade, resulta:

$$\frac{\forall}{RT}\frac{\partial P}{\partial t}+\frac{P}{RT}V\cdot A_{válvula}=0$$

$$\frac{dP}{P}=-\frac{V}{\forall}A_{válvula}\cdot dt$$

e, efetuando as substituições numéricas:

$$\frac{dP}{P}=-0{,}00014815dt$$

$$\int_{20,265}^{10,132} \frac{dP}{P} = -\int_0^t 0,00014815dt$$

$$\ln\left(\frac{10,132}{20,265}\right) = -0,6931 = -0,00014815t$$

Portanto, t = 4678 segundos, ou seja, o cilindro chegará à metade da pressão em pouco menos que 1 hora e 18 minutos.

Casos particulares da equação da continuidade

a) Regime permanente

Se o regime for permanente, a derivada da integral em relação ao tempo na equação da continuidade será zero:

$$\frac{\partial}{\partial t}\int_{VC} \rho d\forall = 0$$

e, portanto:

$$\int_{SC} \rho \vec{V} \cdot \vec{n} dS = 0$$

Essa equação indica que para regimes permanentes, só interessa o fluxo entre fronteiras: se o volume de controle for escolhido contendo uma seção de entrada e outra de saída de uma tubulação, a equação anterior pode revelar, por exemplo, um vazamento, se a vazão de entrada for maior que a de saída.

EXERCÍCIO 5.2

No desenvolvimento de um aspersor de água vertical para plantas em estufa, chegou-se a um modelo como mostrado na Figura 5.5. O tubo é poroso, possui diâmetro interno de 30 mm e, por conta de sua configuração interna, foi ajustada a curva de velocidade de saída pela lateral na forma mostrada, com $V = V_0\left(1 - \left(\frac{x}{L}\right)^2\right)$, em que V_0 = 0,1 m/s e L = 200 mm é o comprimento do tubo. A velocidade média de entrada é de 3 m/s. Calcule a vazão na saída inferior do tubo, considerando o perfil de velocidades uniforme também na saída.

1. Entenda o que se está resolvendo

Perceba que se trata de um escoamento em regime permanente, com a particularidade que o duto possui paredes porosas. Há uma equação que descreve a velocidade pela parede do duto, e se assumiu que os escoamentos na entrada e na saída inferior podem ser tomados como de velocidade uniforme, o que não é real, mas uma hipótese suficiente para um problema desse tipo.

2. Faça um croqui

É fundamental fazer um croqui para entender melhor os escoamentos e escolher um volume de controle (VC) adequado, nesse caso, compreendendo todas as entradas e saídas de fluido na tubulação de saída do reservatório.

3. Hipóteses simplificadoras

A água é incompressível e o regime é permanente, e se pode usar como equação da continuidade:

$$\int_{SC} \rho \vec{V} \cdot \vec{n} dS = 0$$

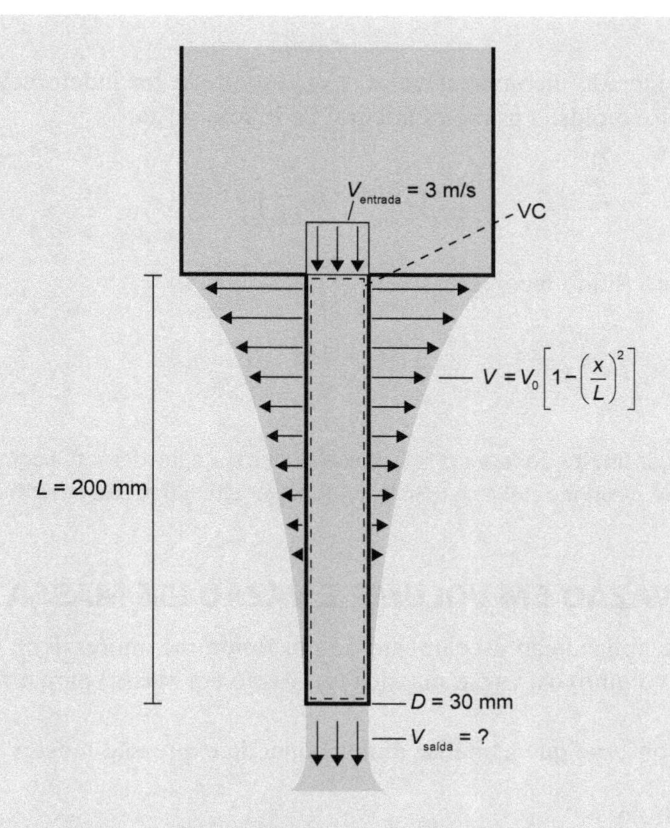

FIGURA 5.5 Duto aspersor.

4. Prepare o modelo matemático e resolva o problema

Como há uma entrada, uma saída lateral e uma saída inferior, pode-se escrever:

$$\int_{SC_{sup}} \rho \vec{V}_{sup} \vec{n} dS_{sup} + \int_{SC_{lateral}} \rho \vec{V}_{lateral} \vec{n} dS_{lateral} + \int_{SC_{inf}} \rho \vec{V}_{inf} \vec{n} dS_{inf} = 0$$

$$-\rho V_{sup} A_{sup} + \dot{m}_{inf} + \int_0^L \rho V_0 \left(1 - \left(\frac{x}{L}\right)^2\right) \cdot 2\pi \, R dx = 0$$

$$\dot{m}_{inf} = \rho V_{sup} \frac{\pi D^2}{4} - 2\pi R \rho V_0 \left[x - \frac{x^3}{3L^2}\right]\Big|_0^L = \rho V_{sup} \frac{\pi D^2}{4} - \frac{4}{3}\pi R \rho V_0 L$$

$$\dot{m}_{inf} = 997 \times 3 \times 3{,}14 \times \frac{0{,}03^2}{4} - \frac{4}{3} \times 3{,}14 \times 0{,}015 \times 997 \times 0{,}1 \times 0{,}200$$

$$\dot{m}_{inf} = 0{,}861 \text{ kg/s}$$

E a vazão volumétrica na saída inferior

$$Q = 0{,}000864 \text{ m}^3\text{/s ou } V_{saída\ inferior} = 1{,}22 \text{ m/s}$$

b) Fluido incompressível

Se o fluido puder ser considerado incompressível e o VC escolhido for indeformável, então, na equação do Teorema de Transporte de Reynolds, a primeira integral pode ser escrita:

$$\frac{\partial}{\partial t}\int_{VC}\rho d\forall = \rho\frac{\partial}{\partial t}\int_{VC} d\forall = 0$$

Consequentemente, para fluido incompressível:

$$\int_{SC}\rho\vec{V}\cdot\vec{n}dS = 0$$

Observe que é uma relação **muito poderosa**: se o fluido puder ser considerado incompressível, o regime de operação **não precisa ser regime permanente**! Isso possibilita resolver situações nas quais há transitórios importantes.

5.4 CONCEITO DE VAZÃO EM VOLUME E VAZÃO EM MASSA

A equação da continuidade aplicada ao escoamento de um fluido incompressível, possibilita definir a vazão volumétrica (ou vazão em volume) e a vazão mássica (ou vazão em massa) para o fluido.

Como $\int_{SC}\rho\vec{V}\cdot\vec{n}dS = 0$, observe que a análise dimensional da expressão mostra que ela representa a vazão mássica no volume de controle:

$$\left[\rho\vec{V}\cdot\vec{n}dS\right] = \frac{\text{kg}}{\text{m}^3}\cdot\frac{\text{m}}{\text{s}}\cdot\text{m}^2 = \frac{\text{kg}}{\text{s}} = \dot{m}.$$

E, assim, para determinada seção transversal 1 de uma tubulação, tem-se que a vazão mássica $\dot{m}$ é dada por:

$$\dot{m} = \int_{S1}\rho\vec{V}\cdot\vec{n}dS$$

Pode-se definir a velocidade média na tubulação como

$$V = \frac{\dot{m}}{\rho A} = \frac{1}{A}\int_{S1}\vec{V}\cdot\vec{n}dS$$

E, se puder ser assumido que a velocidade é uniforme na seção transversal considerada (o que é quase sempre assumido ao projetar um sistema hidráulico), a expressão fica muito simples para o cálculo da vazão mássica:

$$\dot{m} = \rho VS$$

De modo similar, se define o cálculo da vazão volumétrica Q:

$$Q = \int_{S1}\vec{V}\cdot\vec{n}dS$$

e

$$Q = VS$$

Lei dos nós de Kirchhoff

É possível aplicar alguns conceitos da eletricidade para entender e resolver situações na Mecânica dos Fluidos. De modo simplificado, pode-se comparar o escoamento de um fluido em uma tubulação com o fluxo de elétrons em um fio, uma bomba pode ser comparada a uma fonte elétrica, a resistência em um fio pode ser comparada aos fatos físicos (rugosidade, perdas por mudança de direção etc.) que causam perda de energia em uma tubulação. É possível fazer uma interessante análise dimensional comparativa.

Assim como nos sistemas elétricos, é muito comum a existência de nós em sistemas hidráulicos, ou seja, pontos em que a tubulação pode possuir várias entradas e saídas. Nesse caso, os conceitos relativos à Lei dos Nós de Kirchhoff são úteis, como mostrado a seguir.

Da continuidade: $\frac{\partial}{\partial t}\int_{VC}\rho d\forall + \int_{SC}\rho\vec{V}\cdot\vec{n}dS = 0$

em que $SC = \Sigma S_e + \Sigma S_s + \Sigma S_\Sigma$, e S_Σ tem fluxo = 0

$$\frac{\partial}{\partial t}\int_{VC}\rho d\forall = \frac{\partial m}{\partial t} \quad \text{(variação da massa com o tempo no VC)}$$

e $\therefore\ \frac{\partial m}{\partial t} = \Sigma\dot{m}_e - \Sigma\dot{m}_s$.

Hipótese 1 – regime permanente $\rightarrow \frac{\partial m}{\partial t} = 0$ e $\therefore\ \Sigma\dot{m}_e - \Sigma\dot{m}_s = 0$.

$\Sigma\dot{m}_i = 0$ Lei dos Nós

Hipótese 2 – fluido incompressível (ρ = constante) $\rightarrow\ \Sigma Q_i = 0$

Volumes de controle deformáveis

Os volumes de controle (VC) normalmente são escolhidos como rígidos, com paredes (fronteiras) fixas entre si, mas também podem ser escolhidos com fronteiras deformáveis, conforme a conveniência para se resolver uma situação.

EXERCÍCIO 5.3

Volume de controle deformável

O reservatório regulador mostrado na Figura 5.6 assemelha-se a uma chaminé de equilíbrio: possui tubulações de entrada e saída e é aberto para a atmosfera em sua extremidade superior. Essa construção pode possibilitar a absorção de transientes hidráulicos com a simples variação do nível de água, sem causar tensões adicionais na tubulação. Para as condições da Figura 5.6, calcule a velocidade de entrada V_3 no instante considerado.

D_1 = 2 m D_2 = 50 mm D_3 = 50 mm velocidade de descida do nível do tanque V_1 = 2 mm/s

Este exercício pode ser resolvido por dois métodos:

a) Com volume de controle fixo VC_1, linha pontilhada, abaixo do nível de água.
b) Com volume de controle variável VC_2, acompanhando a descida do nível de água.

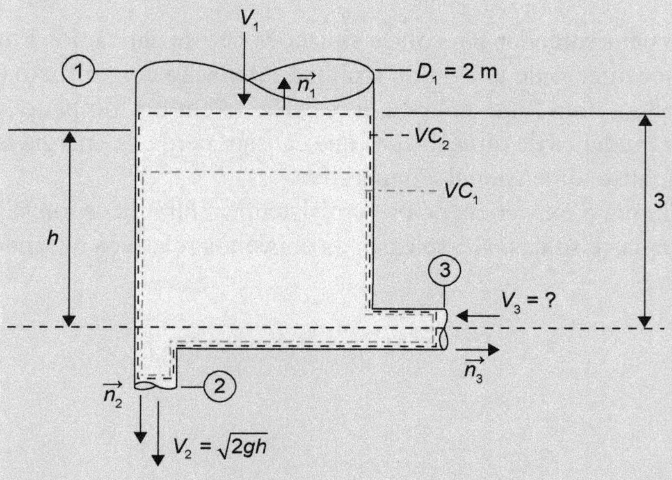

FIGURA 5.6 Comparação entre volume de controle deformável e volume de controle fixo.

a) Método 1 – VC_1 fixo

Nesse caso, o volume de controle, representado por linha, traço e ponto, é fixado abaixo da linha de água, o que significa que não há variação de massa em seu interior, e a 1ª parcela da equação da continuidade, a integral, é nula.

Assim, pode-se lidar apenas com os fluxos pelas três superfícies de controle:

$$\int_{SC} \rho \vec{V} \cdot \vec{n} dS = -\rho V_1 A_1 + \rho V_2 A_2 - \rho V_3 A_3 = 0.$$

Veja que os sinais + e – são dados pelo produto das velocidades vetoriais pelos versores $\vec{n}_i$, que sempre apontam para fora do volume de controle. Toma-se o instante inicial com h = 3 m.

$$-0{,}002 \cdot \frac{\pi 2^2}{4} + \sqrt{2 \times 9{,}8 \times 3} \times \frac{\pi \times 0{,}05^2}{4} - V_3 \times \frac{\pi \times 0{,}05^2}{4} = 0$$

e, portanto, V_3 = 4,47 m/s.

b) Método 2 – VC_2 com a parede superior móvel com o nível

Nesse caso, a massa do volume de controle varia e tem de ser usada a equação da continuidade em sua forma completa:

$$\frac{\partial}{\partial t} \int_{VC} \rho d\forall + \int_{SC} \rho \vec{V} \cdot \vec{n} dS = 0$$

O volume $d\forall = A_1 \cdot dh$, sendo que h é variável com o tempo apenas e para um observador no volume de controle.

$$\frac{\partial}{\partial t} \int_{VC} A_1 dh + V_2 \frac{\pi \times 0{,}05^2}{4} - V_3 \frac{\pi \times 0{,}05^2}{4} = 0$$

$$\frac{\pi 2^2}{4} \frac{\partial h}{\partial t} + \sqrt{2 \times 9{,}8 \times 3} \frac{\pi \times 0{,}05^2}{4} - V_3 \frac{\pi \times 0{,}05^2}{4} = 0$$

$$\therefore V_3 = 4{,}47 \text{ m/s}$$

Observe que, como h só depende do tempo, $\frac{\partial h}{\partial t} = \frac{dh}{dt} = V_1$, e se toma V_2 no instante em que h = 3 m, para poder comparar com o primeiro método.

O valor da velocidade é o mesmo, calculado pelos dois métodos.

5.5 PRIMEIRA LEI DA TERMODINÂMICA

Em alguns livros, pode ser chamada de equação da energia ou, ainda, equação da energia cinética.

A Primeira Lei da Termodinâmica é uma das leis fundamentais para trabalhar com escoamentos de fluidos. Em sua forma operacional, a equação da Primeira Lei é muito prática para realizar balanços de energia, fácil de usar e permite resultados muito satisfatórios nos cálculos, projetos e operações de transporte de fluidos por tubulações, entre outras aplicações.

A Primeira Lei da Termodinâmica pode ser apresentada para **sistemas** na seguinte forma:

$$\Delta E = Q + W$$

Variação da energia total de um sistema	=	Entrada ou saída de calor	+	Entrada ou saída de trabalho

Essa equação $\Delta E = Q + W$ pode ser escrita de maneira mais conveniente para os sistemas de fluidos, em termos de variação com o tempo:

$$\frac{dE}{dt} = \dot{Q} + \dot{W}$$

Taxa de variação no tempo da energia total de um sistema	=	Taxa líquida de transferência de calor para o sistema	+	Potência mecânica transferida ao sistema

Deve-se tomar o **Teorema de Transporte de Reynolds** (TTR) genérico, com **volume de controle** (VC):

$$\left.\frac{dN}{dt}\right)_{sist} = \frac{\partial}{\partial t}\int_{VC} \eta\rho d\forall + \int_{SC} \eta\rho\vec{V}\cdot\vec{n}dS$$

Seja $N = E$, energia total do sistema

$$\eta = \frac{N}{\text{massa}} = \frac{E}{\text{massa}} = e \text{ (chamada energia específica)}$$

em que $E = \int_{m_{sist}} edm = \int_{\forall_{sist}} e\rho d\forall$

Então, o TTR fica:

$$\left.\frac{dE}{dt}\right)_{sist} = \frac{\partial}{\partial t}\int_{\forall C} e\rho d\forall + \int_{SC} e\rho\vec{v}\cdot\vec{n}dS$$

Como não se consegue medir energia específica "e" diretamente, esta forma de apresentação não é útil. Deve-se substituir o termo de energia específica pelas formas disponíveis de energia no sistema, representadas por grandezas mais facilmente calculáveis ou mensuráveis: u (energia interna do sistema), $\frac{v^2}{2}$ (energia cinética) e gz (energia potencial):

$$e = u + \frac{v^2}{2} + gz$$

com:

e = energia específica, por unidade de massa;

u = energia interna, por unidade de massa;

$\frac{v^2}{2}$ = energia cinética, por unidade de massa;

gz = energia potencial, por unidade de massa.

Substituindo então na expressão do TTR o valor de e, resulta:

$$\left.\frac{dE}{dt}\right)_{sist} = \frac{\partial}{\partial t}\int_{\forall C}\left(u + \frac{v^2}{2} + gz\right)\rho d\forall + \int_{SC}\left(u + \frac{v^2}{2} + gz\right)\rho\vec{v}\cdot\vec{n}dS = \dot{Q} + \dot{W}$$

Essa expressão precisa ser modificada para facilitar sua utilização.

O termo de potência $\dot{W}$(potência das forças externas) realizado sobre o sistema (nos dois sentidos: pode ser potência fornecida ao sistema, como no caso da ação de bombas e ventiladores, ou potência retirada, como no caso de turbinas) pode ser descrito como:

$$\dot{W} = \dot{W}_{fluxo} + \dot{W}_{máquina} + \dot{W}_{\tau}$$

em que:

$\dot{W}_{fluxo}$ = potência exercida por fluxo adjacente ou pistão;

$\dot{W}_{máquina}$ = potência transferida por **eixo** de máquina;

$\dot{W}_{\tau}$ = potência consumida pelas forças externas cisalhantes.

Na expressão anterior, foram considerados negligíveis os trabalhos realizados por forças elétricas, magnéticas e de tensão superficial. A seguir, serão obtidas as expressões para cada um desses termos.

Determinação de $\dot{W}_{fluxo}$ ou $\dot{W}_{pressão}$

Trabalho de fluxo é o trabalho realizado por forças de pressão. Para um observador no interior do volume de controle mostrado na Figura 5.7 tudo se passa como se houvesse um pistão empurrando fluido pela superfície de controle de entrada, e outro pistão resistindo à passagem do fluido pela superfície de controle de saída.

Como a variação do trabalho realizado pode ser expressa por $\Delta W = \vec{F}\cdot\Delta\vec{l}$, então $\dot{W} = \vec{F}\cdot\vec{v}$.

Como a força externa aplicada pelos "pistões" é $\vec{F} = \int_S pd\vec{S}$, então:

$$\dot{W}_{fluxo} = -\int_{SC} p\vec{v}\cdot\vec{n}dS$$

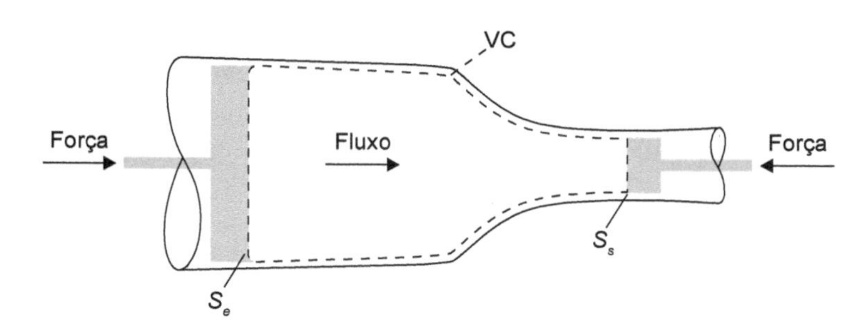

FIGURA 5.7 Para um observador no volume de controle tudo se passa como se um pistão estivesse empurrando fluido para dentro do volume de controle por meio da superfície de controle de entrada e realizando um trabalho. Igualmente, parece haver um pistão na superfície 2, que mostra uma resistência à saída do fluido, sendo empurrado pelo fluido e, dessa maneira, recebendo trabalho do fluido.

A quantidade $\vec{v} \cdot \vec{n}$ é positiva na saída e negativa na entrada. O sinal negativo na expressão anterior garante que o trabalho realizado no sistema pelas forças de pressão é positivo, e quando realizado pelo sistema é negativo, de acordo com a convenção de sinais adotada. O sinal **é negativo por convenção** antiga, do início do uso das máquinas a vapor e do equacionamento termodinâmico: na máquina a vapor se transfere energia para a máquina e tira-se trabalho.

Determinação de $\dot{W}_\tau$

O trabalho das forças externas cisalhantes $\dot{W}_\tau \cong 0$ por dois motivos:

1. Como representado na Figura 5.8, se as linhas de corrente são perpendiculares às seções transversais de entrada e de saída, e como a potência é dada por $\dot{W}_\tau = \vec{F} \cdot \vec{v}$ e a força por $\vec{F} = \tau \cdot A$, resulta que, como a tensão de cisalhamento na seção transversal é perpendicular à velocidade, o produto escalar é zero. Se houver componentes de velocidade não perpendiculares às seções transversais, pode ocorrer pequena perda de potência de forças externas cisalhantes, que são desprezadas. Esse é um dos motivos do alto nível de incerteza nos cálculos de fluidos reais (a incerteza parte de 15 %): não é possível equacionar tudo e os coeficientes e gráficos genéricos utilizados nos cálculos (obtidos com o auxílio de análise dimensional) carregam incertezas.
2. Na parede, a velocidade é zero e, portanto, a potência das forças externas cisalhantes é zero também, como mostra a Figura 5.9.

$$\dot{W} = \vec{F} \cdot \vec{v} \quad \text{e} \quad \vec{F} = \tau \cdot A$$

Daí: $\dot{W}_\tau \cong 0$.

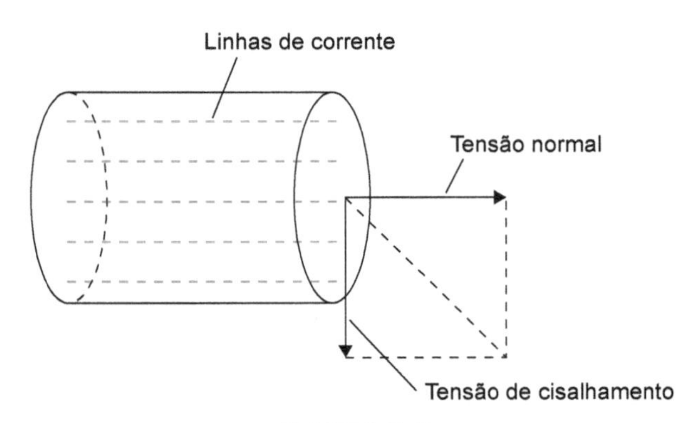

FIGURA 5.8

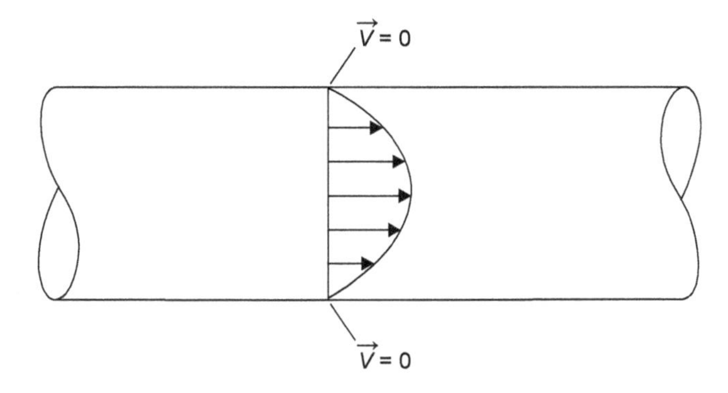

FIGURA 5.9 Velocidade igual a zero na parede, pelo princípio da aderência completa.

Determinação de $\dot{W}_{máquina}$

E, finalmente, o **trabalho de eixo**, $\dot{W}_{máquina}$, pode ser considerado o trabalho de eixo girante, como mostra a Figura 5.10 com um ventilador transferindo energia ao fluido. Observe que o motor do ventilador recebe energia elétrica e a transforma em movimento giratório, e as pás do ventilador transferem essa energia para o fluido.

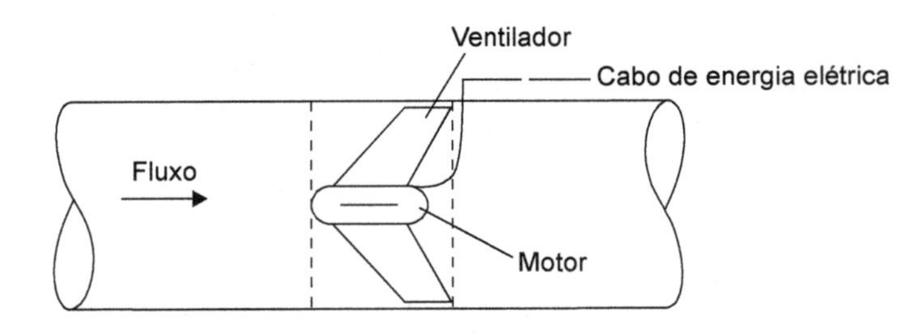

FIGURA 5.10 Exemplo de máquina de fluxo instalada em tubulação.

$$\dot{W}_{máquina} = \omega T = 2\pi n T$$

com:

ω = velocidade angular em $\frac{\text{rad}}{\text{s}}$;

T = torque do eixo;

n = revoluções do eixo por unidade de tempo $\left(\frac{\text{rotações}}{\text{segundo}}\right)$.

Uma **bomba, ventilador** ou **compressor** realizam trabalho no fluido, aumentando, portanto, sua energia. Pela definição adotada na MecFlu, isto é **trabalho positivo**.

Trabalho realizado pelo escoamento em **turbinas** é considerado **trabalho negativo**, pois a turbina retira energia do fluido.

Determinação do termo de calor

A mesma convenção vale para o calor: $\dot{Q}$ é positivo quando transferido para o sistema, e negativo quando transferido para fora do sistema.

Voltando à equação da Primeira Lei, com o termo de potência externa dividido em dois:

$\dot{W}_{fluxo}$ que é igual a $\left(-\int_{SC} p\vec{v}\cdot\vec{n}dS\right)$ e $\dot{W}_{máquina}$, resulta:

$$\dot{W}_{máquina_{sist}} + \dot{Q}_{sist} - \int_{SC} p\vec{v}\cdot\vec{n}dS = \frac{\partial}{\partial t}\int_{\forall C}\left(u + \frac{v^2}{2} + gz\right)\rho d\forall + \int_{SC}\left(u + \frac{v^2}{2} + gz\right)\rho\vec{v}\cdot\vec{n}dS$$

em que $\dot{Q}$ pode assumir a forma de radiação, condução ou convecção (qualquer forma de transferência de calor).

Observe que, **em um instante** t_0, o **sistema** se confunde com o VC e o trabalho de eixo e a troca de calor estão relacionadas com o VC. Da expressão anterior, resulta:

Equação geral da Primeira Lei aplicada a um VC

$$\dot{W}_{máquina} + \dot{Q} = \frac{\partial}{\partial t}\int_{VC}\left(u + \frac{v^2}{2} + gz\right)\rho dV + \int_{SC}\left(u + \frac{v^2}{2} + gz + \frac{p}{\rho}\right)\rho\vec{V}\cdot\vec{n}dS$$

Por vezes, $u + \frac{p}{\rho}$ são combinados na 2ª integral: $h = u + \frac{p}{\rho}$, com h sendo a entalpia específica.

Equação da Primeira Lei aplicada a dutos em regime permanente e fluido incompressível

O escoamento de fluidos em dutos é o caso mais comum de aplicação da Primeira Lei da Termodinâmica, e é muito útil estabelecer um modo de aplicação que seja fácil de usar.

Será tomado um duto com um VC com uma entrada e uma saída, em regime permanente e com fluido incompressível.

Como o escoamento está em regime permanente, na equação da Primeira Lei é eliminado o termo que está derivado com relação ao tempo e, então:

$$\dot{W}_m + \dot{Q} = \int_{SC}\left(u + \frac{v^2}{2} + gz + \frac{p}{\rho}\right)\rho\vec{V}\cdot\vec{n}dS$$

Essa expressão pode ser desenvolvida para um volume de controle em duto, com uma seção de controle de entrada SC_e e outra de saída SC_s:

$$\dot{W}_m + \dot{Q} = -\int_{SC_e}\left(u_e + \frac{v_e^2}{2} + gz_e + \frac{p_e}{\rho}\right)\rho v_e dA_e + \int_{SC_s}\left(u_s + \frac{v_s^2}{2} + gz_s + \frac{p_s}{\rho}\right)\rho v_s dA_s$$

Para realizar a integração, é necessário conhecer o perfil de velocidades v_e e v_s. As outras grandezas (u, z, g, ρ) podem ser consideradas uniformes (e, portanto, constantes) nas seções transversais de entrada e saída.

Como os perfis de velocidade nunca são uniformes, deve-se introduzir o **coeficiente de energia cinética**, $\boldsymbol{\alpha}$, que tem a função de tentar corrigir os perfis reais de velocidade. Observe que v é a velocidade em cada ponto da seção transversal S e V é a velocidade média, como se fosse um perfil uniforme. Define-se α como:

$$\alpha = \frac{\int_s \rho\left(\frac{v^2}{2}\right)v dS}{\int_s \left(\frac{V^2}{2}\right)V dS} = \frac{\int_s \rho\left(\frac{v^3}{2}\right)dS}{\int_s \rho\left(\frac{V^3}{2}\right)dS} = \frac{\int_s \rho v^3 dS}{\rho V^3 S} = \frac{\text{perfil real}}{\text{perfil médio}}$$

Para escoamentos turbulentos plenamente desenvolvidos, normalmente se admite que $\boldsymbol{\alpha} = 1$, e para escoamentos laminares pode-se demonstrar analiticamente que $\boldsymbol{\alpha} = 2$. Na transição entre laminar e turbulento, $1 \leq \boldsymbol{\alpha} \leq 2$.

Voltando à **equação da Primeira Lei** aplicada a dutos, e utilizando o valor de $\boldsymbol{\alpha}$, podem-se abrir as integrais e resulta:

$$\dot{W}_m + \dot{Q} = -\left(u + \alpha\frac{V^2}{2} + gz + \frac{p}{\rho}\right)_e \rho Q_e + \left(u + \alpha\frac{V^2}{2} + gz + \frac{p}{\rho}\right)_s \rho Q_s$$

Lembrando que $Q_s = Q_e = Q$ (vazão) e que $\dot{Q}$ é energia, podem-se rearranjar os termos, e dividir por ρQ, resultando em uma expressão de energia por unidade de massa:

$$\underbrace{\left(\frac{\alpha_e V_e^2}{2} + gz_e + \frac{p_e}{\rho}\right)}_{\substack{\textit{energia mecânica por}\\ \textit{unidade de massa}\\ \textit{na entrada}}} - \underbrace{\left(\frac{\alpha_s V_s^2}{2} + gz_s + \frac{p_s}{\rho}\right)}_{\substack{\textit{energia mecânica por}\\ \textit{unidade de massa}\\ \textit{na saída}}} = \underbrace{\left\{u_s - u_e - \frac{\dot{Q}}{\rho Q}\right\}}_{\substack{\textit{termos térmicos}\\ \textit{perda de energia}\\ \textit{por dissipação}\\ \textit{viscosa incluída}}} - \underbrace{\frac{\dot{W}_m}{\rho Q}}_{\substack{\textit{potência por}\\ \textit{unidade de}\\ \textit{massa devida ao}\\ \textit{trabalho de eixo}}}$$

Dividindo essa expressão por g, resulta em **energia por unidade de força**:

$$\underbrace{\left(\frac{\alpha_e V_e^2}{2g}+\frac{p_e}{\gamma}+z_e\right)}_{\substack{H_e \,=\, \text{carga total}\\ \text{na seção de}\\ \text{entrada}}}-\underbrace{\left(\frac{\alpha_s V_s^2}{2g}+\frac{p_s}{\gamma}+z_s\right)}_{\substack{H_s \,=\, \text{carga total}\\ \text{na seção de}\\ \text{saída}}}=\underbrace{\left\{u_s-u_e-\frac{\dot{Q}}{\rho Q}\right\}\frac{1}{g}}_{\substack{\frac{\dot{W}_a}{\gamma Q} \,=\, \text{perda de}\\ \text{carga no trecho}}}-\frac{\dot{W}_m}{\underbrace{\gamma Q}_{\substack{\text{carga retirada}\\ \text{ou fornecida}\\ \text{por máquina}}}}$$

Observe que $\frac{\dot{W}_a}{\gamma Q}$ representa a perda de carga (perda de energia) no trecho entre a entrada e a saída. Nesse caso, ainda considera a diferença de energia interna entre a entrada e a saída.

Na forma comum, operacional, da Primeira Lei da Termodinâmica aplicada a dutos:

Primeira Lei da Termodinâmica aplicada a dutos em regime permanente

$$\left(\frac{\alpha_e V_e^2}{2g}+\frac{P_e}{\gamma}+Z_e\right)-\left(\frac{\alpha_s V_s^2}{2g}+\frac{P_s}{\gamma}+Z_s\right)=\frac{\dot{W}_a}{\gamma Q}-\frac{\dot{W}_m}{\gamma Q}$$

$$H_e-H_s=\frac{\dot{W}_a}{\gamma Q}-\frac{\dot{W}_m}{\gamma Q}$$

Observe que essa expressão representa energia por unidade de força, e cada parcela é expressa em mca (metros de coluna de água), ou metros de coluna do fluido em transporte

se $\dot{W}_m > 0 \rightarrow$ bomba e se $\dot{W}_m < 0 \rightarrow$ turbina

Lembre-se de que qualquer que seja a forma da equação da Primeira Lei da Termodinâmica, ela sempre será usada em conjunto com a equação da continuidade:

$$\frac{\partial}{\partial t}\int_{VC}\rho d\forall+\int_{SC}\rho\vec{V}\cdot\vec{n}dS=0$$

EXERCÍCIO 5.4

Está sendo projetado um sistema de combate a incêndio com um reservatório pressurizado com altura estática positiva, como mostrado na Figura 5.11. Para atingir as condições de rapidez de operação exigidas no local, o reservatório é pressurizado com ar à pressão efetiva de 65 kPa, utilizando-se uma bomba para manter o fluxo necessário durante o tempo de operação mínimo previsto. É indicada na figura a altura mínima a ser atingida. A perda total por atrito

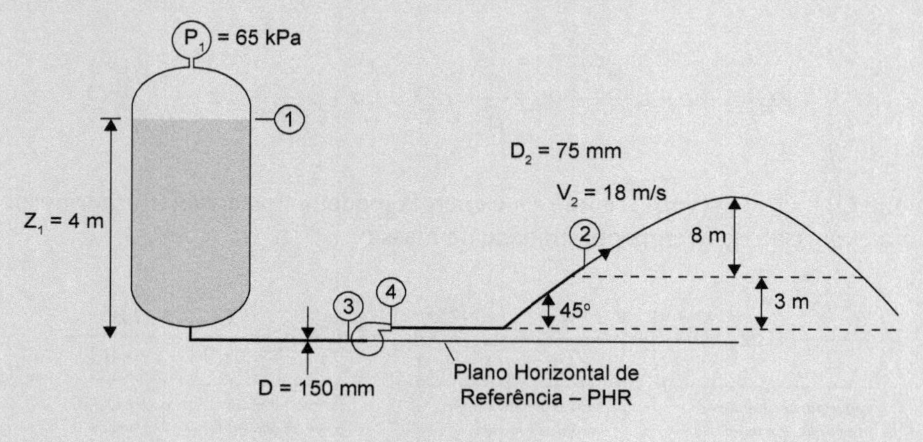

FIGURA 5.11

viscoso foi estimada em 7,35 kW e, na condição de operação, a bomba tem eficiência de 65 %. Estime a potência elétrica a ser fornecida à bomba. A velocidade média na tubulação é de 18 m/s, no período de operação. Despreze a influência da resistência do ar no projeto.

Em problemas com reservatórios e jatos, geralmente é bastante vantajoso iniciar pela aplicação da Primeira Lei da Termodinâmica entre dois pontos onde se podem eliminar algumas variáveis da equação: o nível do reservatório e o jato aberto para a atmosfera.

$$\left(\frac{\alpha_1 V_1^2}{2g}+\frac{P_1}{\gamma}+z_1\right)-\left(\frac{\alpha_2 V_2^2}{2g}+\frac{P_2}{\gamma}+z_2\right)=\frac{\dot{w}_a}{\gamma Q}-\frac{\dot{w}_m}{\gamma Q}$$

Nesta equação, pode-se calcular o valor da carga em (1) com facilidade:

$$H_1=\frac{\alpha_1 V_1^2}{2g}+\frac{P_1}{\gamma}+z_1$$

V_1 = 0, pois se considera que o reservatório possui dimensões grandes e que o nível não é afetado inicialmente.

$$P_1 = 65 \text{ kPa}$$

$$\gamma = 9800 \frac{\text{N}}{\text{m}^2}$$

$$z_1 = 4 \text{ m}$$

Substituindo, resulta H_1 = 10,6 mca, em que mca significa metros de coluna d'água, uma denominação tradicional.

Para calcular o valor da carga em (2):

$$H_2=\frac{\alpha_2 V_2^2}{2g}+\frac{P_2}{\gamma}+z_2$$

com P_2 = 0, pois o jato está aberto para a atmosfera, e se trabalha com pressão efetiva apenas. A cota z_2 está 3 m acima do Plano Horizontal de Referência (PHR). Como se presume que o escoamento é turbulento na saída, α_2 = 1.

Substituindo os valores na equação anterior, resulta H_2 = 19,5 mca.

A partir de V_2 pode-se calcular a vazão Q na tubulação:

$$Q = V_2 \cdot A_2 = 18\frac{\pi(0{,}075)^2}{4} = 0{,}0795 \ \frac{\text{m}^3}{\text{s}}$$

Substituindo na equação da Primeira Lei, resulta:

$$10{,}6 - 19{,}5 = \frac{\dot{w}_a}{\gamma Q} - \frac{\dot{w}_m}{\gamma Q}$$

E, substituindo o valor de $\dot{w}_a$ = 7350 watts, tem-se:

$$\frac{\dot{w}_m}{\gamma Q} = \frac{7350}{9800 \times 0{,}0795} + 8{,}9 = 18{,}3 \text{ mca}$$

Disso, resulta que $\dot{w}_m = 14{,}3$ kW. Observe que esse valor representa a potência que a bomba consegue entregar ao fluido. Como a eficiência da bomba é de 65 %, a bomba deve receber em seu eixo:

$$\dot{w}_{eixo} = \frac{\dot{w}_m}{0{,}65} = 22{,}0 \text{ kW}$$

EXERCÍCIO 5.5

Calcule a vazão mássica $\dot{m}$ no instante em que se abre a válvula que une um reservatório de ar de grandes dimensões a um cilindro de ar. São fornecidas pressões e temperaturas iniciais. É dado que $\frac{\partial T}{\partial t} = 0{,}1 \frac{°C}{s}$ no instante t_0. Outros dados:

$$T_1 = 20\ °C$$

$$P_1 = 2{,}2 \text{ MPa (absoluta)}$$

$$T_2 = 20\ °C$$

$$P_1 = 100{,}1 \text{ kPa efetiva}$$

Faça um croqui para visualizar o problema, com volume de controle adequado.

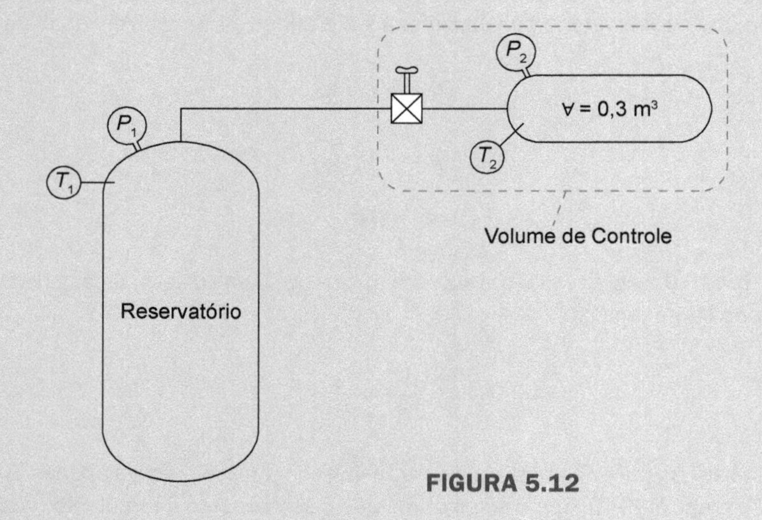

FIGURA 5.12

Hipóteses

Será necessário utilizar a forma mais básica da Primeira Lei da Termodinâmica:

$$\dot{W}_{máquina} + \dot{Q} = \frac{\partial}{\partial t}\int_{VC}\left(u + \frac{v^2}{2} + gz\right)\rho dV + \int_{SC}\left(u + \frac{v^2}{2} + gz + \frac{p}{\rho}\right)\rho\vec{V}\cdot\vec{n}dS$$

O escoamento pode ser considerado adiabático, sem trocas de calor, em uma primeira aproximação (apesar de existir $\frac{\partial T}{\partial t} = 0{,}1 \frac{°C}{s}$, isso é muito pequeno), ou seja, $\dot{Q} = 0$.

Como não há máquinas envolvidas (a força motriz é fornecida pela grande pressão do reservatório), $\dot{W}_{máquina} = 0$.

Será assumido, inicialmente, que a velocidade média do ar na linha é muito pequena, o que implica que a energia cinética $\frac{v^2}{2} \approx 0$. Isso terá que ser verificado ao final.

Não há variação de energia potencial a ser considerada.

O perfil de velocidades é considerado uniforme.

As propriedades no reservatório e no tanque cilíndrico são consideradas uniformes.

Assume-se, ainda, que o ar tem comportamento de gás ideal, com $P = \rho RT$ e $du = c_v dT$, em que c_v é o calor específico a volume constante.

Equacionamento

Com essas hipóteses, a equação da Primeira Lei pode ser simplificada para:

$$0=\frac{\partial}{\partial t}\int_{VC} u_{tanque}\rho dV+\int_{SC}\left(u+\frac{p}{\rho}\right)\rho\vec{V}\cdot\vec{n}dS$$

Na entrada do volume de controle, $\vec{V}\cdot\vec{n}$ é negativa, e o VC só tem uma entrada. Pelas hipóteses, $\left(u+\frac{p}{\rho}\right)$ é uniforme, e pode-se escrever então:

$$0=\frac{\partial}{\partial t}\int_{VC} u_{tanque}\rho d\forall-\left(u+\frac{p}{\rho}\right)\rho VA \qquad \text{(I)}$$

Na integral, como as propriedades são uniformes, tem-se que $\frac{\partial}{\partial t}=\frac{d}{dt}$ e:

$$0=\frac{d}{dt}\left(u_{tanque}\cdot M\right)-\left(u+\frac{p}{\rho}\right)\rho VA$$

com M = massa.

O termo $\frac{dM}{dt}$ deve ser avaliado com o auxílio da equação da continuidade:

$$\frac{\partial}{\partial t}\int_{VC}\rho d\forall+\int_{SC}\rho\vec{V}\cdot\vec{n}dS=0$$

que, integrada, fornece:

$$\frac{dM}{dt}-\rho VA=0 \quad \rightarrow \frac{dM}{dt}=\rho VA=\dot{m}$$

Disso resulta, para a equação (I),

$$0=u_{tanque}\cdot\dot{m}+M\frac{du_{tanque}}{dt}-u_{tanque}\dot{m}-\frac{P}{\rho}\dot{m}$$

Como se admite que o escoamento é de gás perfeito, pode-se usar $du = c_v dT$, e substituindo:

$$Mc_v\frac{dT}{dt}-\frac{P}{\rho}\dot{m}=0, \text{ e}$$

$$\dot{m}=Mc_v\frac{\frac{dT}{dt}}{\frac{P}{\rho}}=\frac{\rho\cdot VC\cdot c_v\cdot\left(\frac{dT}{dt}\right)}{RT} \qquad \text{(II)}$$

Como em t = 0, P_{tanque} = 100,1 kPa, e

$$\rho=\rho_{tanque}=\frac{P_{tanque}}{RT}=\frac{(100.100+101.325)}{287\times 293}=2{,}39\frac{kg}{m^3}$$

Substituindo em (II), resulta:

$$\dot{m} = \frac{2,39 \times 0,3 \times 717 \times 0,05}{287 \times 293} = 0,000375 \text{ kg/s}$$

ou seja, 0,375 g/s.

Resta verificar a hipótese de que o escoamento se dá em baixa velocidade.

Como

$$\rho = 2,39 \quad \text{e} \quad \dot{m} = \frac{0,000375 \text{ kg}}{\text{s}} \quad \text{e como } \dot{m} = \rho VS$$

e assumido o diâmetro da área de passagem da válvula como 10 mm, teria-se:

$$V = \frac{0,000375}{2,39 \cdot \pi \left(0,01^2\right)/4} = 2,0 \text{ m/s}$$

A velocidade não é tão baixa quanto se supunha, mas a contribuição da energia cinética no balanço de massa é pequena, pois a massa específica do ar é de apenas 2,39 kg/m³.

EXERCÍCIO 5.6[1]

Em um reservatório de dimensões que podem ser consideradas infinitas para os propósitos deste problema (ou seja, o nível de água permanece constante), foi acoplada uma turbina para transformar a energia potencial em energia elétrica durante a operação de transferência de fluido para outro reservatório. A tubulação tem diâmetro de 250 mm e, na saída, possui um bocal com 100 mm de diâmetro para direcionar o jato de água. A velocidade de saída da água é de 12 m/s. Considere, em um cálculo inicial, que as perdas por atrito são desprezíveis e calcule a potência absorvida pela turbina.

Parte-se da equação da Primeira Lei da Termodinâmica para dutos em regime permanente:

$$\left(\frac{\alpha_1 V_1^2}{2g} + \frac{P_1}{\gamma} + z_1\right) - \left(\frac{\alpha_2 V_2^2}{2g} + \frac{P_2}{\gamma} + z_2\right) = \frac{\dot{W}_a}{\gamma Q} - \frac{\dot{W}_m}{\gamma Q}$$

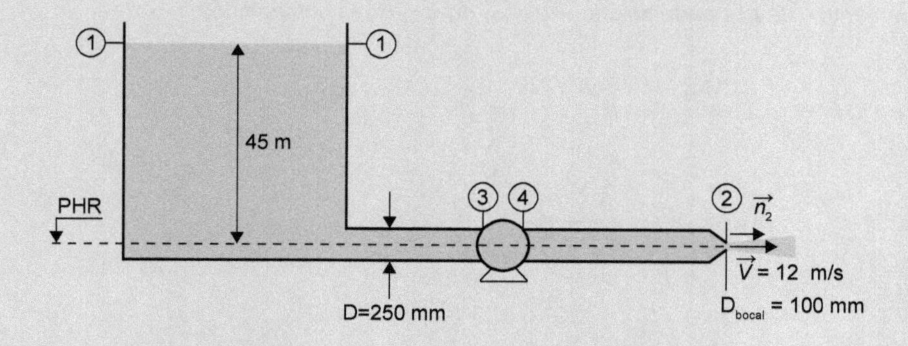

FIGURA 5.13 Circuito hidráulico do problema.

[1] Exercício adaptado de Nelson M. Nabhan, Prof. assistente. Apostila 5 – Cinemática e Dinâmica dos Sistemas Fluidos. Equação da energia (1ª Lei da termodinâmica). Integrante da coletânea de exercícios resolvidos do curso de Mecânica dos Fluidos, da Escola Politécnica da Universidade de São Paulo, 1996, reedição 2021.

O primeiro VC que se deve tomar em situações como esta é o que elimina a maior parte das variáveis. Entre as seções transversais 1 (nível do reservatório) e 2 (saída do bocal), teríamos:

$V_1 = 0$; $P_1 = 0$ (aberto para a atmosfera e se trabalha com pressões efetivas no equacionamento); $Z_1 = 45$ m; $\propto_2 = 1$, porque o escoamento é certamente turbulento; $P_2 = 0$; $Z_2 = 0$; $\frac{\dot{W}_a}{\gamma Q} = 0$, por hipótese. Substituindo esses valores na equação da Primeira Lei:

$$45 - \frac{V_2^2}{2g} = -\frac{\dot{W}_m}{\gamma Q}$$

O valor da vazão Q pode ser calculado por

$$Q = V \cdot A = 12\frac{\pi D_{bocal}^2}{4} = 0{,}0942\frac{\text{m}^3}{\text{s}}.$$

Substituindo esses valores, resulta em:

$$\dot{W}_m = -\left(45 - \frac{12^2}{2 \times 9{,}8}\right) 9{,}8 \times 1000 \times 0{,}0942 = -34.760 \text{ watts}$$

Sinal negativo pela convenção adotada, com retirada de potência do volume de controle pela turbina. Isso significa que a turbina retira da água aproximadamente 34,8 kW.

Pode-se supor que, em casos como esse, a turbina possui eficiência de conversão de energia hidráulica para potência do eixo ao redor de 60 %, ou seja, ela consegue transferir ao eixo 34,8 kW*0,60 = 20,9 kW.

Se tiver um gerador elétrico acoplado a seu eixo, gerador este com uma eficiência de 80 %, significa que pode gerar 20,9 kW*0,80 = 16,7 kW. Observe que a turbina retirou 34,8 kW da água, e conseguiu gerar 16,7 kW de energia elétrica.

5.6 EQUAÇÃO DA QUANTIDADE DE MOVIMENTO NA FORMA INTEGRAL

Essa equação permite determinar as **forças** envolvidas nas movimentações de fluidos sobre estruturas, equipamentos, tubulações, edifícios, aviões, trens etc., e é desenvolvida a partir da Segunda Lei de Newton aplicada a sistemas:

$$\sum \vec{F}_{ext}\Big|_{sist} = m\vec{a}\,|_{sist} = m\frac{d\vec{v}}{dt}\,|_{sist} = \frac{dm\vec{v}}{dt}\,|_{sist} \text{ e se } m\vec{v} = \vec{\chi}\,(\text{letra grega chi})$$

$$\sum \vec{F}_{ext}\Big|_{sist} = \frac{d\vec{\chi}}{dt}\Big|_{sist}$$

Segunda Lei de Newton	Soma das forças externas que atuam sobre o sistema	=	Taxa de variação temporal da quantidade de movimento no sistema

Como $m\vec{v} = \vec{\chi}$, têm-se como grandezas extensiva N e intensiva η:

$$N = \vec{\chi} = m\vec{v} \text{ e } \eta = \frac{N}{m} = \frac{\vec{\chi}}{m} = \vec{v}$$

Aplicando-se esses termos ao Teorema de Transporte de Reynolds, resulta na **equação integral da quantidade de movimento**:

$$\left.\frac{dm\vec{v}}{dt}\right|_{sist} = \frac{\partial}{\partial t}\int_{VC} \vec{v}\rho dV + \int_{SC} \vec{v}\rho\vec{v}\cdot\vec{n}dS$$

Para usar o TTR, o volume de controle deve ser coincidente com o sistema em um dado instante e, então, as forças que atuam no sistema e as forças que atuam no volume de controle são iguais, nesse instante:

$$\vec{F}_{ext}\,|_{sist} = \vec{F}_{ext}\,|_{VC}$$

As forças externas podem ser de dois tipos: **forças externas a distância** (gravidade, magnética, elétrica) e **forças externas de contato** (pressão e atrito).

Com isso, pode-se definir a **equação geral da quantidade de movimento**, restrita a um volume de controle inercial, quando o VC coincide com o sistema.

$$\underbrace{\sum\vec{F}_{ext}}_{\text{sistema}} = \underbrace{\sum\vec{F}_d + \sum\vec{F}_c}_{\substack{\Sigma \text{ das forças externas} \\ \text{a distância } (g,\ \beta,\ E) \text{ e de} \\ \text{contato (pressão e atrito)} \\ \text{atuando sobre o VC}}} = \underbrace{\frac{\partial}{\partial t}\int_{VC}\rho\vec{v}dV}_{\substack{\text{taxa de} \\ \text{variação da} \\ \text{QDM no VC}}} + \underbrace{\int_{VC}\vec{v}\rho\vec{v}\cdot\vec{n}dS}_{\substack{\text{fluxo da QDM} \\ \text{através da SC}}}$$

Observações importantes

1. A velocidade $\vec{v}$ é referida a um sistema inercial de coordenadas.
2. O fluxo da QDM através de elemento de área ds é um vetor $(\vec{v}\rho\vec{v}\cdot\vec{n}ds)$, em que: $\rho\vec{v}\cdot\vec{n}ds$ tem o sinal de $\vec{v}\cdot\vec{n}$:

   > 0 nas saídas

   < 0 nas entradas

   $\equiv 0$, quando $\vec{v} = 0$ ou $\vec{v} \perp \vec{n}$

$\vec{v}$ só depende do sistema de coordenadas escolhido e compõe com o resultado de $\vec{v}\cdot\vec{n}$ para fornecer a direção e o sentido de aplicação da força. Esta força é a força externa **exercida sobre** o fluido.

3. Deve-se escolher com cuidado o termo de fluxo $\int_{SC}\vec{v}\rho\vec{v}\cdot\vec{n}dS$, pois podem ser obtidas forças bem diferentes para uma mesma situação. Na Figura 5.14, observe que a **QDM é completamente diferente** nos volumes de controle VC_1 e VC_2, em razão da grande diferença dos perfis de velocidade. **Use o VC para obter as forças de interesse.**

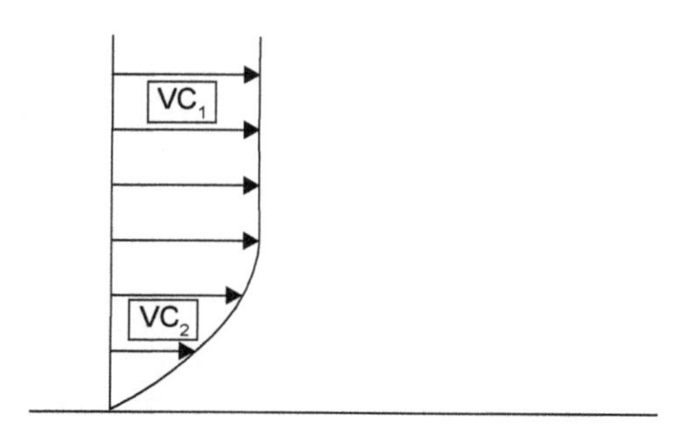

FIGURA 5.14 Volumes de controle com resultados distintos para a quantidade de movimento.

4. A QDM é vetorial, mas pode ser escrita na forma de equações escalares das componentes x, y e z:

$$\Sigma F_{ext_x} = \Sigma F_{d_x} + \Sigma F_{c_x} = \frac{\partial}{\partial t}\int_{VC} v_x \rho dV + \int_{SC} v_x \rho \vec{v} \cdot \vec{n} dS$$

$$\Sigma F_{ext_y} = \Sigma F_{d_y} + \Sigma F_{c_y} = \frac{\partial}{\partial t}\int_{VC} v_y \rho dV + \int_{SC} v_y \rho \vec{v} \cdot \vec{n} dS$$

$$\Sigma F_{ext_z} = \Sigma F_{d_z} + \Sigma F_{c_z} = \frac{\partial}{\partial t}\int_{VC} v_z \rho dV + \int_{SC} v_z \rho \vec{v} \cdot \vec{n} dS$$

Casos particulares

Caso 1 – Forças de campo a distância, $\vec{F}_d$, se restringem à força peso, e as **forças de contato**, $\vec{F}_c$, são as viscosas e as de pressão:

$$\Sigma \vec{F}_d = \vec{G} = \int_m \vec{g} dm = \int_V \vec{g} \rho dV \tag{1}$$

$$\Sigma \vec{F}_c = \int_{SC} \vec{\tau} dS - \int_S p\vec{n} dS \tag{2}$$

O sinal negativo aparece por causa da convenção de $\vec{n}$ apontar sempre para fora da SC.

Dentro da hipótese de considerar essas forças de campo e de contato, e lembrando que:

$$SC = \Sigma S_e + \Sigma S_s + \Sigma$$

em que Σ é a soma das superfícies laterais do corpo, pode-se reescrever a equação geral da QDM:

$$\Sigma \vec{F}_{ext} = \underbrace{\int_{\Sigma S_e} -p_e \vec{n} dS_e + \int_{\Sigma S_s} -p_s \vec{n} dS_s + \int_{\Sigma S_e + \Sigma S_s} \vec{\tau} dS}_{\substack{\textit{forças atuando em } \Sigma S_e \textit{ e } \Sigma S_s \\ \textit{(entradas e saídas de fluidos)}}} + \underbrace{\int_{\Sigma} -p_\Sigma \vec{n} dS_\Sigma + \int_{\Sigma} \vec{\tau}_\Sigma dS_\Sigma}_{\substack{\textit{atuando em } \Sigma \\ \textit{(paredes)}}}$$

Pode-se definir ainda:

$$\vec{R} = \int_{\Sigma} -p_\Sigma \vec{n} dS_\Sigma + \int_{\Sigma} \vec{\tau}_\Sigma dS_\Sigma \tag{3}$$

com $\vec{R}$ sendo a resultante das **forças do duto sobre o fluido**. Observe que o projetista está interessado em descobrir o valor da força do **fluido sobre o duto**, ou seja, em $-\vec{R}$.

Caso 2 – Trajetórias retilíneas e paralelas em todas S_e e S_s

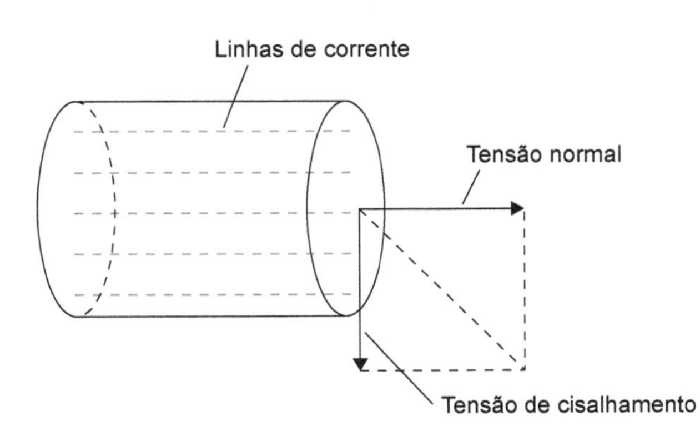

FIGURA 5.15 Tensões em trajetórias paralelas.

Quando se têm trajetórias retilíneas e paralelas nas entradas e saídas, as tensões nas superfícies S_e e S_s se reduzem apenas às tensões normais devidas às forças de pressão. Isso ocorre quando se considera a distribuição de velocidades uniforme, o que acontece apenas **aproximadamente** nos escoamentos turbulentos:

$$\frac{\partial v_x}{\partial y} \cong 0 \rightarrow \int_{\Sigma S_e} \tau dS = \int_{\Sigma S_s} \tau dS = 0 \tag{4}$$

Lembre-se de que, na média, as velocidades, seja nos escoamentos laminares ou turbulentos, são consideradas simplificadamente paralelas e apresentam os efeitos da camada-limite próximos às paredes. A forma do perfil de velocidades no escoamento laminar é uma parábola, enquanto no escoamento turbulento pode ser uma lei de potência, com escoamento mais "plano" na região central.

Quando se consideram as trajetórias retilíneas e paralelas, podem-se escrever os termos da equação geral da QDM em matéria de valores médios [equações (5)].

$$\left.\begin{aligned}
&\int_{\Sigma S_e} -p_e \vec{n} dS_e = \Sigma - p_e \vec{n}_e S_e \\
&\int_{\Sigma S_s} -p_s \vec{n} dS_s = \Sigma - p_s \vec{n}_s S_s \\
&\int_{\Sigma S_e} \vec{v} \rho \vec{v} \cdot \vec{n} dS = \Sigma \beta_e \vec{v}_e \dot{m}_e \vec{n}_e \\
&\int_{\Sigma S_s} \vec{v} \rho \vec{v} \cdot \vec{n} dS = \Sigma \beta_s \vec{v}_s \dot{m}_s \vec{n}_s \\
&\int_{\Sigma} \vec{v} \rho \vec{v} \cdot \vec{n} dS = 0 \qquad (\vec{v} = 0 \text{ ou } \vec{v} \perp \vec{n}) \\
&\beta = \frac{1}{S} \int_{S} \left(\frac{v}{V}\right)^2 dS
\end{aligned}\right\} \tag{5}$$

β é o coeficiente da quantidade de movimento, definido e calculado de maneira análoga ao coeficiente $\propto$ na equação da Primeira Lei da Termodinâmica, e representa uma correção para o valor da QDM quando o perfil de velocidades não é uniforme na seção. Quando o escoamento for laminar $\beta = \frac{4}{3}$, e quando o escoamento for turbulento $\beta = 1$.

Substituindo as equações (1) a (5) na equação geral da QDM, resulta uma **forma operacional** da equação da quantidade de movimento:

Equação da quantidade de movimento

$$\vec{G} + \vec{R} = \Sigma(p_e S_e + \beta_e V_e \dot{m}_e)\vec{n}_e + \Sigma(p_s S_s + \beta_s V_s \dot{m}_s)\vec{n}_s + \frac{\partial}{\partial t} \int_{VC} \rho \vec{v} dV$$

Alguns autores definem ainda a função impulso: $\varphi = ps + \beta V\dot{m}$, com dimensão de força, o que torna a equação anterior mais compacta na apresentação.

As turbinas Pelton são comuns no aproveitamento da energia de jatos d'água, como representado na Figura 5.16. Consistem em uma roda com diversas pás que, ao receberem um jato, transmitem essa força e momento para a roda e acionam um gerador de energia elétrica acoplado ao seu eixo, ou movem outro tipo de dispositivo. O eixo pode ser vertical ou horizontal, podendo haver mais de um jato atingindo as pás.

A modelagem para a obtenção da potência extraída do fluido torna-se fácil quando se usa a lei de conservação da quantidade de movimento na forma integral aplicada a uma das pás da turbina.

Aqui, serão consideradas duas situações: a da partida da turbina, quando a roda está parada, e a situação em regime permanente, quando a pá está animada de uma velocidade tangencial V_0 no raio externo.

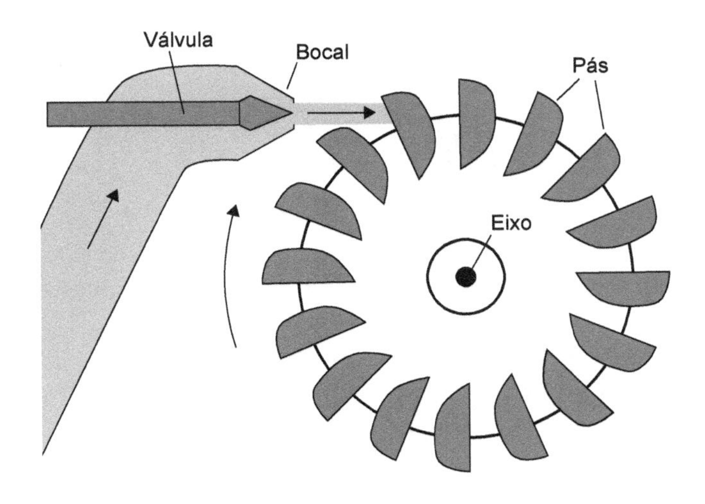

FIGURA 5.16

EXERCÍCIO 5.7

1º caso – Roda da turbina parada

A equação da quantidade de movimento será aplicada sobre a pá inicialmente parada, como representado na Figura 5.17. O objetivo é determinar a força resultante que o jato d'água exerce sobre a pá. São dados a vazão, Q, a seção transversal, S_j, do jato, o ângulo, θ, da pá e a massa específica, ρ.

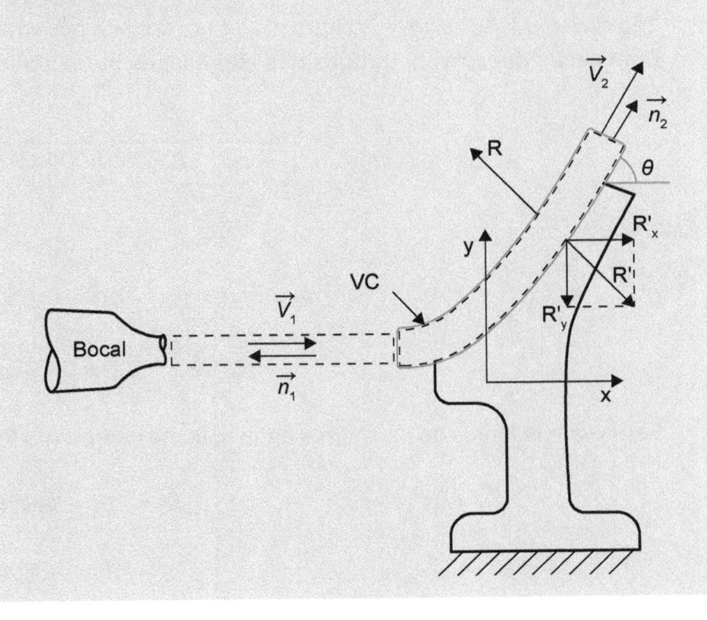

FIGURA 5.17 Observe o volume de controle escolhido, linha tracejada, que compreende apenas o jato d'água sobre a pá.

Hipóteses

- O escoamento é de fluido incompressível e em regime permanente.
- O jato não se dispersa e as áreas de entrada e saída na pá são iguais.
- As propriedades têm distribuição uniforme em todo o escoamento, inclusive as velocidades.

Em situações desse tipo, normalmente se pode elaborar a hipótese de que a perda de carga no desviador pode ser desprezada, ou seja, **considera-se que o fluido desliza sem arrasto viscoso sobre a pá**. Assim, se pode mostrar facilmente que as velocidades de entrada e saída são iguais em módulo, com a aplicação da equação da continuidade ou mesmo com a aplicação da Primeira Lei da Termodinâmica.

Aplicação da equação da quantidade de movimento

Observe que foi marcada no volume de controle a força *R*, que representa a força resultante da pá sobre o líquido. Mas se está interessado em *R'*, que é a força do jato sobre a pá.

$$\vec{G} + \vec{R} = \Sigma(p_e S_e + \beta_e V_e \dot{m}_e)\vec{n}_e + \Sigma(p_s S_s + \beta_s V_s \dot{m}_s)\vec{n}_s + \frac{\partial}{\partial t}\int_{VC} \rho \vec{v} dV$$

Com a hipótese de regime permanente, pode ser eliminado o último termo do lado direito da equação, que é a derivada com relação ao tempo. A força peso também pode ser eliminada, pois a massa de água no volume de controle é muito pequena.

O escoamento é aberto para a atmosfera e, portanto, $p_e S_e = p_s S_s = 0$.

Os β são iguais a 1 na entrada e na saída, pois o escoamento é turbulento. As direções dos versores $\vec{n}$ determinam os sinais na equação.

E como $\dot{m}_e = \dot{m}_s = \rho Q V_j$, em que V_j é a velocidade do jato, pode-se escrever a componente da equação na direção do eixo *x*:

$$R_x = -\dot{m}_1 V_1 + \dot{m}_2 V_2 \cos\theta = \rho Q V_j (\cos\theta - 1)$$

Observe que R_x é a componente da força resultante da pá sobre o volume de controle que representa o fluido. Observe que aponta no sentido negativo de *x*.

Na direção de *y*:

$$R_y = \dot{m}_2 V_2 \operatorname{sen}\theta = \rho Q V_j \operatorname{sen}\theta$$

São dados $\theta = 45°$ e $\dot{m}$ = 20 kg/s e o jato é formado por uma fenda, com $S_1 = S_2$ = 4 mm × 50 mm.

Com esses dados substituídos nas expressões literais das forças, e lembrando que

$$V_1 = \frac{\dot{m}}{\rho S} = \frac{20}{1000 \times 0{,}004 \times 0{,}05} = 100 \text{ m/s},$$

obtêm-se:

$$\therefore R_x = -20 \times 100 + 20 \times 100 \times 0{,}707 = -586 \text{ N}$$

$$R_y = 20 \times 100 \times 0{,}707 = 1414 \text{ N}$$

Essas são as forças da pá sobre a água e, como interessa a força da água sobre a pá:

$$R'_x = -R_x = 586 \text{ N e}$$

$$R'_y = -R_y = -1414 \text{ N}$$

EXERCÍCIO 5.8[2]

2º caso – Roda da turbina movendo-se para a direita com velocidade $V_0 = 20$ m/s

Um novo desenho é necessário para ilustrar a situação (Fig. 5.18).

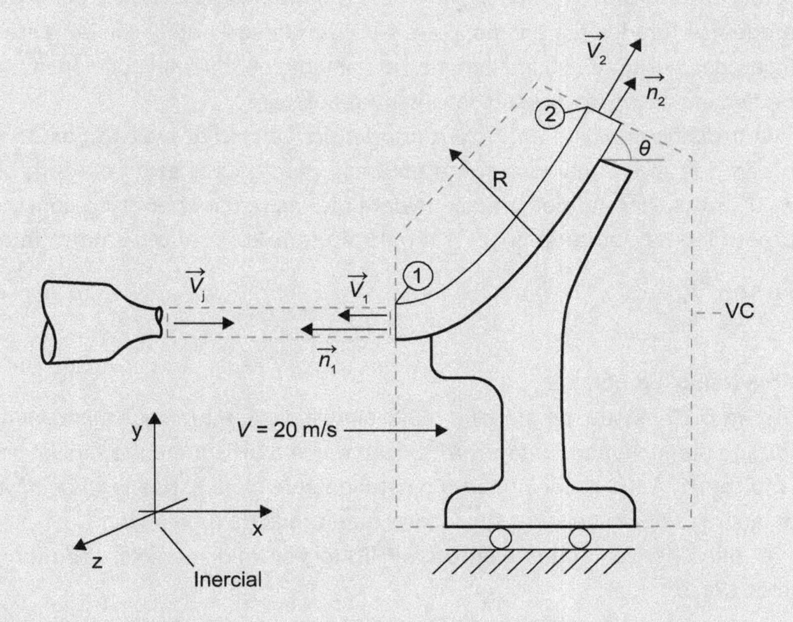

FIGURA 5.18 Desviador movendo-se para a direita.

Parte-se da mesma equação da quantidade de movimento:

$$\vec{G}+\vec{R}=\Sigma(p_eS_e+\beta_eV_e\dot{m}_e)\vec{n}_e+\Sigma(p_sS_s+\beta_sV_s\dot{m}_s)\vec{n}_s+\frac{\partial}{\partial t}\int_{VC}\rho\vec{v}dV$$

que fornece para a componente na direção x:

$$R_x=-\dot{m}_1V_1+\dot{m}_2V_2\cos\theta$$

A diferença agora é que a velocidade que atinge o volume de controle não é mais a velocidade do jato, V_j. Como a pá se move para a direita, com $V_0 = 20$ m/s, a velocidade que atinge o volume de controle é $V_1 = V_j - V_0$. A velocidade de saída também é similar.

$$R_x=-\dot{m}_1\left(V_j-V_0\right)+\dot{m}_2\left(V_j-V_0\right)\cos\theta$$

$$\therefore R_x = -20 \times 80 + 20 \times 80 \times 0{,}707 = -469 \text{ N}$$

$$R_y = 20 \times 80 \times 0{,}707 = 1131 \text{ N}$$

Portanto, a força da água sobre a pá é dada pelas duas componentes:

$$R'_x = 469 \text{ N e}$$

$$R'_y = -1131 \text{ N}$$

A potência gerada na palheta, na direção do movimento, é dada pela força na palheta na direção do movimento multiplicada pela velocidade da palheta nessa direção:

$$\text{Potência } W = F \times V = 469 \times 20 = 9380 \text{ watts}$$

---

[2] Exercício adaptado de: Oswaldo Fernandes. Prof. Assistente de Mecânica dos Fluidos. Apostila 6 – Equação da Quantidade de Movimento, integrante da coletânea de exercícios resolvidos do curso de Mecânica dos Fluidos, da Escola Politécnica da Universidade de São Paulo, 1996, revisão 2019.

EXERCÍCIO 5.9[3]

Um poço de petróleo com 300 m de profundidade jorra o combustível fóssil a uma altura de 12 m acima do nível do solo. Como acontece com certa frequência, o petróleo é impulsionado por forças decorrentes do bolsão de gás pressurizado formado acima do petróleo disponível. No processo de perfuração, para impedir o desmoronamento das paredes perfuradas por brocas, pode ser inserida uma tubulação de metal, que, por sua vez, tem de ser ancorada às paredes perfuradas por algum tipo de cimento ou material polimérico, de modo a impedir que forças viscosas do petróleo em ascensão possam levantar a tubulação.

O trabalho consiste em fazer um primeiro cálculo dessas **forças de contato** cisalhantes do petróleo com a parede do tubo. Considere que a potência perdida por atrito em toda a extensão da tubulação é dada e vale 6×10^5 watts. Normalmente se considera que as perdas por atrito com o ar equivalem a cerca de 20 % da carga do petróleo na saída do poço. A tubulação tem 20 cm de diâmetro interno e a massa específica do petróleo,

$$\rho = 800\frac{\text{kg}}{\text{m}^3}.$$

Entendendo o problema

A Figura 5.19 mostra, de maneira muito simplificada, a tubulação instalada até o campo de petróleo, com gás pressurizado preenchendo a "caverna". Observe que a divisória entre o nível do petróleo e o início do gás é identificado como cota 1. A tubulação que leva o petróleo para cima está abaixo do nível do óleo, mas se opta, nesse momento, por ignorar a perda de carga que ocorre na entrada da tubulação.

O Plano Horizontal de Referência (PHR) foi escolhido no solo, onde termina a tubulação e começa o jato para a atmosfera.

A equação da Primeira Lei da Termodinâmica terá de ser utilizada diversas vezes entre os níveis indicados, pois são fornecidas as estimativas das perdas por atrito em dois locais.

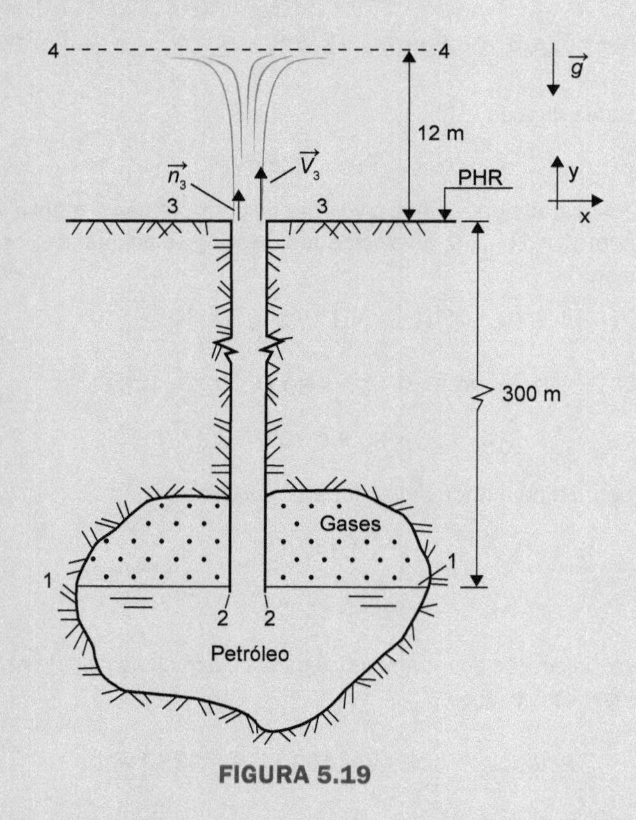

FIGURA 5.19

[3] Exercício adaptado de: Oswaldo Fernandes. Prof. Assistente de Mecânica dos Fluidos. Apostila 6 – Equação da Quantidade de Movimento, integrante da coletânea de exercícios resolvidos do curso de Mecânica dos Fluidos, da Escola Politécnica da Universidade de São Paulo, 1996, revisão 2019.

Para a determinação da velocidade V_3, pode-se aplicar a Primeira Lei da Termodinâmica entre 3 e 4, pois, entre esses pontos, a pressão efetiva é zero, têm-se as cotas da energia potencial e sabe-se que $V_4 = 0$.

$$\left(\alpha_3 \frac{V_3^2}{2g} + \frac{P_3}{\gamma} + z_3\right) - \left(\alpha_4 \frac{V_4^2}{2g} + \frac{P_4}{\gamma} + z_4\right) = \frac{\dot{W}_a}{\gamma Q} - \frac{\dot{W}_m}{\gamma Q}$$

$$P_3 = P_4 = 0 \quad \text{e} \quad \alpha_3 = \alpha_4 = 1$$

$$z_3 = 0 \ \text{e} \ z_4 = 12 \text{ m}$$

Como não há máquinas, $\dot{W}_{m=0}$, e é dado que as perdas por atrito com o ar equivalem a 20 % de H_3, a carga em 3 é $\frac{V_3^2}{2g}$. A expressão da Primeira Lei se simplifica para:

$$\frac{V_3^2}{2g} - 12 = 0{,}2\frac{V_3^2}{2g}$$

Desta expressão, tira-se que $V_3 = 17{,}2$ m/s

$$Q = V_3 \times S = 17{,}2\frac{\pi D^2}{4} = 0{,}540\frac{\text{m}^3}{\text{s}}$$

Deve-se determinar a pressão que os gases exercem sobre o nível do petróleo, tomando-se a Primeira Lei no volume de controle entre 1 e 3. A velocidade de descida do nível do petróleo deve ser considerada negligível, pois o campo é muito grande.

$$\left(\alpha_1 \frac{V_1^2}{2g} + \frac{P_1}{\gamma} + z_1\right) - \left(\alpha_3 \frac{V_3^2}{2g} + \frac{P_3}{\gamma} + z_3\right) = \frac{\dot{W}_a}{\gamma Q} - \frac{\dot{W}_m}{\gamma Q}$$

$z_1 = -300$ m, $z_3 = 0$, $P_3 = 0$ e $\dot{W}_m = 0$. Assim:

$$\frac{P_1}{\gamma} - 300 - \frac{V_3^2}{2g} = \frac{6 \times 10^5}{800 \times 9{,}8 \times 0{,}540}$$

$$\frac{P_1}{9{,}8 \times 800} - 300 - \frac{17{,}2^2}{19{,}6} = \frac{6 \times 10^5}{800 \times 9{,}8 \times 0{,}540}$$

$$P_1 = 3{,}66 \times 10^6 \text{ Pa.}$$

O mesmo procedimento deve ser feito para determinar a pressão em P_2, no interior da tubulação, usando a Primeira Lei entre os pontos 1 e 2.

$$\left(\alpha_1 \frac{V_1^2}{2g} + \frac{P_1}{\gamma} + z_1\right) - \left(\alpha_3 \frac{V_2^2}{2g} + \frac{P_2}{\gamma} + z_2\right) = \frac{\dot{W}_a}{\gamma Q} + \frac{\dot{W}_m}{\gamma Q}$$

$$z_1 = -300 \text{ m} \approx z_2$$

$V_1 = 0$ e, como se admite que não há perda de energia na entrada da tubulação nem há máquinas:

$$\frac{P_1}{\gamma} - 300 = \frac{V_2^2}{2g} + \frac{P_2}{\gamma} + z_2$$

$$\frac{3{,}66\times10^6}{9{,}8\times10.800}-300=\frac{17{,}2^2}{2\times9{,}8}+\frac{P_2}{9{,}8\times10.800}-300$$

$$P_2 = 3{,}51 \times 10^6 \text{ Pa}.$$

Como se vê, a pressão é ligeiramente menor dentro da tubulação, porque há agora uma parcela de energia cinética a ser considerada como parte da carga no ponto 2, no interior da tubulação.

Para determinar a força de arrasto do petróleo sobre a tubulação, deve ser utilizada a equação da quantidade de movimento.

$$\vec{G}+\vec{R}=\Sigma(p_eS_e+\beta_eV_e\dot{m}_e)\vec{n}_e+\Sigma(p_sS_s+\beta_sV_s\dot{m}_s)\vec{n}_s+\frac{\partial}{\partial t}\int_{VC}\rho\vec{v}dV$$

O regime é permanente, e o termo da derivada do volume de controle é zero. Como a direção de interesse é a direção *y*, pode-se escrever para o volume de controle delimitado pelos planos 2 e 3:

$$R_y-G=-\left(p_2S_2+\beta_2V_2\dot{m}_2\right)+\left(p_3S_3+\beta_3V_3\dot{m}_3\right)$$

Têm-se que $\beta_2V_2\dot{m}_2=\beta_3V_3\dot{m}_3$ e $P_3 = 0$

$$R_y = G - P_2S_2$$

G abrange o peso do petróleo residente na tubulação:

$$G=\rho g_{volume}=800\times9{,}8\times300\times\frac{\pi0{,}2^2}{4}=73{,}888 \text{ kN}$$

$$R_y=73{,}888-3{,}51\times10^6\frac{\pi0{,}2^2}{4}=-36{,}33 \text{ kN}$$

Esse valor representa a reação da tubulação sobre o fluido, mas o que interessa é a força R'_y que o escoamento exerce sobre a tubulação:

$$R'_y = -R_y = 36{,}33 \text{ kN}$$

EXERCÍCIO 5.10[4]

Ventiladores seguem as mesmas leis de similitude que as bombas. Veja o exemplo de um ventilador axial de grande vazão, semelhante aos que são utilizados para mover o ar em túneis rodoviários. O objetivo é o cálculo do esforço horizontal sobre o suporte.

São dados:

$V_2 = 70$ m/s (uniforme);

$D_1 = 0{,}90$ m;

$D_2 = 0{,}45$ m;

$\gamma_{ar}=12{,}2\frac{\text{N}}{\text{m}^3}$.

[4] Exercício adaptado de: Oswaldo Fernandes. Prof. Assistente de Mecânica dos Fluidos. Apostila 6 – Equação da Quantidade de Movimento, integrante da coletânea de exercícios resolvidos do curso de Mecânica dos Fluidos, da Escola Politécnica da Universidade de São Paulo, 1996, revisão 2019.

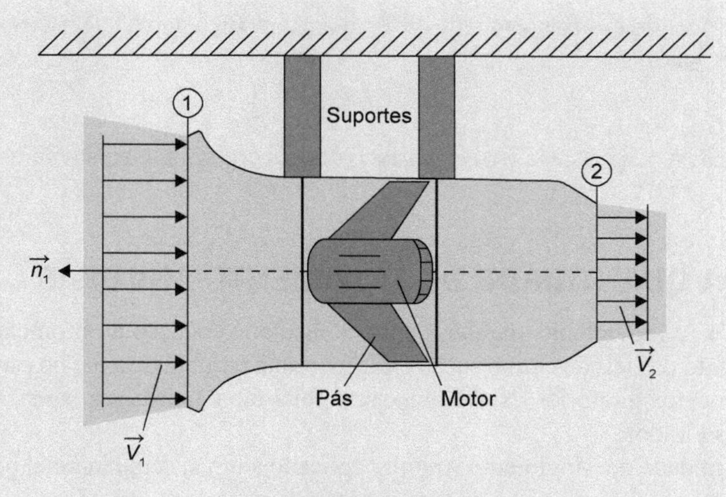

FIGURA 5.20

Como a velocidade é assumida tendo um perfil uniforme na saída, pois após uma contração o escoamento tende a se "arrumar", pode-se considerar $\beta_2 = 1$.

Na entrada, porém, o perfil de velocidades não é totalmente uniforme em face dos efeitos do bocal de entrada. Nesse caso, pode-se considerar $\beta_1 = 1{,}2$.

Será utilizada a equação da quantidade de movimento:

$$\vec{G} + \vec{R} = \Sigma(p_1 S_1 + \beta_1 V_1 \dot{m}_1)\vec{n}_1 + \Sigma(p_2 S_2 + \beta_2 V_2 \dot{m}_2)\vec{n}_2 + \frac{\partial}{\partial t}\int_{VC} \rho \vec{v} dV$$

Sabe-se que $p_1 = p_2 = 0$ (trabalhando com pressões efetivas apenas) e que $\frac{\partial}{\partial t}\int_{VC} \rho \vec{v} dV = 0$, pois o regime é permanente. Pode-se desprezar G.

Pela equação da continuidade, tem-se que:

$$\rho_1 V_1 S_1 = \rho_2 V_2 S_2$$

Como o escoamento é incompressível (pois Mach < 0,3),

$$\rho_1 = \rho_2 = \frac{12{,}2}{9{,}8} = 1{,}24 \frac{\text{kg}}{\text{m}^3}.$$

Então:

$$V_1 \times \frac{\pi 0{,}9^2}{4} = 70 \times \frac{\pi 0{,}45^2}{4} \rightarrow V_1 = 17{,}5 \text{ m/s}$$

A vazão mássica

$$\dot{m} = \rho_1 V_1 S_1 = 1{,}24 \times 17{,}5 \times \frac{\pi 0{,}9^2}{4} = 13{,}8 \text{ kg/s}$$

Substituindo essas informações na equação da quantidade de movimento na direção x, tem-se:

$$R_x = \beta_2 V_2 \dot{m}_2 - \beta_1 V_1 \dot{m}_1$$

$$R_x = 1 \times 70 \times 13{,}8 - 1{,}2 \times 17{,}5 \times 13{,}8 = 676 \text{ N}$$

Esta é a força que o suporte exerce sobre o fluido. Para achar a força que o fluido exerce sobre o suporte:

$$R'_x = -R_x = -676 \text{ N}$$

O sinal negativo significa que o ventilador, se libertado dos suportes, irá imediatamente para a esquerda.

5.7 EQUAÇÃO DA QUANTIDADE DE MOVIMENTO ANGULAR

A equação da quantidade de movimento angular, também chamada equação do momento da quantidade de movimento, completa o conjunto das leis de conservação e é importante particularmente no estudo das máquinas de fluxo e de fluidos com movimentos giratórios. Neste livro, será feita uma abordagem apenas suficiente para os cursos básicos de Mecânica dos Fluidos.

O Princípio da Quantidade de Movimento Angular aplicado a um sistema inercial pode ser expresso por:

$$\left.\Sigma \vec{M}_{ext}\right|_{sistema} = \left.\frac{d\vec{H}}{dt}\right|_{sistema}$$

Somatória dos momentos externos (ou torques), aplicados ao sistema = Taxa de variação da quantidade de movimento angular do sistema

em que:

$$\vec{H}_{sistema} = \int_{m_{sistema}} \left(\vec{r} \Lambda \vec{V}\right) dm = \int_{\forall_{sistema}} \left(\vec{r} \Lambda \vec{V}\right) \rho dV_{ol}$$

O vetor posição $\vec{r}$ localiza cada elemento de massa ou de volume do sistema com relação ao sistema de coordenadas, obtendo-se o momento das forças externas ou torque aplicado ao sistema. Acoplando-se a equação acima ao Teorema de Transporte de Reynolds, obtém-se a equação integral da quantidade de movimento angular ou do momento da quantidade de movimento:

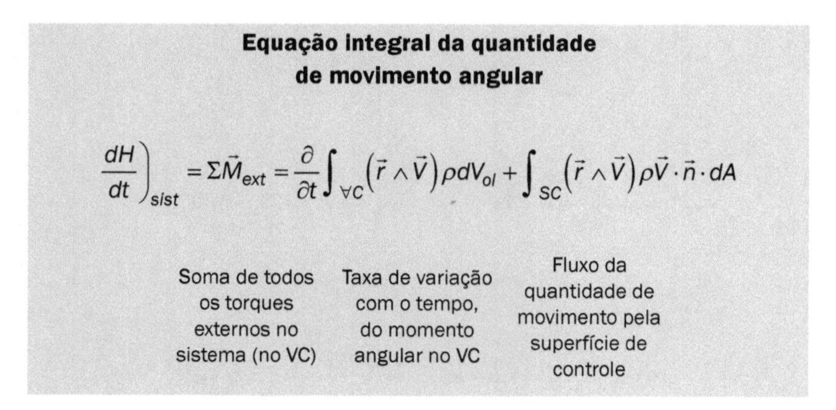
Equação integral da quantidade de movimento angular

$$\left.\frac{dH}{dt}\right)_{sist} = \Sigma \vec{M}_{ext} = \frac{\partial}{\partial t}\int_{\forall C} \left(\vec{r} \wedge \vec{V}\right) \rho dV_{ol} + \int_{SC} \left(\vec{r} \wedge \vec{V}\right) \rho \vec{V} \cdot \vec{n} \cdot dA$$

Todos os torques no sentido horário são negativos e todos os torques no sentido anti-horário são positivos.

EXERCÍCIO 5.11[5]

Água é transferida por meio de bombeamento, de um reservatório subterrâneo para um reservatório de superfície por meio de uma tubulação com 200 mm de diâmetro e 3 m de altura, conduzida em seu trecho final por uma tubulação com 1,5 m de comprimento, como representa a Figura 5.21. A velocidade média na tubulação é de 3,5 m/s. O trecho em balanço, quando preenchido por água, tem massa de 18 kg/m. Determine o momento na tubulação, no ponto de ancoragem da tubulação com o concreto no solo.

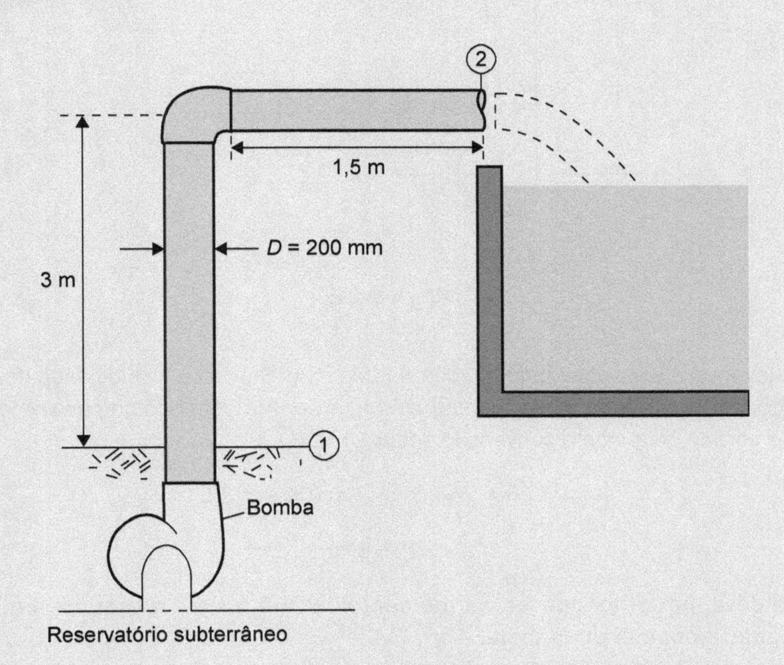

FIGURA 5.21

Considerando o escoamento em regime permanente, aplica-se a equação da continuidade entre os pontos 1 e 2 para a determinação da vazão mássica:

$$\dot{m} = \rho VS = 1000 \times 3{,}5 \times \frac{\pi 0{,}2^2}{4} = 109{,}9 \text{ kg/s}$$

O peso do braço de duto em balanço é calculado por:

$$P_{em\,balanço} = \text{massa} \cdot g = 18 \times 1{,}5 \times 9{,}8 = 264{,}6 \text{ N}$$

Para determinar o conjugado (torque) na seção 1, deve ser aplicada a equação do momento da quantidade de movimento, com todas as forças alinhadas no mesmo plano.

$$\Sigma \vec{M}_{ext} = \frac{\partial}{\partial t}\int_{\forall C}\left(\vec{r} \wedge \vec{V}\right)\rho dV_{ol} + \int_{SC}\left(\vec{r} \wedge \vec{V}\right)\rho \vec{V} \cdot \vec{n} \cdot dA$$

Como o regime é permanente, o primeiro termo do lado direito, que trata da variação do momento angular com o tempo, é nulo.

O diagrama de corpo livre resulta na Figura 5.22.

E a equação torna-se:

$$\sum M = \sum r\dot{m}V_{saída} - \sum r\dot{m}V_{entrada}$$

[5] Exercício adaptado da questão 6.8 de Çengel e Cimbala (2014, p. 222).

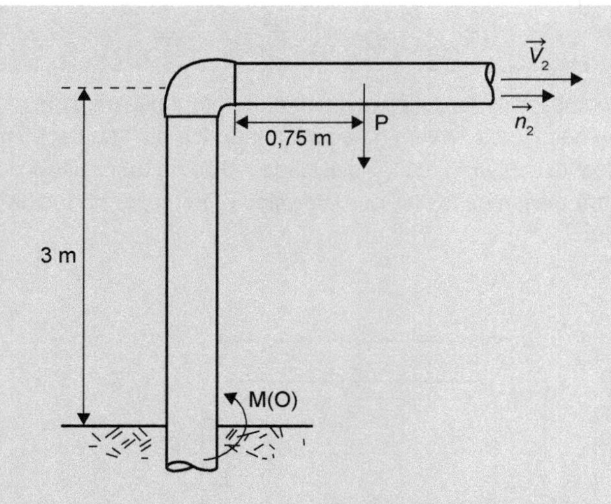

FIGURA 5.22

em que r é o braço de alavanca e V, a velocidade média na tubulação. Somente a velocidade de saída produz torque em razão do escoamento, e é positivo por ser no sentido anti-horário. Também a força peso produz um torque, negativo por estar no sentido horário, segundo a convenção seguida.

$$M_{(o)} - 0{,}75 \times 264{,}6 = -3 \times 109{,}9 \times 3{,}5$$

$$M_{(o)} = -955{,}5 \text{ Nm}$$

A base de concreto deve, portanto, aplicar um momento de 955,5 Nm no sentido horário para suportar o momento introduzido pelo escoamento da água.

O livro de Çengel e Cimbala (2014), em exercício similar, chama a atenção para um fato interessante: como o momento a que o concreto deve resistir se dá no sentido anti-horário, se for aumentado o comprimento da tubulação em balanço, pode-se anular esse momento. Volta-se à equação anterior:

$$M_{(o)} = 0 = \frac{L}{2} \times P - r_2 \dot{m} V_2$$

em que $P = L \times 18 \times 9{,}8$

E assim:

$$\frac{L}{2} \times 9{,}8 \times 18L - r_2 \dot{m} V_2 = 0$$

$$L = \sqrt{\frac{2 r_2 \dot{m} V_2}{18 \times 9{,}8}} = \sqrt{\frac{2 \times 3 \times 109{,}9 \times 3{,}5}{18 \times 9{,}8}} = 3{,}62 \text{ m}$$

Com um comprimento de 3,62 m no braço de tubo após o cotovelo, se consegue anular o momento na base, à custa de uma maior força peso.

CONSIDERAÇÕES FINAIS

Este é um capítulo muito importante: mostrou como se deve fazer o equacionamento para resolver os problemas e projetos que são enfrentados corriqueiramente pelos engenheiros, que utilizam os mesmos conceitos e equações básicas. Foram apresentadas formas operacionais das equações da Conservação da Massa, da Primeira Lei da Termodinâmica e da Quantidade de Movimento linear e angular. Do ponto de vista teórico, é o que se necessita saber.

Mas não é possível resolver os projetos apenas com estas informações: no mundo real, devem ser utilizadas informações que a base experimental da Mecânica dos Fluidos acumulou ao longo do tempo.

Assim, os próximos capítulos apresentarão as aplicações mais comuns da Mecânica dos Fluidos: cálculo de condutos, bombeamentos e escoamentos externos a corpos, todas carregadas de informações empíricas na forma de tabelas, gráficos e números especiais. Como dito anteriormente, os fenômenos são tão complexos e intratáveis que os engenheiros lançam mão dessas informações experimentais para poderem realizar boa parte de seu trabalho.

ANEXO 1

Considere na Figura A.1 uma **propriedade extensiva** N qualquer (massa, energia, quantidade de movimento) exposta a um meio fluido em movimento em dois instantes, t_0 e $t_{0+\Delta t}$.

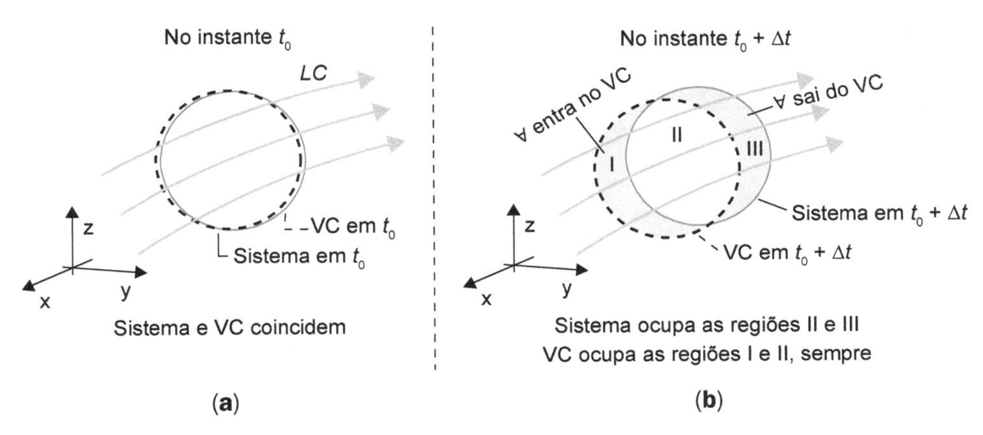

FIGURA A.1 (**a**) No instante t_0 foi escolhido um sistema composto pelas partículas contidas no cilindro representado com linha cheia, com a dimensão de altura do cilindro saindo do papel. Coincidente com esse cilindro foi escolhido um volume de controle (VC) em linha tracejada. Observe que as linhas de corrente (LC) representadas indicam que há vetores velocidade tangenciais às LC, que mostram que as partículas de fluido são arrastadas para fora do VC. (**b**) No instante $t_{0+\Delta t}$, o volume de controle permanece no mesmo local com relação ao sistema de coordenadas inercial *xyz*, mas as partículas do sistema se movem ocupando apenas os volumes II e III. Massa nova entra no VC, representada pelo volume I em $t_{0+\Delta t}$ e massa antiga deixa o VC, volume III, em $t_{0+\Delta t}$.

Nesse ponto, deve-se equacionar esse movimento das partículas a partir das definições de propriedade extensiva e volume de controle.

Parte-se da variação da propriedade extensiva ao longo do tempo, que pode ser representada pelo limite do cálculo diferencial:

$$\left.\frac{dN}{dt}\right)_{sist} \equiv \lim_{\Delta t \to 0} \frac{N_{sist})_{t_0+\Delta t} - N_{sist})_{t_0}}{\Delta t} \qquad (1)$$

Na Figura A.1(b), no instante $t_0+\Delta t$, o sistema coincide com volume II + volume III e, portanto:

$$N_{sist})_{t_0+\Delta t} = \left(N_{II} + N_{III}\right)_{t_0+\Delta t} = \left(N_{VC} - N_I + N_{III}\right)_{t_0+\Delta t}$$

Como definido, $N_{sist} = \int_{\forall_{sist}} \eta\rho d\forall$. Para facilitar, pense em N como a massa, e a equação anterior pode ser escrita:

$$N_{sist})_{t_0+\Delta t} = \left[\int_{VC} \eta\rho d\forall\right]_{t_0+\Delta t} - \left[\int_{V_I} \eta\rho d\forall\right]_{t_0+\Delta t} + \left[\int_{V_{III}} \eta\rho d\forall\right]_{t_0+\Delta t}$$

Na Figura A.1(a), no instante t_0,

$$\therefore N_{sist})_{t_0} = N_{VC})_{t_0} = \left[\int_{VC} \eta\rho d\forall\right]_{t_0}$$

e, substituindo na equação (1), resulta:

$$\left.\frac{dN}{dt}\right)_{sist} \equiv \lim_{\Delta t \to 0} \frac{\left[\int_{VC} \eta\rho d\forall\right]_{t_0+\Delta t} - \left[\int_{V_I} \eta\rho d\forall\right]_{t_0+\Delta t} + \left[\int_{V_{III}} \eta\rho d\forall\right]_{t_0+\Delta t} - \left[\int_{VC} \eta\rho d\forall\right]_{t_0}}{\Delta t}$$

Estamos saindo de uma formulação para o sistema introduzindo integrais referentes ao VC. Como o **limite da soma é a soma dos limites**, a expressão anterior pode ser escrita:

$$\left.\frac{dN}{dt}\right)_{sist} \equiv \underbrace{\lim_{\Delta t \to 0} \frac{\left[\int_{VC} \eta\rho d\forall\right]_{t_0+\Delta t} - \left[\int_{VC} \eta\rho d\forall\right]_{t_0}}{\Delta t}}_{\text{Termo A}} + \underbrace{\lim_{\Delta t \to 0} \frac{\left[\int_{V_{III}} \eta\rho d\forall\right]_{t_0+\Delta t}}{\Delta t}}_{\text{Termo B}} - \underbrace{\lim_{\Delta t \to 0} \frac{-\left[\int_{V_I} \eta\rho d\forall\right]_{t_0+\Delta t}}{\Delta t}}_{\text{Termo C}}$$

Vamos calcular separadamente cada um dos termos dessa expressão.

- **Termo A**
  Representa a taxa de variação com o tempo da propriedade N dentro do VC:

$$\lim_{\Delta t \to 0} \frac{N_{VC})_{t_0+\Delta t} - N_{VC})_{t_0}}{\Delta t} = \frac{\partial N_{VC}}{\partial t} = \frac{\partial}{\partial t} \int_{VC} \eta\rho d\forall$$

- **Termo B** $= \lim_{\Delta t \to 0} \frac{N_{III}]_{t_0+\Delta t}}{\Delta t}$

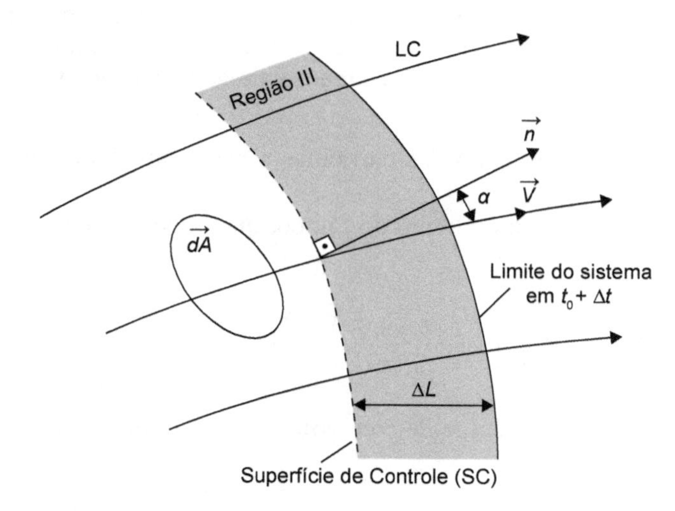

FIGURA A.2

$\vec{n}$ = normal para fora com relação ao VC.

Observe que $d\vec{A}$ deve ser um vetor para podermos calcular um volume e uma massa. Como *dm* flui para fora do VC, então $\alpha < \pi/2$ sobre todo o volume III:

$d\forall = dA \cdot \Delta L \cdot \cos\alpha$

$$d\,N_{III}\big]_{t_0+\Delta t} = \eta\rho d\forall)_{t_0+\Delta t} = \eta\rho\; dA \cdot d\mathrm{L} \cdot \cos\alpha)_{t_0+\Delta t}$$

$$N_{III}\big]_{t_0+\Delta t} = \left[\int_{SC_{III}} \eta\rho \cdot \Delta \mathrm{L} \cdot \cos\alpha \cdot dA\right]_{t_0+\Delta t}$$

SC_{III}= superfície de controle comum à região III e ao VC;
ΔL = distância percorrida por uma partícula na superfície do sistema, durante Δt ao longo de uma linha de corrente que existia em t_0.

$\therefore$ Termo B =

$$= \lim_{\Delta t \to 0} \frac{(N_{III})_{t_0+\Delta t}}{\Delta t} = \lim_{\Delta t \to 0} \frac{\int_{SC_{III}} \eta\rho \cdot \Delta \mathrm{L} \cdot \cos\alpha \cdot dA}{\Delta t} = \lim_{\Delta t \to 0} \int_{SC_{III}} \eta\rho \cdot \frac{\Delta \mathrm{L}}{\Delta t} \cdot \cos\alpha \cdot dA = \int_{SC_{III}} \eta\rho \cdot \left|\vec{V}\right| \cdot \cos\alpha \cdot dA$$

pois $= \lim_{\Delta t \to 0} \dfrac{\Delta \mathrm{L}}{\Delta t} = \left|\vec{V}\right|$.

- **Termo C**

O Termo C será resolvido de maneira análoga ao Termo B:

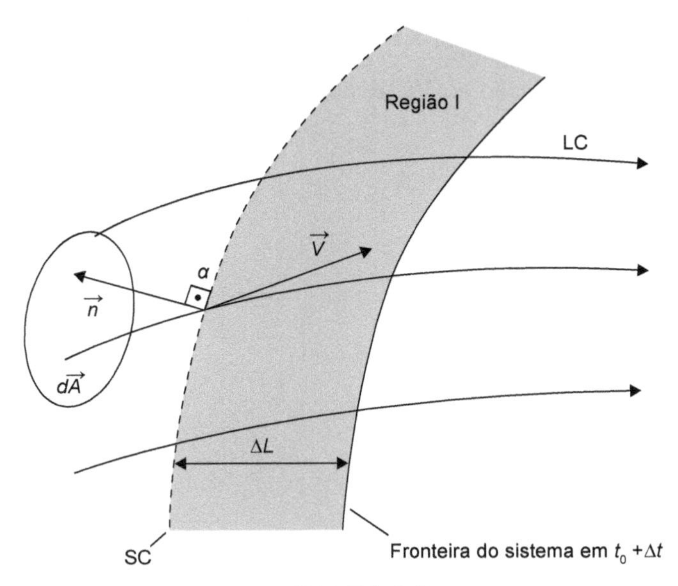

FIGURA A.3

$$N_I\big]_{t_0+\Delta t} = \left[\int_{SC_I} -\eta\rho \cdot \Delta \mathrm{L} \cdot \cos\alpha \cdot dA\right]_{t_0+\Delta t}$$

com:

SC_I = superfície comum à região I e ao VC;

ΔL = distância percorrida por uma partícula na superfície do sistema durante Δt, ao longo de uma linha de corrente que existia em t_0.

$$\therefore \text{Termo C} = -\lim_{\Delta t \to 0} \frac{\left[\int_{V_I} \eta \rho d\forall\right]}{\Delta t} = -\lim_{\Delta t \to 0} \frac{N_I)_{t_0+\Delta t}}{\Delta t} = \lim_{\Delta t \to 0} \frac{\int_{SC_I} -\eta \rho \cdot \Delta L \cdot \cos\alpha \cdot dA}{\Delta t} = \int_{SC_I} \eta \rho \cdot \left|\vec{V}\right| \cdot \cos\alpha \cdot dA$$

Substituindo as expressões dos termos A, B e C em (1):

$$\left.\frac{dN}{dt}\right)_{sist} = \frac{\partial}{\partial t}\int_{VC} \eta \rho d\forall + \int_{SC_{III}} \eta \rho \cdot \left|\vec{V}\right| \cdot \cos\alpha \cdot dA + \int_{SC_I} \eta \rho \cdot \left|\vec{V}\right| \cdot \cos\alpha \cdot dA$$

Deve ser observado que $SC \equiv SC_I + SC_{III} + SC_{Lateral}$, em que $SC_{Lateral}$ é caracterizada por $\alpha = \pi/2$ ou $\vec{V} = 0$, isto é, ausência de fluxo. Então, a expressão anterior pode ser simplificada:

$$\left.\frac{dN}{dt}\right)_{sist} = \frac{\partial}{\partial t}\int_{VC} \eta \rho d\forall + \int_{SC} \eta \rho \cdot \left|\vec{V}\right| \cdot \cos\alpha \cdot dA$$

e, como se sabe que $\left|\vec{V}\right| \cdot \cos\alpha \cdot dA = \vec{V} \cdot \vec{n}\, dA \quad \therefore$

$$\left.\frac{dN}{dt}\right)_{sist} = \frac{\partial}{\partial t}\int_{VC} \eta \rho d\forall + \int_{SC} \eta \rho \vec{V} \cdot \vec{n}\, dA$$

Obs.: $\vec{V}$ na equação é medida com relação ao VC e, portanto, a taxa de variação de N deve ser avaliada por um observador fixo no VC.

CAPÍTULO 6

CÁLCULO DE ESCOAMENTO EM CONDUTOS

A área de atuação da Mecânica dos Fluidos mais presente nas atividades humanas.

Água tratada chega às casas por meio de uma complexa rede de tubulações: só na região metropolitana de São Paulo são mais de 50 mil km de dutos; esgoto é recolhido por extensas redes de tubulações; galerias de águas pluviais tentam canalizar águas para os rios; a energia elétrica é gerada por hidrelétricas com várias tubulações associadas ou por centrais térmicas com uma complexa rede de dutos; todas as indústrias, instituições comerciais, prédios e casas possuem redes internas de dutos; petróleo e seus derivados e gás natural são transportados por longas tubulações cruzando fronteiras; transporte de minérios, sucos, gases industriais etc. Dutos são usados também para ventilação, refrigeração, ar-condicionado. Parte da riqueza do mundo é transportada por tubulações.

Grande número de processos e equipamentos utilizados na indústria faz uso de circuitos de tubulações, assim como equipamentos móveis, como carros, caminhões, navios e aviões.

Para a humanidade, os problemas ambientais estão entre as questões mais importantes a serem tratadas, e a influência da ação humana no aquecimento global precisa ser diminuída. Essas questões dependem de ações de Engenharia na execução das soluções, compreendendo novos equipamentos e processos, nas quais a Mecânica dos Fluidos tem enorme colaboração a dar. Isso sem mencionar a questão da necessidade de melhoria da **eficiência energética** na movimentação de fluidos, onde ainda há um longo caminho a percorrer.

As muitas informações deste capítulo são imediatamente aplicáveis em projetos e operações com fluidos envolvidos. Toda a teoria foi apresentada no Capítulo 5 e, aqui, são mostradas algumas soluções, gráficos e coeficientes que os engenheiros foram desenvolvendo a partir de experimentos, com vistas a elaborar projetos e operar sistemas fluidos.

OBJETIVOS

O objetivo deste texto é fornecer o método para o cálculo hidráulico de escoamentos em dutos.

Com os conhecimentos organizados, neste capítulo serão possíveis abordagens básicas e mesmo soluções completas na maior parte das situações: desenvolvimento de projeto hidráulico e de operações de instalações de transporte dos mais diversos fluidos; projeto e operação de circuitos de fluidos em processos industriais ou de saneamento; ou ainda, de circuitos de fluidos em máquinas.

Os projetos de dutos são também parte fundamental do projeto de instalações, como salas limpas na indústria farmacêutica e de circuitos eletrônicos; sistemas de despoeiramento industrial; ventilação, ar-condicionado e higiene do ar em ambientes diversos.

Método

O método de trabalho envolve o uso de:

- **Análise dimensional.**
- **Equação da continuidade** (conservação da massa).
- **Primeira Lei da Termodinâmica** (também chamada, em alguns livros de Mecânica dos Fluidos, de equação da energia e de equação da energia cinética).
- **Equação da quantidade de movimento.**
- **Equações empíricas, como as de Darcy-Weisbach e de Colebrook-White.**
- **Diagramas de Moody e Rouse.**

As equações de conservação são utilizadas na forma integral (Cap. 5), complementadas por certo número de equações empíricas que possibilitam bons resultados na difícil tarefa de lidar com as perdas irreversíveis (Segunda Lei da Termodinâmica) em razão da viscosidade.

Com as simplificações e hipóteses necessárias para o uso das equações empíricas, pode-se esperar um nível de incerteza elevado nos resultados, da ordem de 15 % (White, 2002).

Eficiência energética

Nos escoamentos em condutos, a eficiência energética é quase sempre um parâmetro negligenciado. Em geral, projetos são executados e instalações operadas visando suprir determinada necessidade (levar água a uma cidade, ventilar um ambiente industrial etc.), focados na segurança de não interromper a operação (água tem de ser entregue, petróleo tem de fluir), porém, com frequência, sem o balizamento de busca incessante de eficiência energética, pois o foco mais importante é não interromper o fluxo. Instalações mais eficientes habitualmente têm o custo inicial mais elevado que instalações simples, mas sempre permitem uma grande economia durante sua vida útil. Em grande parte dos casos, o projeto é elaborado dentro do critério de custo inicial menor, infelizmente. Mas alguém sempre paga a conta da energia.

É possível economizar muito em sistemas de bombeamento, pois geralmente as bombas estão em operação com base em projetos não otimizados do ponto de vista de eficiência energética, ou em pontos de operação errados da curva de eficiência do equipamento, ou a operação é ruim, como será visto no Capítulo 7. Isso tem impacto, pois bombas são equipamentos muito utilizados, talvez a segunda ou terceira máquina mais empregada no mundo, após motores elétricos e compressores.

Segundo o Plano Nacional de Eficiência Energética (PNEf), o setor de saneamento brasileiro pode economizar **45 %** da energia elétrica consumida atualmente. Sistemas de bombeamento de água, esgoto e ar no setor de saneamento são responsáveis por **90 %** do consumo atual de eletricidade nesse setor.

Em instalações de maior porte (diâmetros acima de 1 m), atualmente, as perdas de carga calculadas com os métodos atuais estão superestimadas, o que leva ao aumento dos gastos com sistemas de bombeamento, que, com frequência, têm seus pontos de operação regulados por válvulas, acarretando perdas adicionais de energia.

Há necessidade de um novo paradigma no projeto e operação de instalações: a eficiência energética, embora não seja o objetivo do projeto, deve ser o norte a ser seguido.

Uma simples curva de sistema mais bem projetada em uma instalação, o uso de inversor de frequência no motor de uma bomba em vez de uma válvula para regular a vazão, tubulações e bombas com revestimentos de boa qualidade e operação das máquinas hidráulicas próximas do seu ponto de melhor eficiência são diferenciais que devem ser buscados.

PERDA DE CARGA EM DUTOS – ROTAS

Hipóteses: regime permanente, fluido incompressível, escoamento isotérmico, escoamento dinamicamente estabelecido, propriedades uniformes nas seções de entrada e saída.

Equação da continuidade

$$\left.\frac{dm}{dt}\right)_{sist} = \frac{\partial}{\partial t}\int_{VC} \rho d\forall + \int_{SC} \rho \vec{V}\cdot\vec{n} dS = 0$$

$$\dot{m} = \rho_1 V_1 s_1 = \rho_2 V_2 s_2$$

Equação da Primeira Lei da Termodinâmica

$$H_1 - H_2 = \left(\frac{\alpha_1 V_1^2}{2g} + \frac{P_1}{\gamma} + z_1\right) - \left(\frac{\alpha_2 V_2^2}{2g} + \frac{P_2}{\gamma} + z_2\right) = \frac{\dot{w}_a}{\gamma Q} - \frac{\dot{w}_m}{\gamma Q}$$

Equação da quantidade de movimento

$$\sum F_{ext} = \sum \dot{m}_e V_e - \sum \dot{m}_s V_s$$

Equação de Darcy-Weisbach

$$h_f = f \frac{l}{D} \frac{V^2}{2g}$$

Equação de Hagen-Poiseuille, regime laminar

$$f = \frac{64}{Re}$$

Equação de Colebrook, regime turbulento

$$\frac{1}{\sqrt{f}} = -2\log\left(\frac{\varepsilon / D}{3,7} + \frac{2,51}{Re\sqrt{f}}\right)$$

Diagramas de Moody e de Rouse

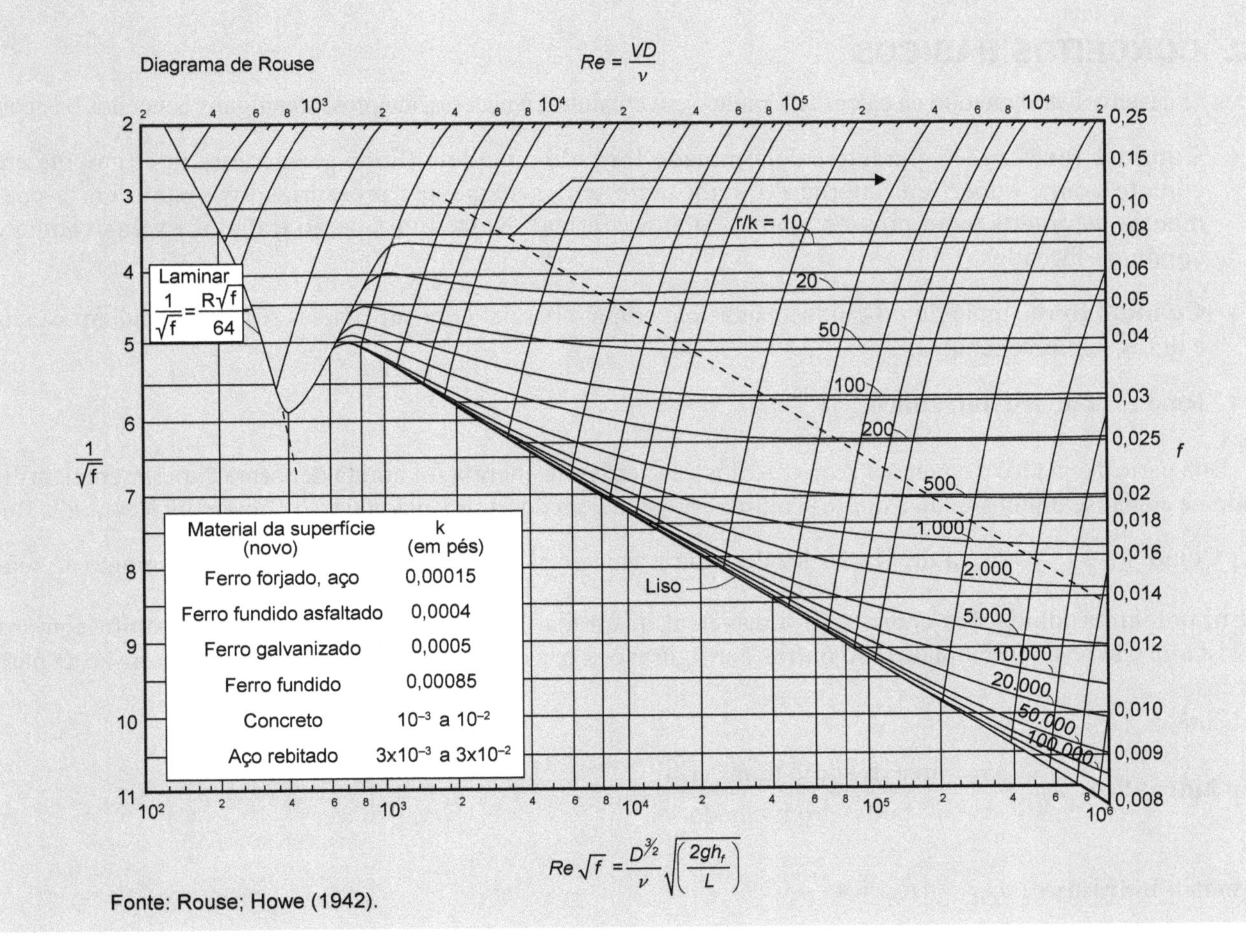

Fonte: Rouse; Howe (1942).

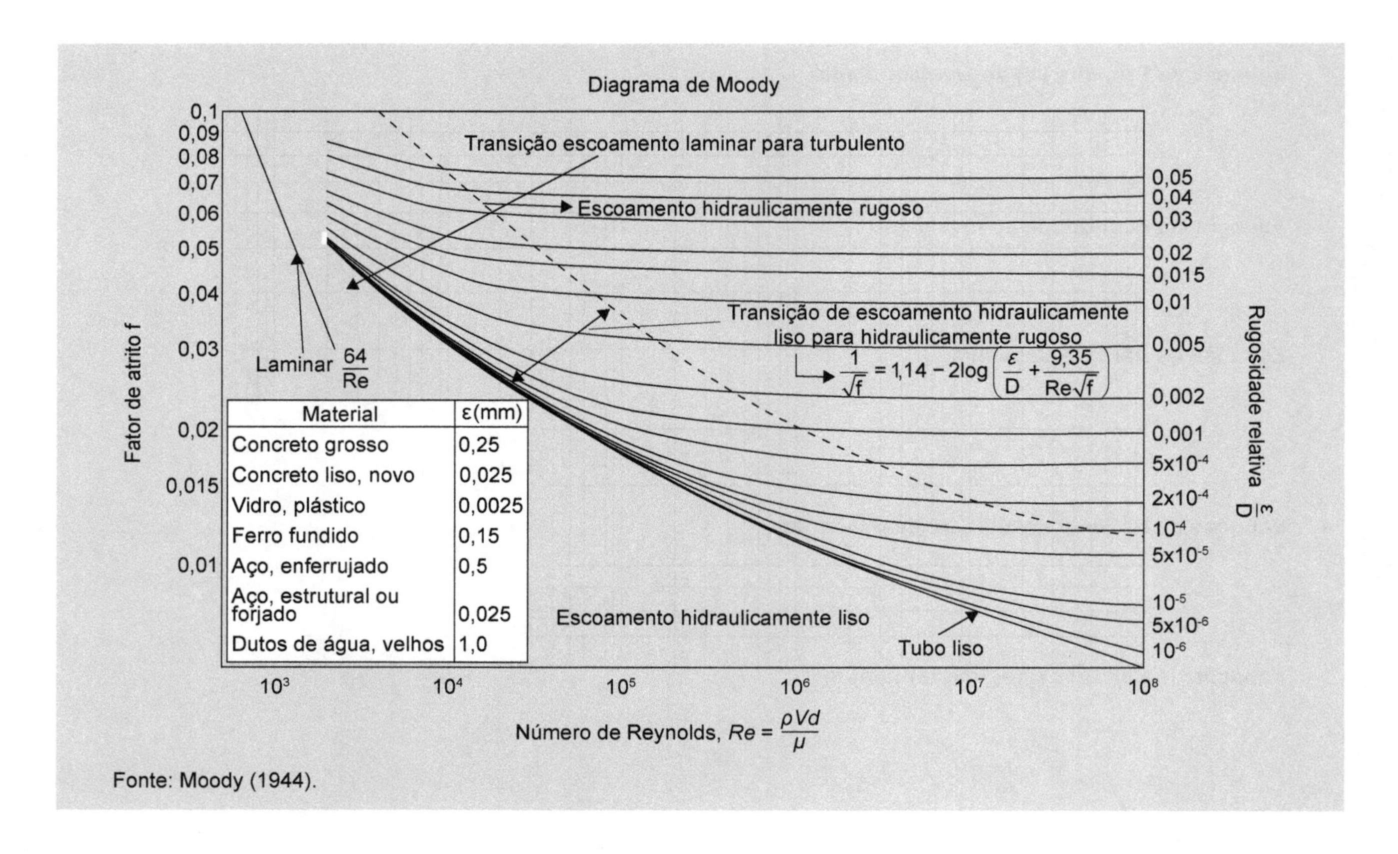

Fonte: Moody (1944).

6.1 CONCEITOS BÁSICOS

Antes de desenvolver o método de cálculo hidráulico em condutos, é necessário apresentar alguns conceitos básicos.

- **Conduto forçado** – o conduto é denominado **forçado** quando o fluido se encontra inteiramente em contato com a superfície interna do duto, tanto em escoamentos pressurizados quanto em escoamentos aspirados (com pressão abaixo da atmosférica). Neste livro, serão tratados exclusivamente condutos forçados.
- **Conduto livre** – quando o líquido se acha em contato parcial com superfícies sólidas, como em canais e dutos semipreenchidos.
- **Raio e diâmetro hidráulico.**

Boa parte dos dados e equações para cálculos das perdas de energia foi obtida de forma experimental, utilizando-se a análise dimensional, e quase sempre resulta que um dos adimensionais é o número de Reynolds, Re.

Como $\mathrm{Re} = \frac{\rho V D}{\mu}$, se a tubulação for de seção transversal cilíndrica, D se refere simplesmente ao diâmetro, porém há tubulações com seção transversal quadrada, hexagonal, retangular (estes, muito comuns em sistemas de ar-condicionado), ou outras configurações e, assim, é necessário definir a dimensão D para tais casos.

Então:

Raio hidráulico: $R_H = \frac{S}{\sigma} = \frac{\text{área da seção transversal}}{\text{perímetro molhado}}$

Diâmetro hidráulico: $D_H = 4R_H = 4\frac{S}{\sigma}$

O perímetro "molhado", σ, é o perímetro da área que está em contato com o fluido, na seção transversal.

Com essas definições, para um **duto cilíndrico** o diâmetro hidráulico segue sendo igual ao diâmetro geométrico:

$$D_H = 4\frac{S}{\sigma} = 4\frac{\frac{\pi D^2}{4}}{\pi D} = D$$

Para um duto de **seção retangular**, com altura h e largura L:

$$D_H = 4\frac{Lh}{2L + 2h}$$

Suponha que você seja responsável pela análise de um sistema de ventilação de uma tubulação que conduz cabos elétricos de média tensão, que geram calor por efeito Joule, e há necessidade de um ventilador aspirando o ar e retirando a carga térmica do ambiente, como mostrado na Figura 6.1.

Se for necessário calcular o diâmetro hidráulico nessa situação:

$$D_H = \frac{4S}{\sigma} = 4\frac{\text{área da seção transversal}}{\text{perímetro molhado}} = 4\frac{Lh - \frac{\pi D^2}{4}}{2L + 2h + \pi D}$$

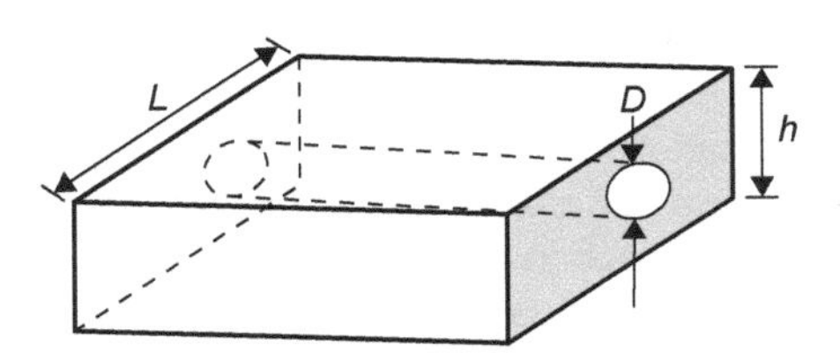

FIGURA 6.1 Representação de escoamento no espaço entre um cabo elétrico com diâmetro D e um conduto de seção retangular.

Rugosidade

A rugosidade da superfície interna dos dutos é muito importante na perda de energia nos escoamentos, e, portanto, a quantificação de sua influência faz parte do processo de cálculo. A forma de abordagem sempre foi e ainda é empírica.

A rugosidade é um parâmetro de quantificação extremamente difícil nas tubulações em uso: depende do material empregado na fabricação do tubo (vidro, cobre, PVC, aço carbono, aço galvanizado, aço inoxidável, ferro fundido, fibras, plásticos, rocha nua, concreto, madeira), do processo de fabricação do duto (extrudado, soldado, usinado, rebitado, fundido, revestido com vários tipos de materiais etc.), da corrosão, do depósito de impurezas e, finalmente, da uniformidade espacial da rugosidade no interior da tubulação, tanto no sentido longitudinal quanto no radial.

As características aleatórias da produção e distribuição da rugosidade nas tubulações são muito influenciadas também por envelhecimento, depósitos e incrustações. Podem ser formadas áreas tuberosas e ainda ter trechos lisos seguidos de outros muito rugosos. Com frequência, pode, inclusive, não haver uniformidade da rugosidade em uma tubulação.

Para permitir estabelecer algumas correlações e equacionamentos, a saída foi desenvolver o conceito de rugosidade uniforme equivalente, ε (letra grega que se lê épsilon), que representaria uma perda de energia semelhante à que ocorre em um trecho de duto comercial, como mostra a Figura 6.2. O trabalho mais relevante nessa área, até hoje, foi o realizado por Nikuradse, em 1933, discutido mais adiante.

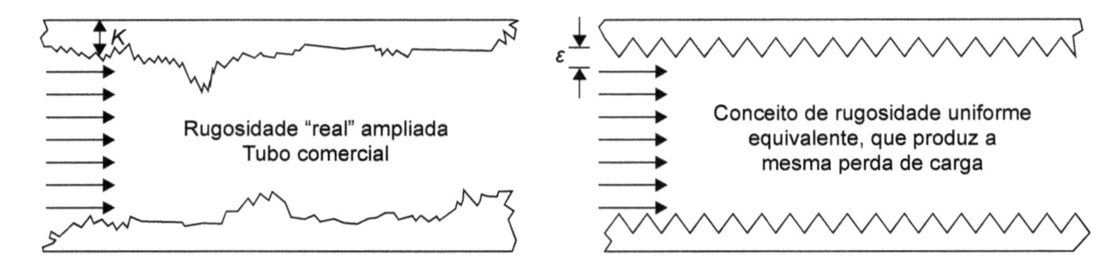

FIGURA 6.2 Rugosidade "real" K e o conceito de rugosidade uniforme equivalente, ε, que, teoricamente, produz a mesma perda de carga que um trecho de comprimento igual de rugosidade real.

A maneira como o escoamento interage com a rugosidade vai determinar como a perda de energia ocorre nos escoamentos. A Figura 6.3 mostra, de forma simplificada, o que se entende que acontece.

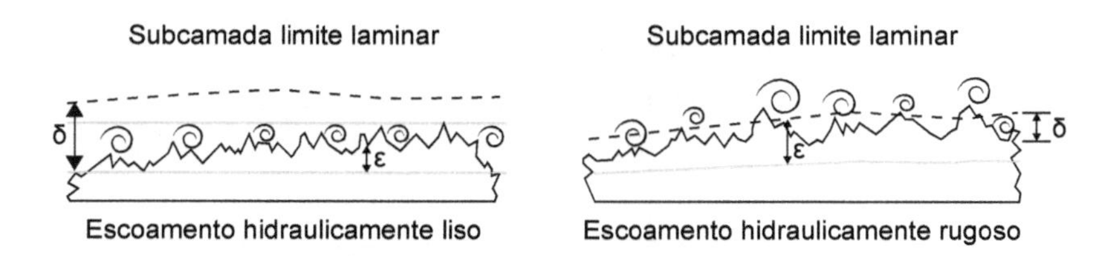

FIGURA 6.3 De modo simplificado, o escoamento é dito **hidraulicamente liso** quando a rugosidade está contida dentro da espessura da camada-limite, e é dito **hidraulicamente rugoso** quando a rugosidade aflora acima da camada-limite. O escoamento hidraulicamente liso consome menos energia por atrito que o escoamento rugoso. Na apresentação do diagrama de Moody, mais à frente, o assunto será retomado.

Todos os livros didáticos trazem tabelas de rugosidades típicas para diversos materiais. Esses valores apresentam grandes variações, que refletem processos de fabricação distintos, formas de medição e de uso também diferentes. White (2002) e Çengel (2014) indicam incertezas de 60 %, mas, possivelmente, são ainda maiores.

A Tabela 6.1 apresenta alguns valores médios de rugosidade, apenas para orientação geral.

TABELA 6.1 ▪ Alguns valores de rugosidade para determinados materiais de diversas fontes (em mm)

Material	Eng. Toolbox[1]	Çengel[2]	White[3]	Munson *et al.*[4]	Fox *et al.*[5]
PVC	0,0015 - 0,007	0	0,0015	0	-
Ferro fundido novo	0,25 - 0,8	0,26	0,26	0,26	0,26
Aço comercial	0,045 - 0,09	0,045	0,046	0,045	-
Aço galvanizado	0,15	0,15	0,15	0,15	-
Ferro fundido asfaltado	0,01 - 0,015	-	0,12	-	-
Aço oxidado	0,15 - 4	-	2,0	-	-
Aço rebitado	-	-	3,0	-	-

Fonte: 1: The Engineering ToolBox (2003); 2: Çengel e Cimbala (2014); 3: White (2002); 4: Munson, Young e Okiishi (2004); 5: Fox *et al.* (2018).

O que se percebe é que os autores tomaram como referência o artigo de Moody (1944). No entanto, Moody apenas apresenta uma figura no artigo, sem mencionar como obteve esses valores. Na verdade, sabe-se que foram obtidos a partir do diagrama de Rouse, construído, por sua vez, com base na equação de Colebrook-White. A situação não é muito confortável: a origem desses dados é um pouco obscura e deve-se pesquisar continuamente se não há novos dados disponibilizados, ou até realizar um experimento, se a situação envolver necessidade de maior segurança.

Adicionalmente, os efeitos de envelhecimento, depósitos e corrosão na tubulação devem ser levados em consideração, como mostra o caso real representado na Figura 6.4.

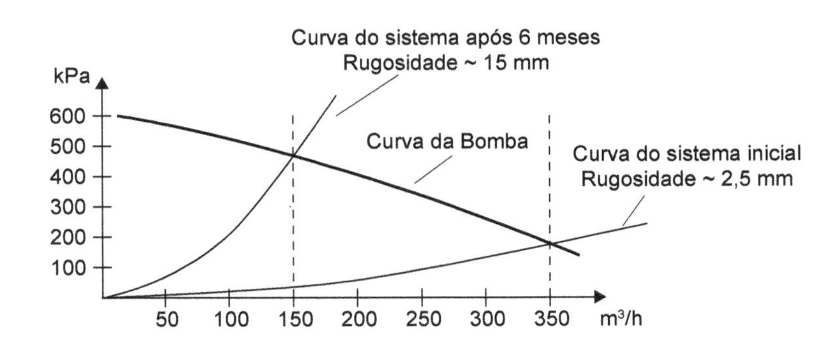

FIGURA 6.4 Curvas de bomba e do sistema.

Em uma instalação industrial, foi reportada uma diminuição muito grande da vazão após alguns meses de operação. A análise do problema mostrou que o ponto de operação do sistema bomba-tubulação mudou radicalmente de lugar, em virtude do aumento da rugosidade por depósito de substância e corrosão. O ponto de operação (onde cruzam as curvas da bomba e do sistema) atingia 350 m^3/h quando a rugosidade da tubulação era inferior a 2,5 mm. Alguns meses depois, a rugosidade alcançou 15 mm, consequência de depósito de material e incrustações diversas. Nesse momento, o ponto de operação atingiu o valor de 150 m^3/h, o que mostra de maneira dramática o efeito do envelhecimento da tubulação. Muito cuidado ao tentar antecipar possíveis problemas de aumento de rugosidade.

Rugosidade relativa

O conceito de rugosidade relativa, $\frac{\varepsilon}{D}$, é importante nos cálculos, como será mostrado mais adiante. Este adimensional foi obtido por análise dimensional e tenta relativizar o efeito da rugosidade: uma rugosidade de **1 mm** em uma tubulação de 15 mm tem um papel importante na perda de carga, enquanto uma rugosidade de **1 mm** em uma tubulação de 1 m tem um efeito de perda de carga muito menor.

Viscosidade

Como visto no Capítulo 2, a viscosidade é uma manifestação macroscópica de interações intermoleculares e sempre leva à dissipação de energia. Todos os fenômenos envolvendo viscosidade são **irreversíveis**.

6.2 CÁLCULO DE PERDA DE CARGA (PERDA DE ENERGIA) EM DUTOS

Observe que a denominação **perda de carga** segue uma tradição da engenharia civil, que denomina **carga** a energia mecânica total do fluido escoando em certa seção transversal de uma tubulação. A **perda** refere-se à quantidade de energia perdida por atrito do fluido com os efeitos viscosos, tanto na turbulência interna quanto, principalmente, com o contato com as paredes dos dutos.

Tomando-se um duto cilíndrico inclinado, com cotas e medição de pressão, como mostrado na Figura 6.5, podem-se usar os conceitos do Capítulo 5 para estimar essas perdas, com as seguintes **hipóteses**:

- regime permanente;
- escoamento plenamente desenvolvido;
- escoamento isotérmico;
- fluido incompressível.

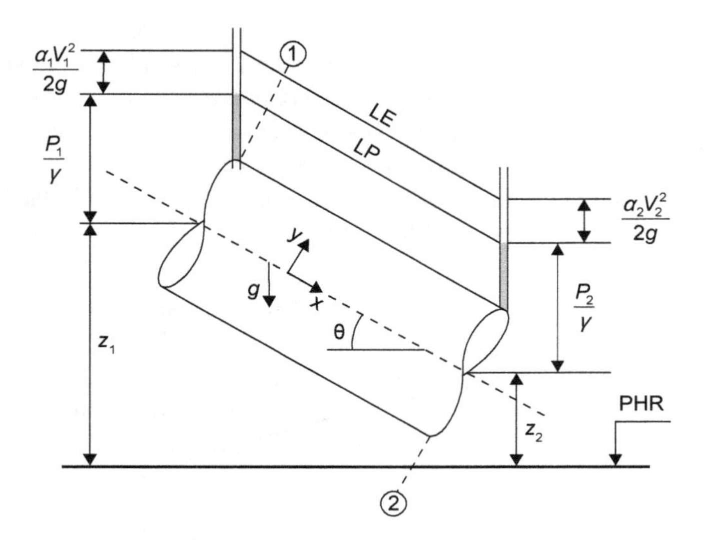

FIGURA 6.5 Volume de controle em trecho de duto.

Estimativa da perda de carga em um duto cilíndrico inclinado

A **linha piezométrica** é definida por $LP = \frac{P_i}{\gamma} + z_i$ ao longo da tubulação considerada. É sempre importante observar essa linha para verificar possíveis pontos de pressão mais baixa, por vezes até se aproximando da pressão de vapor do fluido e, portanto, com risco de cavitação.

Já a **linha de energia** é definida por $LE = \frac{\alpha_i V_i^2}{2g} + \frac{P_i}{\gamma} + z_i$ ao longo da tubulação. A linha de energia mostra o sentido do escoamento: sempre na direção da diminuição da linha de energia.

- **Equação da continuidade**

A vazão mássica é constante em cada seção transversal do duto, pois o fluido é incompressível, e é dada por $\dot{m} = \rho_1 V_1 s_1 = \rho_2 V_2 s_2$. E como o duto tem seção transversal constante e ρ constante:

$$V_1 = V_2$$

- **Primeira Lei da Termodinâmica**

Define-se **carga** em uma seção transversal i como $H_i = \left(\frac{\alpha_i V_i^2}{2g} + \frac{P_i}{\gamma} + z_i\right)$.

Carga é a energia mecânica total na seção, dentro das hipóteses do problema, composta pela soma da energia cinética, da "energia motora" de pressão e da energia potencial.

Para entender essa "energia motora" de pressão, imagine uma força $F_1 = P_1 S_1$ (pressão multiplicada pela área da seção) "empurrando" o fluido para dentro do volume de controle, e sendo resistida por uma força $F_2 = P_2 S_2$ agindo no sentido contrário: tudo se passa como se uma força motora líquida de pressão estivesse empurrando o fluido para dentro do volume de controle, e essa energia tem de ser levada em consideração.

Primeira Lei da Termodinâmica em sua forma clássica, dentro das hipóteses adotadas, conforme mostrado no Capítulo 5:

$$H_1 - H_2 = \left(\frac{\alpha_1 V_1^2}{2g} + \frac{P_1}{\gamma} + z_1\right) - \left(\frac{\alpha_2 V_2^2}{2g} + \frac{P_2}{\gamma} + z_2\right) = \frac{\dot{w}_a}{\gamma Q} - \frac{\dot{w}_m}{\gamma Q}$$

E, como $\dot{w}_m = 0$, pois não há máquinas no volume de controle, e como $\frac{\alpha_1 V_1^2}{2g} = \frac{\alpha_2 V_2^2}{2g}$ e a perda de carga distribuída no trecho de tubo é dada por $\frac{\dot{w}_a}{\gamma Q} = h_f$, tem-se:

$$h_f = \left(\frac{P_1}{\gamma} + z_1\right) - \left(\frac{P_2}{\gamma} + z_2\right)$$

h_f é a perda de carga entre as seções 1 e 2 do trecho considerado. Observe que o trecho é reto e prismático: se a seção transversal fosse quadrada, o tubo não poderia estar torcido, pois seriam geradas turbulência e recirculações nas arestas do duto, o que exigiria correção com valores adicionais de perda de carga.

- **Equação da quantidade de movimento**

$$\Sigma F_{ext} = \Sigma \dot{m}_e V_e - \Sigma \dot{m}_s V_s$$

Em termos das forças externas na direção do escoamento, as forças viscosas praticamente se limitam àquelas relacionadas com o contato fluido-parede, pois é possível demonstrar que as forças viscosas internas do fluido são negligíveis com as condições do problema.

Do diagrama de corpo livre das forças externas no trecho, na direção do eixo x:

$$(P_1 - P_2)\pi R^2 + \rho g \operatorname{sen}\theta \cdot \pi R^2 (x_2 - x_1) - \tau_{par} \cdot 2\pi R (x_2 - x_1) = \dot{m}(V_1 - V_2) = 0$$

Substituindo $(z_1 - z_2) = (x_2 - x_1)\operatorname{sen}\theta$ e dividindo tudo por $\gamma\pi R^2$, resulta:

$$\frac{(P_1 - P_2)}{\gamma} + (z_1 - z_2) = \frac{\tau_{par} \cdot \Delta x}{\gamma R}$$

O primeiro membro da equação é igual a h_f, como mostrado antes com a Primeira Lei da Termodinâmica, e então:

$$h_f = \frac{\tau_{par} \cdot \Delta x}{\gamma R}$$

Aplicando-se a **análise dimensional**, em que $\tau_{par} = f(\rho, V, \mu, d, \varepsilon)$, chega-se à relação entre três adimensionais:

$$\frac{\tau_{par}}{\rho V^2} = f = \varphi\left(\text{Re}, \frac{\varepsilon}{d}\right)$$

em que f é o fator de atrito ou coeficiente de perda de carga distribuída.

Definição do valor do fator de atrito, *f*

Para definir o valor de f para usar nos cálculos, a história deve recuar até a equação apresentada por Weisbach, em 1845, que também teve contribuições de Darcy, em 1857, conhecida, hoje, como equação de Darcy-Weisbach, já adequada para a notação atualmente empregada:

Equação de Darcy-Weisbach

$$h_f = f\frac{l}{D}\frac{V^2}{2g}$$

A importante equação de Darcy-Weisbach é válida tanto para escoamentos laminares quanto para escoamentos turbulentos.

Essa expressão, quando substituída na Primeira Lei da Termodinâmica, mostra o caminho para a determinação de f:

$$h_f = f\frac{l}{D}\frac{V^2}{2g} = \left(\frac{P_1}{\gamma} + z_1\right) - \left(\frac{P_2}{\gamma} + z_2\right)$$

O valor de f só pode ser determinado de modo experimental, não há como acessá-lo a partir de leis básicas. Assim, se for montado um circuito experimental com duas tomadas de pressão, o valor de h_f é calculado e, como se tem o valor da velocidade média, V, do comprimento e diâmetro do duto e da aceleração da gravidade, pode-se calcular o valor de f.

Para se determinar o valor do fator de atrito f, pode ser utilizado um circuito de ensaio, como o mostrado na Figura 6.6. Uma bomba recalca água em uma tubulação, que possui um condicionador de escoamento na sua porção horizontal, para possibilitar um escoamento o mais uniforme possível no medidor de vazão (que pode ser, por exemplo, do tipo eletromagnético, com baixa incerteza, inferior a 0,5 %). A perda de carga no trecho reto é dada pela diferença entre os dois manômetros. A válvula reguladora ajusta o escoamento em diversas vazões, para o levantamento do valor de f conforme o equacionamento feito.

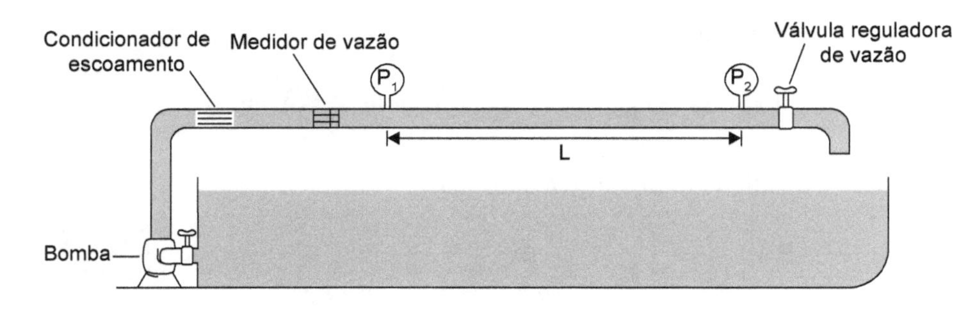

FIGURA 6.6 Circuito experimental para a determinação de valores do coeficiente de perda de carga distribuída, *f*.

Como esse valor de perda de carga depende de uma função $f = \varphi\left(\text{Re}, \frac{\varepsilon}{d}\right)$ mostrada anteriormente, para a determinação de φ, terão de ser realizados ensaios com diversos dutos de diâmetros e rugosidades relativas diferentes, com diversas velocidades médias no interior da tubulação, como será mostrado a seguir.

Determinação do fator de atrito, *f*, para escoamentos laminares

Utilizando os trabalhos de Hagen (em 1839) e Poiseuille (em 1841), pode-se desenvolver analiticamente uma solução para o valor de f em escoamentos laminares, como mostrado no Capítulo 4, **e facilmente confirmada por dados experimentais**:

$$f = \frac{64}{\text{Re}}$$

Determinação do fator de atrito, *f*, para escoamentos turbulentos

Para escoamento turbulento, não há possibilidades de dedução analítica. Nos escoamentos turbulentos, a turbulência exerce uma ação muito complexa, e a rugosidade desempenha um papel importante e impossível de quantificar sem ser pela via experimental, e mesmo assim há muita variação nos resultados. A rugosidade é um grande problema em virtude das múltiplas formas como se apresenta, e isso tende a dificultar e impedir soluções mais gerais de boa qualidade.

Por volta de 1930, os pesquisadores de Gottingen, na Alemanha, liderados por Prandtl e seus estudantes von Kármán, Blasius e Nikuradse, produziram novas equações aceitas até hoje, a partir de experimentos para a determinação de valores do fator de atrito em escoamentos turbulentos.

Para tentar resolver como a rugosidade afeta a perda de carga em tubulações, Nikuradse produziu, em 1933, uma "**rugosidade uniforme equivalente**": posicionava tubos de latão na vertical, os enchia de verniz, tampava e deixava um tempo em repouso para o processo de "cura" do verniz nas paredes. Esvaziava o verniz e enchia os tubos com areia peneirada com grande precisão em peneiras que selecionavam, por exemplo, grãos entre 0,78 e 0,82 mm para obter uma rugosidade média de 0,8 mm.

Após o enchimento com areia, esvaziava os tubos e os preenchia novamente com verniz, para assegurar que os grãos restantes nas paredes não seriam arrastados pela água, quando o escoamento de água se desse em grandes velocidades no circuito experimental. Cada processo desses levava em torno de dois meses. Com isso, ele esperava eliminar as incertezas decorrentes da rugosidade não uniforme existente nos dutos comercialmente disponíveis. Os ensaios foram realizados com tubos de latão, originalmente lisos o suficiente para realizar os ensaios em condições hidraulicamente lisas, com diâmetros de 25, 50 e 100 mm, depois preenchidos com areia e verniz como descrito.

Apesar de os ensaios terem sido realizados em uma base de diâmetros e rugosidades muito restrita, Nikuradse produziu gráficos utilizados até hoje.

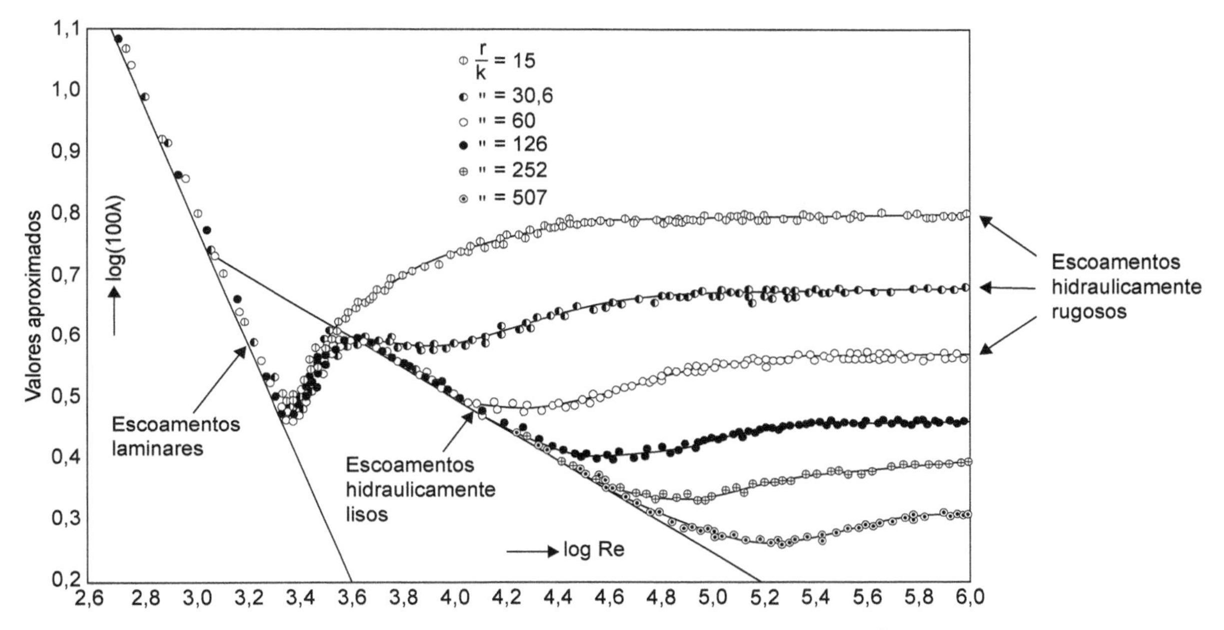

FIGURA 6.7 Gráfico apresentado por Nikuradse, em 1933. Experimentos válidos para **tubos com rugosidade uniforme**, obtidos com depósito de areia sobre a superfície. A reta à esquerda representa escoamentos laminares, a 2ª reta representa escoamentos hidraulicamente lisos e os pontos definindo retas paralelas ao eixo das abscissas representam escoamentos hidraulicamente rugosos. Fonte: adaptada de Nikuradse (1933).

Para os escoamentos laminares, com Re < 2000, os pontos experimentais levantados por Nikuradse confirmaram os valores determinados analiticamente por Hagen e Poiseuille.

Para escoamentos hidraulicamente lisos, ou seja, **tubos lisos**, sem rugosidade, Prandtl desenvolveu a seguinte equação, a partir dos dados de Nikuradse:

$$\frac{1}{\sqrt{f}} = 2\log\left(\text{Re}\sqrt{f}\right) - 0,8$$

Para escoamentos hidraulicamente rugosos, com números de Reynolds elevados, von Kármán deduziu, em 1930, que f dependia apenas da rugosidade relativa da tubulação, fato confirmado pelos experimentos de Nikuradse em 1933:

$$\frac{1}{\sqrt{f}} = -2\log\left(\frac{\varepsilon / D}{3,7}\right)$$

Em 1937, Colebrook e White publicaram um artigo mostrando que, na região de transição, entre escoamentos lisos e escoamentos rugosos, mostrada na Figura 6.8, f não seguia as equações de Nikuradse. Assim, realizaram alguns experimentos em um tubo com 5,35 cm de diâmetro com 6 m de comprimento, **usando ar**. O tubo foi cortado longitudinalmente e grãos de areia foram colados com tinta betuminosa em diferentes concentrações. Os grãos variaram de 0,35 mm < diâmetro < 3,5 mm. As duas metades foram então justapostas e vedadas com fita adesiva. A base experimental de Colebrook-White era bem limitada, e mesmo assim os resultados também são utilizados ainda hoje.

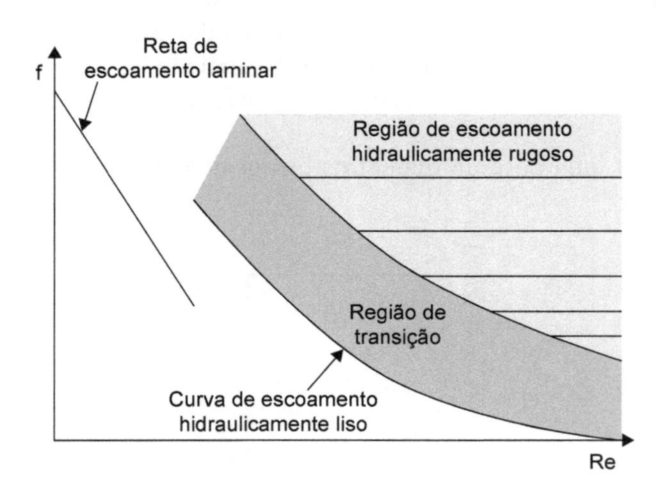

FIGURA 6.8 Reta válida para escoamentos laminares e $f = \frac{64}{\text{Re}}$, à esquerda. Na curva indicada como escoamento hidraulicamente liso, vale $\frac{1}{\sqrt{f}} = 2\log\left(\text{Re}\sqrt{f}\right) - 0,8$. Na região superior, à direita, vale $\frac{1}{\sqrt{f}} = -2\log\left(\frac{\varepsilon / D}{3,7}\right)$.

A região acinzentada de baixo é a de transição entre os escoamentos hidraulicamente lisos e hidraulicamente rugosos, na qual nenhuma das equações anteriores funciona bem.

A partir do exposto, foi gerada a equação de Colebrook-White, incorporando os dados de Nikuradse e os dados por eles próprios levantados para a região de transição entre os escoamentos hidraulicamente lisos e hidraulicamente rugosos:

Equação de Colebrook-White

$$\frac{1}{\sqrt{f}} = -2\log\left(\frac{\varepsilon / D}{3,7} + \frac{2,51}{\text{Re}\sqrt{f}}\right)$$

Perceba que essa equação também pode ser usada na curva de duto liso, bastando considerar $\varepsilon \approx 0$. Também pode ser usada na região de escoamentos rugosos, bastando considerar $\frac{2,51}{\text{Re}\sqrt{f}} \approx 0$, pois Re é muito grande. Chama a atenção que a equação de Colebrook-White é como se fosse a soma das duas equações anteriores (para duto liso e escoamentos hidraulicamente rugosos) dentro do argumento do logaritmo, o que é matematicamente incorreto, mas que curiosamente funcionou para o tipo de dados disponível.

Em uma época em que os cálculos eram demorados, realizados com réguas de cálculo, Rouse publicou um diagrama (Rouse; Howe, 1942), em 1942, que mostrava como chegar mais rápido ao valor de f, como mostra a Figura 6.9.

Em 1944, Moody fez algumas modificações no diagrama de Rouse e chegou à forma mais usada do diagrama, mostrada na Figura 6.10.

Perceba que os diagramas resultaram de experimentos realizados entre 1932 e 1933, com tubos de latão com 25, 50 e 100 mm, revestidos com areia colada, exceto para a região de transição entre escoamentos hidraulicamente lisos e hidraulicamente rugosos. As curvas na transição entre os escoamentos lisos e rugosos resultaram dos experimentos bastante limitados realizados com ar por Colebrook e White, em 1937, com um tubo com 5,35 cm de diâmetro, cortado longitudinalmente, também com rugosidade com grãos de areia. **E nada substituiu esses resultados até o momento**. É surpreendente a resiliência desses dados, sendo um tributo à qualidade dos ensaios desses pesquisadores.

White (2002) e Çengel e Cimbala (2014) avaliam que a incerteza dos diagramas está por volta de 15 %.

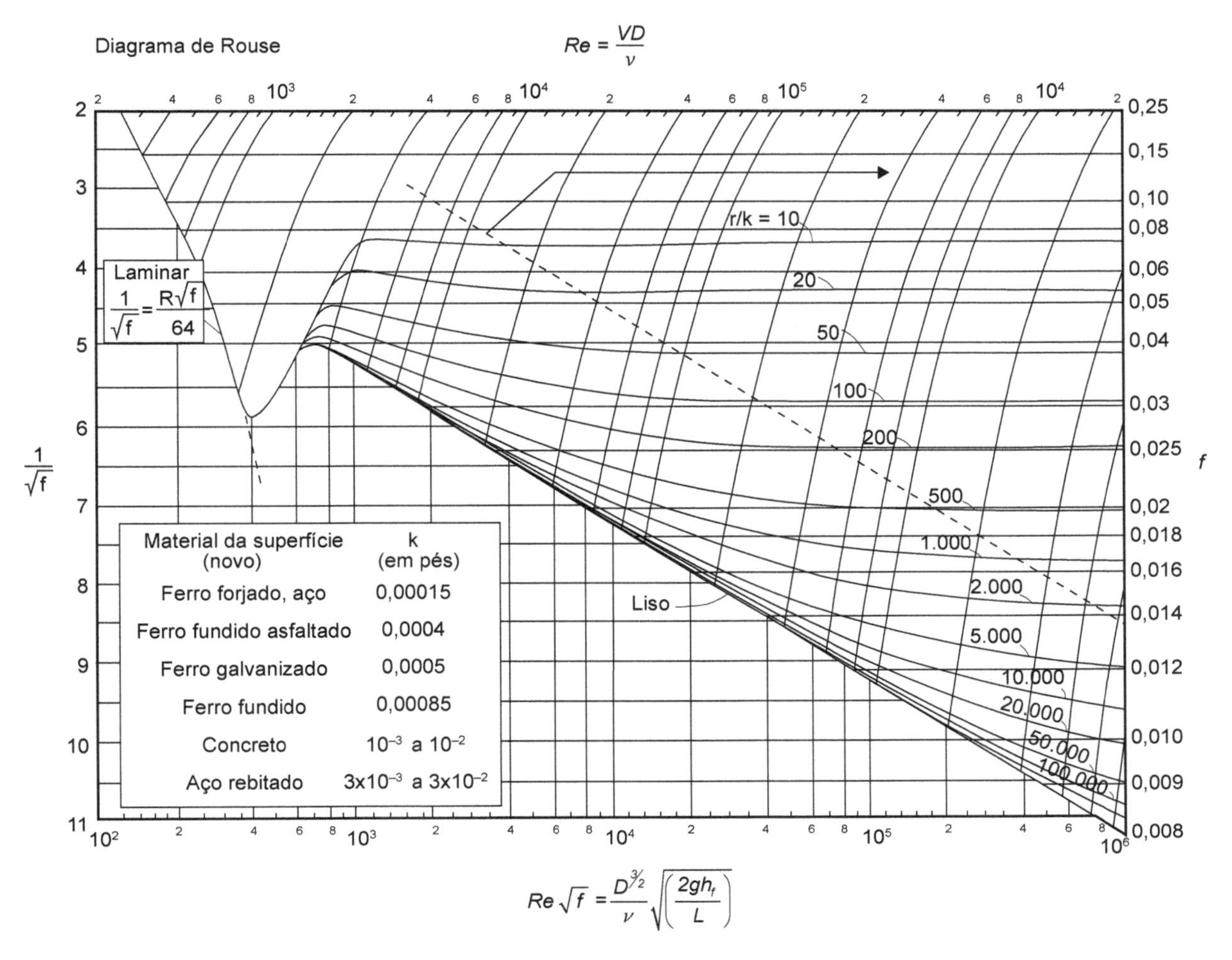

FIGURA 6.9 Diagrama de Rouse. Na abscissa superior, deve ser seguida a curva com o número de Reynolds do escoamento até encontrar o valor de $\frac{D}{\varepsilon}$ e, depois, segue em linha reta horizontal até o valor de f na coordenada da direita. Esse diagrama é útil nos casos em que não se sabe a vazão: entra-se na abscissa inferior com o valor de $\frac{D^{3/2}}{\nu}\sqrt{\frac{2gh_f}{L}}$ e sobe em linha reta vertical até cruzar o valor de $\frac{D}{\varepsilon}$.

Alternativas (não tão boas) à equação de Colebrook-White e aos diagramas de Moody-Rouse

A equação de Colebrook-White (denominada implícita) era difícil de resolver, pois f aparece nos dois membros da equação e no argumento do logaritmo, o que muitas vezes envolve um processo iterativo. Com os recursos computacionais de hoje, há programas que resolvem facilmente tanto para *notebooks* quanto para calculadoras de mão, havendo disponíveis na internet exemplos de planilhas Excel que resolvem a equação de Colebrook-White.

Também foram produzidas dezenas de equações explícitas na tentativa de facilitar os cálculos: normalmente realizam um tratamento matemático da equação de Colebrook-White para isolar f em apenas um dos lados da equação.

Mas são apenas equações derivadas e simplificadas, em sua maioria ajustadas a partir da equação de Colebrook-White, essa sim obtida diretamente a partir de dados experimentais. Todas as equações explícitas padecem do fato de ser apenas um tratamento matemático de uma equação que também possui falhas e não introduzem novos dados experimentais nem resolvem os problemas de incerteza que a equação original apresenta.

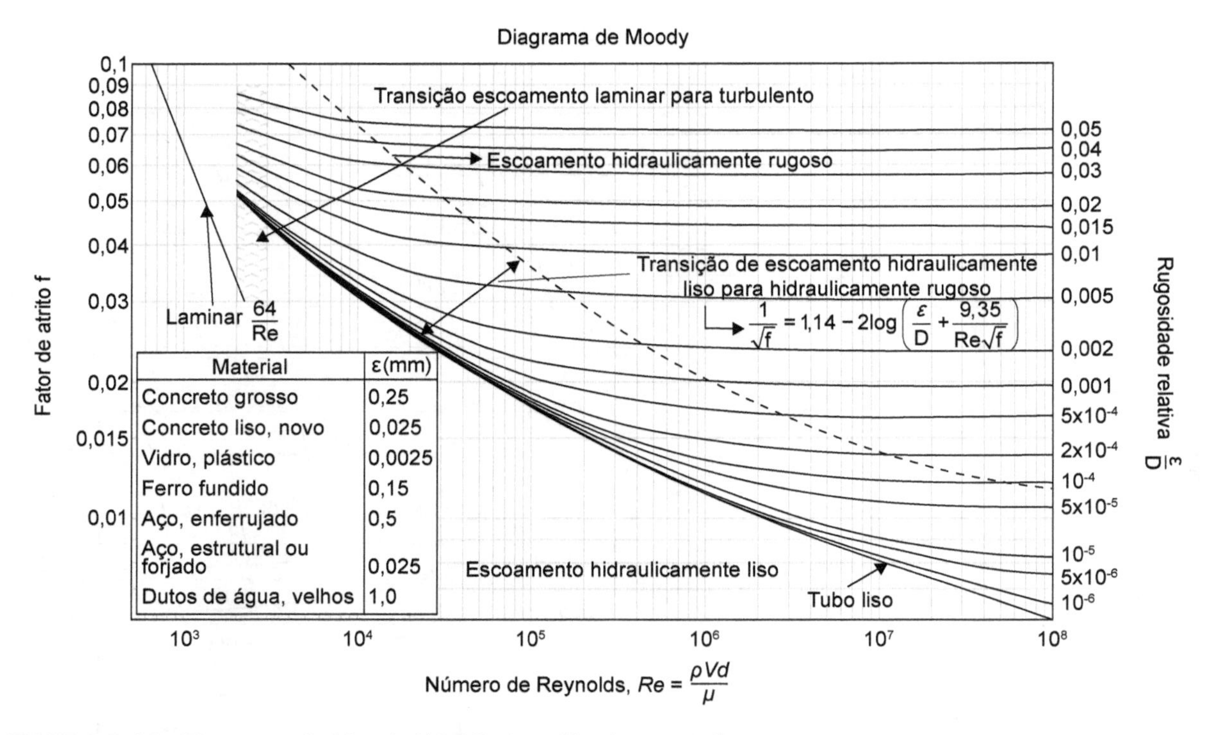

FIGURA 6.10 Diagrama de Moody (1944). A região de transição do escoamento laminar para o turbulento é hachurada, porque os resultados não são confiáveis. A forma de usar é semelhante à do diagrama de Rouse, mas adotando o valor da rugosidade relativa: $\frac{\varepsilon}{D}$.

No artigo "*Review of explicit approximations to the Colebrook relation for flow friction*", de 2011, Dejan Brkić aponta que a equação explícita que produz menos desvios com relação à de Colebrook é a de Zigrang e Sylvester, de 1982:

$$f = \left\{-2\log\left[\frac{\varepsilon}{3,7} - \frac{5,02}{\text{Re}}\log\left(\varepsilon - \frac{5,02}{\text{Re}}\log\left(\frac{\varepsilon}{3,7} + \frac{13}{\text{Re}}\right)\right)\right]\right\}^{-2}$$

Válida para $4000 < \text{Re} < 10^8$ e $0{,}00004 < \varepsilon < 0{,}05$.

Outra expressão explícita usada é a de Swamee e Jain, de 1976:

$$f = \left[-2\log\left(\frac{\varepsilon}{3,7} + \frac{5,74}{\text{Re}^{0,9}}\right)\right]^{-2}$$

Válida para $5000 < \text{Re} < 10^8$ e $0{,}000001 < \varepsilon < 0{,}05$.

A equação de Colebrook segue como a melhor forma para a estimativa do valor de *f*, porque foi ajustada diretamente de experimentos, embora limitados.

Problema dos dutos com grandes diâmetros

Tubulações com grandes diâmetros apresentam desvios maiores em relação à equação de Colebrook-White. Lembre-se de que a equação de Colebrook-White foi desenvolvida a partir dos resultados de experimentos com dutos de, no máximo, 100 mm de diâmetro e podem não representar bem dutos maiores, digamos com 1 m de diâmetro, nos quais a dependência da rugosidade certamente é muito menor.

Bombardelli e Garcia (2003), em seu artigo "*Hydraulic design of large-diameter pipes*", apontam que a equação de Hazen-Williams (da forma $Q = 0{,}278531CD^{2{,}83}J^{0{,}54}$) deve ter seu uso descontinuado por conta de erros inerentes. Do mesmo modo, pode-se ver no livro de Potter, Wiggert e Hondzo (2004) que a equação de Manning (da forma $Q = \frac{1}{n} A \cdot R \cdot H^{2/3} \cdot i^{1/2}$) também é ruim para escoamentos em dutos de grande diâmetro.

Há poucos trabalhos com informações novas sobre esse problema, mas, já na década de 1960, o estudo *Friction factors for large conduits flowing full* (Thomas; Dexter; Schuster, 1965), do Bureau of Reclamation do US Department of Interior, mostra gráficos e tabelas com novos valores experimentais para diâmetros grandes, com a compilação de informações experimentais obtidas por meio de experimentos de campo e em laboratórios ao redor do mundo.

Foram incorporados dados de 60 novos experimentos com tubos de concreto, 50 com tubos de aço contínuos, 30 de tubos rebitados circunferencialmente, 41 de tubos de aço rebitados integralmente, 13 de tubos de aço rebitados espiralmente e 13 para tubos de madeira, ao redor do mundo. A amostra foi grande e o trabalho é importante ainda hoje.

Porém, não foi realizado o tratamento matemático desses dados, e os resultados são apresentados na forma de gráficos superimpostos aos de Moody e de tabelas de resultados, difíceis de usar.

O trabalho traz algumas observações práticas importantes: olhando-se o diagrama de Moody, o valor do fator de atrito para dutos de grandes diâmetros deve se situar entre aqueles válidos para tubo liso e um valor constante ao redor de 0,054 para superfícies inteiramente rugosas. Já em túneis de rocha, foram encontrados valores de 0,10.

A questão da rugosidade relativa $\frac{\varepsilon}{D}$ como parâmetro importante no cálculo de f deve ser mais bem entendida. No trabalho do Bureau of Reclamation, é mencionado que **parece ser aparente que o fator de atrito para todos os tipos de superfície tende a se aproximar dos valores para tubo liso à medida que o diâmetro aumenta; ou seja, a rugosidade relativa tende a diminuir e também a diminuir o valor de f.**

Em outras palavras, dutos com mais de 1 m de diâmetro tendem a se comportar como dutos em escoamento hidraulicamente liso, pois mesmo $\frac{\varepsilon}{D}$ sendo sempre um número muito pequeno nesses casos, aparentemente as perdas são ainda menores que as obtidas nos gráficos e equações, em razão, provavelmente, da menor capacidade de a rugosidade consumir energia ante um escoamento muito potente.

A questão aqui é a sobreavaliação do valor de perda de carga: isso leva à seleção de bombas mais potentes que o necessário, o que acarreta problemas de eficiência nas instalações, sempre de grande porte e grandes consumidoras de energia.

Tipos de problemas de perda de carga distribuída

Normalmente, os livros didáticos apresentam três tipos de problemas a serem resolvidos em perda de carga em dutos, como mostra a Tabela 6.2.

TABELA 6.2 ▪ Tipos básicos de problemas a serem resolvidos em cálculo de condutos

Tipo	Dados	Incógnita
A	$L, \mu, \varepsilon, \rho, Q, D$	h_f
B	$L, \mu, \varepsilon, \rho, Q, h_f$	D
C	$L, \mu, \varepsilon, \rho, h_f, D$	Q

Cada um deles deve ser resolvido com o uso das equações da continuidade, da Primeira Lei da Termodinâmica e da equação de Darcy-Weisbach. A estimativa do valor do fator de atrito *f* deve ser realizada com o uso da equação de Colebrook-White, dos diagramas de Moody e de Rouse, ou de equações explícitas.

Métodos de resolução

- **Tipo A – Incógnita: perda de carga, h_f**

Esse é o tipo mais comum de situação: projetar uma instalação e determinar ao fim quanta energia é perdida por atrito para, por exemplo, determinar a potência de uma máquina hidráulica.

- Calcular Re e $\frac{\varepsilon}{D}$.
- Determinação do valor do fator de atrito, *f*. Podem ser usadas a equação de Colebrook-White, os diagramas de Rouse e de Moody, ou alguma formulação explícita da equação de Colebrook.
- Com o valor de *f* determinado, calcula-se então a perda com a equação de Darcy-Weisbach.

EXEMPLO

Determinação da perda de carga em uma tubulação horizontal com água a 20 °C, vazão de 300 L/s em um duto de ferro fundido com comprimento de 800 m e diâmetro de 250 mm.

De tabelas de propriedades disponíveis na internet, têm-se para a água a 20 °C:

$$\rho = 998,21 \text{ kg/m}^3$$

$$\mu = 1,002 \times 10^{-3} \text{ Pa} \cdot \text{s}$$

Pode-se começar calculando a velocidade no duto:

$$V = \frac{Q}{\pi r^2} = \frac{0,3}{\pi (0,125)^2} = 6,11 \text{ m/s}$$

Trata-se de uma velocidade relativamente elevada para transporte de água. Normalmente, esse valor fica abaixo de 3 m/s. Como a velocidade é elevada, deve-se esperar uma perda de carga alta, pois na equação de Darcy-Weisbach a velocidade aparece elevada ao quadrado.

Calcula-se o Re:

$$\text{Re} = \frac{\rho V D}{\mu} = 1,52 \times 10^6$$

Para o ferro fundido, o valor de rugosidade costuma ser ε = 0,26 mm.

E, portanto, $\frac{\varepsilon}{D} = 0,00104$.

Com esses valores de Re e de $\frac{\varepsilon}{D}$, deduz-se do diagrama de Moody que *f* = 0,02 (logo no início da porção de escoamento hidraulicamente rugoso).

Aplicando a equação de Darcy-Weisbach:

$$h_f = f \frac{l}{D} \frac{V^2}{2g} = 0,02 \frac{800}{0,250} \frac{6,11^2}{2 \times 9,8} = 121,5 \text{ mca}$$

A Figura 6.11 mostra a representação desse problema: em 800 m de duto, a perda de carga por atrito equivale a 121,5 m de coluna de água.

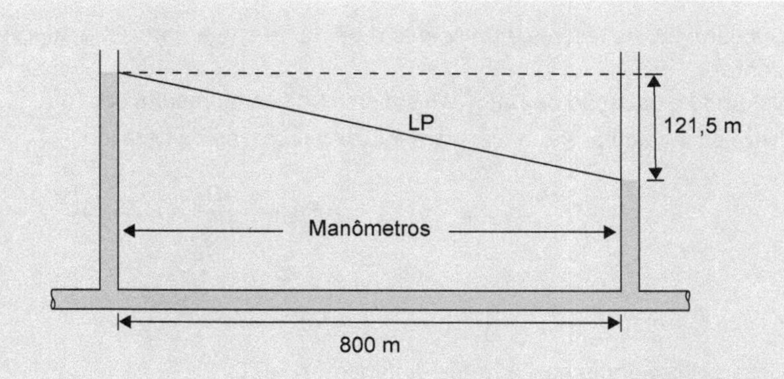

FIGURA 6.11 Observe a linha piezométrica traçada, mostrando que a perda de energia por atrito é significativa.

- **Tipo B – Incógnita: diâmetro, *D***

Esse tipo de situação também é comum, definir o diâmetro da tubulação para cumprir determinada tarefa. Como não se tem o diâmetro, necessário no cálculo do número de Reynolds e da rugosidade relativa, deve-se usar um processo iterativo de cálculo. O valor de f é uma função fraca do Re e, por isso, a convergência é sempre rápida. Como sugestão, pode-se usar como valor inicial $f_0 = 0{,}020$.

- Adota-se f_0, por exemplo, $f_0 = 0{,}020$.
- Com f_0 na equação de Darcy-Weisbach, $h_f = f_0 \dfrac{l}{D_0} \dfrac{V^2}{2g}$, encontra-se D_0.
- Com D_0, encontra-se Re_0 e $\dfrac{\varepsilon}{D_0}$.
- Com esses valores e o diagrama de Moody, ou equação de Colebrook, encontra-se f_1.
- Repete a partir do passo com a equação de Darcy-Weisbach até que $\dfrac{f_i - f_{i-1}}{f_i} \leq 0{,}1$. Observe que 10 % é apenas um valor de segurança, pois White afirmou que a incerteza no uso desses diagramas e equações gira em torno de 15 %.

EXEMPLO

Calcule o diâmetro de uma adutora horizontal de seção transversal cilíndrica de aço, com comprimento de 520 m com água a 20 °C, vazão de 10 m³/s e potência disponível de 612,5 kW (ou seja, a energia elétrica disponível no local). Admita a eficiência do conjunto motor-bomba como 80 %. O problema está bastante simplificado, mas é bom para verificar o algoritmo de solução.

Observe que a vazão é bem elevada, e deve-se esperar um diâmetro elevado também.

A definição de vazão $Q = \dfrac{\pi D^2 V}{4}$ pode ser introduzida na equação de Darcy-Weisbach, que fica:

$$h_f = f \frac{l}{D^5} \frac{8Q^2}{\pi^2 g}$$

Como a potência elétrica disponível $\dot{W}_{eletr}$ é 612,5 kW, para a eficiência do conjunto motor-bomba $\eta_{motorbomba}$ de 80 %, resulta como potência transmitida para a água $\dot{W}_m = \dot{W}_{eletr} \times 0{,}8 = 490$ kW. Pela definição de potência transmitida à água, resulta:

$$\dot{W}_m = \gamma Q h = 9800 \frac{\text{N}}{\text{m}^3} \times 10 \frac{\text{m}^3}{\text{s}} \times h$$

Substituindo os valores, tem-se que a perda de carga h máxima suportável será de 5 mca, considerando o duto horizontal.

Voltando à equação de Darcy-Weisbach modificada, resulta com $h = h_f$, D_0 = 1,76 m.

Deve-se recalcular Re_0 e $\frac{\varepsilon}{D_0}$ para iniciar o processo de iteração.

$$Re_0 = \frac{4Q}{\pi D_0 \nu} = 7{,}23 \times 10^6$$

$$\frac{\varepsilon}{D_0} = \frac{10^{-4}}{1{,}76} = 0{,}568 \times 10^{-4}$$

Com esses valores no diagrama de Moody, $f_1 \approx 0{,}012$.

Volta-se à equação de Darcy-Weisbach com esse valor para encontrar D_1. Resulta em $D_1 \approx 1{,}59$ m.

$$Re_1 = \frac{4Q}{\pi D_1 \nu} = 8{,}01 \times 10^6$$

$$\frac{\varepsilon}{D_1} = \frac{10^{-4}}{1{,}59} = 0{,}629 \times 10^{-4}$$

Com esses valores no diagrama de Moody, $f_2 \approx 0{,}012$.

Pode-se, portanto, adotar o valor de 1,60 m como diâmetro da adutora.

Tipo C – Incógnita: vazão

O tipo C é um caso mais raro, pois a incerteza esperada quando se utilizam essas equações e gráficos é de 15 %. Existem meios muito melhores para se inferir a vazão em uma tubulação, com o uso de medidores de vazão ou de velocidade, por exemplo, e que fornecem incertezas da ordem de 1 a 4 %.

Como é um caso no qual não se possui a vazão, ou velocidade, pode-se tanto utilizar um mecanismo iterativo como no caso B, ou então utilizar o diagrama de Rouse.

Para utilizar o diagrama de Rouse:

- Calcula-se $Re\sqrt{f} = \frac{D^{3/2}}{\nu}\sqrt{\frac{2gh_f}{L}}$.
- Calcula-se $\frac{D}{\varepsilon}$ ou $\frac{D}{K}$, que é o inverso da rugosidade relativa.
- Entra-se no diagrama de Rouse e encontra-se o valor de f.

EXEMPLO

Calcule a vazão em conduto circular de ferro fundido ($\varepsilon \approx 2{,}6 \times 10^{-4}$m) com 230 m de comprimento, diâmetro de 150 mm, transportando óleo com ρ = 850 kg/m³ e viscosidade dinâmica $\mu = 5 \times 10^{-3}$ Pa·s. O duto está na horizontal e a perda de carga medida com manômetros é de 5,3 mco, em que mco indica metros de coluna de óleo.

Com esses dados, a viscosidade cinemática será $\nu = \frac{\mu}{\rho} = 5{,}88 \times 10^{-6} \text{m}^2/\text{s}$.

$$Re\sqrt{f} = \frac{(0{,}15)^{3/2}}{5{,}88 \times 10^{-6}}\sqrt{\frac{2 \times 9{,}8 \times 5{,}3}{230}} = 6{,}640 \times 10^3$$

$$\frac{D}{K} = \frac{0{,}150}{2{,}6 \times 10^{-4}} = 577$$

Do diagrama de Rouse, tem-se que $f \approx 0{,}02$, e com a equação de Darcy-Weisbach, resulta:

$$5{,}3 \approx 0{,}02 \frac{230}{0{,}150} \frac{V^2}{2 \times 9{,}8}$$

$$V \approx 1{,}84 \text{ m/s}$$

Ressalte-se que o diagrama de Rouse também pode ser utilizado nos casos típicos A e B.

6.3 CÁLCULO DE PERDAS DE CARGA SINGULARES (*MINOR LOSSES*)

Assim como as perdas de carga distribuídas ao longo de trechos retos de dutos, cada singularidade na tubulação introduz uma perda de carga nos sistemas fluidos.

As perdas singulares ocorrem em:

- curvas de raio curto ou longo, cotovelos, joelhos, T e outras conexões;
- expansões ou contrações, bruscas ou suaves, excêntricas ou axissimétricas;
- válvulas, abertas total ou parcialmente;
- mudanças de seção pela introdução de corpos no interior das tubulações (p. ex.: medidores de vazão, de temperatura, filtros, grades etc.);
- entrada ou saída de dutos.

A perda de carga singular é representada por h_s e, a exemplo da perda distribuída (trecho reto), pode ser deduzida a partir da análise dimensional, seguida de experimentos. A análise dimensional fornece:

$$\frac{\gamma h_s}{\frac{1}{2}\rho V^2} = k_s\left(\frac{\rho V D}{\mu}, \text{ coeficiente de forma da singularidade}\right)$$

Essa expressão se apresenta geralmente em duas formas:

$$h_s = k_s \frac{V^2}{2g}$$

$$h_s = f \frac{l_{eq}}{D} \frac{V^2}{2g}$$

Na primeira expressão, k_s é o coeficiente de perda de carga singular, adimensional, e na segunda, l_{eq} é o comprimento equivalente, em metros, de trecho reto de tubulação com o mesmo diâmetro, da perda de carga causada pela singularidade. k_s é o equivalente a f, e depende geralmente do número de Reynolds e de um fator de forma da singularidade. Frequentemente, não há informações sobre a perda de carga em função de Reynolds para singularidades.

Perda de carga total em uma instalação hidráulica

A perda de carga total em uma instalação hidráulica é dada por:

$$h_{total} = \sum h_f + \sum h_s$$

Valores e referências de perdas de carga singulares

Existe uma variação muito grande de valores de perda de carga para singularidades, dependendo da referência considerada. Pode haver variações de **250 %** entre os autores. As Tabelas 6.3 e 6.4 mostram alguns exemplos.

Há tabelas com valores de k_s adimensionais, para vários tipos de singularidade, ou com valores de comprimentos equivalentes a l_{eq} de trechos retos expressos em metros, ou ainda, com valores adimensionalizados expressos em comprimentos equivalentes sobre diâmetros $\left(\frac{l_{eq}}{D}\right)$.

A melhor e mais completa referência existente sobre perdas singulares é o livro de Idelchik (2007), *Handbook of hydraulic resistance*. As equações utilizadas são geralmente as mesmas de qualquer livro-texto, mas a simbologia empregada é diferente em alguns pontos, o que pode representar uma ligeira dificuldade, amplamente compensada pela riqueza de informações.

As perdas singulares podem ter variações muito grandes, de acordo com as fontes consultadas, especialmente as perdas em válvulas. Recomenda-se consultar sempre os dados do fabricante da singularidade.

Curvas de raio longo são muito comuns, mas a dispersão de dados dos valores dos fatores de atrito é muito grande.

O livro de White, 4ª edição (White, 2002), continha uma figura com valores de k_s em função de *R*/*d* e da rugosidade da tubulação (sem mencionar referência), mas sua 8ª edição há uma figura semelhante apenas para curvas lisas (Ito, 1960). Fox *et al.* (2018) apresentam uma curva que é uma média derivada de trabalhos mencionados em Crane (2013).

Há muita variação de valores e sugere-se a consulta a qualquer uma das referências listadas nas Tabelas 6.3 e 6.4,[1] para a utilização de valores de perdas de carga singular, em projetos que exigem uma segurança maior. O mais completo e testado é, sem dúvida, o livro de Idelchik (2007), que apresenta uma simbologia um pouco mais trabalhosa, mas ainda assim não difícil de usar.

TABELA 6.3 ▪ Comparação de alguns valores de k_s para singularidades

Singularidade	Internet	Munson	White*	*Çengel*
Válvula globo, aberta	10	10	6,9	10
Válvula gaveta, aberta	0,2	0,15	0,16	0,2
Válvula gaveta, ½ aberta	5,6	2,1	–	2,1
Válvula gaveta, ¼ aberta	24	17	–	17
Cot 90 °, roscado, curto	0,9	1,5	0,95	0,9
Válvula esfera, aberta	–	0,05	–	–
Cot 90 °, roscado, longo	–	0,7	0,41	–
Cot 90 °, flange, curto	–	0,3	–	0,3
Cot 90 °, flange, longo	–	0,2	–	–
T, escoam. alinhado, rosca	–	0,9	0,90	0,9
T, escoam. derivado, rosca	–	2,0	1,4	2,0

* Conexões roscadas, 50 mm diâmetro. Valores variam para conexões flangeadas e com outros diâmetros.
Os autores utilizaram as mesmas referências, mas a incerteza desses valores é de 50 %, segundo White.

[1] Além dos autores relacionados nas tabelas, consulte também: MILLER, D. S. *Internal Flow Systems*. 1978. (Series BHRA Fluid Engineering.)

TABELA 6.4 ▪ Valores de L_{eq}/D

Singularidade	Fox *et al.*	Daugherty	Crane Co.*
Válvula globo, aberta	340	350	348
Válvula gaveta, aberta	8	–	8
Válvula esfera, aberta	3	7	–
Cotovelo 90°	30	20	34
T, escoam. principal	20	67	22
T, escoam. lateral	60	–	70

* 50 mm de diâmetro.

Valem as mesmas observações da Tabela 6.3.

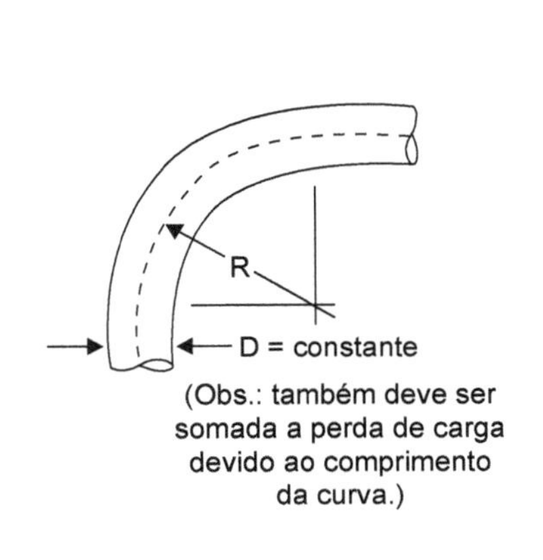

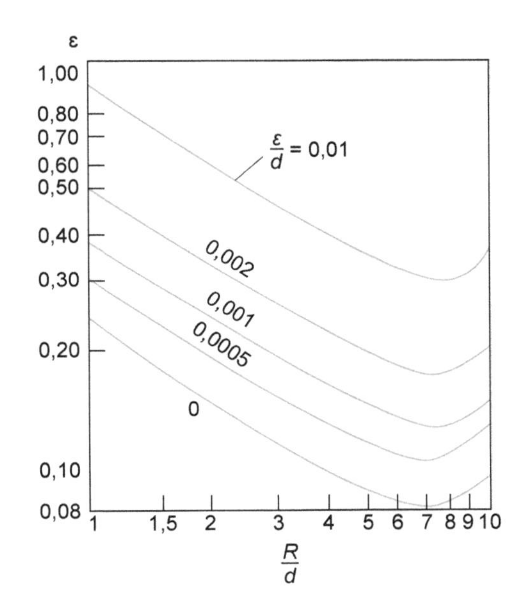

FIGURA 6.12 Perda de carga em curvas de raio longo. Fonte: adaptada de White (2002). Contrações e expansões bruscas também são muito comuns.

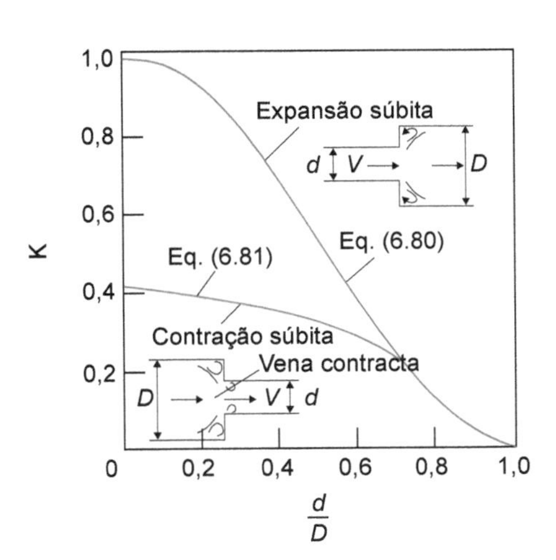

FIGURA 6.13 Perda de carga em contrações e expansões bruscas. Fonte: adaptada de White (2002).

6.4 SISTEMAS DE DUTOS

De um modo bem simplificado, podem-se utilizar para escoamentos em dutos as semelhanças entre as equações da Mecânica dos Fluidos e algumas equações da eletricidade.

Um conjunto de dutos e suas conexões pode ser entendido como um sistema hidráulico possuindo uma resistência à passagem do fluido. Essa resistência decorre da existência de rugosidade, ou de formatos de singularidades diferentes em trechos retos. Se os dutos estiverem ligados em série (com diâmetros diferentes), então deve-se somar as resistências dos tubos. Se os dutos estiverem em paralelo, deve-se considerar que a diferença de pressão entre eles é uma só.

A potência elétrica consumida em um fio pode ser dada por $\mathbf{W} = \mathbf{RI}^2$, e a energia hidráulica consumida por atrito em um duto pode ser dada pela equação de Darcy-Weisbach, expressa, como sempre, em metros de coluna do fluido (mca, se o fluido de trabalho for água):

$$h_f = f \frac{l}{D^5} \frac{8Q^2}{\pi^2 g} = KQ^2$$

Nesta expressão, K é a resistência representada pelas perdas no escoamento e Q, a corrente.

Dutos em série

Para dutos em série, como representado na Figura 6.14, pode-se determinar a vazão considerando que são dados: a diferença de pressão, ΔP_{AB}, os diâmetros, os comprimentos e as rugosidades em cada trecho de dutos.

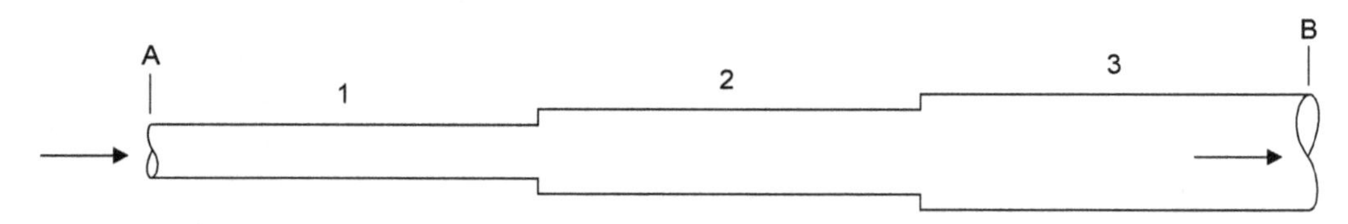

Dados: ΔP_{AB}, diâmetros, comprimentos e rugosidades em cada trecho de duto

FIGURA 6.14 Dutos em série.

Em nossa linguagem de MecFlu, a perda de carga total entre A e B é dada por:

$$h_f = \Sigma \left(f_i \frac{L_i}{D_i} \frac{V_i^2}{2g} \right)$$

ou seja, as "resistências" hidráulicas de cada tubulação são somadas, como se fosse uma soma de resistores em série.

Sabe-se, porém, que a vazão Q (equivalente à corrente elétrica I) é a mesma nos três dutos, que possuem velocidades diferentes, pois os diâmetros são diferentes.

Ao usar a Primeira Lei da Termodinâmica, Q e f_i são incógnitas, e o processo será iterativo. Pode-se assumir que o escoamento é hidraulicamente rugoso, o que facilita encontrar f_i, e o processo iterativo deve convergir rapidamente para o valor de Q mais próximo do real.

Dutos em paralelo

Para calcular a vazão que passa em cada duto em paralelo, também se pode recorrer ao aspecto formal da soma de resistores em paralelo, ou seja, da soma das correntes em paralelo.

No sistema da Figura 6.15 são fornecidos os dados de comprimento, diâmetro, rugosidade de cada duto, e a perda de carga total entre A e B, Δh_{AB}.

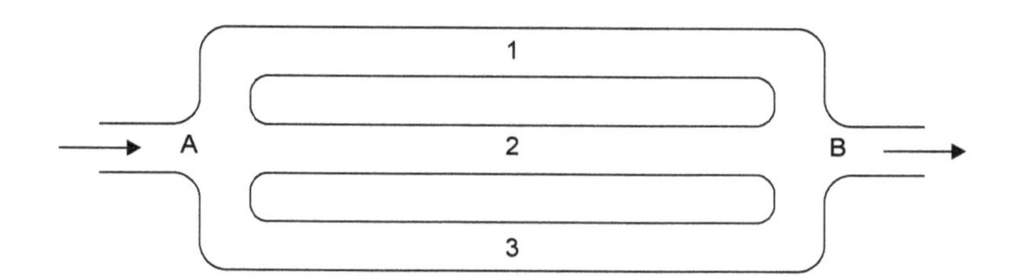

FIGURA 6.15 Dutos em paralelo.

No caso, a DDP (diferença de potencial), ou diferença de tensão elétrica, equivale à perda de carga entre A e B, ΔP_{AB}, a perda que existe em cada trecho de tubo. Lembre-se, por exemplo, de como funciona o radiador de um automóvel, que possui dezenas de tubinhos, mas a perda de carga é igual para todos. Ao se calcular o valor da perda de carga, não se pode cometer o erro de somar as perdas em todos os tubinhos, o que daria um número absurdo.

Como equivale à soma de resistores em paralelo, resulta:

$$\Delta h_{AB} = f_1 \frac{L_1}{D_1}\frac{V_1^2}{2g} = f_2 \frac{L_2}{D_2}\frac{V_2^2}{2g} = f_3 \frac{L_3}{D_3}\frac{V_3^2}{2g}$$

Observe que a vazão total é a soma das vazões em cada um dos três dutos, assim como a corrente total é a soma das correntes em cada fio. O processo de solução é o mesmo que no caso anterior, por iteração.

Dutos se encontrando em um nó, ou caixa de distribuição

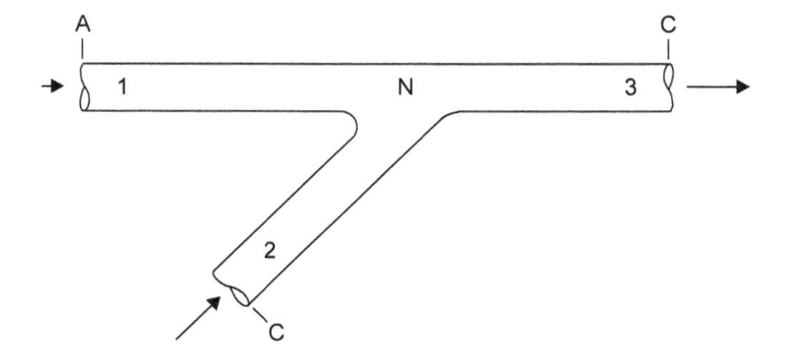

FIGURA 6.16 Dutos em nós. Vale a Lei dos Nós de Kirchhoff: a soma das vazões (ou correntes elétricas) em um nó deve ser zero. Simples.

EXERCÍCIO 6.1

A Figura 6.17 mostra uma instalação com dois reservatórios de grandes dimensões unidos por uma tubulação que funcionava, inicialmente, apenas para transferir água do reservatório B para o reservatório A. Houve a necessidade de mudanças por questões de operação e decidiu-se estudar a instalação de uma turbobomba no circuito, como mostrado na Figura 6.17. Em determinadas horas do dia, a máquina deve funcionar como uma turbina, gerando energia elétrica a ser vendida para a concessionária, com escoamento de B para A, enquanto em outras horas, a máquina deve operar como bomba recalcando água para o reservatório B, para atender um aumento de demanda de água.

Sabe-se que a máxima vazão possível do reservatório B para o A é de 0,25 m^3/s, quando a bomba não está instalada. Quando a bomba está instalada, a vazão de A para B é de 0,40 m^3/s, e quando funciona como turbina, de B para A, a vazão é de 0,18 m^3/s. Calcule o diâmetro da tubulação, na condição *sem* instalação da bomba. Considere as perdas singulares desprezíveis em face das perdas distribuídas nos trechos retos. Se a eficiência da bomba for de 64 %, calcule a potência necessária para o motor de acionamento. Calcule a potência gerada no eixo da turbina, se sua eficiência for de 75 %.

A rugosidade da tubulação é de 0,0005 m, e a viscosidade cinemática $\nu = 10^{-6}$ m^2/s.

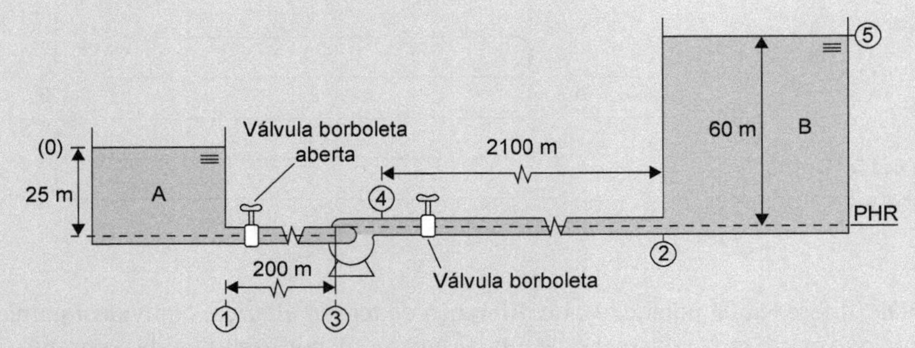

FIGURA 6.17 Instalação de bombeamento.

a) Cálculo do diâmetro da tubulação

Nesse caso, o sentido do escoamento é do reservatório B para A, cabendo aplicar a Primeira Lei da Termodinâmica entre as seções 5 e 0, para eliminar velocidades e pressões:

$$\left(\frac{\alpha_5 V_5^2}{2g}+\frac{P_5}{\gamma}+z_5\right)-\left(\frac{\alpha_0 V_0^2}{2g}+\frac{P_0}{\gamma}+z_0\right)=\frac{\dot{w}_a}{\gamma Q}-\frac{\dot{w}_m}{\gamma Q}$$

Nas seções 0 e 5, as velocidades e pressões são zero, e na condição sem bomba, também $\dot{w}_m = 0$.

$$\frac{\dot{w}_a}{\gamma Q}=35 \text{ mca} \qquad \text{(I)}$$

Usando apenas Darcy-Weisbach, pois não há perdas singulares:

$$\frac{\dot{w}_a}{\gamma Q}=f\frac{L}{D}\frac{V^2}{2g} \qquad \text{(II)}$$

E, como $Q=VS=\dfrac{V\pi D^2}{4}$, que, substituída em (II), resulta em:

$$35=\frac{16fLQ^2}{19{,}6\pi^2 D_0^5} \qquad \text{(III)}$$

Como Q = 0,25 m³/s e L = 2300 m, e têm-se duas incógnitas, pode-se iniciar um processo iterativo com f_0 = 0,020, que resulta D_0 = 0,3686 m.

1ª iteração

$$\text{Re}=\frac{VD_0}{\nu}=\frac{4QD_0}{\pi D_0^2 \nu}=8{,}64\times10^5$$

$$\frac{\varepsilon}{D_0}=\frac{0{,}0005}{0{,}3686}=0{,}00136$$

Com esses números, entra-se no diagrama de Moody ou equação de Colebrook e se obtém o novo valor de f = 0,0215.

Volta-se à equação (III) e se obtém o novo valor D_1 = 0,3739 m. Pode ser feita uma 2ª iteração:

$$\text{Re}=\frac{VD_0}{\nu}=\frac{4QD_1}{\pi D_1^2 \nu}=8{,}52\times10^5$$

$$\frac{\varepsilon}{D_1}=\frac{0{,}0005}{0{,}3739}=0{,}00134$$

E, novamente no diagrama de Moody, resulta f_1 ~ 0,022.

O valor do diâmetro da tubulação seria de 0,373 m. Como essa dimensão não é padronizada, pode-se optar por um diâmetro padronizado de 400 mm, eventualmente disponível para válvulas borboletas e singularidades como curvas.

b) Cálculo da potência da bomba para estabelecer uma vazão de 0,40 m³/s

Agora, a Primeira Lei da Termodinâmica deve ser aplicada no sentido do reservatório A para o B, entre os pontos 0 e 5.

$$\left(\frac{\alpha_0 V_0^2}{2g}+\frac{P_0}{\gamma}+z_0\right)-\left(\frac{\alpha_5 V_5^2}{2g}+\frac{P_5}{\gamma}+z_5\right)=\frac{\dot{W}_a}{\gamma Q}-\frac{\dot{W}_m}{\gamma Q}$$

Sabe-se, assim, que D = 0,400 m e a vazão é 0,40 m³/s. As velocidades e pressões são zero. Substituindo, resulta:

$$-35=f\frac{L}{D}\frac{V^2}{2g}-\frac{\dot{W}_m}{\gamma Q} \quad \text{(IV)}$$

O valor de f tem de ser novamente determinado, pois a velocidade média foi alterada:

$$V=\frac{4Q}{\pi D^2}=3{,}18 \text{ m/s}$$

$$\text{Re}=\frac{VD}{\nu}=1{,}27\times 10^6$$

$$\frac{\varepsilon}{D_1}=\frac{0{,}0005}{0{,}400}=0{,}00125$$

f = 0,0215, que, substituído em (IV), resulta:

$$\dot{W}_m=381 \text{ kW}$$

Essa é a potência que o fluido recebe da bomba. Como a bomba tem eficiência de 64 %, ela deve receber no eixo:

$$\dot{W}_{eixo}=\frac{\dot{W}_m}{0{,}64}=595 \text{ kW.}$$

c) No caso do funcionamento como turbina, o sentido é do reservatório B para o A

$$\left(\frac{\alpha_5 V_5^2}{2g}+\frac{P_5}{\gamma}+z_5\right)-\left(\frac{\alpha_0 V_2^2}{2g}+\frac{P_0}{\gamma}+z_0\right)=\frac{\dot{W}_a}{\gamma Q}-\frac{\dot{W}_m}{\gamma Q}$$

Sabe-se agora que D = 0,400 m e a vazão de 0,18 m³/s. As velocidades e pressões são zero. Substituindo, resulta:

$$35=f\frac{L}{D}\frac{V^2}{2g}-\frac{\dot{W}_m}{\gamma Q} \quad \text{(V)}$$

O valor de f tem de ser novamente determinado, pois a velocidade média foi alterada:

$$V=\frac{4Q}{\pi D^2}=1{,}43 \text{ m/s}$$

$$\text{Re}=\frac{VD}{\nu}=5{,}72\times 10^5$$

$$\frac{\varepsilon}{D_1}=\frac{0{,}0005}{0{,}400}=0{,}00125$$

f = 0,0215, que, substituído em (IV), resulta:

$$\dot{W}_m=-39{,}0 \text{ kW}$$

Essa é a potência retirada do escoamento pela turbina. Como sua eficiência é de 75 %, resulta disponível em seu eixo:

$$\dot{W}_{eixo}=\dot{W}_m\times 0{,}75=29{,}2 \text{ kW}$$

EXERCÍCIO 6.2

Este problema trata de uma questão simples: qual a altura máxima a que se pode erguer um sifão drenando água de um reservatório, antes que a pressão interna se iguale à pressão de vapor e ocorra o rompimento da veia fluida? A Figura 6.18 representa a situação. A pressão de vapor vale 2,3 kPa absoluta na temperatura do arranjo. Considere que as perdas de carga podem ser representadas por $h_f = 0{,}2L\dfrac{V^2}{2g}$.

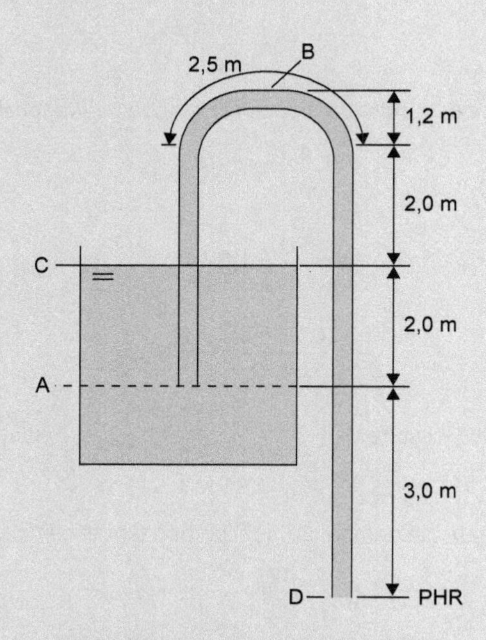

FIGURA 6.18 Sifão e cavitação.

Para calcular a vazão estabelecida, deve-se aplicar a equação da Primeira Lei da Termodinâmica entre as seções A e D, pois, como sempre, podem-se eliminar variáveis em A e D. O escoamento é turbulento e $\alpha_D = 1$. Observe que se está tomando o ponto A fora da tubulação e na mesma linha de nível do duto, assumindo que não há perdas na boca de entrada do duto.

$$\left(\frac{\alpha_A V_A^2}{2g} + \frac{P_A}{\gamma} + z_A\right) - \left(\frac{\alpha_D V_D^2}{2g} + \frac{P_D}{\gamma} + z_D\right) = \frac{\dot{W}_a}{\gamma Q} - \frac{\dot{W}_m}{\gamma Q}$$

$V_A = V_C = 0$ e $P_D = 0$ (aberto para atmosfera) e a equação anterior fica:

$$\frac{P_A}{\gamma} + z_A - \frac{V_D^2}{2g} = 0{,}2L\frac{V_D^2}{2g}$$

$$\frac{P_A}{\gamma} = 2 \text{ mca}, \quad z_A = 3 \text{ mca} \;\text{ e }\; L = 13{,}5 \text{ m} \quad \therefore V_D = 5{,}1 \text{ m/s}$$

Para determinar a pressão em P_B, aplica-se novamente a Primeira Lei da Termodinâmica, agora entre A e B:

$$\left(\frac{\alpha_A V_A^2}{2g} + \frac{P_A}{\gamma} + z_A\right) - \left(\frac{\alpha_B V_B^2}{2g} + \frac{P_B}{\gamma} + z_B\right) = \frac{\dot{W}_a}{\gamma Q} - \frac{\dot{W}_m}{\gamma Q}$$

$$\left(0+\frac{P_A}{\gamma}+z_A\right)-\left(\frac{V_B^2}{2g}+\frac{P_B}{\gamma}+z_B\right)=0{,}2L\frac{V_D^2}{2g}-0$$

$$(0+2+3)-\left(\frac{3{,}0^2}{19{,}6}+\frac{P_B}{\gamma}+8{,}2\right)=0{,}2\times 13{,}5\frac{2{,}6^2}{19{,}6}-0$$

$$\frac{P_B}{\gamma}=-4{,}6 \text{ mca}$$

Verifique a máxima altura de B para ocorrer cavitação, com P_v = 2,3 kPa absoluta:

$$\left(\frac{\alpha_A V_A^2}{2g}+\frac{P_A}{\gamma}+z_A\right)-\left(\frac{\alpha_B V_B^2}{2g}+\frac{P_B}{\gamma}+z_B\right)=0{,}2L\frac{V_D^2}{2g}-\frac{\dot{W}_m}{\gamma Q}$$

$$(0+2+3)-\left(\frac{2{,}6^2}{2\times 9{,}8}+\frac{P_B}{\gamma}+z_B+d\right)=0{,}2\times(13{,}5+2d)\frac{2{,}6^2}{2\times 9{,}8}-0$$

Observe que d é a altura que pode ser elevada acima de z_B = 8,2 m atual, e que a perda de carga depende do comprimento da tubulação, que será aumentada de $2d$.

A pressão de vapor a que se pode chegar é 2,3 kPa absoluta e, considerando a pressão atmosférica local como 98 kPa, isso corresponde a uma pressão efetiva de P_B = -95,700 kPa. Com γ = 9800 N/m³ e, portanto, $\frac{P_B}{\gamma}=-9{,}765$ mca.

Fazendo as substituições, obtém-se d = 0,770 m, que é a altura máxima a que se pode erguer o ponto B a partir de sua posição inicial, antes de ocorrer o rompimento da veia fluida por geração de vapor.

EXERCÍCIO 6.3

Uma tubulação de abastecimento de água teve a rugosidade aumentada por conta de corrosão e depósitos de material ao longo do tempo. É necessário avaliar o novo ponto de operação do sistema. Foi instalado um tubo de Pitot distante da saída da bomba e posicionado de tal forma a medir diretamente a velocidade média do escoamento, como representa a Figura 6.19.

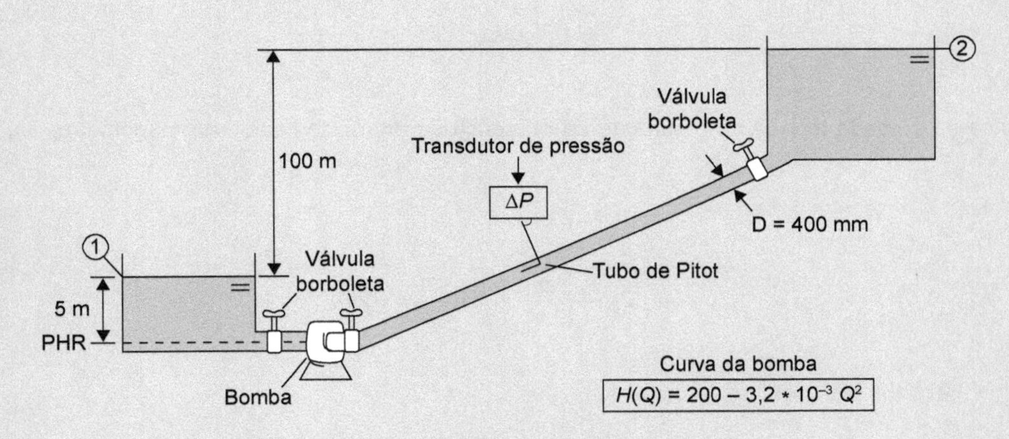

FIGURA 6.19 Instalação hidráulica e rugosidade.

Encontre:

a) a vazão (Q) na condição de operação;

b) o coeficiente de perda de carga (f) resultante da medição;

c) a rugosidade equivalente (ε) do tubo;

d) a pressão efetiva (P_3) na entrada da bomba;

e) a curva característica do sistema ($H_{sist}(Q)$) e esboce-a junto à curva da bomba.

Dados:

$g = 9{,}81$ m/s²;

$\nu = 10^{-6}$ m²/s;

comprimento da tubulação = 10 km;

comprimento antes da bomba = 10 m;

diâmetro da tubulação = 400 mm;

$K_{s\text{-}entrada} = 0{,}5$; $K_{s\text{-}válvula} = 0{,}4$; $K_{s\text{-}saída} = 1$;

cota reservatório 1 = 700 m; cota reservatório 2 = 800 m;

altura afogada da bomba = 5 m; altura no manômetro de Pitot = 70 mca;

curva característica da bomba

$$H_B(Q) = 200 - 3{,}2 \times 10^{-3}\, Q^2 [\text{m}].$$

Solução

a) Para calcular a vazão, pode-se utilizar a velocidade média obtida com o tubo de Pitot. O transdutor de pressão fornece o valor da pressão dinâmica, e pode-se utilizar a equação de Bernoulli entre os pontos estático (s) e estagnação (t):

$$\frac{p_s}{\gamma} + \frac{V^2_s}{2g} + z_s = \frac{p_t}{\gamma} + \frac{V^2_t}{2g} + z_t$$

Da geometria do problema, têm-se $z_s = z_t$ e $V_s = V$. E, por definição, $V_t = 0$. Assim, a equação pode ser simplificada para:

$$\frac{V^2}{2g} = \frac{p_t - p_s}{\gamma}$$

$$V = \sqrt{2g\frac{p_t - p_s}{\gamma}}$$

A diferença de pressão ($p_t - p_s$) é resultante da diferença de altura do líquido do manômetro, e é dada pela equação:

$$p_t - p_s = \gamma h$$

$$V = \sqrt{2g\frac{p_t - p_s}{\gamma}} = \sqrt{2g\frac{\gamma h}{\gamma}} = \sqrt{2gh}$$

Substituindo os valores:

$$V = \sqrt{2 * 9{,}81 * 0{,}070} = 1{,}17 \text{ m/s}$$

A área da seção do tubo é calculada como:

$$A = \pi R^2 = \pi \frac{D^2}{4} = \pi \frac{0,4^2}{4} = 0,126 \text{ m}^2$$

Por fim, a vazão é calculada como:

$$Q = VA = 1,17 * 0,126 = 0,147 \text{ m}^3/\text{s}$$

Com a equação fornecida da bomba, pode-se estimar a altura manométrica no ponto de operação:

$$H_B(Q) = 200 - 3,2 * 10^3 * 0,126^2 = 130,9 \text{ mca}$$

b) Pode-se aplicar a equação da Primeira Lei da Termodinâmica entre os dois reservatórios:

$$\left(\frac{\alpha_1 V_1^2}{2g} + \frac{P_1}{\gamma} + z_1\right) - \left(\frac{\alpha_2 V_2^2}{2g} + \frac{P_2}{\gamma} + z_2\right) = \frac{\dot{w}_a}{\gamma Q} - \frac{\dot{w}_m}{\gamma Q}$$

em que $\frac{\alpha_1 V_1^2}{2g} = \frac{\alpha_2 V_2^2}{2g} = 0$ e $\frac{P_1}{\gamma} = \frac{P_2}{\gamma} = 0$ e z_1 = 5 m e z_2 = 105 m, resultando:

$$\frac{\dot{w}_m}{\gamma Q} = \frac{\dot{w}_a}{\gamma Q} + 100$$

Na condição de operação da bomba, a carga fornecida pela bomba deve ser igual à carga exigida pelo sistema:

$$H_{bomba} = H_{sistema}$$

E da equação anterior:

$$H_{sistema} = \frac{\dot{w}_a}{\gamma Q} + 100$$

É necessário, portanto, o cálculo das perdas de carga que ocorrem no sistema. As perdas de carga singulares podem ser estimadas pela fórmula:

$$h_S = k_S \frac{V^2}{2g} = (0,5 + 0,4 + 0,4 + 1) * \frac{1,17^2}{2 * 9,81} = 0,16 \text{ mca}$$

Todavia, no ponto de operação, a carga da bomba (que é a mesma do sistema) foi calculada como 130,9 mca e, assim:

$$H_{sistema} = \frac{\dot{w}_a}{\gamma Q} + 100 \rightarrow 130,9 = h_f + h_s + 100$$

Dessa equação, se tira que h_f = 30,7 mca.
Como a perda distribuída pode ser estimada também pela equação de Darcy-Weisbach:

$$h_f = f \frac{L}{D} \frac{V^2}{2g}$$

é possível isolar o coeficiente *f*:

$$f = h_L \frac{D}{L} \frac{2g}{V^2} = 30,7 * \frac{0,4}{10.000} \frac{2 * 9,81}{1,17^2} = 0,0176$$

c) Utilizando a equação de Colebrook, pode-se então calcular a rugosidade, ε:

$$\frac{1}{\sqrt{f}} = -2\log\left(\frac{2,51}{R_e\sqrt{f}} + 0,27\frac{\varepsilon}{D}\right)$$

$$-\frac{1}{2\sqrt{f}} = \log\left(\frac{2,51}{R_e\sqrt{f}} + 0,27\frac{\varepsilon}{D}\right)$$

$$10^{-\frac{1}{2\sqrt{f}}} = \frac{2,51}{R_e\sqrt{f}} + 0,27\frac{\varepsilon}{D}$$

$$\varepsilon = \frac{D}{0,27}\left(10^{-\frac{1}{2\sqrt{f}}} - \frac{2,51}{R_e\sqrt{f}}\right)$$

Para obter o valor da rugosidade, é necessário o número de Reynolds do escoamento:

$$\text{Re} = \frac{VD}{\nu} = \frac{1,17 * 0,4}{10^{-6}} = 468.000$$

Substituindo os valores numéricos, resulta:

$$\varepsilon = 0,19 \text{ mm}$$

d) Para se obter a pressão efetiva na entrada da bomba, aplica-se novamente a equação da Primeira Lei da Termodinâmica entre os pontos 1 e 3:

$$\left(\frac{\alpha_1 V_1^2}{2g} + \frac{P_1}{\gamma} + z_1\right) - \left(\frac{\alpha_3 V_3^2}{2g} + \frac{P_3}{\gamma} + z_3\right) = \frac{\dot{w}_a}{\gamma Q} - \frac{\dot{w}_m}{\gamma Q}$$

em que: $\frac{\alpha_1 V_1^2}{2g} = 0$, $\frac{P_1}{\gamma} = 0$, z_1 = 5 m, V_3 = 1,17 m/s, $z_3 = 0$, $\frac{\dot{w}_m}{\gamma Q} = 0$, $\frac{\dot{w}_a}{\gamma Q} = \left(0,5 + 0,4 + f\frac{L_B}{D}\right)\frac{V^2}{2g}$

Resultando:

$$5 - \frac{1 * 1,17^2}{2 * 9,81} + \frac{P_3}{9810} = \left(0,5 + 0,4 + 0,076\frac{10}{0,4}\right)\frac{1,17^2}{2 * 9,81}$$

Portanto, P_3 = 47,5 kPa.

e) A curva característica do sistema deve encontrar a curva da bomba no ponto de operação já determinado, e também deve passar pela altura de elevação geométrica da carga. Pode ser obtida por:

$$H_{sistema} = \frac{\dot{w}_a}{\gamma Q} + 100 \rightarrow 130,9 = h_f + h_s + 100$$

$$H_{sistema} = \left(k_s + f\frac{L}{D}\right)\frac{V^2}{2g} + 100 = 100 + \left(k_s + f\frac{L}{D}\right)\frac{Q^2}{2gA^2}$$

Substituindo os valores, resulta:

$$H_{sistema} = 100 + 1420\, Q^2$$

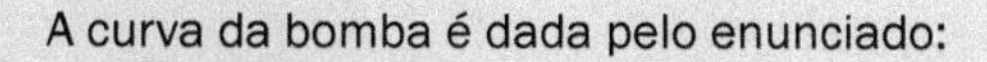

A curva da bomba é dada pelo enunciado:

$$H_{bomba} = 200 - 3{,}2 \times 10^{-3}\, Q^2$$

Ambas devem ser traçadas no mesmo gráfico:

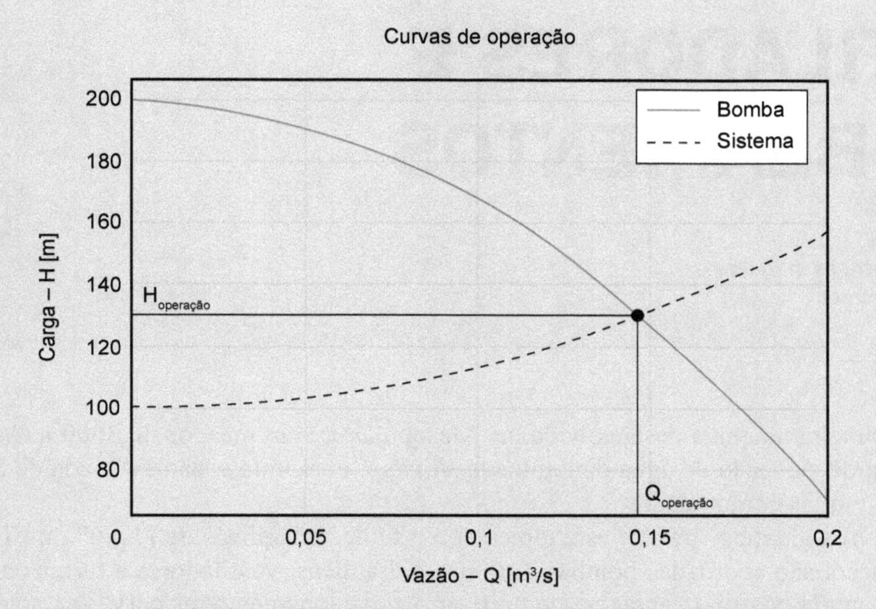

FIGURA 6.20 Curva da bomba, curva do sistema e ponto de operação.

CONSIDERAÇÕES FINAIS

Este capítulo mostrou os caminhos a serem percorridos para realizar o cálculo hidráulico de dutos. Chamou a atenção para os cuidados que devem ser tomados nos cálculos, e que ainda hoje a situação do cálculo de perdas de carga não está resolvida da melhor maneira. Há aperfeiçoamentos que podem ser feitos, mas este é o panorama que se encontra nos projetos. Deve-se ter muita atenção e cuidado com a eficiência energética de instalações de bombeamento, em muito negligenciada nos projetos e instalações.

CAPÍTULO 7

BOMBAS, VENTILADORES E BOMBEAMENTOS

Bombas estão entre as máquinas mais usadas no mundo.

Possivelmente, a primeira máquina desenvolvida, na Mesopotâmia, em meados de 3000 a.C., era uma forma simples de máquina de elevação de água denominada *shadoof*, com uma vazão estimada de 2,5 m^3/dia, utilizada ainda hoje em muitas comunidades.

Em geral, os livros didáticos trazem este tópico sob o título "Máquinas de Fluxo" ou "Turbomáquinas". Sob essa denominação, são abordadas bombas, turbinas hidráulicas, ventiladores e turbocompressores. Esse tipo de abordagem ampla possui a vantagem de unificar o equacionamento: as curvas características são formalmente similares, assim como seu equacionamento, com os mesmos números adimensionais. Curvas características são as curvas a partir das quais se verificam propriedades como altura manométrica, vazão, potência e eficiência de uma máquina de fluxo, como visto no Capítulo 3 – Análise Dimensional e Teoria da Semelhança.

Neste livro, não será abordado o projeto hidráulico dessas máquinas, mas priorizada a informação sobre **bombas** como partes de sistemas hidráulicos, seu uso e operação energética eficiente.

OBJETIVOS

- Equacionar o uso de bombas como parte de sistemas hidráulicos.
- Apresentar o uso de curvas características de **bombas centrífugas** e do **ponto de operação** com a curva do sistema e a curva da bomba.
- Definir o uso de parâmetros importantes no trabalho com bombas.

Método

O método de trabalho com bombas envolve o uso de:

- **Análise dimensional** – coeficientes, curvas e equações adimensionalizadas.
- **Equação da continuidade**, **Primeira Lei da Termodinâmica** e **equações empíricas**.
- **Curvas características de bombas e curvas dos sistemas hidráulicos**.

Eficiência energética

A despeito de os dados variarem bastante, Bernd Stoffel, em seu livro *Assessing the energy efficiency of pumps and pump units* (2015), estimou que sistemas movidos por motores elétricos respondem por algo ao redor de 45 % do consumo global de energia. Desse total, 32 % correspondem ao uso em compressores, 30 % em movimentos mecânicos, **19 % com bombas** e 19 % com ventiladores, o que significa que aproximadamente **70 %** do consumo global de energia elétrica em motores são utilizados para mover máquinas de fluxo. Estima-se que de **30 a 50 %** da energia consumida em bombeamentos poderiam **ser economizados** por meio de mudanças nos equipamentos e tubulações associadas e na operação dos sistemas de bombeamento.

Em média, 90 % ou mais do custo de propriedade de uma bomba, por 20 anos, por exemplo, referem-se à energia e os 10 % restantes, ou menos, dizem respeito ao custo da compra e de manutenção, ao longo da vida útil do equipamento. Por isso, **eficiência energética é um assunto importante**.

Bombeamentos são, portanto, um desafio muito importante na conservação de energia. Segundo frase de um diretor de uma grande empresa de petróleo: "conservação de energia é a melhor fonte nova de energia que existe".

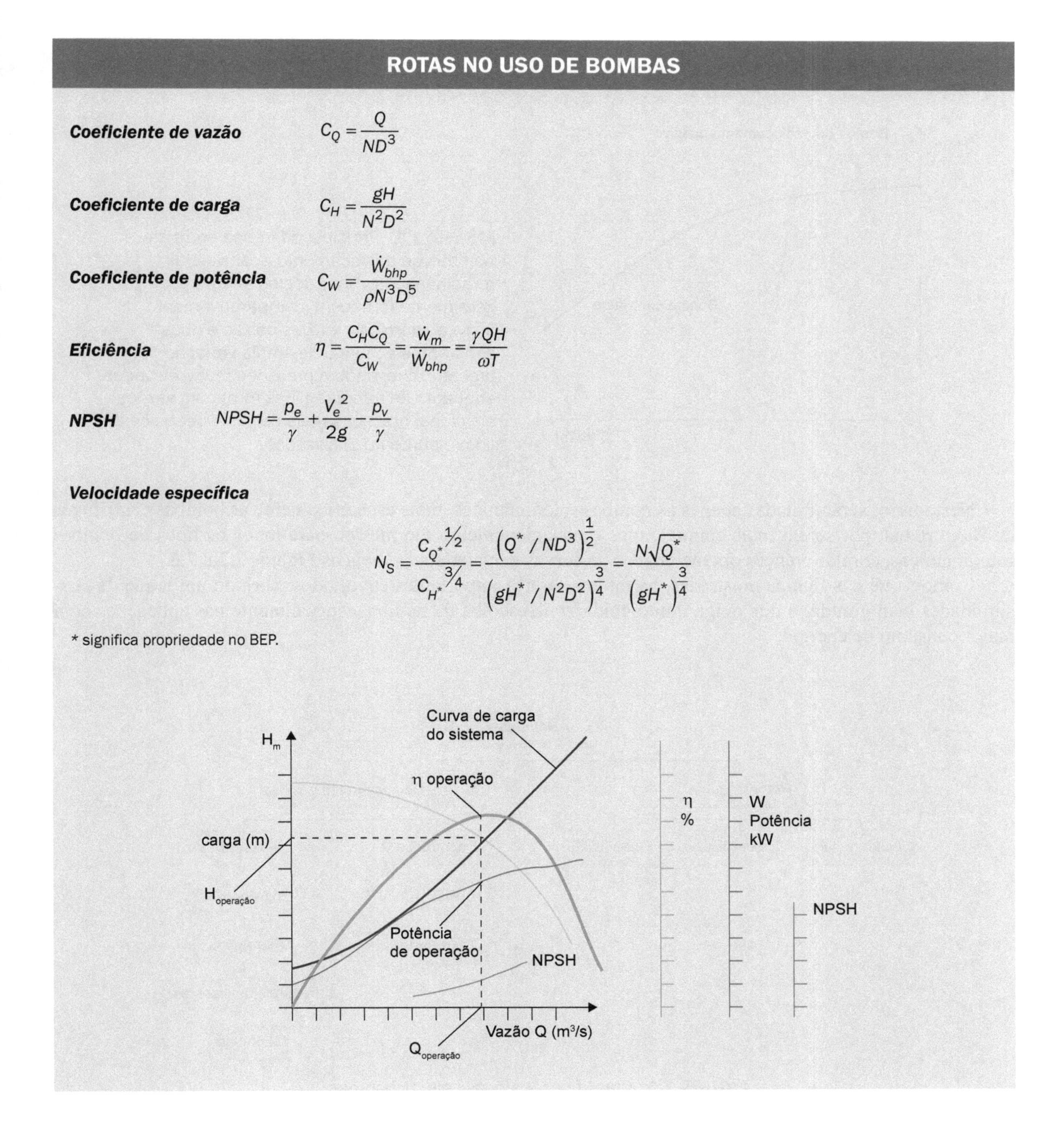

ROTAS NO USO DE BOMBAS

Coeficiente de vazão $C_Q = \frac{Q}{ND^3}$

Coeficiente de carga $C_H = \frac{gH}{N^2D^2}$

Coeficiente de potência $C_W = \frac{\dot{W}_{bhp}}{\rho N^3 D^5}$

Eficiência $\eta = \frac{C_H C_Q}{C_W} = \frac{\dot{w}_m}{\dot{W}_{bhp}} = \frac{\gamma Q H}{\omega T}$

NPSH $NPSH = \frac{p_e}{\gamma} + \frac{V_e^2}{2g} - \frac{p_v}{\gamma}$

Velocidade específica

$$N_S = \frac{C_{Q^*}^{1/2}}{C_{H^*}^{3/4}} = \frac{\left(Q^* / ND^3\right)^{\frac{1}{2}}}{\left(gH^* / N^2D^2\right)^{\frac{3}{4}}} = \frac{N\sqrt{Q^*}}{\left(gH^*\right)^{\frac{3}{4}}}$$

* significa propriedade no BEP.

7.1 CONCEITOS BÁSICOS E TIPOS DE BOMBAS

As bombas cumprem duas funções básicas: promover o escoamento de fluidos e elevar a pressão em circuitos de fluidos.

Essas funções podem ser realizadas de várias formas, dependendo das vazões e pressões necessárias, o que demanda tipos e modelos diferentes de bombas, projetadas para cada finalidade.

7.1.1 Classificação das bombas

Bombas são classificadas em duas grandes divisões: bombas rotodinâmicas (~ 73 % do total) e bombas de deslocamento positivo (~ outros 27 %).

As bombas rotodinâmicas e as de deslocamento positivo possuem curvas muito diferentes e atendem a necessidades muito distintas, como mostra a Figura 7.1.

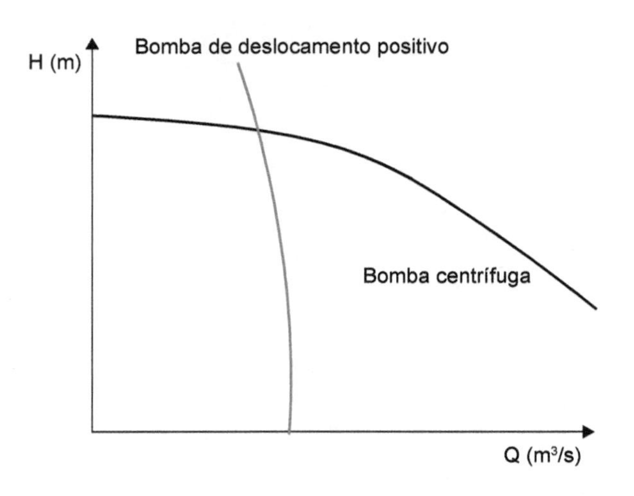

FIGURA 7.1 Principal diferença entre as bombas de deslocamento positivo e as rotodinâmicas: as de deslocamento positivo geralmente fornecem (comparativamente às rotodinâmicas) vazões baixas e quase constantes ao longo de ampla variação de pressão, chegando a pressões muito elevadas, enquanto as rotodinâmicas fornecem vazões elevadas, pressões mais baixas e decrescentes com o aumento das vazões.

Neste livro, serão tratadas apenas as bombas rotodinâmicas, mais especificamente as bombas centrífugas de fluxo radial, por serem mais comuns, mas o equacionamento é o mesmo para todos os tipos de bombas rotodinâmicas, com diferenças operacionais e de curvas características. Veja as Figuras 7.2 a 7.6.

Como se vê nas figuras mostradas, há muitos fatores importantes envolvidos, abrindo um leque de possibilidades bem grande, o que exige muito cuidado na escolha da bomba, especialmente nas aplicações com maior consumo de energia.

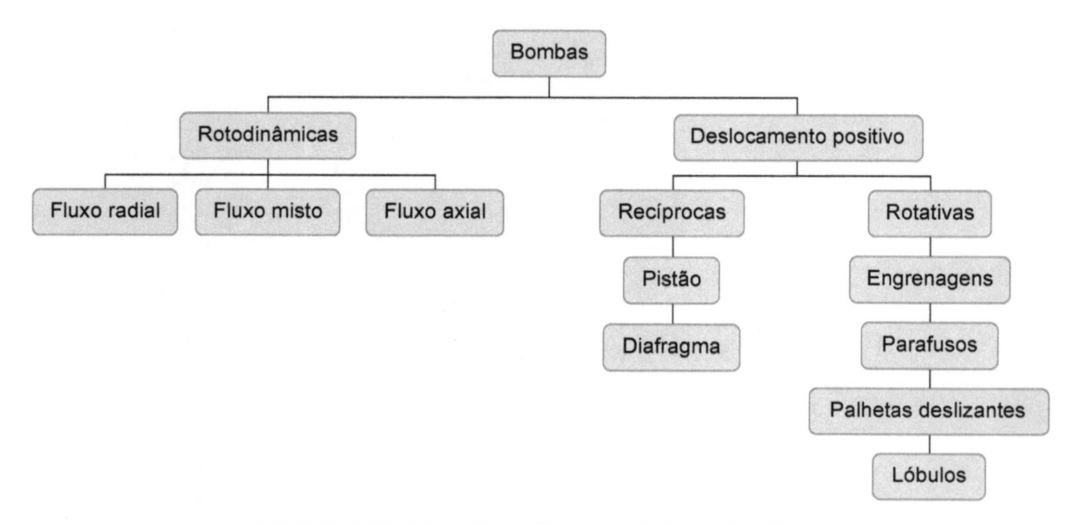

FIGURA 7.2 Classificações possíveis de bombas.

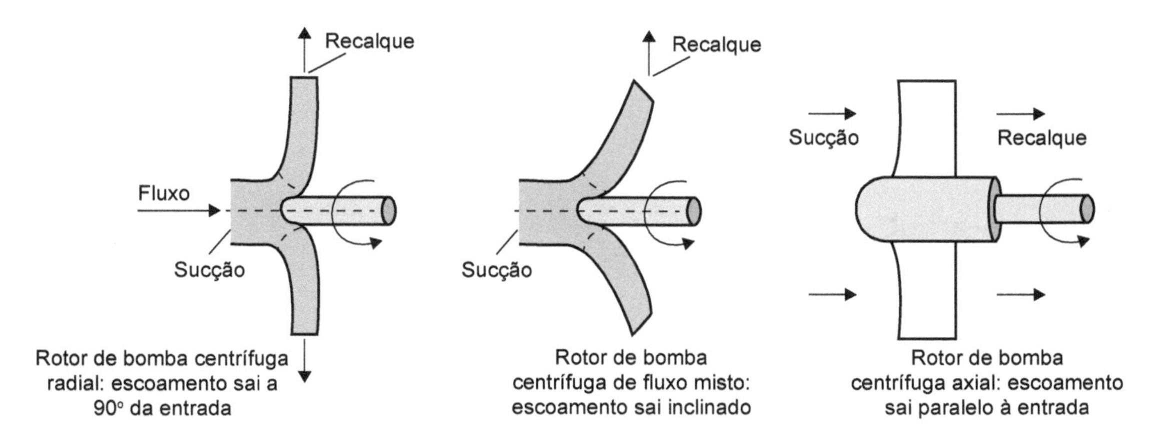

FIGURA 7.3 Três tipos de bombas rotodinâmicas: a centrífuga radial (mais comum), a de fluxo misto e a axial. A centrífuga radial fornece a maior pressão entre elas, com as menores vazões. Na axial, as vazões são muito elevadas, porém com pressões muito baixas, e a de fluxo misto situa-se no meio-termo.

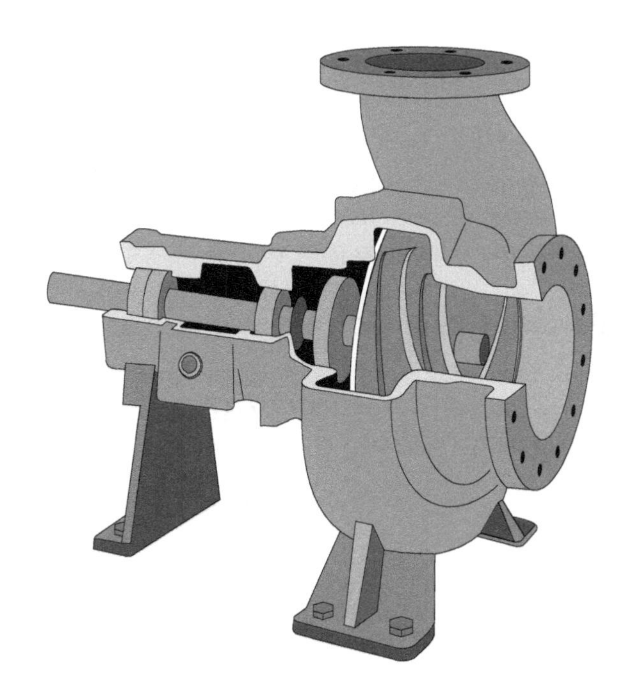

FIGURA 7.4 Exemplo de uma bomba rotodinâmica radial, chamada centrífuga. Fonte: Unido (2016).

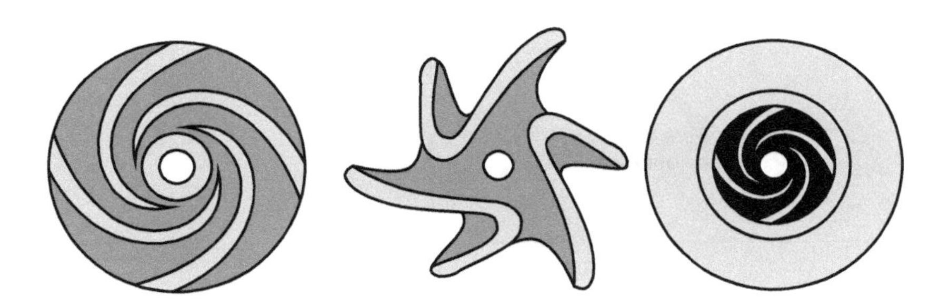

FIGURA 7.5 Exemplos de tipos de rotores para bombas centrífugas: semiaberto, aberto e fechado. Fonte: Unido (2016).

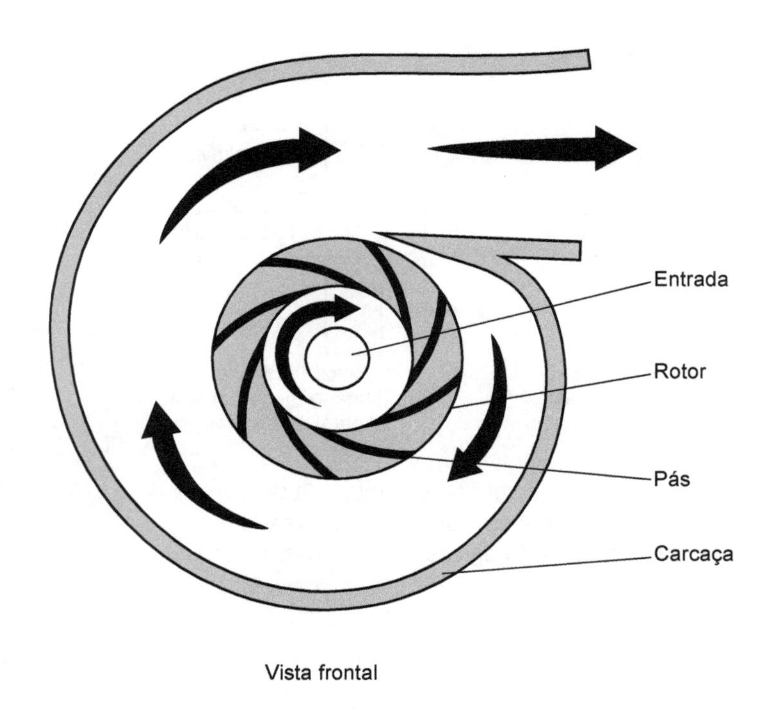

FIGURA 7.6 Esquema representativo de bomba centrífuga radial, em corte muito simplificado. A forma da inclinação das pás desempenha um papel importante: pás curvadas para trás proporcionam maior eficiência, pás curvadas para a frente resultam em menor eficiência, e pás retas fornecem valores mais altos de carga manométrica.

Ressalte-se que ventiladores que funcionam na faixa de escoamentos incompressíveis (Mach < 0,3) também seguem as leis de semelhança, assim como as turbinas hidráulicas.

Uma excelente referência para ventiladores é o livro *Fan Engineering*, de Robert Jorgensen (1999).

7.1.2 Parâmetros importantes e curvas características

Os parâmetros referentes a bombas são geralmente acessados por meio de curvas características representando $H = f_1(Q)$; $\dot{W}_{bhp} = f_2(Q)$; $\eta = f_3(Q)$ e NPSH $= f_4(Q)$.

Esses parâmetros estão dispostos em curvas na Figura 7.7 para uma bomba genérica.

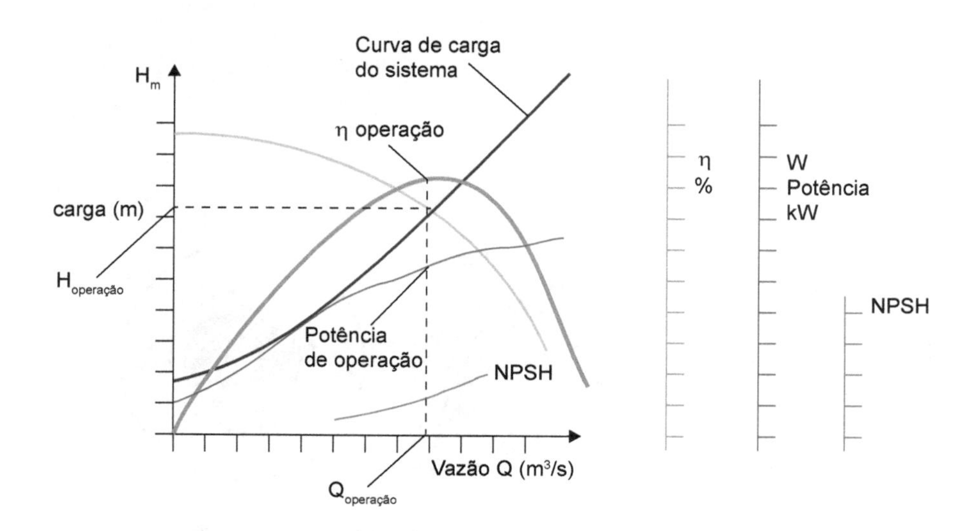

FIGURA 7.7 Forma comum de apresentação das curvas características de bombas.

Em traço em cinza mais escuro é superposta ao gráfico a curva do sistema. Observe que a curva de altura manométrica da bomba $H = f(Q)$ cruza a curva do sistema $H_s = g(Q)$ no ponto de operação.

H, frequentemente com o símbolo H_m, pode ser chamada tanto de altura manométrica quanto de carga manométrica. É expresso em metros de coluna do fluido que está sendo bombeado. No caso de água, muitas vezes medida em metros de coluna de água (mca), H é expresso pela carga na saída (recalque) menos a carga na entrada (sucção) da bomba:

$$H = \left(\frac{V_2^2}{2g} + \frac{P_2}{\gamma} + z_2\right) - \left(\frac{V_1^2}{2g} + \frac{P_1}{\gamma} + z_1\right)$$

Quando a diferença de energia cinética entre a entrada e a saída não for muito grande (diâmetros de entrada e de saída próximos), assim como a de energia potencial entre saída e entrada, então $H \cong \left(\frac{P_2 - P_1}{\gamma}\right)$, representando praticamente a diferença de pressão manométrica entre saída e entrada.

Atenção: normalmente o diâmetro da boca de descarga é menor que o diâmetro da boca de sucção, o que pode significar casos em que a diferença de energia cinética é importante.

$\dot{W}_{bhp}$ é a potência transmitida pelo eixo à bomba, expressa em kW, e ainda, por vezes, em hp ou cv.

$$\dot{W}_{bhp} = \omega T$$

em que ω é a velocidade angular e T é o torque transmitido.

$\dot{W}_m$ é a potência efetivamente transferida ao fluido.

$$\dot{W}_m = \gamma Q H$$

Essas duas potências se relacionam com $\dot{W}_m$ por meio da eficiência η da bomba,

$$\eta = \frac{\dot{W}_m}{\dot{W}_{bhp}} = \frac{\gamma Q H}{\omega T}$$

As curvas características de bombas, no catálogo de fabricantes, mostram o valor de $\dot{W}_{bhp}$.

NPSH, que será definido e estudado mais à frente, é um parâmetro muito importante para evitar a operação de bombas em região onde possa ocorrer a cavitação.

7.2 EQUACIONAMENTO DO BOMBEAMENTO

Bombas podem ser ensaiadas *in loco* ou em bancadas hidráulicas para o levantamento de suas curvas características $H = f_1(Q)$; $\dot{W}_{bhp} = f_2(Q)$; $\eta = f_3(Q)$ e NPSH $= f_4(Q)$.

Deve ser observado que, para a determinação da eficiência da bomba, existem dois métodos: o **método convencional** e o **método termodinâmico**. O método convencional é de longe o mais utilizado e depende da medição de vazão durante o ensaio para a avaliação da potência entregue ao fluido. Já o método termodinâmico baseia-se na medição do diferencial de temperaturas entre a entrada e a saída da bomba.

7.2.1 Ensaio de uma bomba para determinação de curvas características – Método convencional

A Figura 7.8 mostra como pode ser levantada a curva de altura manométrica de uma bomba em função da vazão.

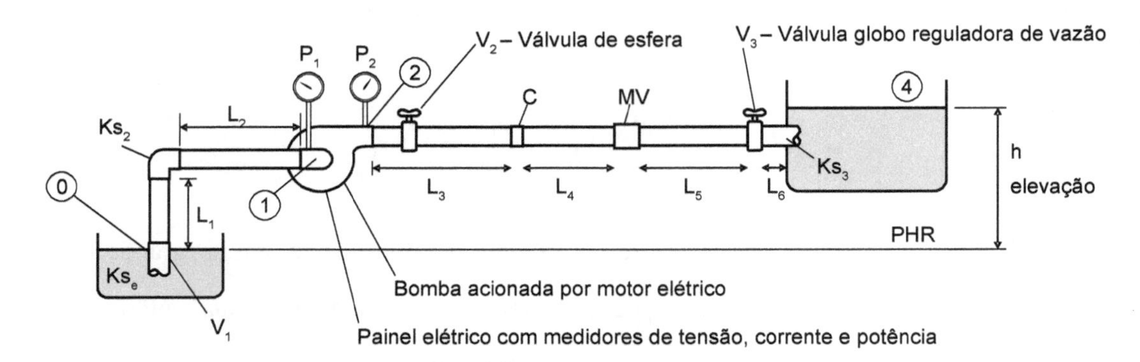

FIGURA 7.8 Sistema hidráulico composto por bomba, tubulações com singularidades, válvulas, manômetros, medidor de vazão e dois reservatórios de grandes dimensões, utilizado para determinar as curvas características da bomba.

A válvula V_1 é uma válvula de pé com crivo que, quando o motor para, impede o retorno da coluna de líquido a montante da bomba e apresenta uma perda de carga para cada vazão. A válvula V_2 é uma válvula de esfera, usada apenas para impedir o retorno da água quando serviços de manutenção forem necessários na bomba. O condicionador de escoamento C pode ser um feixe de tubos paralelos com diâmetros pequenos e tem a finalidade de promover escoamento plenamente desenvolvido a montante do medidor de vazão, mas também introduz perda de carga. O medidor de vazão pode ser do tipo eletromagnético, com incerteza inferior a 1 %. A válvula V_3 é uma válvula reguladora de vazão, do tipo globo, que possui perda de carga variável de acordo com a posição em que é ajustada.

A curva de eficiência do motor elétrico é fornecida e são medidos também a corrente elétrica consumida, a tensão e a potência. Com esses valores, é possível determinar a potência no eixo da bomba e também a eficiência da bomba, como será visto mais adiante.

Veja, na Figura 7.9, os detalhes do arranjo da aplicação da Primeira Lei da Termodinâmica no volume de controle considerado entre a entrada e a saída da bomba centrífuga.

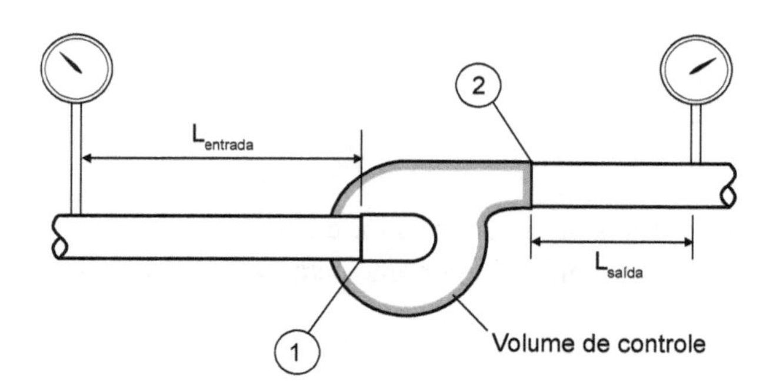

FIGURA 7.9 O volume de controle considerado para a aplicação da Primeira Lei da Termodinâmica abrange a bomba desde sua entrada 1 até a saída 2, que são os pontos de referência do fabricante ao fornecer as curvas da bomba.

Observe que geralmente a medição de pressão é feita por manômetros posicionados um pouco distantes dos pontos 1 e 2. Se essa for a situação, é necessário o cálculo da perda de carga nos trechos $L_{entrada}$ e $L_{saída}$ para estimar o valor real das pressões nas seções de entrada e de saída das bombas.

Considerando que as correções de pressão para os pontos 1 e 2 tenham sido feitas, aplica-se a Primeira Lei da Termodinâmica entre a entrada (1) e a saída (2) de uma máquina de fluxo:

$$\left(\frac{V_1^2}{2g}+\frac{P_1}{\gamma}+z_1\right)-\left(\frac{V_2^2}{2g}+\frac{P_2}{\gamma}+z_2\right)=\frac{\dot{w}_a}{\gamma Q}-\frac{\dot{w}_m}{\gamma Q}$$

Com esse volume de controle ao redor da bomba, pode-se considerar muitas vezes como perda de carga por atrito na tubulação $\frac{\dot{w}_a}{\gamma Q} \approx 0$, pois admite-se que todas as perdas que existirem no interior do volume de controle se devem às perdas internas da bomba, que são levadas em conta quando se estima, ou determina, o valor da eficiência da máquina. Assim, se uma bomba tiver eficiência de 63 %, significa que, da energia total que recebe pelo eixo, 37 % são perdas internas da bomba (perdas decorrentes de separações e turbulência, perdas em razão da rugosidade, perdas por atrito mecânico nos selos e mancais, perdas por vazamento).

Para simplificar a apresentação, supõe-se que o diâmetro seja o mesmo na entrada e na saída da bomba, o que elimina a energia cinética da equação no volume de controle entre os pontos 1 e 2. Admite-se também que a diferença de cotas seja negligível entre 1 e 2.

Substituindo os termos na equação anterior, resta como altura manométrica H da bomba:

$$\frac{P_2 - P_1}{\gamma} = \frac{\dot{w}_m}{\gamma Q} = H$$

Para levantar a curva de uma bomba, pode-se usar 10 pontos experimentais, ou seja, 10 vazões diferentes, obtidas pelo acionamento da válvula globo em dez posições diferentes. Para cada vazão deverão ser anotados os valores da diferença de pressão, da vazão e das variáveis elétricas para a determinação posterior da potência transmitida pelo eixo e da eficiência do uso de energia.

Tem-se então um conjunto de pontos para o par (Q, H): para cada vazão determinada, corresponde uma altura manométrica dada por $\frac{P_2 - P_1}{\gamma}$. Assim, pode-se gerar o gráfico da Figura 7.10.

FIGURA 7.10 Curva característica da bomba: altura manométrica H em função da vazão Q, levantada com 10 pontos experimentais. O ponto de *shut-off* mostrado representa a condição do sistema hidráulico com a válvula globo totalmente fechada, com vazão zero, que é a máxima diferença de pressão na bomba.

Cada vez que a válvula reguladora de vazão tem sua abertura alterada, a "resistência" hidráulica do sistema e o ponto de funcionamento na curva característica da bomba também mudam. Observe que bombas são equipamentos "sem cérebro": elas limitam-se a "seguir" sua curva até encontrar a curva do sistema.

A bomba sempre seguirá suas curvas características em qualquer sistema em que for instalada, e o ponto de operação representa a interseção com curva do sistema hidráulico.

A curva do sistema pode ser calculada aplicando a Primeira Lei da Termodinâmica limitada pelo volume de controle entre os pontos zero e 4, níveis dos reservatórios, mostrados na Figura 7.8:

$$\left(\frac{V_0^2}{2g} + \frac{P_0}{\gamma} + z_0\right) - \left(\frac{V_4^2}{2g} + \frac{P_4}{\gamma} + z_4\right) = \frac{\dot{w}_a}{\gamma Q} - \frac{\dot{w}_m}{\gamma Q}$$

Observe que os pontos zero e 4 estão à pressão atmosférica, com pressões efetivas iguais a zero. As velocidades são iguais a zero nos pontos zero e 4. Considerando que a tubulação tem diâmetro constante, a velocidade média em toda a tubulação é constante e igual a V. A altura de elevação $z_4 - z_0 = h$.

As perdas por atrito na tubulação e conexões podem ser estimadas por:

$$\frac{\dot{w}_a}{\gamma Q} = h_t = \Sigma h_f + \Sigma h_s = \Sigma\left(f_i \frac{L_i}{D_i}\frac{V^2}{2g}\right) + \Sigma\left(Ks_j \frac{V^2}{2g}\right) = \Sigma\left(f_i \frac{L_i}{D_i 2g} + \frac{Ks_j}{2g}\right)V^2$$

em que Ks_j representa a perda de carga em cada uma das j singularidades do conjunto.

Usando a equação da continuidade, pode-se escrever que $V = \dfrac{4Q}{\pi D^2}$, e a expressão para $\dfrac{\dot{w}_a}{\gamma Q}$ se torna, após alguma manipulação:

$$h_t = \Sigma\left(f_i \frac{L_i}{D_i 2g} + \frac{Ks_j}{2g}\right)\frac{16}{\pi^2 D^4}Q^2$$

Ou, condensadamente, com K sendo uma constante dada na equação anterior por tudo o que não é vazão, e que representa a resistência ao escoamento do fluido (lembre-se das leis da eletricidade). Então, a expressão anterior se torna:

$$h_t = KQ^2$$

A curva do sistema hidráulico se iguala à curva da bomba nos pontos experimentais marcados no gráfico da Figura 7.10, então pode-se escrever que:

$$h_{sist} = \frac{\dot{w}_m}{\gamma Q}$$

E, substituindo na expressão da Primeira Lei da Termodinâmica, pode ser obtida a equação para as diversas curvas de sistemas:

$$h_{sist} = KQ^2 + h$$

em que h é a altura geométrica de elevação.

Cada posição da válvula reguladora gera um valor diferente para a "resistência" K do sistema, mas a altura de elevação h do sistema é sempre a mesma.

Com base nessa equação, pode-se usar o gráfico já existente com a curva da bomba para montar a curva do sistema para uma vazão baixa, como mostra a Figura 7.11.

Repete-se o mesmo processo para sucessivas aberturas da válvula globo e se obtém o gráfico da Figura 7.12.

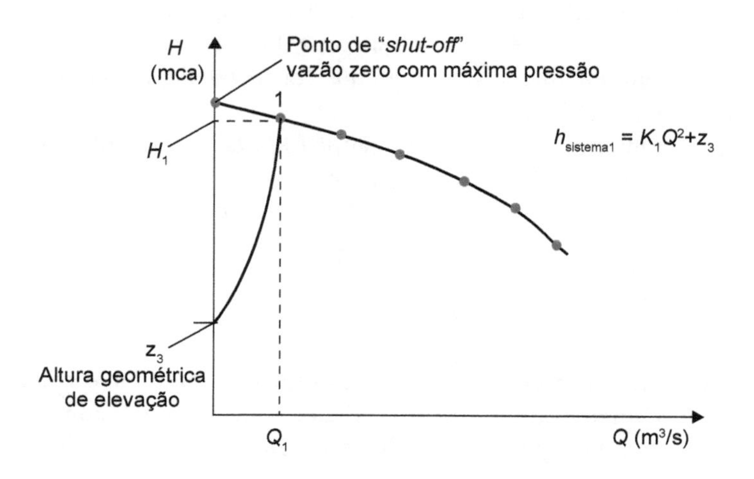

FIGURA 7.11 O ponto de *shut-off* é obtido com o fechamento total da válvula reguladora. Essa válvula é então aberta levemente para a passagem de água. Observe que os valores de H_1 e Q_1 têm de ser os mesmos valores da curva da bomba e, ao aplicá-los na curva do sistema, $h_{sist1} = K_1Q^2 + h$, com h = altura geométrica de elevação, determina-se então o valor de K_1. Esse valor de K_1 representa a resistência do sistema à passagem de água, similar à resistência elétrica à passagem da corrente elétrica em um fio.

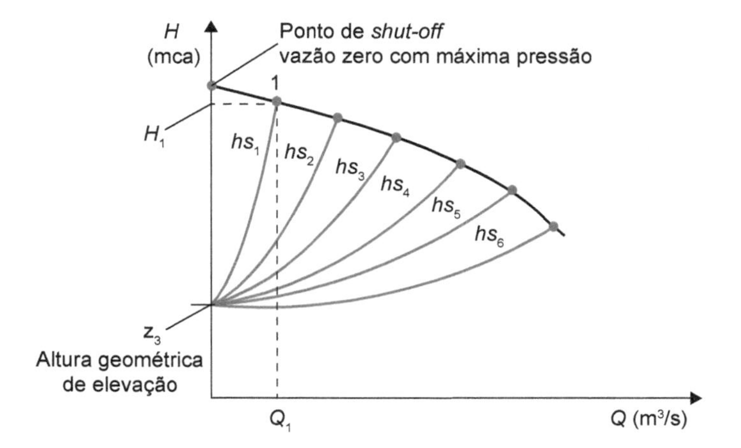

FIGURA 7.12 Cada curva de sistema $h_{sist\ i}$ mostrada representa uma abertura de válvula e cruza com a curva da bomba nos pontos de operação. Por simplicidade, foi mostrada apenas a curva de altura manométrica, mas as curvas de potência e de eficiência são obtidas seguindo o mesmo procedimento.

Considerações sobre potência de bombas

A **potência real transmitida pelo eixo do motor à bomba** é o $\dot{W}_{bhp}$, denominada em inglês *brake horsepower*. Provavelmente, sua origem se deve ao uso do freio de Prony, dispositivo usado para determinar a potência transmitida por um motor e que usa um freio (*brake*) no processo.

$$\dot{W}_{bhp} = \omega T$$

em que ω é a velocidade angular e T é o torque no eixo.

A **potência hidráulica entregue ao fluido** é $\dot{w}_m$

$$\dot{w}_m = \gamma Q H$$

Se não existissem perdas na bomba, $\dot{w}_m = \gamma QH = \omega T$. Como há perdas de energia na máquina, $\dot{w}_m$ é diferente da potência mecânica no eixo $\dot{W}_{bhp}$ e se define então a eficiência:

$$\eta = \frac{\dot{w}_m}{\dot{W}_{bhp}} = \frac{\gamma QH}{\omega T}$$

A medição direta do torque entre motor e bomba pode ser feita por meio de um torquímetro dinâmico, mas é raramente realizada, em função da complexidade, custos e tempo exigido na instalação, pois o torquímetro deve ser acoplado entre o eixo do motor e o eixo da bomba.

Como existe essa dificuldade de medição direta, geralmente a potência fornecida ao eixo de acionamento da bomba é estimada indiretamente por meio de grandezas elétricas medidas na alimentação do motor e da curva de eficiência do motor.

Grande parte dos motores utilizados são trifásicos de indução assíncronos, e se o motor estiver alimentado com carga elétrica equilibrada, há três tipos distintos de potência elétrica:

Potência ativa – medida por wattímetro e convertida em trabalho mecânico. Expressa em watts. A potência ativa é aquela consumida pelo motor elétrico, mas, em razão das perdas que ocorrem no motor, **não** é integralmente transmitida ao eixo da bomba na forma de potência útil.

$$P_{ativa} = \sqrt{3} VI \cos\phi$$

Potência reativa – produz campos magnéticos e não realiza trabalho.

$$P_{reativa} = \sqrt{3} VI \operatorname{sen}\phi$$

Potência aparente – determinada por amperímetro e voltímetro.

$$P_{aparente} = \sqrt{3}VI$$

O fator de potência, cosϕ, é a relação entre potência ativa e potência aparente, e ajuda a indicar a eficiência com a qual a energia está sendo usada.

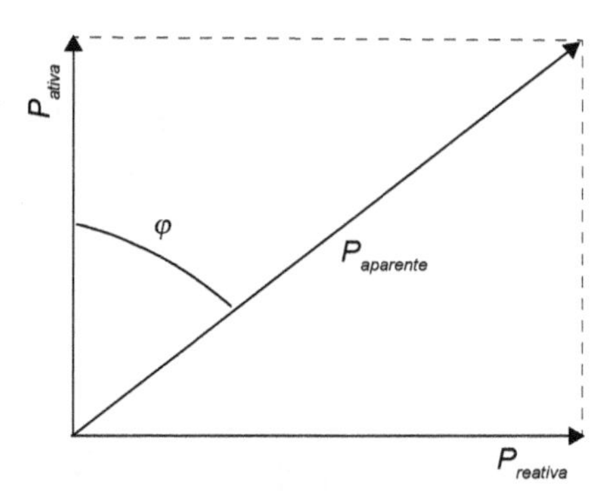

FIGURA 7.13 Fator de potência.

O fator de potência, representado na Figura 7.13, pode ser calculado com a equação:

$$\cos\phi = \frac{P_{ativa}}{P_{aparente}} = \frac{P_{ativa}}{\sqrt{3}VI}$$

Quando se instala um multímetro para a medição de potência (com wattímetro, voltímetro e amperímetro conjugados, por exemplo), P_{ativa} é a potência medida com o wattímetro, V é medida com o voltímetro e I com o amperímetro.

O rendimento η_{motor} do motor é determinado por:

$$\eta_{motor} = \frac{P_{útil}}{P_{ativa}}$$

Os motores elétricos podem ser fornecidos com suas curvas características nominais como na Figura 7.14.

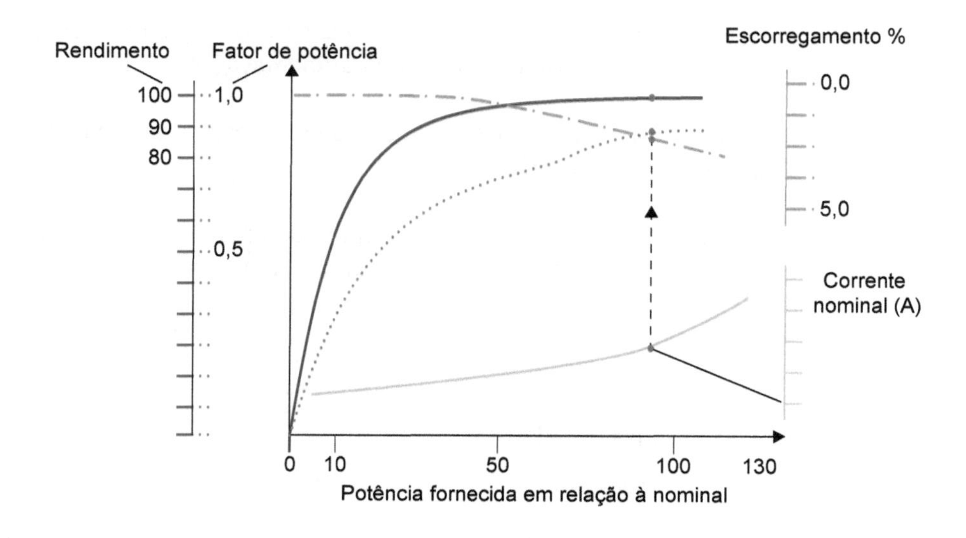

FIGURA 7.14 Curvas características típicas de um motor elétrico. Observe que, ao entrar no gráfico com o valor da corrente nominal, obtém-se o valor da eficiência.

Com o valor da eficiência η_{motor} e da P_{ativa}, calcula-se então a $P_{útil}$, que é a mesma que a $\dot{W}_{bhp}$. Assim, pode-se calcular a eficiência da bomba:

$$\eta = \frac{\dot{W}_m}{\dot{W}_{bhp}}$$

Lembre-se de que 1 hp = 745,7 watts e 1 cv = 735,5 watts.

7.2.2 Determinação da curva de rendimento de uma bomba - Método termodinâmico

A curva de rendimento da bomba pode ser determinada pelo método convencional, como descrito antes, ou pelo método termodinâmico. Esse método se baseia na aplicação da Primeira Lei da Termodinâmica ao volume de controle representado pela carcaça da bomba: como existem perdas internas na bomba, a hipótese utilizada é a de que as ineficiências internas da bomba vão ocasionar um aumento de temperatura do fluido (por conta do atrito) entre a entrada e a saída.

Para se usar a equação da Primeira Lei da Termodinâmica, devem ser medidas também a diferença de pressão entre a entrada e a saída da bomba, bem como a diferença de energia cinética.

Pode ser utilizado o esquema básico representado na Figura 7.8, com a inclusão de medidores de temperatura nas posições 1 e 2. Ressalte-se que devem ser medidas diferenças de temperatura da ordem de milikelvin (mK), precisão que ainda representa uma dificuldade tecnológica não desprezível.

Parte-se da definição da eficiência tanto para um método quanto para o outro:

$$\eta = \frac{\gamma Q H}{\dot{W}_{bhp}}$$

e as normas indicam como se pode calcular a vazão pelo método termodinâmico, aplicando a Primeira Lei da Termodinâmica à bomba e desprezando a troca de calor entre a carcaça da bomba e o ambiente:

$$\dot{W}_m = \gamma Q H = \dot{m}(h_2 - h_1)$$

em que h_1 e h_2 são as entalpias da água na sucção e no recalque, respectivamente, em kJ/kg, obtidas por meio das temperaturas medidas, e $\dot{m}$ é a vazão mássica do fluido, em kg/s.

Então, obtém-se:

$$\eta = \frac{\dot{m}(h_2 - h_1)}{\dot{W}_{bhp}}$$

Para a determinação do rendimento com baixa incerteza, é necessário que as medições de temperatura e de potência consumida também sejam realizadas com baixa incerteza. Antes do surgimento no mercado de medidores de temperatura de alta precisão para uso em campo, o método termodinâmico era recomendado apenas para estações de bombeamento com alturas manométricas $\geq$ 100 mca.

7.3 COEFICIENTES UTILIZADOS E ANÁLISE DIMENSIONAL - DESVIOS

Como mostrado no Capítulo 3, os principais números adimensionais que regem o projeto, seleção e operação de bombas são os seguintes:

- ***Coeficiente de vazão***

$$C_Q = \frac{Q}{ND^3}$$

- ***Coeficiente de carga***

$$C_H = \frac{gH}{N^2 D^2}$$

- ***Coeficiente de potência***

$$C_W = \frac{\dot{W}_{bhp}}{\rho N^3 D^5}$$

- ***Eficiência***

$$\eta = \frac{C_H C_Q}{C_W} = \frac{\dot{w}_m}{\dot{W}_{bhp}} = \frac{\gamma Q H}{\omega T}$$

Observe que N deve ser dado com as dimensões de velocidade angular para manter a adimensionalidade.

Como são números adimensionais obtidos por meio de análise dimensional, significa que eles representam bombas geometricamente semelhantes. Assim, se for ensaiada uma bomba e calculados esses números, o gráfico resultante teoricamente será único para toda a família de bombas geometricamente semelhantes, tenha ela rotor de 100 ou de 500 mm.

O gráfico da Figura 7.15 pode ser utilizado para calcular os valores reais de potência, carga e eficiência de qualquer bomba dessa família, bastando acessar com o valor do coeficiente de vazão. O ponto indicado como BEP (*best efficiency point*) é o ponto de melhor eficiência de operação das bombas e, idealmente, as bombas devem operar nas imediações dele. Também estão marcados com asterisco os valores dos coeficientes das bombas no BEP, utilizados para a definição da velocidade específica.

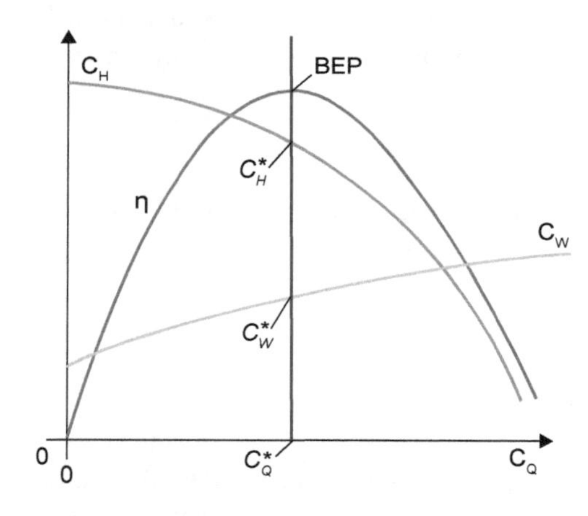

FIGURA 7.15 Curvas características adimensionalizadas de uma família genérica de bombas.

No processo de escolha de bombas, são usadas as leis de semelhança para procurar atender às características desejadas do ponto de operação (Q_{op}, H_{mop}) e, com isso, determinando $\dot{w}_{m\,op}$ e η_{op} também.

Para selecionar uma bomba que atenda aos valores desejados no ponto de operação solicitado, os fabricantes contam com um conjunto de carcaças e de rotores, cujas dimensões e acoplamento são ajustados para satisfazer às demandas: não é incomum ter uma bomba de grande porte instalada e verificar que está superdimensionada para o ponto de operação desejado. Nesse caso, usam-se as leis de semelhança para, por exemplo, diminuir o diâmetro do rotor da bomba (*trimming*), estabelecendo, assim, um novo patamar de operação.

Deve ser lembrado, porém, que no Capítulo 3 esses coeficientes foram deduzidos com duas simplificações importantes:

- assumiu-se que a rugosidade tem importância secundária, o que introduz alguns desvios nas aplicações reais;

- foi desprezada a influência do número de Reynolds, que é muito elevado no interior de máquinas de fluxo, e se supôs, por esta razão, que os efeitos viscosos seriam menos importantes. Porém, há situações em que isso pode não ser negligível.

Essas duas simplificações implicam que esses coeficientes não são exatos, e que podem ocorrer variações em seu uso.

As leis de semelhança são extremamente úteis, mas os resultados de sua aplicação não são exatos, considerando que:

- fabricantes instalam rotores com diferentes diâmetros na mesma carcaça, gerando **folgas diferentes** e, portanto, alterando ligeiramente as curvas das bombas;
- bombas grandes têm **rugosidades relativas** menores que bombas de menor porte;
- trabalhos com líquidos diferentes também apresentam problemas: líquidos viscosos têm efeitos grandes em C_W, porque o **número de Reynolds** passa a ser importante.

Influência da folga diferente

Ao se utilizar um rotor ajustado com diâmetro menor em uma mesma carcaça, fatalmente a curva de eficiência sofre decréscimo de alguns pontos percentuais, com reflexos nas curvas de consumo de potência e de NPSH, como mostra a Figura 7.16. Caso esse valor seja muito crítico, a bomba deve ser novamente ensaiada para se ter certeza dos novos valores.

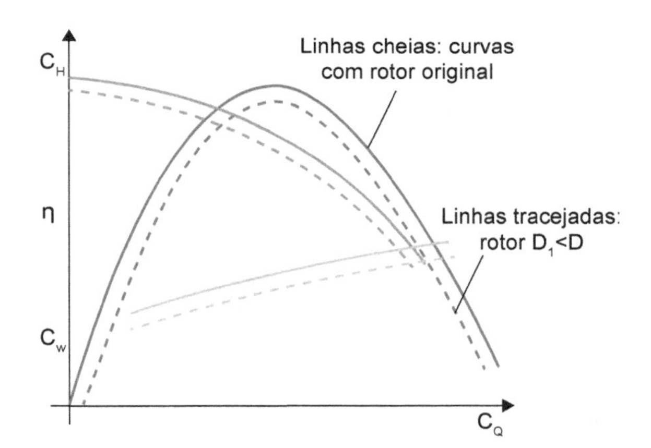

FIGURA 7.16 Curvas características obtidas com a carcaça e rotor com dimensões originais em linhas cheias. O rotor foi então usinado e a carcaça foi mantida com a dimensão original. Todas as curvas sofrem um decréscimo.

Influência da rugosidade

A rugosidade interna das bombas é inicialmente desprezada na análise adimensional apresentada no Capítulo 3. Porém, segundo a publicação *Study on improving the energy efficiency of pumps* da European Commission (EC), em 2001, elaborada por um grupo de estudos europeu, a rugosidade desempenha um papel importante nas bombas centrífugas. O artigo mostra variações de **até 5 %** no valor da eficiência quando a rugosidade interna variava de um valor considerado liso até um valor comum de rugosidade de 0,024 mm, típico da melhor qualidade de superfície possível em fundição com areia (método muito utilizado tanto para a produção do rotor quanto da carcaça). Se o valor da rugosidade for severo e chegar a 0,4 mm, a diferença na eficiência pode **atingir até 20 %**.

A Figura 7.17 ilustra um caso de aumento de rugosidade interna da bomba e seus efeitos.

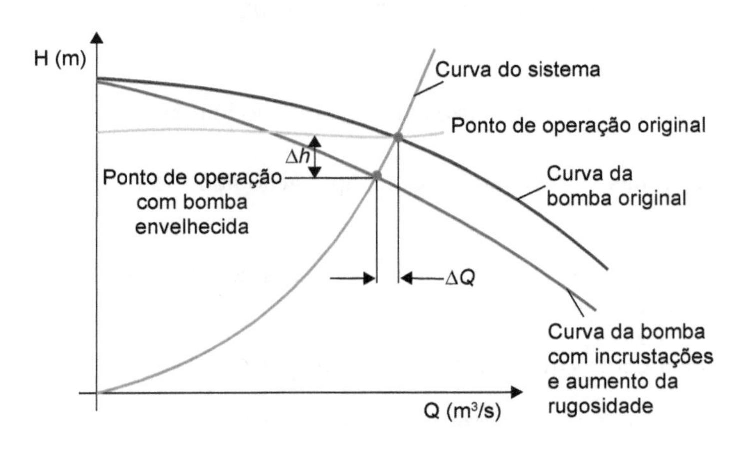

FIGURA 7.17 Uma bomba com rugosidade elevada, na curva inferior, e depois de revestida, na curva superior.

A figura mostra uma curva do sistema e a alteração do ponto de operação quando a bomba passa por um processo de envelhecimento, com depósitos, corrosão e/ou incrustações. Observe que há queda na vazão e queda na altura manométrica. Desse modo, é importante observar a condição de rugosidade interna das bombas. Existem processos de deposição de camadas de polímeros sobre as superfícies internas que podem se revelar boas opções em termos de economia de energia.

7.4 VARIAÇÃO DA ROTAÇÃO DE UMA BOMBA E SEUS EFEITOS

Com uma bomba instalada em um circuito hidráulico, há duas formas de variar o ponto de operação (vale dizer o par (Q_{op}, Hm_{op})):

- alterar a curva do sistema, geralmente manobrando uma válvula;
- utilizar um inversor de frequência para alterar a rotação do motor e a curva da bomba.

O **inversor de frequência variável – IFV** (sigla em inglês VFD – *variable frequency drive*) é um dispositivo eletrônico que tem a finalidade de controlar a rotação dos motores trifásicos. Se for corretamente dimensionado, possibilita ao conjunto motor-bomba pontos de operação com menor desgaste, menor ruído e menor consumo de energia elétrica.

Com o IFV, o motor trabalha em diferentes velocidades sem a necessidade do uso de meios mecânicos, como polias, válvulas e redutores. Por isso, pode diminuir substancialmente a potência consumida.

Os efeitos da variação da rotação nos parâmetros de bombeamentos são representados nas curvas de bombas genéricas da Figura 7.18.

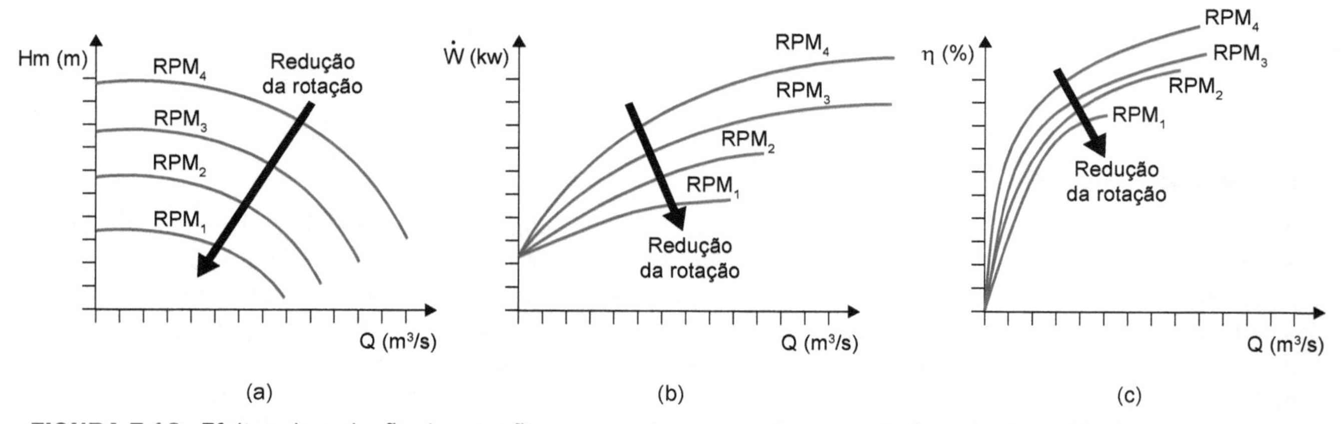

FIGURA 7.18 Efeitos da redução da rotação, provocados por um inversor de frequência variável em curvas características de bombas centrífugas genéricas.

Na Figura 7.18(c), a redução da rotação equivale à redução do número de Reynolds, No artigo "*The influence of Reynolds number and roughness on the efficiency of axial and centrifugal fans – A physically based scaling method*", de Pelz e Stonjek (2013), é mostrado que, à medida que o Re vai diminuindo, diminui também o valor máximo de eficiência que se pode atingir. Isso significa que os efeitos viscosos se tornam mais importantes, especialmente para bombas centrífugas quando comparadas com as bombas axiais (as quais possuem velocidades específicas maiores).

No trabalho "*Variable speed pumping – A guide to successful applications, Executive Summary*" (2004), do US Department of Energy, são feitas observações importantes sobre alguns problemas que podem ocorrer com o uso de IFV.

Embora os IFV possam ser muito úteis na economia de energia, nem sempre são vantajosos, pois dependem do tipo de instalação hidráulica: sistemas hidráulicos onde as **perdas por atrito predominam** reagem de forma diferente de sistemas hidráulicos onde há **alturas de elevação de carga importantes**.

Nos sistemas com **perdas de carga predominantes**, ao se reduzir a frequência de rotação do motor, o ponto de operação segue aproximadamente uma linha de **eficiência constante**, obedecendo às leis da similaridade. Se a eficiência do ponto original de operação era boa, o sistema continuará a operar de maneira boa, como apresentado na Figura 7.19.

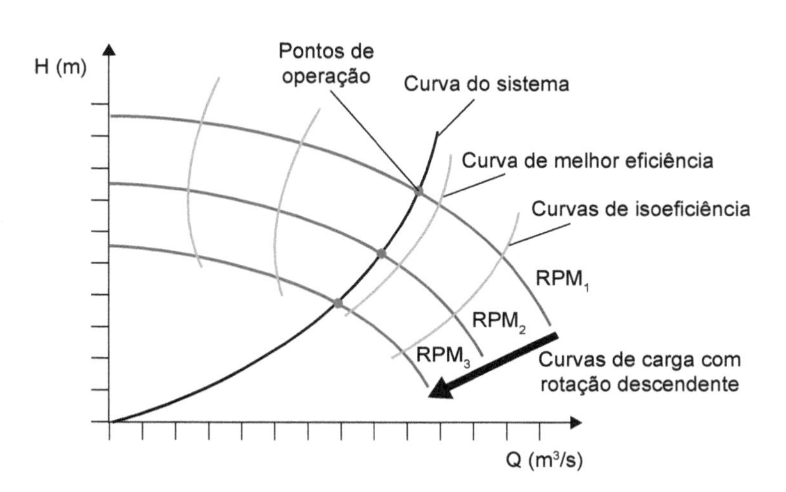

FIGURA 7.19 Em sistemas sem elevação de carga importante, a bomba deve vencer somente as perdas de carga, e a redução da rotação da bomba pode permitir manter aproximadamente a curva de eficiência paralela à curva do sistema. Isso significa que o inversor de frequência, nesses casos, é muito útil na economia de energia.

Nos sistemas com altura de elevação de carga importante, a situação é outra, como mostrado na Figura 7.20.

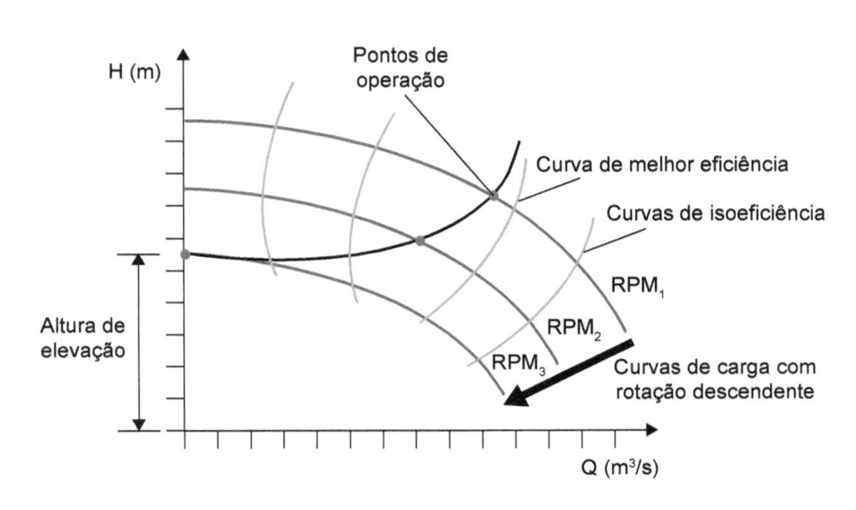

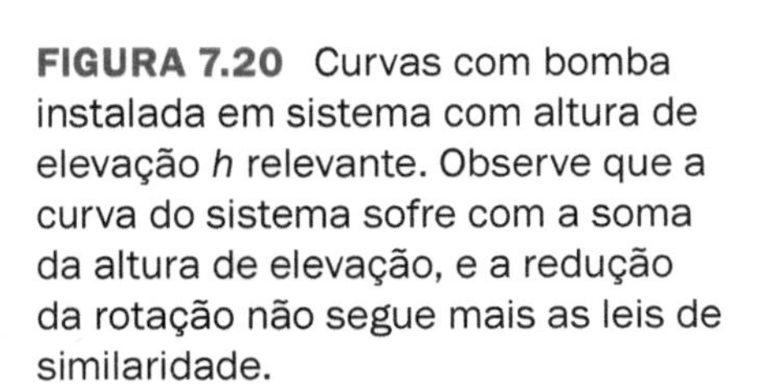
FIGURA 7.20 Curvas com bomba instalada em sistema com altura de elevação *h* relevante. Observe que a curva do sistema sofre com a soma da altura de elevação, e a redução da rotação não segue mais as leis de similaridade.

Como mostrado anteriormente, a curva do sistema é dada por $h_{sist} = KQ^2 + h$, e a existência da elevação h vai fazer a curva do sistema encontrar a curva da bomba em diferentes eficiências da bomba em cada nova rotação, e a redução da vazão não é mais proporcional à redução da rotação. A aplicação das leis da similaridade pode envolver riscos de erros desconhecidos.

Ressalte-se que, do ponto de vista energético, controlar a vazão com um inversor de frequência é sempre mais eficiente do que com uma válvula reguladora de vazão.

O coeficiente de potência, $C_W = \dfrac{\dot{W}_{bhp}}{\rho N^3 D^5}$, mostra que a energia consumida varia com o inverso da rotação ao cubo, então uma redução de 50 % na rotação pode reduzir a energia consumida em até 80 %, se a curva do sistema assim o permitir.

Finalmente, os inversores de frequência também possuem ineficiências energéticas, o que deve ser considerado nos cálculos de eficiência do conjunto inversor-motor-bomba.

7.5 PROCESSO DE SELEÇÃO

Sempre que se dimensiona um sistema hidráulico parte-se do par vazão e altura manométrica de operação (Q_{op}, H_{mop}), ou seja, características principais desejadas no ponto de operação da instalação hidráulica. Com a definição completa do circuito hidráulico e de suas características de operação, o próximo passo é a definição da bomba que irá mover o fluido.

Para escolher a bomba a partir desses dados, geralmente os fabricantes partem de um gráfico como o mostrado na Figura 7.21.

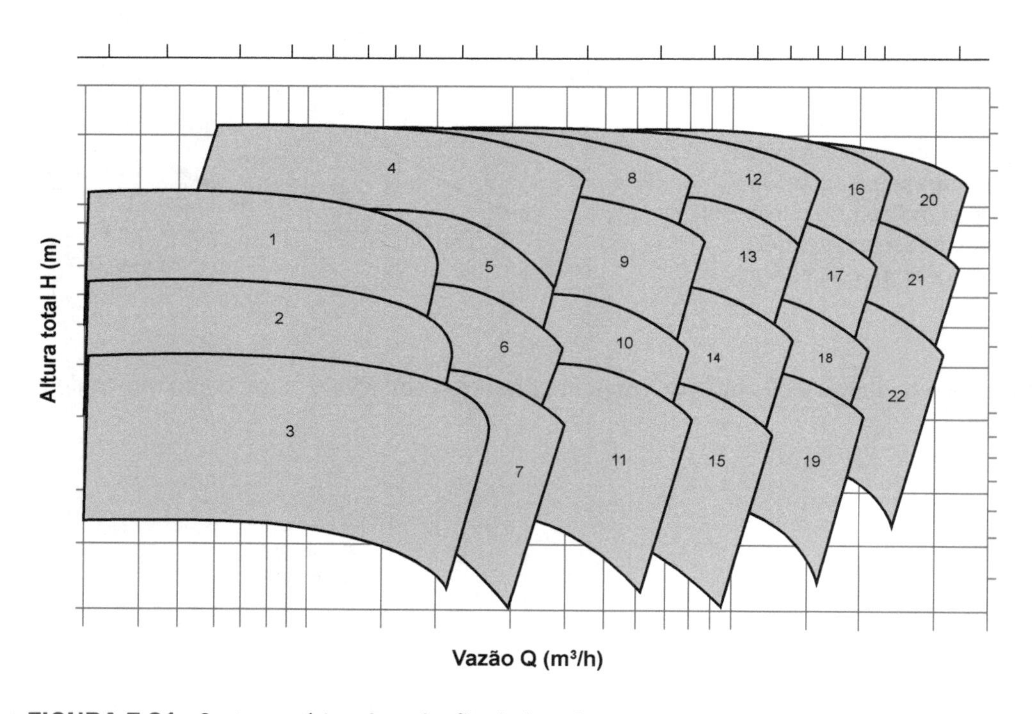

FIGURA 7.21 Carta genérica de seleção de bombas, para uma rotação de 2900 RPM. Cada porção do gráfico indica um tamanho de bomba e de seu rotor, e cada fabricante possui várias famílias de bombas apresentadas nesse formato. Fonte: adaptada de European Commission (2001).

O processo de escolha passa pela definição de **velocidade específica**, que vai determinar o tipo e a forma aproximada do impelidor a partir das cartas de seleção de bombas de cada fabricante, além da verificação de NPSH, Q, Hm, ponto de operação e BEP.

Uma vez selecionada a bomba adequada, parte-se para o gráfico com as curvas características referentes a essa bomba, por exemplo, como o da Figura 7.22.

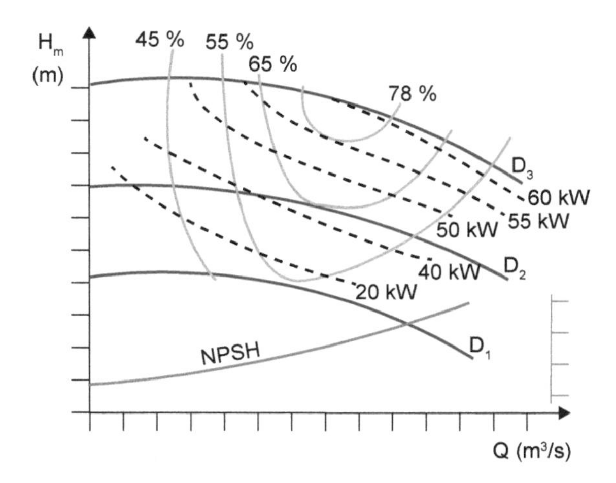

FIGURA 7.22 Gráfico com as curvas características de bomba selecionada.

7.6 PONTO DE MELHOR EFICIÊNCIA DE UMA BOMBA

O ponto de melhor eficiência de uma bomba é chamado **BEP** (*best efficiency point*) e, como o nome indica, representa o ponto de máxima eficiência possível para a operação da bomba.

Como se pode intuir, é difícil o ponto de operação se situar exatamente no BEP e, por isso, a norma ISO 13709:2009 – *Centrifugal pumps for petroleum, petrochemical and natural gas industries* estabelece que a vazão de projeto deve estar entre 80 e 110 % do BEP.

A operação fora do BEP, além de ocasionar maior consumo de energia com relação ao ideal, pode causar problemas mecânicos e de manutenção da bomba. A Figura 7.23 mostra alguns problemas que podem ocorrer se o ponto de operação estiver fora do BEP.

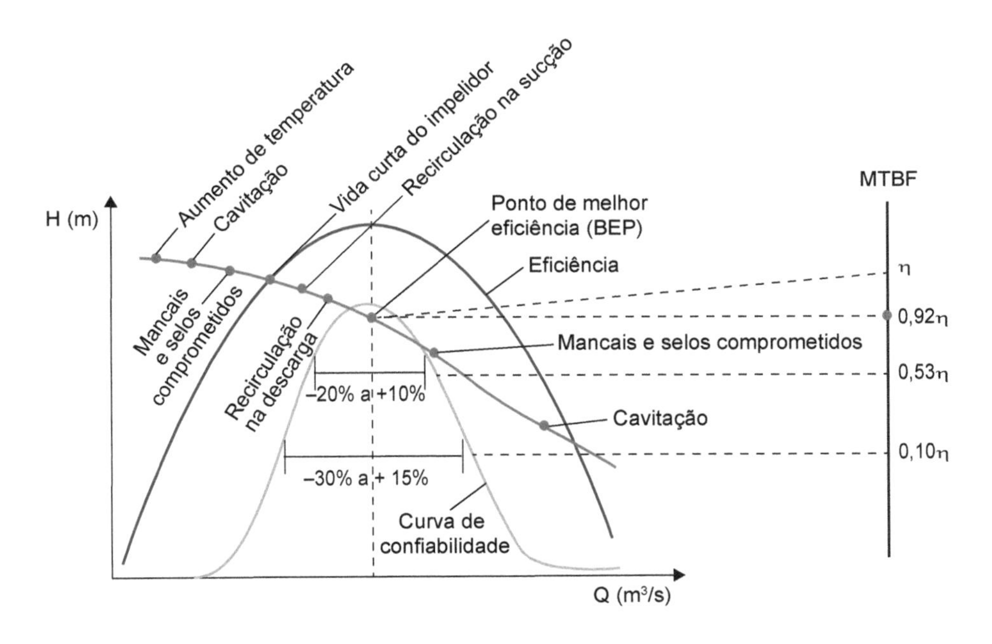

FIGURA 7.23 Efeito da distância do ponto de operação ao BEP, em termos de confiabilidade. Fonte: adaptada de Unido (2016).

Observe que sobre a curva da carga manométrica foram identificados alguns tipos de problemas que costumam ocorrer, no que se refere à distância do ponto de operação ao BEP.

Na figura foi também desenhada a curva de eficiência e uma curva em forma de sino representando a confiabilidade (um termo definível estatisticamente) da bomba. Na curva de confiabilidade, foram definidos três intervalos internos (–10 a +5 %) (–20 a +10 %) e (–30 a +15 %), que correspondem a intervalos de operação da bomba associados ao MTBF (*mean time between failures*, ou tempo médio entre falhas), respectivamente, 0,92 η; 0,53 η; 0,10 η.

7.7 ASSOCIAÇÃO DE BOMBAS EM SÉRIE E EM PARALELO

É comum a utilização de diversas bombas em sistemas de bombeamento, e a associação entre elas pode ser feita tanto em série quanto em paralelo, para cumprir finalidades distintas.

Bombas em paralelo

A Figura 7.24 mostra curvas características de altura manométrica de duas bombas, depois associadas em paralelo, com os respectivos pontos de operação marcados sobre a curva do sistema.

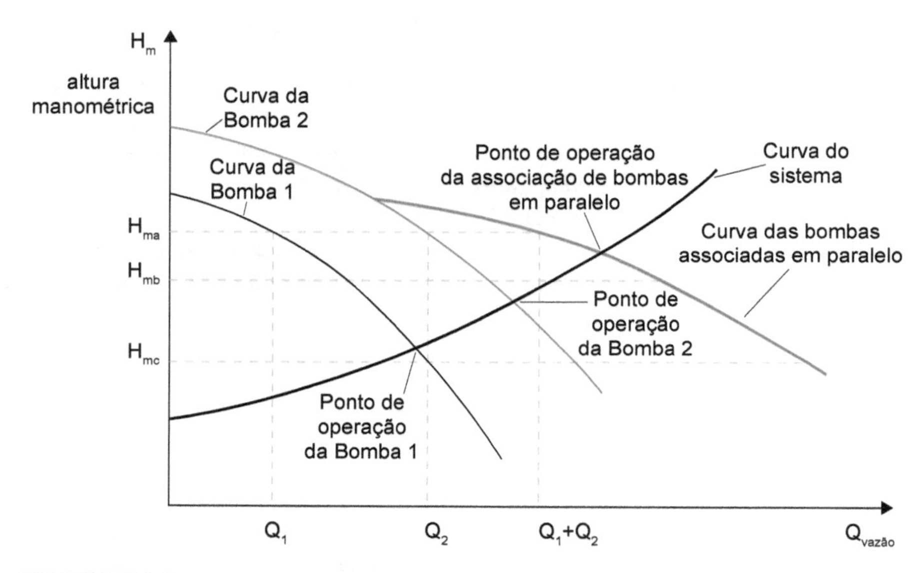

FIGURA 7.24 Associação de bombas em paralelo, mostrada a partir das curvas manométricas das bombas 1 e 2. Observe que as bombas não são iguais. Simplificadamente, a nova curva com a associação das bombas em paralelo pode ser obtida somando as vazões de cada bomba na mesma altura manométrica de cada uma: observe que para a mesma altura H_{ma} são somadas as vazões das bombas 1 e 2, resultando na vazão das bombas associadas à mesma altura H_{ma}.

Na associação em paralelo mostrada pelas curvas na Figura 7.24 deve ser notado que a bomba 2 só poderá ser acionada quando a altura manométrica da bomba 1 estiver abaixo do ponto de *shut-off* da bomba 2, pois há o risco de pressurização da bomba 2 pela bomba 1. Observe que a vazão atingida no novo ponto de operação, com as bombas associadas, é inferior à soma das vazões, e a altura manométrica no novo ponto de operação representa uma combinação das alturas manométricas.

Bombas em série

Na Figura 7.25, são mostradas as curvas de duas bombas, depois associadas em série, e seus pontos de operação sobre a curva do sistema.

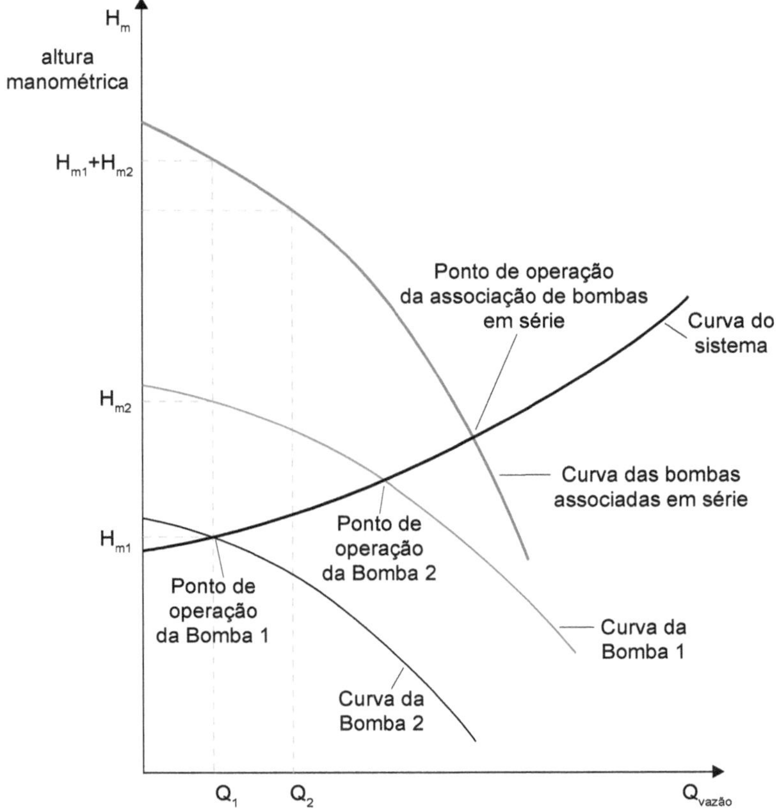

FIGURA 7.25 Bombas em série. Observe que as bombas não são iguais. Simplificadamente, a nova curva com a associação das bombas em série pode ser obtida somando as alturas manométricas H_{mi} de cada bomba na mesma vazão de cada uma: observe que para a mesma vazão Q_1 são somadas as alturas manométricas H_{mi} das bombas 1 e 2, resultando na altura manométrica das bombas associadas à mesma altura vazão Q_1.

Bombas podem funcionar em série, como exemplificado na Figura 7.25, para atingir uma carga maior em instalações com resistência muito elevada. Raramente é uma boa solução do ponto de vista da eficiência energética: bombas com múltiplos estágios provavelmente resolvem a questão da eficiência energética de forma muito melhor. Observe que a altura manométrica atingida no novo ponto de operação, com as bombas associadas, é inferior à soma das alturas manométricas individuais, e que a vazão no ponto de operação das bombas associadas representa uma combinação das alturas manométricas.

7.8 VELOCIDADE ESPECÍFICA, OU ROTAÇÃO ESPECÍFICA

A velocidade específica é definida em termos dos valores de vazão e de altura manométrica no ponto de melhor eficiência (BEP), e **permite a comparação de impelidores de diversas bombas em uma base única**. A Figura 7.26 ilustra a comparação.

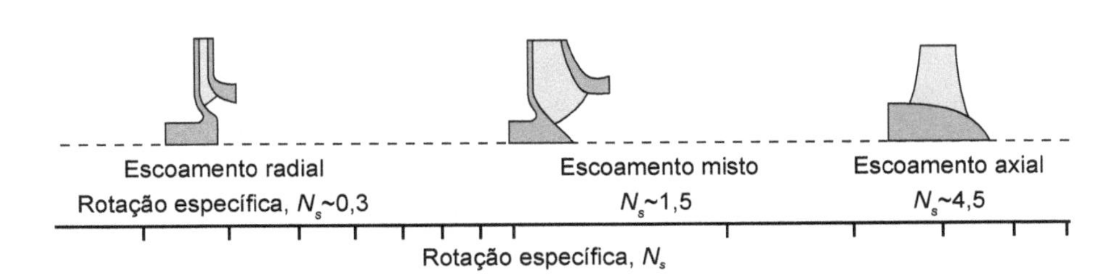

FIGURA 7.26 Gráfico de rotação específica mostrando a transição entre bombas centrífugas, que possuem velocidades específicas muito baixas, até as bombas axiais com os maiores valores de velocidade específica.

A velocidade específica é usada para caracterizar a operação de uma bomba no BEP, e é útil para a seleção primária de bombas.

A **velocidade específica**, N_s, pode ser obtida com a eliminação do diâmetro D na relação entre o coeficiente de vazão e o coeficiente de carga. O asterisco (*) indica propriedade no BEP:

$$N_S = \frac{C_{Q^*}^{\frac{1}{2}}}{C_{H^*}^{\frac{3}{4}}} = \frac{\left(\frac{Q^*}{ND^3}\right)^{\frac{1}{2}}}{\left(\frac{gH^*}{N^2D^2}\right)^{\frac{3}{4}}} = \frac{N\sqrt{Q^*}}{\left(gH^*\right)^{\frac{3}{4}}} \text{ com } N = \text{RPM} \cdot \frac{2\pi}{60}$$

Observe que N na fórmula anterior é definida em radianos/segundo, para que N_s seja adimensional. Essa é a fórmula correta e que deveria ser utilizada sempre.

Entretanto, em virtude de hábito cultural, a velocidade específica também é utilizada em formas dimensionais:

$$N_{Sd} = \frac{N(RPM)\sqrt{Q(gpm)}}{\left(H(\text{pés})\right)^{\frac{3}{4}}}$$

$$N_{Sd} = 2730 N_S$$

EXERCÍCIO 7.1

Uma bomba é utilizada para acelerar o transporte da água entre dois reservatórios de grandes dimensões, que se encontram no mesmo nível hidráulico. A curva característica da bomba é dada por $H_m = H_{shut\text{-}off} - CQ^2$, em que $H_{shut\text{-}off}$ é a altura manométrica à vazão zero e vale 25 mca, enquanto $C = 3050$ m/(m³/s)², para certa rotação da bomba. Determine o ponto de operação deste sistema e bomba. Tubulação de aço, com rugosidade $\varepsilon = 0{,}046$ mm A viscosidade cinemática é $\nu = 10^{-6}$ m²/s.

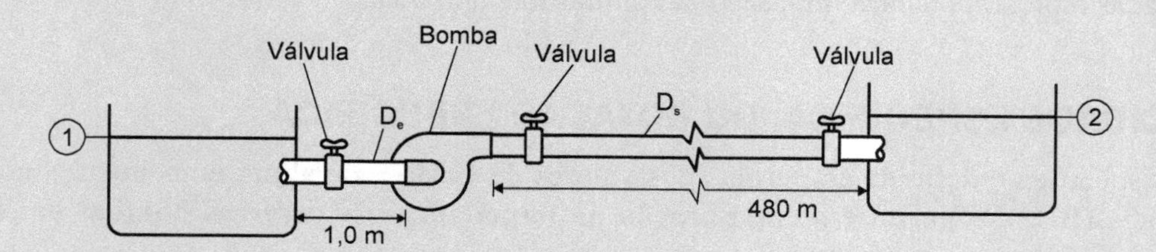

FIGURA 7.27 Sistema e bomba. As três válvulas são do tipo borboleta, com perda de carga $K_s = 0{,}4$. Há uma perda de carga singular na saída do reservatório 1 com $K_s = 0{,}5$ e pode-se considerar que a perda de carga singular no reservatório 2 é $K_s = 1{,}0$.

O caminho mais rápido é aplicar a Lei da Termodinâmica entre os níveis 1 e 2:

$$\left(\frac{\alpha_1 V_1^2}{2g} + \frac{P_1}{\gamma} + z_1\right) - \left(\frac{\alpha_2 V_2^2}{2g} + \frac{P_2}{\gamma} + z_2\right) = \frac{\dot{W}_a}{\gamma Q} - \frac{\dot{W}_m}{\gamma Q}$$

Como os reservatórios são de grandes dimensões, pode-se considerar que as velocidades de descida dos níveis V_1 e V_2 são desprezíveis, e como as pressões nesses pontos são efetivas e abertas para a atmosfera, seus termos são zero também, e as cotas dos níveis são iguais. Com isso, tem-se:

$$\frac{\dot{W}_a}{\gamma Q} - \frac{\dot{W}_m}{\gamma Q}$$

Ou seja, a bomba só necessita vencer as perdas de carga do sistema, não havendo necessidade de carga para vencer cotas.

$$H_{sistema} = \frac{\dot{W}_a}{\gamma Q} = \left(k_{s\,entrada} + k_{s\,válvula} + f_e \frac{L_e}{D_e} \right) \frac{V_e^2}{2g} + \left(k_{s\,saída} + 2k_{s\,válvula} + f_s \frac{L_s}{D_s} \right) \frac{V_s^2}{2g}$$

Da equação da continuidade, sabe-se que as vazões na tubulação de entrada e de saída são iguais, e é conveniente escrever as velocidades em função da vazão e dos diâmetros.

$$V_e = \frac{4Q}{\pi D_e^2}$$

A velocidade de saída é similar. Pode-se então escrever que:

$$25 - 3050Q^2 = \left[\left(k_{s\,entrada} + k_{s\,válvula} + f_e \frac{L_e}{D_e} \right) \frac{1}{D_e^4} + \left(k_{s\,saída} + 2k_{s\,válvula} + f_s \frac{L_s}{D_s} \right) \frac{1}{D_s^4} \right] \frac{8Q^2}{\pi^2 g} \quad (1)$$

Como não se possui o valor da vazão ou velocidade média, pode-se começar um processo iterativo, com a atribuição de algum valor ou consideração sobre o tipo de escoamento. Pode-se assumir, por exemplo, que o escoamento seja hidraulicamente rugoso e depois verificar se a hipótese é adequada.

Escoamento hidraulicamente rugoso depende apenas da rugosidade relativa.

$$\frac{\varepsilon}{D_e} = \frac{0{,}046}{300} = 1{,}53 \times 10^{-4}$$

$$\frac{\varepsilon}{D_s} = \frac{0{,}046}{250} = 1{,}84 \times 10^{-4}$$

E, com isso, se encontram imediatamente no diagrama de Moody os valores de f_e = 0,0130 e f_s = 0,0136.

Substituindo todos os valores em (1), resulta, com os valores de k_s das singularidades como indicado na equação:

$$25 - 3050Q^2 = \left[\left(0{,}5 + 0{,}4 + 0{,}0130 \frac{1{,}0}{0{,}300} \right) \frac{1}{0{,}300^4} + \left(1{,}0 + 2 \times 0{,}4 + 0{,}0136 \frac{480}{0{,}250} \right) \frac{1}{0{,}250^4} \right] \frac{8Q^2}{\pi^2 g}$$

Daí, tem-se que Q = 0,0827 m³/s.

Esse valor precisa ser verificado, calculando-se o número de Reynolds e analisando-se os valores de f.

$$\text{Re} = \frac{4Q}{\pi D \nu}$$

$$\text{Re}_e = \frac{4Q}{\pi D_e \nu} = 3{,}51 \times 10^5$$

$$\text{Re}_s = \frac{4Q}{\pi D_s \nu} = 4{,}21 \times 10^5$$

Desses valores de Reynolds, com suas respectivas rugosidades relativas, resultam f_e = 0,0158 e f_s = 0,0157. Os valores são maiores que 10 % dos valores originais e, portanto, é necessário continuar o processo iterativo. Lembre-se de que incertezas em cálculo de condutos começam em 15 % e, por isso, é conveniente ter as diferenças nas iterações inferiores a este valor.

A equação (1) tem seu cálculo refeito, agora com os novos valores dos fatores de atrito, obtendo-se:

$$Q = 0{,}0818 \text{ m}^3/\text{s}$$

Inicia-se então outra rodada de iterações, desta vez calculando-se os novos números de Reynolds com esta nova vazão. Resultam valores dos fatores de atrito muito próximos aos anteriores e conclui-se que a vazão será Q = 0,0818 m³/s.

Substituindo-se esse valor na equação da curva da bomba, obtém-se o valor da altura manométrica:

$$H_m = 25 - 3050Q^2 = 20{,}4 \text{ mca.}$$

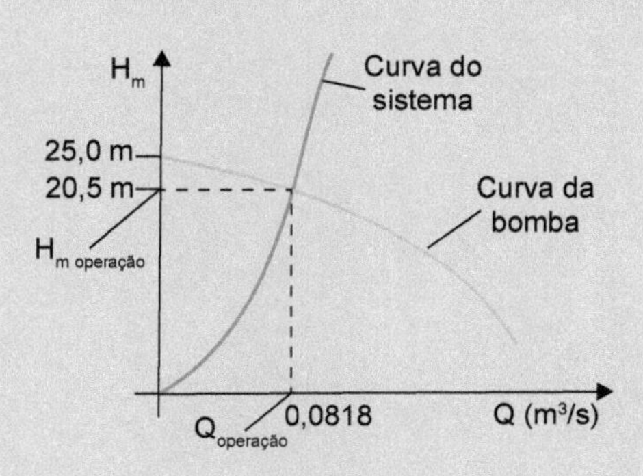

FIGURA 7.28 Representação da curva da bomba e do sistema. O cruzamento das duas determina o ponto de operação.

EXERCÍCIO 7.2

Uma bomba centrífuga, cujas curvas características estão mostradas na Figura 7.30, foi sugerida como opção para o sistema hidráulico projetado.

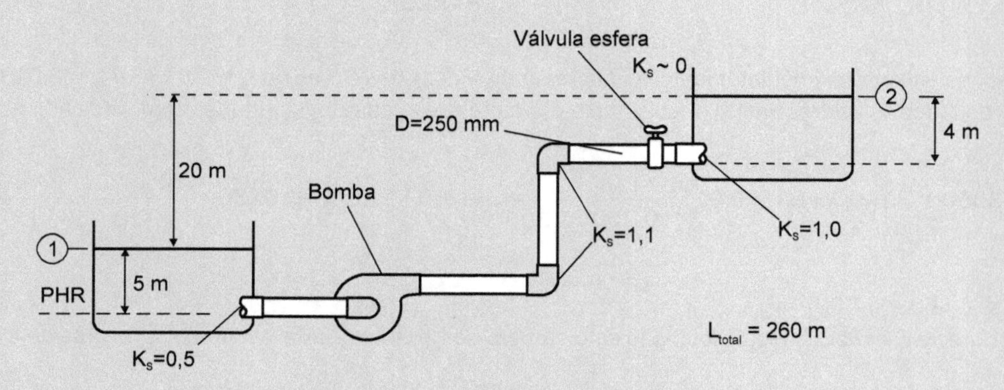

FIGURA 7.29 Circuito hidráulico do Exercício 7.2.

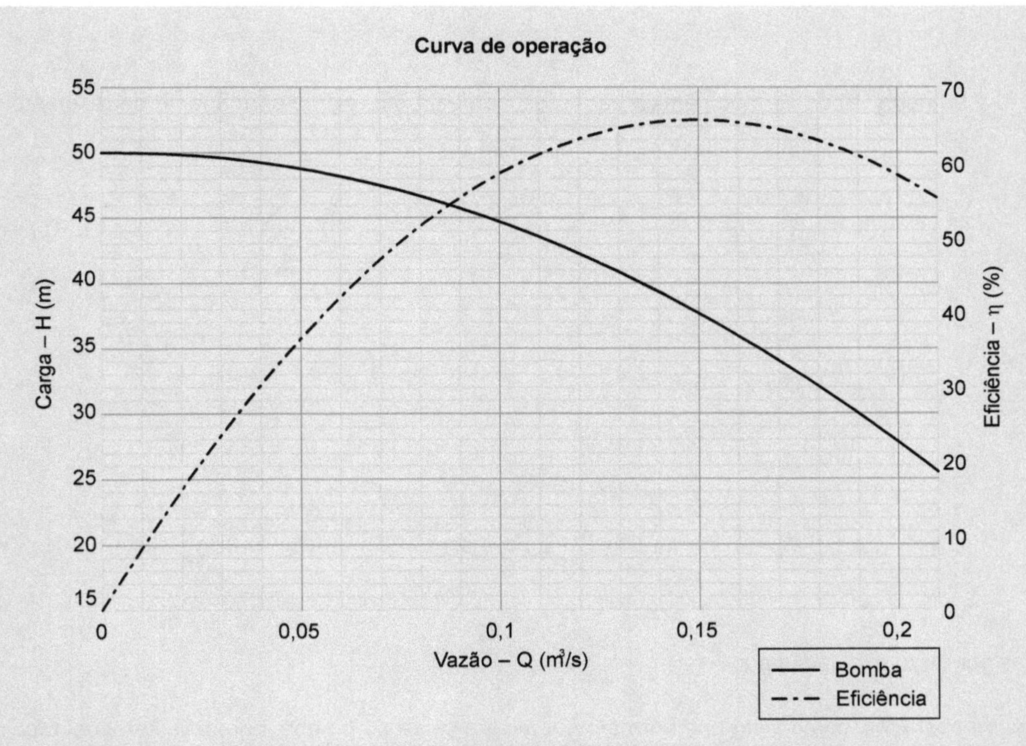

FIGURA 7.30 Curvas de altura manométrica e de eficiência da bomba do Exercício 7.2.

Avalie a condição de operação e responda:

a) Qual a equação da curva de carga do sistema?

b) Qual a vazão na tubulação utilizando a bomba sugerida?

c) Qual a potência necessária para acionar a bomba?

d) Essa bomba é adequada para o sistema dado? Por quê?

Dados:

g = 9,81 m/s²;

$\nu = 10^{-6}$ m²/s;

comprimento da tubulação = 260 m;

diâmetro da tubulação = 250 mm;

perdas localizadas: $k_{s\text{-}entrada} = 0{,}5$, $k_{s\text{-}curva} = 1{,}1$, $k_{s\text{-}válv\ esfera} \approx 0$, $k_{s\text{-}saída} = 1{,}0$;

coeficiente de perda de carga distribuída, f = 0,0250;

diferença de altura entre reservatórios = 20 m;

altura afogada da bomba = 5 m.

Solução

a) Aplicando a Primeira Lei da Termodinâmica para o escoamento em regime permanente do reservatório 1 ao 2, tem-se:

$$\left(\frac{\alpha_1 V_1^2}{2g}+\frac{P_1}{\gamma}+z_1\right)-\left(\frac{\alpha_2 V_2^2}{2g}+\frac{P_2}{\gamma}+z_2\right)=\frac{\dot{w}_a}{\gamma Q}-\frac{\dot{w}_m}{\gamma Q}$$

com:

$$\frac{\alpha_1 V_1^2}{2g}=\frac{\alpha_2 V_2^2}{2g}=0 \text{ e } \frac{P_1}{\gamma}=\frac{P_2}{\gamma}=0 \text{ e } z_1 = 5 \text{ m e } z_2 = 25 \text{ m},$$

resultando:

$$\frac{\dot{w}_m}{\gamma Q}=\frac{\dot{w}_a}{\gamma Q}+20$$

As perdas por atrito são dadas por $\frac{\dot{w}_a}{\gamma Q}=h_f+h_s$.

No ponto de operação, como visto anteriormente, tem-se a carga na bomba, que deve ser igual à carga no sistema, no caso:

$$H_{bomba}=H_{sistema}=\frac{\dot{w}_a}{\gamma Q}+20=h_f+h_s+20$$

Para os termos de perda de carga:

$$h_S+h_f=\sum k_S\frac{V^2}{2g}+f\frac{L}{D}\frac{V^2}{2g}=\left(\sum k_S+f\frac{L}{D}\right)\frac{V^2}{2g}$$

$$h_{total}=h_S+h_f=\left(0{,}5+1{,}1+1{,}1+0+1+0{,}0250\frac{260}{0{,}250}\right)\frac{V^2}{2*9{,}81}$$

Como a velocidade pode ser escrita:

$$V=\frac{Q}{A}=\frac{Q}{\pi D^2/4}=\frac{Q}{\pi*0{,}250^2/4}=\frac{Q}{0{,}049}$$

chega-se a

$$H_{total} = 630{,}5Q^2$$

Portanto,

$$H_{sistema} = 20 + 630{,}5Q^2$$

b) A vazão é obtida ao se traçar a curva do sistema sobre o gráfico da curva da bomba e então se encontrar o ponto de interseção.

Interpolando no gráfico da Figura 7.31, vê-se que o cruzamento ocorre aproximadamente na condição $Q = 0{,}16\ m^3/s$ e $H = 36$ m. Nesse ponto, a eficiência é de $\eta \cong 65$ %.

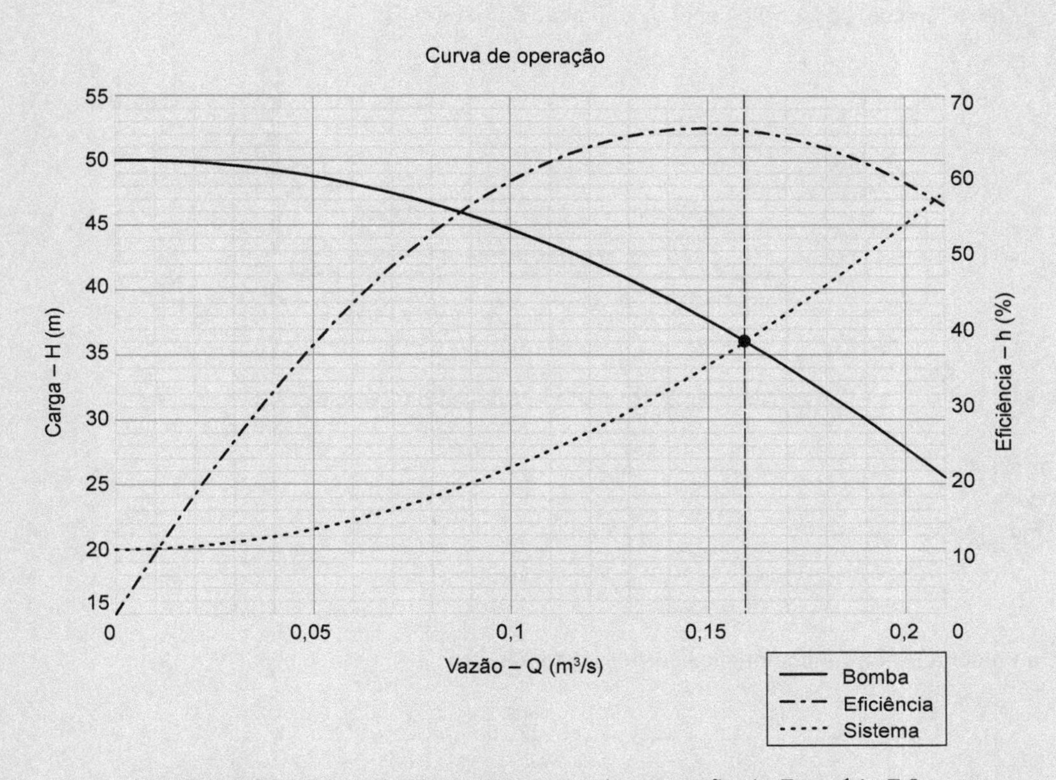

FIGURA 7.31 Curva do sistema e ponto de operação do Exercício 7.2.

c) A potência transferida ao fluido $\dot{W}_m$ é calculada a partir da carga aplicada pela bomba ao fluido:

$$\dot{W}_m = \gamma Q H_{bomba}$$

A potência de eixo $\dot{W}_{bhp}$ necessária para acionar a bomba está relacionada com a potência transferida ao fluido por meio da eficiência na condição de operação, como visto:

$$\eta = \frac{\dot{W}_m}{\dot{W}_{bhp}}$$

Substituindo os valores, resulta:

$$\dot{W}_{bhp} = \frac{\gamma Q H_{bomba}}{\eta} = \frac{1000 * 9{,}81 * 0{,}16 * 36}{0{,}65} = 86{,}9\ \text{kW}$$

d) Da análise da figura, vê-se que a bomba opera com $\eta \sim 65$ %, muito perto do ponto de máxima eficiência, ~65,5 %. Portanto, é uma bomba adequada para a aplicação nesse sistema.

EXERCÍCIO 7.3

A curva de uma bomba pode ser aproximada por uma parábola $H_B(Q) = h_0 - AQ^2$. Na configuração da Figura 7.32, os tubos são de ferro fundido. Encontre o ponto de operação do sistema.

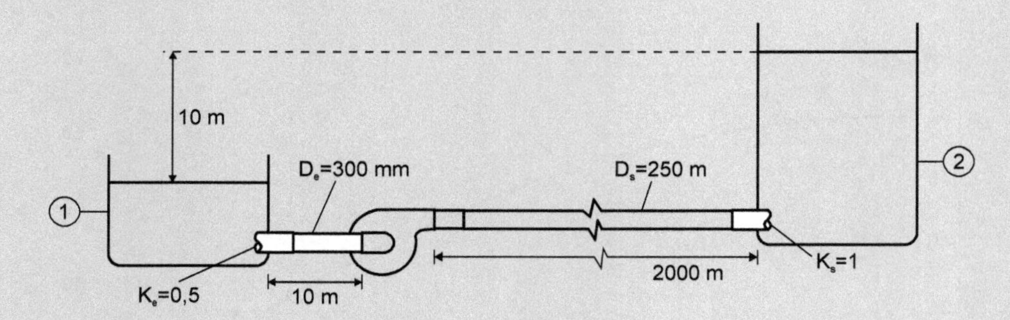

FIGURA 7.32 Circuito hidráulico do Exercício 7.3.

Dados:
$g = 9{,}81$ m/s²;
$h_0 = 20$ mca;
$A = 2500$ mca/(m³/s)².

Solução

Aplicando a Primeira Lei da Termodinâmica entre os reservatórios:

$$\left(\frac{\alpha_1 V_1^2}{2g} + \frac{P_1}{\gamma} + z_1\right) - \left(\frac{\alpha_2 V_2^2}{2g} + \frac{P_2}{\gamma} + z_2\right) = \frac{\dot{W}_a}{\gamma Q} - \frac{\dot{W}_m}{\gamma Q}$$

Têm-se que:
$V_1 = V_2 = 0$, reservatório com dimensões grandes;
$P_1 = P_2 = 0$, pressões efetivas, pontos abertos para a atmosfera; $z_1 - z_2 = \Delta z = 10$ m, os quais, substituídos na equação da Primeira Lei:

$$z_1 - z_2 = \frac{\dot{W}_a}{\gamma Q} - \frac{\dot{W}_m}{\gamma Q}$$

$$\frac{\dot{W}_m}{\gamma Q} = \frac{\dot{W}_a}{\gamma Q} + \Delta z$$

No ponto de operação:

$$H_B = \frac{\dot{W}_m}{\gamma Q} = \frac{\dot{W}_a}{\gamma Q} + \Delta z = H_{sist}$$

$$H_B = h_0 - AQ^2 = \left(k_{Sent} + f_e \frac{L_e}{D_e}\right)\frac{V_e^2}{2g} + \left(k_{Ssaída} + f_s \frac{L_s}{D_s}\right)\frac{V_s^2}{2g} + \Delta z$$

Como a equação da bomba está colocada em função da vazão, deve-se usar a equação da continuidade:

$$Q = V_e A_e = V_s A_s$$

$$Q = V_e \frac{\pi D_e^2}{4} = V_s \frac{\pi D_s^2}{4}$$

Substituindo as velocidades pela vazão, resulta:

$$h_0 - AQ^2 = \left[\left(k_{Sent} + f_e \frac{L_e}{D_e}\right)\frac{1}{D_e^{\,4}} + \left(k_{Ssaída} + f_s \frac{L_s}{D_s}\right)\frac{1}{D_s^{\,4}}\right]\frac{8Q^2}{\pi^2 g} + \Delta z$$

e isolando Q^2:

$$\left(\left[\left(k_{Sent} + f_e \frac{L_e}{D_e}\right)\frac{1}{D_e^{\,4}} + \left(k_{Ssaída} + f_s \frac{L_s}{D_s}\right)\frac{1}{D_s^{\,4}}\right]\frac{8}{\pi^2 g} + A\right)Q^2 = h_0 - \Delta z$$

Para calcular-se Q, pode-se admitir inicialmente, por exemplo, regime turbulento rugoso nas duas tubulações (situação em que se admite que o escoamento não depende mais do Re, mas apenas da rugosidade relativa), com a rugosidade ε = 0,26 mmm (ferro fundido).

$$\frac{\varepsilon}{D_e} = \frac{0,26}{300} = 0,00087 \rightarrow f_e = 0,0190$$

$$\frac{\varepsilon}{D_s} = \frac{0,26}{250} = 0,00104 \rightarrow f_e = 0,0198$$

Substituindo na equação para se encontrar a vazão:

$$\left(\left[\left(0,5 + 0,0190\frac{10}{0,3}\right)\frac{1}{0,3^4} + \left(1 + 0,198\frac{2000}{0,25}\right)\frac{1}{0,25^4}\right]\frac{8}{\pi^2 * 9,81} + 2500\right)Q^2 = 20 - 10$$

$$Q = 0,041 \text{ m}^3/\text{s}$$

Deve-se verificar se a hipótese de regime turbulento rugoso foi correta, partindo-se do cálculo do Re com a vazão calculada:

$$\text{Re} = \frac{VD}{\nu} = \frac{4Q}{\pi D \nu}$$

$$\text{Re}_e = \frac{4 * 0,041}{\pi * 0,3 * 10^{-6}} = 174.009 \rightarrow f_e = 0,0207$$

$$\text{Re}_s = \frac{4 * 0,041}{\pi * 0,25 * 10^{-6}} = 208.811 \rightarrow f_e = 0,0211$$

Os valores dos coeficientes de perda de carga diferem 9 e 7 % e sabe-se que nesse tipo de cálculo a incerteza é de 15 %. Poderia até usar esse valor de vazão calculado, mas escolhe-se refinar o cálculo.

Substituindo os resultados dos novos coeficientes de atrito na equação correspondente, obtém-se:

$$Q = 0,040 \text{ m}^3/\text{s}$$

Os dois valores de vazão calculados subsequentemente estão bem próximos, como se esperava pela proximidade dos valores de f.

Assim, a carga fornecida pela bomba no ponto de operação é

$$H_B = 20 - 2500 * 0,040^2 = 16 \text{ mca}$$

O ponto de operação é dado pelo par (0,040; 16), como mostrado na Figura 7.33.

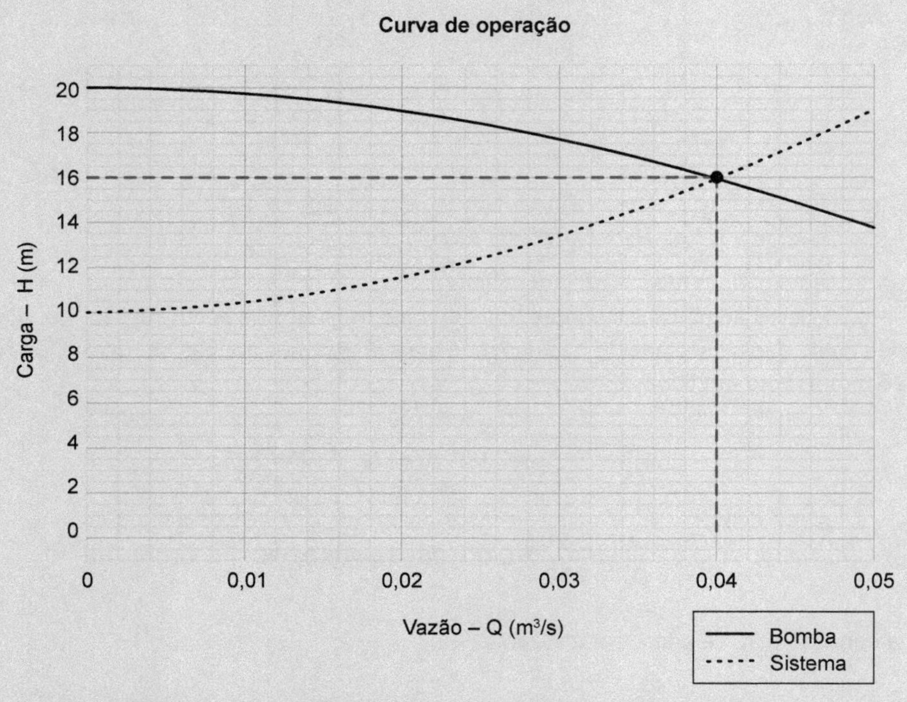

FIGURA 7.33 Curva do sistema e ponto de operação do Exercício 7.3.

EXERCÍCIO 7.4

Água é bombeada entre dois tanques de grandes dimensões, com diferenças de cotas entre os níveis de 22 m, como mostrado na Figura 7.34. A tubulação possui 50 m de comprimento, 150 mm de diâmetro e coeficiente de atrito f = 0,015. A bomba instalada (bomba 1) possui rotor com 400 mm de diâmetro e funciona na rotação de 1000 rpm. Os dados de carga e de vazão para uma bomba geometricamente semelhante à instalada, com rotor de 500 mm e tomados a 1120 rpm, estão disponibilizados na tabela. Determine a vazão e a carga da bomba utilizada para a condição de operação.

ΔH (m)	60,8	60,0	57,6	53,6	48,1	40,9	32,2	21,9	10,0
Q (m³/s)	0,00	0,05	0,10	0,15	0,20	0,25	0,30	0,35	0,40

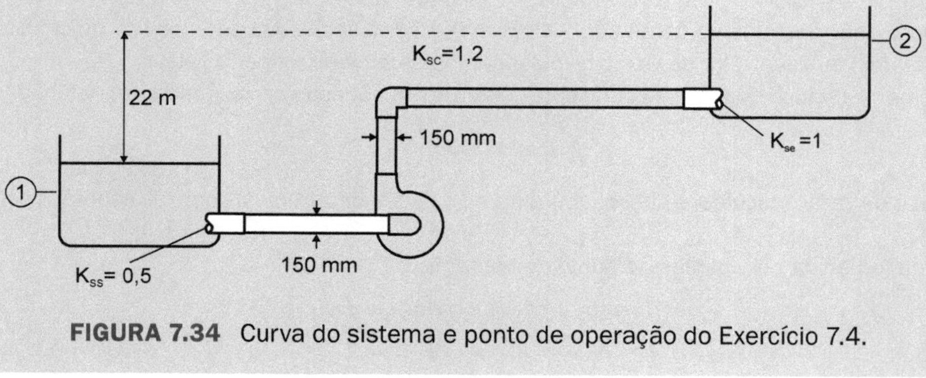

K_{sc}=1,2
22 m
150 mm
K_{se}=1
①
②
K_{ss}= 0,5
150 mm

FIGURA 7.34 Curva do sistema e ponto de operação do Exercício 7.4.

Solução

Inicialmente, deve-se determinar a curva característica do sistema. Para isso, aplica-se a Primeira Lei da Termodinâmica entre os níveis dos reservatórios:

$$\left(\frac{\alpha_1 V_1^2}{2g}+\frac{P_1}{\gamma}+z_1\right)-\left(\frac{\alpha_2 V_2^2}{2g}+\frac{P_2}{\gamma}+z_2\right)=\frac{\dot{W}_a}{\gamma Q}-\frac{\dot{W}_m}{\gamma Q}$$

Têm-se que:

$V_1 = V_2 = 0$, tanque de grandes dimensões;

$P_1 = P_2 = 0$, pressões efetivas de pontos abertos para a atmosfera;

$z_2 - z_1 = \Delta z = 22$ m.

Então, substituindo:

$$z_1 - z_2 = \frac{\dot{W}_a}{\gamma Q}-\frac{\dot{W}_m}{\gamma Q}$$

ou

$$\frac{\dot{W}_m}{\gamma Q}=\frac{\dot{W}_a}{\gamma Q}+\Delta z$$

em que, no ponto de operação:

$$H_B=\frac{\dot{W}_m}{\gamma Q}=\frac{\dot{W}_a}{\gamma Q}+\Delta z=H_{sist}$$

$$H_{sist}=\frac{\dot{W}_a}{\gamma Q}+\Delta z=\left(\sum k_s+f\frac{L}{D}\right)\frac{V^2}{2g}+\Delta z$$

Da equação da continuidade:

$$Q = VA$$

$$V=\frac{Q}{A}=\frac{4Q}{\pi D^2}$$

E, portanto:

$$H_{sist}=\left(\sum k_s+f\frac{L}{D}\right)\frac{8Q^2}{\pi^2 D^4 g}+\Delta z$$

Substituindo os valores dados:

$$H_{sist}=\left(0{,}5+1{,}2+1+0{,}015\frac{50}{0{,}15}\right)\frac{8Q^2}{\pi^2 * 0{,}15^4 * 9{,}81}+22$$

$$H_{sist} = 1257Q^2 + 22$$

Para calcular a curva característica da bomba instalada, devem ser utilizados os coeficientes de semelhança para bombas:

$$C_Q = \frac{Q}{nD^3} \text{ e } C_H = \frac{gH}{n^2D^2}$$

Para a vazão:

$$C_{Q\,bomba1} = C_{Q\,bomba2}$$

$$\frac{Q_2}{n_2 {D_2}^3} = \frac{Q_1}{n_1 {D_1}^3}$$

$$Q_2 = Q_1 \frac{n_2}{n_1}\left(\frac{D_2}{D_1}\right)^3$$

$$Q_2 = Q_1 \frac{1000}{1120}\left(\frac{400}{500}\right)^3$$

$$Q_2 = 0{,}457\ Q_1$$

Para a carga:

$$C_{H1} = C_{H2}$$

$$\frac{gH_2}{{n_2}^2 {D_2}^2} = \frac{gH_1}{{n_1}^2 {D_1}^2}$$

$$H_2 = H_1\left(\frac{n_2}{n_1}\right)^2\left(\frac{D_2}{D_1}\right)^2$$

$$H_2 = H_1\left(\frac{1000}{1120}\right)^2\left(\frac{400}{500}\right)^2$$

$$H_2 = 0{,}510\ H_1$$

Aplicando a semelhança para todos os valores da tabela da bomba semelhante à instalada, pode-se obter a curva característica da bomba instalada na tabela a seguir:

ΔH (m)	31,0	30,6	29,4	27,3	24,5	20,9	16,4	11,2	5,1
Q (m^3/s)	0,000	0,023	0,046	0,069	0,091	0,114	0,137	0,160	0,183

Pode-se agora traçar o gráfico e determinar o ponto de operação.

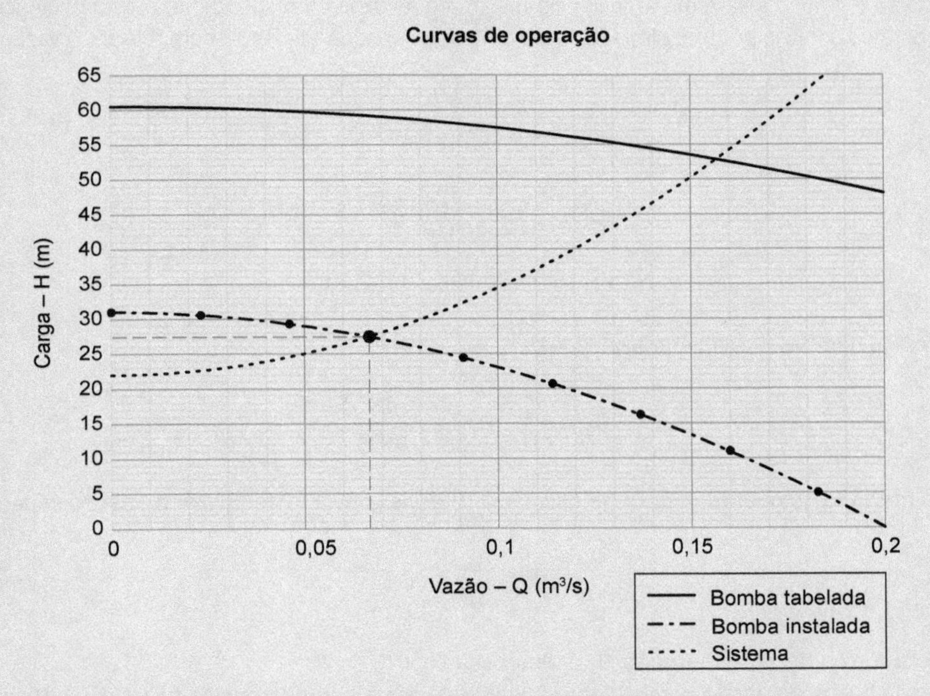

FIGURA 7.35 Curva do sistema e ponto de operação do Exercício 7.4.

Traçando as curvas, é obtido o ponto de operação da instalação:

$$Q_{oper} = 0{,}067 \text{ m}^3/\text{s}$$

$$H_{oper} = 27{,}6 \text{ m}$$

EXERCÍCIO 7.5

Em um sistema de bombeamento de água, deve-se ter o ponto de operação com Q = 0,0120 m³/s e carga H_B = 23 m. As curvas características de uma bomba com rotor de 220 mm de diâmetro, operando a 1175 rpm, são aproximadas pelas equações:

$$H_B(Q) = 66 - 4250\, Q^2$$

$$\eta_B(Q) = 24{,}25\, Q - 216\, Q^2$$

a) Determine o tamanho do rotor e velocidade de rotação corretos para produzir a carga e a vazão desejadas no ponto ótimo de operação (BEP) de uma bomba geometricamente semelhante a esta.

b) Para o caso de apenas o rotor com 150 mm estar disponível, calcule a rotação necessária para se alcançar a condição desejada. Qual a eficiência e a potência na bomba?

Solução

Deve-se encontrar o BEP da bomba fornecida. Como esse ponto é o de máxima eficiência, há duas maneiras para determinar o BEP: plota-se o gráfico e se toma a eficiência máxima e a vazão correspondente a esta eficiência ou, como a curva da bomba está disponível, pode-se simplesmente derivar a curva da eficiência com relação à vazão.

$$\eta_B{}'(Q) = 0$$

$$24{,}25 - 2 * 216\, Q_{BEP} = 0$$

$$Q_{BEP} = \frac{24{,}25}{432} = 0{,}056 \text{ m}^3/\text{s}$$

$$H_{BEP} = 66 - 4250 Q^2_{BEP} = 52{,}7 \text{ m}$$

Os coeficientes de bombas semelhantes são iguais:

$$C_Q = \frac{Q}{nD^3} \quad \text{e} \quad C_H = \frac{gH}{n^2D^2}$$

Como está se tratando de operar na máxima eficiência (BEP), é conveniente utilizar a rotação específica N_s:

$$N_s = \frac{n\sqrt{Q}}{H^{3/4}}$$

Note que nesta forma de apresentação N_s é dimensional.

Seja A o ponto de operação para a bomba geometricamente semelhante fornecida na tabela, e B o ponto de operação desejado para a bomba. Utilizando a condição de semelhança para as duas condições:

$$n_{sB} = n_{sA}$$

$$\frac{n_B\sqrt{Q_B}}{H_B{}^{3/4}} = \frac{n_A\sqrt{Q_A}}{H_{A1}{}^{3/4}}$$

$$\frac{n_B\sqrt{Q_{desejado}}}{H_{desejado}{}^{3/4}} = \frac{n_A\sqrt{Q_{BEP}}}{H_{BEP}{}^{3/4}}$$

$$\frac{n_B\sqrt{0{,}012}}{23^{3/4}} = \frac{1175\sqrt{0{,}056}}{52{,}7^{3/4}}$$

$$n_B = 1363 \text{ rpm}$$

O próximo passo é calcular o diâmetro desta bomba para a condição requerida. Para tanto, usa-se o coeficiente de vazão:

$$C_{QB} = C_{QA}$$

$$\frac{Q_B}{n_B D_B{}^3} = \frac{Q_A}{n_A D_A{}^3}$$

$$\frac{0{,}012}{1363 D_B{}^3} = \frac{0{,}056}{1175 * 0{,}220^3}$$

$$D_B = 125 \text{ mm}$$

A bomba necessária, geometricamente semelhante à das curvas disponibilizadas, deve ter 125 mm de diâmetro de rotor e operar a 1363 rpm, para o ponto de operação desejado $Q = 0{,}0120$ m^3/s e carga $H_B = 23$ m, com a máxima eficiência.

Para os cálculos da rotação, eficiência e potência na condição em que apenas um rotor de 150 mm estiver disponível, novamente deve-se utilizar a condição de semelhança, igualando os coeficientes de vazão e de carga para as condições de operação. Seja B o ponto de operação desejado (Q = 0,0120 m³/s e carga H_B = 23 m), com diâmetro de 125 mm e rotação de 1363 rpm, e C o ponto de operação para a nova bomba com diâmetro reduzido de 150 mm.

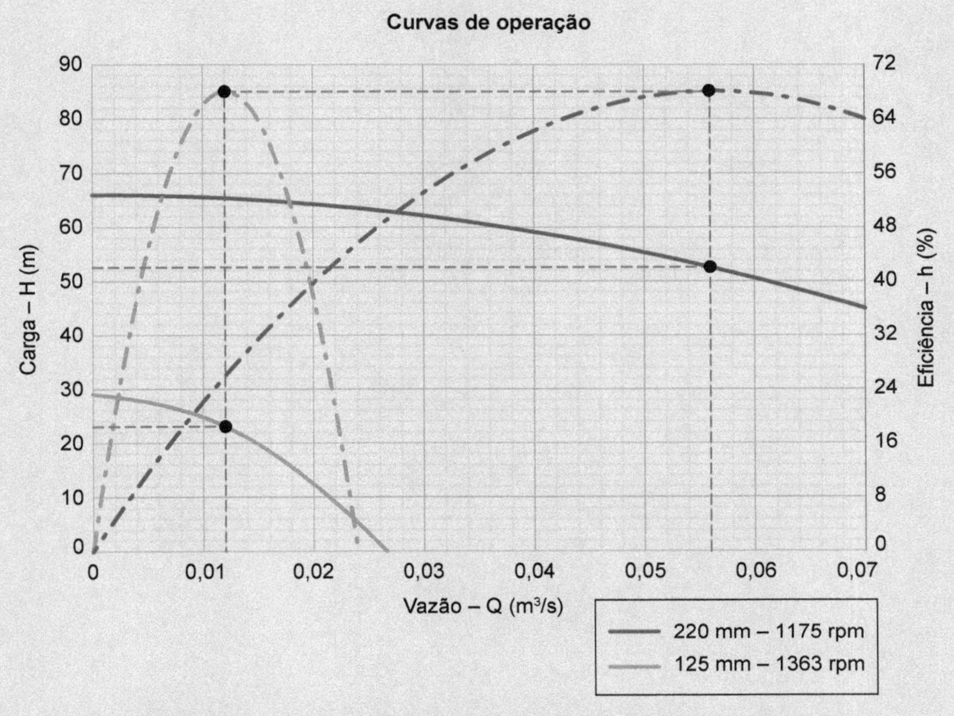

FIGURA 7.36 Curva do sistema e ponto de operação do Exercício 7.5.

Observe que a curva do sistema não se altera, sendo $H_{sistema} = KQ^2$.
K é a "resistência" constante que o sistema hidráulico oferece. Logo, pode-se escrever:

$$\frac{H_C}{Q_C^2} = \frac{H_B}{Q_B^2} \equiv K$$

Sabe-se que a condição C é o ponto desejado, então é possível encontrar o valor da resistência K no ponto B (Q_B = 0,0120 m³/s e carga H_B = 23 m), válido para toda a curva do sistema:

$$K = \frac{H_B}{Q_B^2} = \frac{66 - 4250Q_B^2}{Q_B^2} = \frac{66}{Q_B^2} - 4250$$

$$Q_B = \sqrt{\frac{66}{4250 + K}} = \sqrt{\frac{66}{4250 + 23/0{,}012^2}} = 0{,}020 \text{ m}^3\text{/s}$$

Assim, encontramos a rotação por:

$$\frac{n_C}{1175} = \frac{0{,}012}{0{,}020}$$

$$n_C = 705 \text{ rpm}$$

Para a eficiência, temos que

$$\eta_C = \eta_{A2} = 24{,}25\, Q_{A2} - 216\, Q^2_{A2} = 24{,}25*0{,}020 - 216*0{,}020^2 = 0{,}399$$

E a potência requerida em C é

$$\dot{W}_C = \frac{\gamma Q_C H_C}{\eta_C} = \frac{1000 * 9{,}81 * 0{,}012 * 23}{0{,}399} = 6{,}8 \text{ kW}$$

Para a vazão:

$$C_{QC} = C_{QB}$$

$$\frac{Q_C}{n_C D_C{}^3} = \frac{Q_B}{n_B D_B{}^3}$$

$$\frac{n_C}{n_A} = \frac{Q_C}{Q_{A2}}$$

Para a carga:

$$C_{HC} = C_{HA2}$$

$$\frac{gH_C}{n_C{}^2 D_A{}^2} = \frac{gH_{A2}}{n_A{}^2 D_A{}^2}$$

$$\left(\frac{n_C}{n_A}\right)^2 = \frac{H_C}{H_{A2}}$$

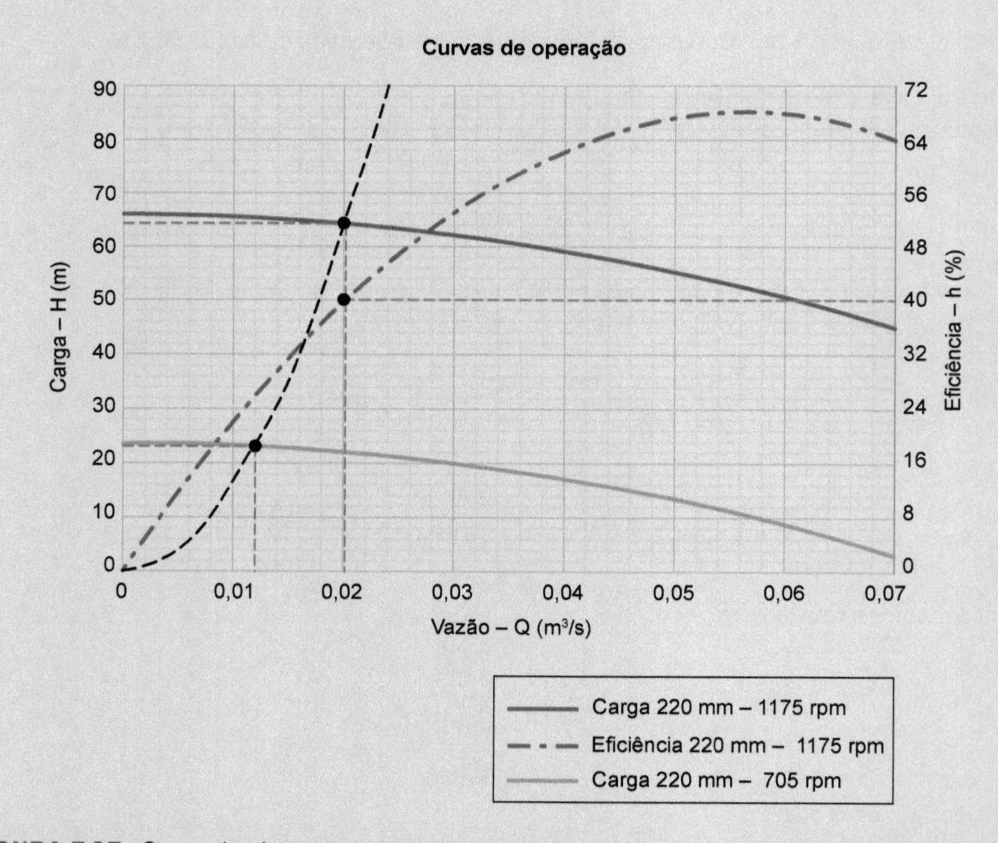

FIGURA 7.37 Curva do sistema e ponto de operação, com rotor de 150 mm, do Exercício 7.5.

7.9 NPSH E CAVITAÇÃO

Como visto no Capítulo 2, a cavitação é um fenômeno que deve ser sempre evitado, especialmente em bombas, em vista do potencial catastrófico de danos que podem ocorrer em máquinas rotativas em altas velocidades. Como a cavitação vai arrancando pedaços do metal, pode surgir uma situação de desbalanceamento do rotor e falha desastrosa.

A cavitação ocorre quando a pressão local é menor que a pressão de vapor do líquido. Pode apresentar-se com facilidade em bombas em face das configurações internas, com passagens onde a massa fluida é acelerada até velocidades muito elevadas e, consequentemente, com redução da pressão (é só lembrar da equação de Bernoulli), especialmente nos locais em que a pressão já é mais baixa, nas regiões de sucção, ou no verso de pás.

A entrada da bomba, ou sucção, é o ponto de baixa pressão onde a cavitação pode ocorrer primeiro.

Para prevenir a cavitação, deve-se assegurar que a carga na sucção seja suficientemente grande comparada à pressão de vapor. Define-se então a **altura de sucção positiva líquida**, conhecida pela sigla em inglês **NPSH** (*net positive suction head*). Toda curva de bomba traz essa informação, como mostra a Figura 7.38.

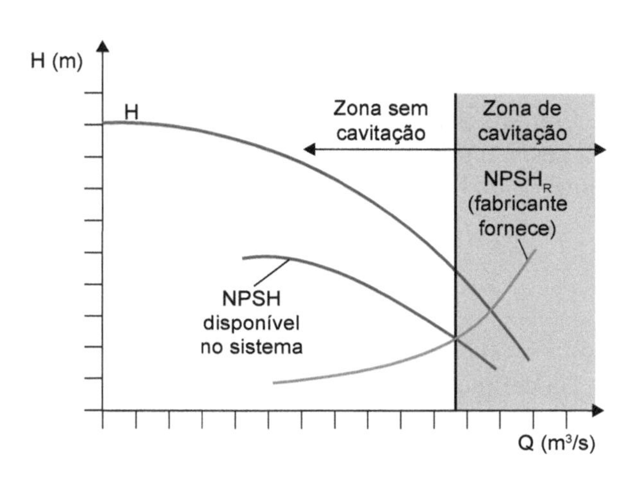

FIGURA 7.38 Sobre a curva de altura manométrica da bomba foi traçada a curva do NPSH$_R$, sempre fornecida pelo fabricante da bomba, bem como a curva de NPSH disponível na instalação. Observe que o NPSH disponível na instalação, por vezes chamado NPSH$_d$, deve ser sempre maior que o NPSH$_R$.

Definição de NPSH:

$$\text{NPSH} = \frac{p_e}{\gamma} + \frac{V_e^2}{2g} - \frac{p_v}{\gamma}$$

em que p_e e V_e são a pressão e a velocidade na entrada da bomba, e p_v é a pressão de vapor do líquido.

Atenção: p_e deve ser expressa como **pressão absoluta**, assim como p_v.

O NPSH no lado esquerdo da equação pode ser apresentado como NPSH$_R$ e é fornecido na curva de desempenho de cada bomba. Deve-se assegurar que o lado direito da equação na instalação real **seja maior ou igual ao NPSH** dado na curva da bomba, a fim de evitar a cavitação.

O NPSH é, portanto, um valor que ajuda estimar se uma bomba está em risco de sofrer cavitação. Há dois valores NPSH que devem ser considerados:

- **NPSH$_R$** = **R**equerido (fornecido pelo fabricante para cada bomba);
- **NPSH$_d$** = **D**isponível (calculado a partir do sistema hidráulico).

Pode-se adotar, por segurança, por exemplo:

$$\text{NPSH}_R \leq \text{NPSH}_d + 0{,}5 \text{ m}$$

Para exemplificar, consideremos uma situação com uma instalação simples, mostrada na Figura 7.39, mas que pode gerar cavitação importante na bomba.

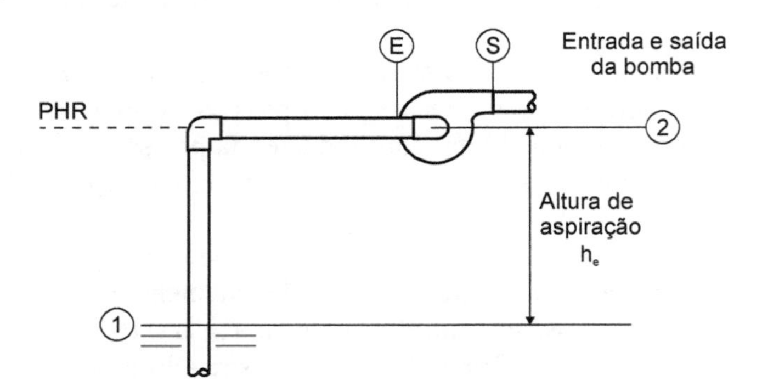

FIGURA 7.39 Circuito onde pode ocorrer cavitação.

Entre os pontos 1 e "*e*" (de entrada da bomba), existe uma altura de elevação *h*, e a bomba deve aspirar água desde o ponto 1. A carga de sucção deve ser suficientemente grande comparada com a pressão de vapor no interior da bomba. A aplicação da Primeira Lei da Termodinâmica entre 1 e "*e*" resulta:

$$\frac{V_1^2}{2g} + \frac{P_1}{\gamma} + z_1 - \left(\frac{V_e^2}{2g} + \frac{P_e}{\gamma} + z_e \right) = h_t$$

Da definição de

$$\text{NPSH} = \frac{P_e}{\gamma} + \frac{V_e^2}{2g} - \frac{P_v}{\gamma}$$

E substituindo nas equações com $V_1 = 0$; $z_e = 0$; $z_1 = -h$, resulta:

$$\text{NPSH} = \frac{P_1}{\gamma} - h - h_t - \frac{P_v}{\gamma}$$

Observe que a pressão na entrada, P_e, da bomba depende da altura de aspiração, h_e. A pressão deve diminuir ainda mais desde a entrada da bomba até seus **pontos no interior**, onde se origina a sucção.

Para que não ocorra cavitação, a pressão nos pontos no interior da bomba deve ser maior que a pressão de vapor, p_v.

EXERCÍCIO 7.6

O circuito hidráulico mostrado na Figura 7.40 capta água de um canal com grande dimensão longitudinal e a recalca para outro canal em cota superior, como ilustra a figura. A tubulação é de ferro fundido, com diâmetro de 300 mm tanto na sucção, com 0,5 m de comprimento, quanto na descarga, com 1,5 m. Observe que há duas válvulas borboleta instaladas ($k_s = 0{,}4$) para garantir as paradas de manutenção da bomba. As curvas características da bomba são apresentadas na Figura 7.41, e a bomba opera a 1150 rpm. Calcule se haverá problemas de cavitação para a vazão de operação de 0,7 m³/s.

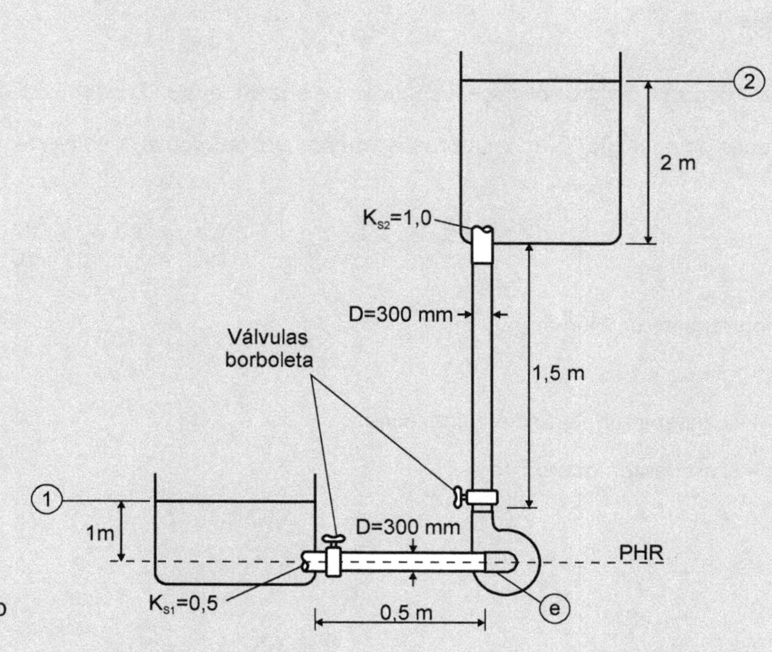

FIGURA 7.40 Estudo de cavitação em circuito hidráulico do Exercício 7.6.

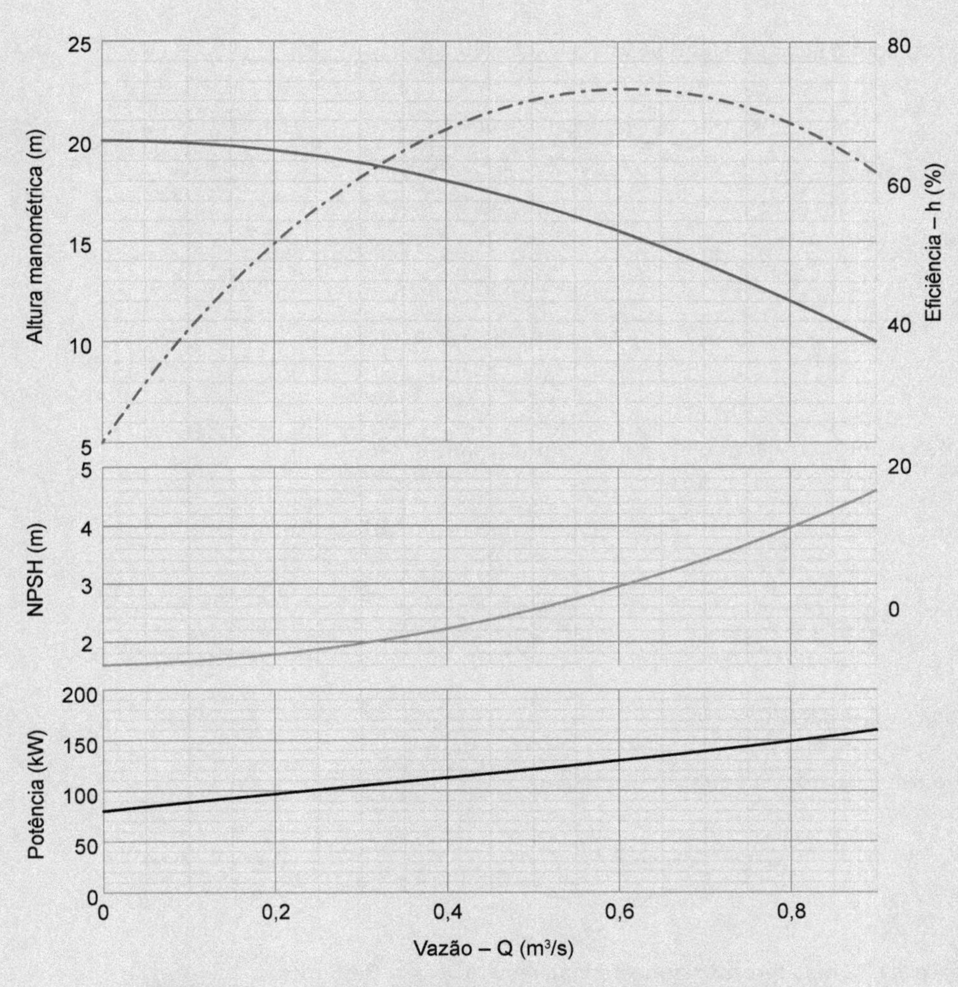

FIGURA 7.41 Curvas características da bomba do Exercício 7.6.

Solução

Para determinar $\frac{P_e}{\gamma}$, aplica-se a equação de energia entre (1) e (e). Pode-se trabalhar com pressão absoluta nos dois lados da equação ou achar a pressão manométrica (efetiva) e converter para absoluta no final.

$$\left(\frac{\alpha_1 V_1^2}{2g}+\frac{P_1}{\gamma}+z_1\right)-\left(\frac{\alpha_e V_e^2}{2g}+\frac{P_e}{\gamma}+z_e\right)=\frac{\dot{w}_a}{\gamma Q}-\frac{\dot{w}_m}{\gamma Q} \quad \text{(I)}$$

Da geometria do problema

- $z_1 - z_e = \Delta z = 1$ m
- $V_1 = 0$, reservatório grandes dimensões
- $\alpha_e = 1$, escoamento turbulento
- $\dot{w}_m = 0$
- $z_1 - z_2 = 1$

$$\frac{\dot{w}_a}{\gamma Q}=\left(\sum k_s + f\frac{L}{D}\right)*\frac{V^2}{2g}$$

Da equação da continuidade na tubulação

$$V_e=\frac{Q}{A}=\frac{4Q}{\pi D^2}=\frac{4*0,7}{\pi*0,300^2}=9,9 \text{ m/s}$$

Para a água a 20 °C:

$$\nu = 1*10^{-6} \text{ m}^2/\text{s}$$

$$\rho = 998 \text{ kg/m}^3$$

$$P_v = 2,32 \text{ kPa}$$

O coeficiente de perda de carga pode ser encontrado por:

$$\text{Re}=\frac{VD}{\nu}=\frac{9,9*0,300}{1*10^{-6}}=2.970.000$$

$$\frac{\varepsilon}{D}=\frac{0,26}{300}=0,00087$$

Por Colebrook $\rightarrow f_e = 0,0190$.

Substituindo estes valores na equação (I), resulta:

$$\frac{P_1-P_e}{\gamma}+1-\frac{9,9^2}{2*9,81}=\left(1+0,5+0,4+0,0190*\frac{0,5}{0,3}\right)*\frac{9,9^2}{2*9,81}$$

E, como $\frac{P_1}{\gamma}$ = 10,33 mca (pressão atmosférica), resulta $\frac{P_e}{\gamma}$ = - 8,65 mca.

Da dedução de $NPSH_{disponível}$:

$$NPSH_{disp} = \frac{\alpha_e V_e^2}{2g} + \frac{P_e}{\gamma} - \frac{P_v}{\gamma}$$

Com $\frac{P_v}{\gamma} = \frac{2320}{998 * 9,81} = 0,337$

E com $\frac{P_e}{\gamma} = 10,33 - 8,65 = 1,68$

Resulta $NPSH_{disp} = 6,44$ mca.

E como o NPSH requerido é 3,4 m (do gráfico da bomba), resulta:

$NPSH_{disp} > NPSH_{req} \rightarrow$ a bomba *não cavita.*

CONSIDERAÇÕES FINAIS

Este capítulo fez uma introdução comentada ao estudo de situações de bombeamento. Há diversos planos de entendimento e de conhecimento, e não se consegue assimilar tudo com rapidez. Provavelmente, você terá que voltar várias vezes, ler diversos trechos com redobrada atenção e buscar informações em outras fontes. O material deste capítulo está bem condensado e talvez muito denso para o início de um curso de graduação, mas traz tudo o que é necessário para abordar situações de bombeamento.

CAPÍTULO 8

ESCOAMENTOS EXTERNOS

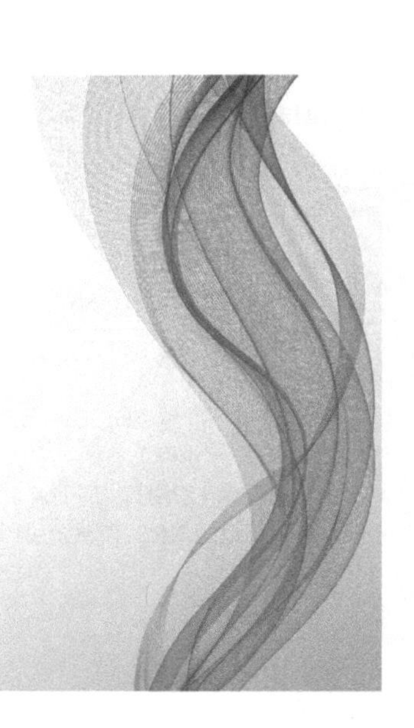

Cada vez mais importantes na Engenharia: escoamentos sobre aviões, prédios e estruturas e até movimentações de gases na atmosfera com impactos climáticos.

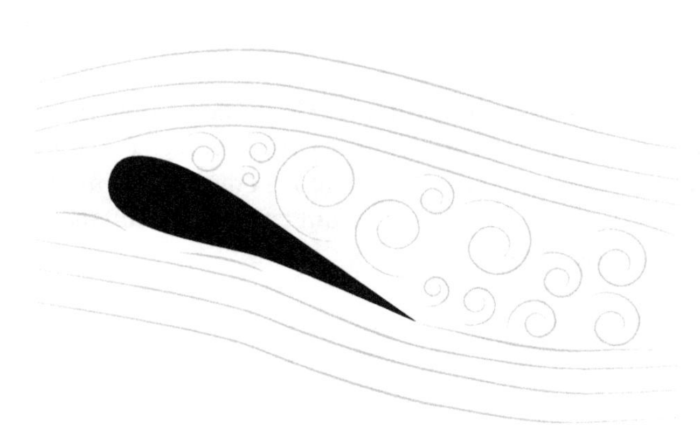

FIGURA 8.1 Escoamento em aerofólio com ângulo de ataque que permite visualizar a geração de vórtices e de esteira de vórtices.

INTRODUÇÃO

O tema de escoamentos externos talvez seja o mais atualizado, avançado e desafiador na Mecânica dos Fluidos.

Compreendem escoamentos ao redor de aviões, carros, edifícios, estruturas, navios, submarinos, cabos, peixes, insetos, árvores, plantas etc. e também movimentações de gases de efeito estufa na atmosfera, a regulação do clima, as correntes marítimas, a poluição, os efeitos do derretimento das calotas polares, as manchas de efluentes e poluições diversas em corpos d'água.

Desde o quarto milênio a.C., há observações sobre águas, enchentes, construção de canais etc. A abordagem era feita por uma coleção de conhecimentos, de casos de sucesso, relatados com alguma organização, mas sem efetuar cálculos como atualmente, pois não havia a ciência como conhecemos.

Pouco a pouco foram aparecendo equacionamentos, ainda sem levar em consideração os efeitos viscosos. Até que em 1827, Navier apresentou a equação hoje conhecida como equação de Navier-Stokes, que permitiu visualizar um caminho para resolver escoamentos. Infelizmente, soluções analíticas para escoamentos turbulentos (Reynolds > 2000) não são possíveis.

Entre o fim do século XIX e meados do século XX, passaram a ser desenvolvidos conhecimentos e ferramentas de solução que pudessem contribuir para a implementação de projetos de máquinas, como aviões, balões, navios eficientes, submarinos, e de grandes estruturas e prédios.

Como as soluções analíticas eram, e são, impossíveis e não havia computadores, as soluções chegavam via experimentos realizados extensivamente em modelos, com a ajuda da análise dimensional, e mediante a disponibilização de gráficos, tabelas e coeficientes adimensionalizados.

Com os experimentos, foram resolvidos, de forma brilhante, incontáveis problemas tecnológicos. A facilitação do uso de computadores elevou a possiblidade de soluções a outro patamar: as simulações digitais se mostraram extremamente úteis na busca de soluções, acopladas a códigos computacionais conhecidos como CFD (dinâmica do fluido computacional).

A base do entendimento do escoamento ao redor de corpos e na atmosfera, assim como em corpos d'água, é a visualização do escoamento, mas grande parte do conhecimento ainda é dado por gráficos e coeficientes obtidos experimentalmente, como apresentados em todos os livros de Mecânica dos Fluidos, inclusive nesta obra.

Ressalte-se que as informações que compõem o conhecimento de escoamentos externos são apresentadas na forma de uso abundante de coeficientes e gráficos experimentais, tendo sido obtidas por meios distintos:

- **teóricos** (limitados por causa da complexidade dos fenômenos);
- **experimentais** (túneis de vento, tanques de prova, túneis de cavitação e ensaios em modelos em escala);
- **simulações digitais**, mais recentemente.

A visualização do escoamento é muito importante, como destacado no Capítulo 4, e se recomenda o *site* do MIT com uma coleção excelente de vídeos sobre escoamentos. Digitalize o QR Code para ver mais.

uqr.to/1w64k

Para observar o escoamento de gases na atmosfera, os vídeos da NASA, disponíveis por meio do QR Code, também são excelentes:

uqr.to/1w64l

OBJETIVOS

O objetivo deste capítulo é apresentar a abordagem inicial utilizada nos cálculos de forças de arrasto e de sustentação agindo em corpos imersos em escoamentos.

O estudo de escoamentos sobre corpos sempre se inicia com experimentos e levantamento de coeficientes de arrasto e sustentação para corpos de geometria simples, como esferas, cilindros, placas, aerofólios, até se chegar a estruturas muito mais complexas, como os escoamentos sobre equipamentos mecânicos, como aviões, navios, submarinos, plataformas *off-shore*, automóveis, e sobre estruturas civis, como torres, pontes, cabos, tubulações submarinas, edifícios etc.

Essas estruturas geralmente são ensaiadas em túneis de vento ou tanques de prova, ou simuladas em computador e validadas em experimentos físicos.

Deve-se ter em mente que um túnel de vento pode ser considerado um computador analógico, com a vantagem de não necessitar de equacionamentos sofisticados para o levantamento de dados e coeficientes.

Por outro lado, as medições contêm incertezas (que são estimáveis) e os resultados obtidos não possuem 100 % de aderência com a teoria da análise dimensional.

O estudo de massa de fluidos interagindo com a massa de outro fluido, ou espécie, é muito desafiador. Podem ser analisados os efeitos de lançamentos de efluentes em corpos d'água, efeitos de sedimentação em portos, efeitos de manchas de poluição nos oceanos, efeitos de efluentes gasosos, como gases de efeito estufa na atmosfera, as movimentações referentes à meteorologia global e micrometeorologia, as movimentações de massa de gases na atmosfera de outros planetas (Júpiter é um caso clássico) e até movimentos de galáxias.

8.1 CARACTERÍSTICAS GERAIS DOS ESCOAMENTOS EXTERNOS

O equacionamento básico dos escoamentos ao redor de corpos é muito simples, embora as soluções sejam quase sempre complexas e as aproximações com um nível de incerteza elevado.

Para a modelagem matemática das forças envolvidas, são necessárias algumas premissas:

- deve-se recordar o Capítulo 4 em seus tópicos referentes a **camada-limite**, **linhas de corrente**, **escoamento em placas planas**, **princípio da aderência completa**, **leis de conservação na forma diferencial**, **equações de Navier-Stokes**, **separação e turbulência**;
- **o sistema de coordenadas** é **fixado sempre no corpo** (independentemente de o corpo estar ou não se movendo);
- **admite-se velocidade ao longe como constante no tempo e no espaço**;
- sempre se deve ter muito cuidado e atenção aos **efeitos de borda**, onde geralmente ocorrem separações e turbulências, sempre difíceis de prever, equacionar e corrigir.

8.1.1 Equacionamento

O método de estudo aborda as **forças** aero ou hidrodinâmicas agindo sobre os corpos de interesse e gerando tensões: **tensão normal**, decorrente da pressão, e **tensão de cisalhamento** na parede, em função dos efeitos viscosos.

A componente da força resultante na **direção do escoamento** é chamada **força de arrasto**, F_A (em inglês, F_D – *drag force*) e, na **direção normal ao escoamento**, denominada **força de sustentação,** F_S (em inglês, F_L – *lift force*). Ambas são obtidas pela integração das tensões normais e de cisalhamento mostradas nas Figuras 8.2 e 8.3.

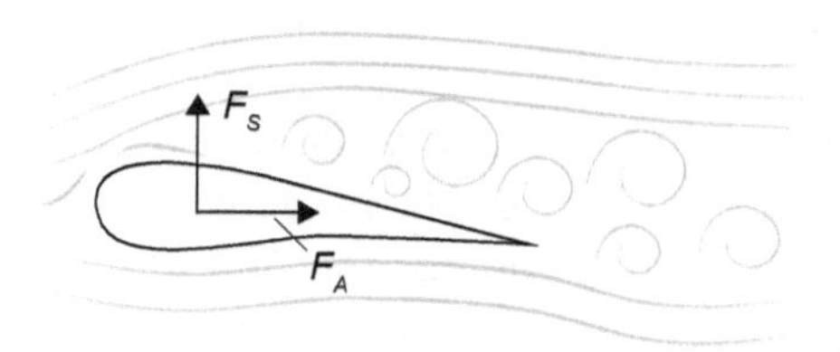

FIGURA 8.2 Representação de linhas de corrente ao redor de aerofólio com ângulo de ataque próximo a 10°.

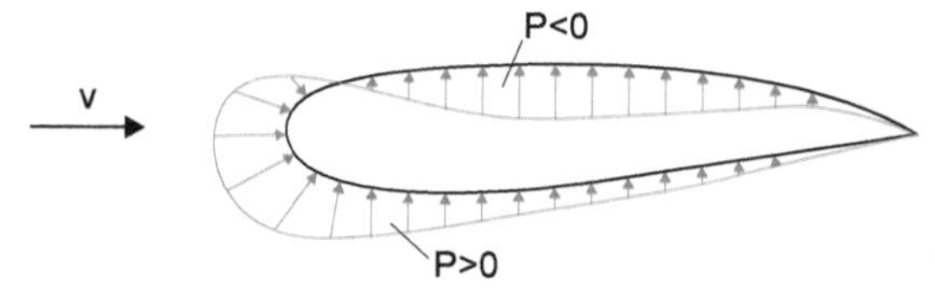

Distribuição de forças de pressão

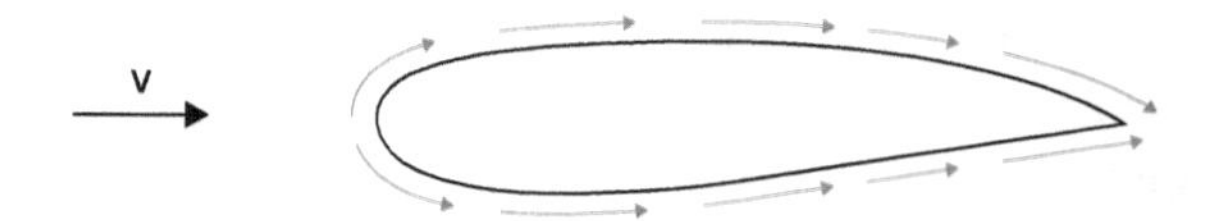

Distribuição de tensões de cisalhamento

FIGURA 8.3 Tensões normais (pressão) e tensões de cisalhamento agindo sobre os corpos de interesse.

Vê-se claramente na Figura 8.3 que a distribuição de pressões é responsável tanto por arrasto quanto por sustentação. No vaso das tensões de cisalhamento, ocorre o mesmo, mas, nesse ângulo do aerofólio, são geradas muito mais forças de arrasto que de sustentação.

Deve-se aplicar a Segunda Lei de Newton para estudar a relação entre as forças de arrasto e de sustentação. Para isso, pode-se tomar um trecho infinitesimal da superfície de um perfil de asa imerso em um escoamento de fluido, como representado na Figura 8.4.

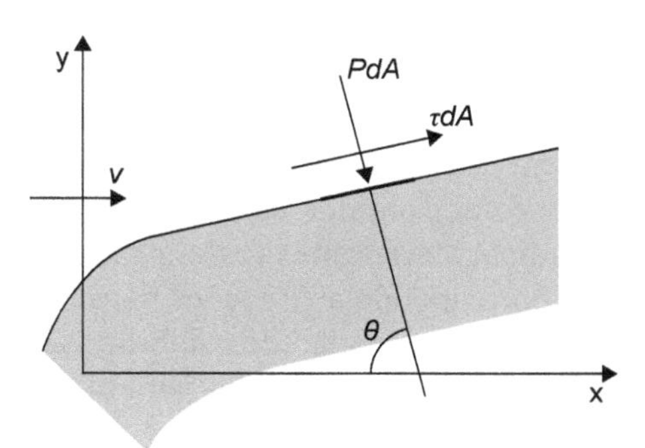

FIGURA 8.4 Modelagem de trecho de asa.

Basicamente, agem as forças normais, de pressão, e as forças tangenciais, de cisalhamento.

$$dF_x = (pdA)\cos\theta + (\tau dA)\text{sen}\theta$$

$$dF_y = -(pdA)\text{sen}\theta + (\tau dA)\cos\theta$$

$$F_A = \int dF_x = \int p\cos\theta dA + \int \tau\text{sen}\theta dA \tag{1}$$

$$F_S = \int dF_y = -\int p\text{sen}\theta dA + \int \tau\cos\theta dA$$

Observe que arrasto e sustentação podem ser tanto de pressão quanto de viscosidade!

As equações (1) foram deduzidas facilmente, mas são **difíceis de utilizar**, visto que, normalmente, não se conhecem as distribuições de P e de τ ao redor dos corpos que se quer estudar. Corpos podem ser instrumentados para se medir pelo menos a distribuição de pressões, e isso é bastante trabalhoso: modelos de edifícios ensaiados em túneis de vento chegam facilmente a ter entre 240 e 400 pontos de tomadas de pressão em sua superfície.

Para ajudar a contornar essas dificuldades, usa-se intensamente a análise dimensional, que permite definir **coeficientes adimensionais**, **de arrasto** e **de sustentação**. A aplicação da análise dimensional resulta:

$$C_A \text{ ou } C_s = \phi\left(\text{fator de forma, Re, } Ma,\ Fr,\ \frac{\varepsilon}{l}\right)$$

Ao fim, chega-se a expressões elegantes e muito utilizadas, válidas para certos tipos de corpos e fatores de forma:

$$C_A = \frac{F_a}{\frac{1}{2}\rho V^2 A} \text{ e } C_s = \frac{F_s}{\frac{1}{2}\rho V^2 A}$$

"A" é uma área característica do corpo, normalmente a área frontal, como vista por um observador que olha na direção paralela à do escoamento em direção ao corpo.

O fator $\frac{1}{2}$ vem de uma tradição desde Euler e Bernoulli.

Curvas e valores de C_A ou C_S são obtidos por experimentação e, com as leis de similaridades, podem ser utilizados para corpos geometricamente semelhantes. Isso é feito desde o nível de corpos elementares (esferas, cilindros, paralelepípedos) até corpos extremamente sofisticados (aviões, automóveis etc.) ensaiados em modelos em escala reduzida e com resultados exportados para protótipos em tamanho real.

8.2 COEFICIENTES DE ARRASTO PARA ESFERAS LISAS E CILINDROS LISOS

No Capítulo 3 – Análise Dimensional e Teoria da Semelhança, foi apresentada a figura que mostra o escoamento sobre esfera lisa, com o coeficiente de arrasto em função do número de Reynolds.

Esses dados foram obtidos com esferas com diâmetros diferentes, velocidades diferentes, em épocas diferentes e condições diferentes (esfera caindo em fluido viscoso, esfera parada etc.). Cada parte distinta da curva obtida corresponde a situações particulares do escoamento: escoamento laminar, diversas fases de escoamentos turbulentos, região de estabilidade do arrasto e a crise do arrasto. Trata-se de uma esfera lisa: se a esfera fosse rugosa, os resultados seriam diferentes.

8.2.1 Crise do arrasto

No gráfico da Figura 8.5, obtido por meio de experimentos tratados pela análise dimensional, chama atenção a queda brusca dos valores do coeficiente de arrasto na região indicada como **crise do arrasto**.

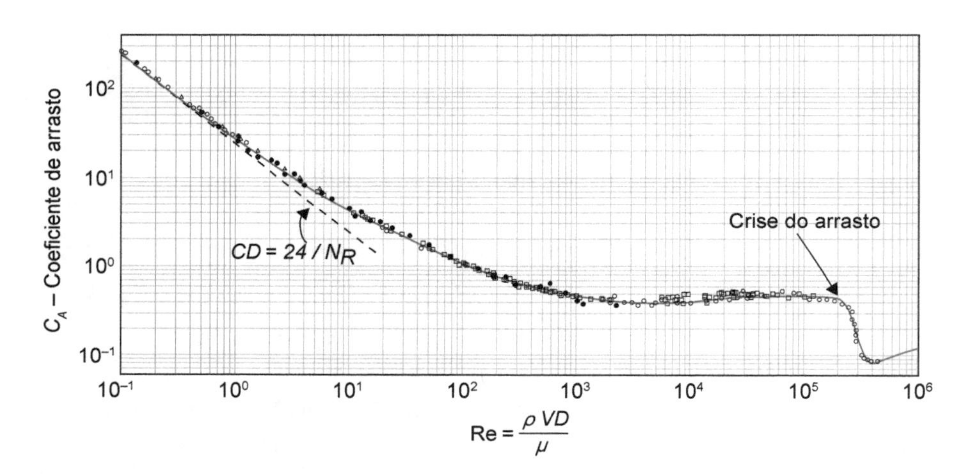

FIGURA 8.5 Coeficiente de arrasto de **qualquer esfera lisa** em função do número de Reynolds. Gráfico bi-logarítmico. Fonte: adaptada de https://kdusling.github.io/teaching/Applied-Fluids/Notes/DragAndLift#spheres. Acesso em: 11 out. 2024.

A crise do arrasto representa a transição da camada-limite laminar para a camada-limite turbulenta.

Como explicado na Seção 4.9.2 (Separação/Descolamento) do Capítulo 4, em um corpo rombudo (p. ex.: esfera, cilindro), a camada-limite laminar se torna turbulenta ao se desenvolver ao longo de uma superfície com gradiente de pressão adverso. Com essa transição, a esteira de vórtices fica mais fina e o arrasto se torna menor a partir do ponto de separação. A Figura 8.6 mostra uma situação de transição para o escoamento turbulento.

A separação pode ocorrer tanto em camadas-limites (CL) turbulentas quanto em laminares, porém, como a transferência da quantidade de movimento em camadas-limites turbulentas é maior que nas laminares, para as mesmas formas e gradientes de pressão, a separação se situa mais a jusante do que no caso de CL laminares. Por isso, as CL turbulentas são mais resistentes à separação que as CL laminares.

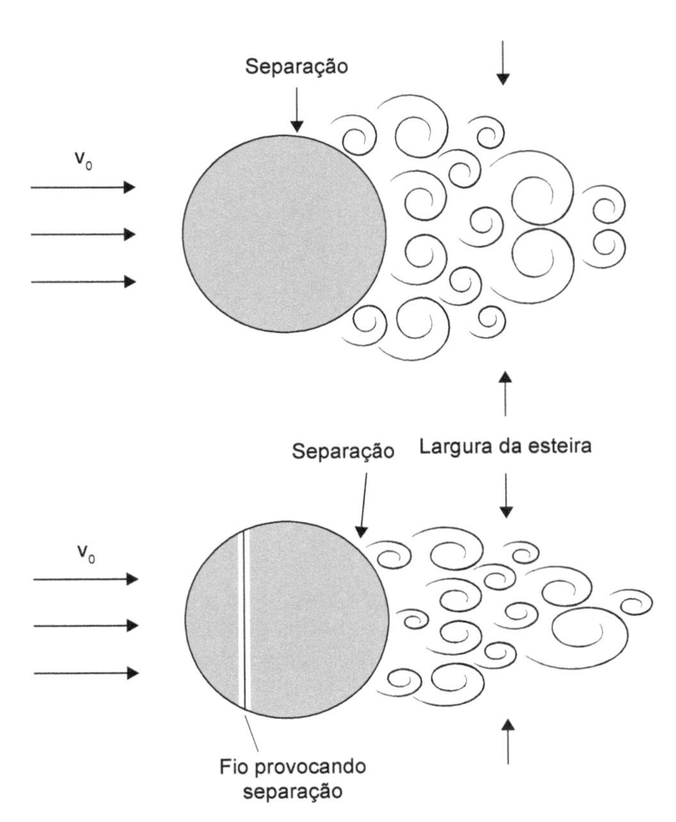

FIGURA 8.6 Efeito do escoamento turbulento sobre esferas. Na figura de cima, a esfera superior tem seu ponto de separação bem mais a montante que a inferior, em um escoamento laminar. Foi então colado um fio para adiantar a transição para o escoamento turbulento e, com isso, se consegue reduzir tanto a largura da esteira de vórtices como o arrasto de pressão. Observe que a redução da forma da esteira indica que o arrasto devido à forma (pressão) pode ser bastante reduzido, diminuindo o arrasto global, nesse caso onde o arrasto de pressão é normalmente muito elevado. As tensões de cisalhamento são aumentadas no escoamento turbulento, mas não a ponto de superarem a redução do arrasto de pressão.

8.2.2 Influência da rugosidade

Os valores experimentais tabelados na literatura normalmente foram levantados com cilindros, corpos prismáticos e esferas lisas. A Figura 8.7 mostra como a rugosidade causa mudanças significativas nos valores dos coeficientes de descarga, como se pode ver nesse gráfico elaborado para esferas com diversas rugosidades, incluindo esferas lisas.

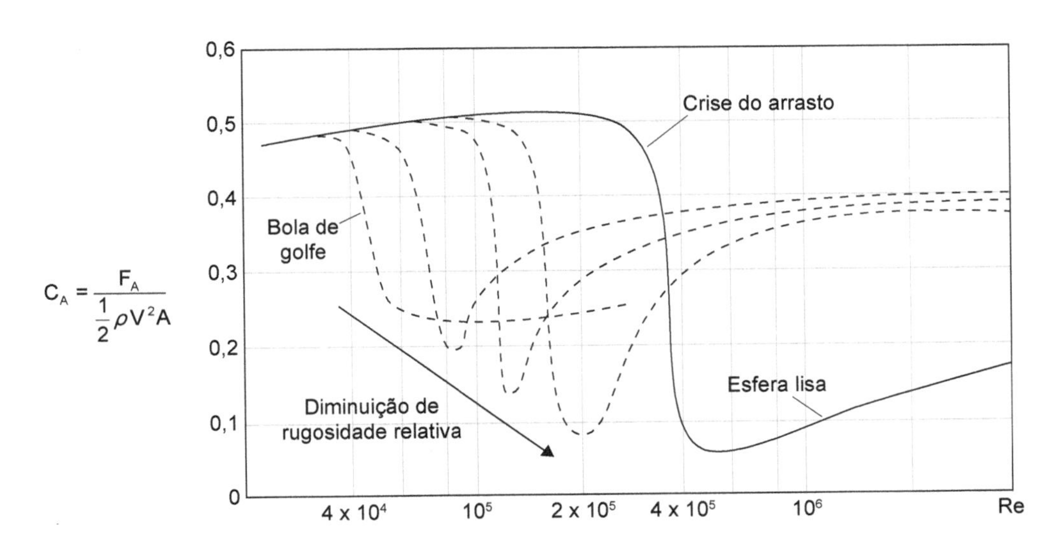

FIGURA 8.7 Percebe-se claramente o efeito da rugosidade em esferas: a crise do arrasto é adiantada para números de Reynolds muito menores, o que significa, por exemplo, que uma bola de golfe vai percorrer uma distância muito maior se tiver as mossas (depressões na superfície) do que uma bola de golfe lisa de mesmas dimensões e peso, porque a força de arrasto será menor no escoamento turbulento, por conta da esteira de vórtices reduzida.

8.2.3 Coeficientes de arrasto para cilindros lisos

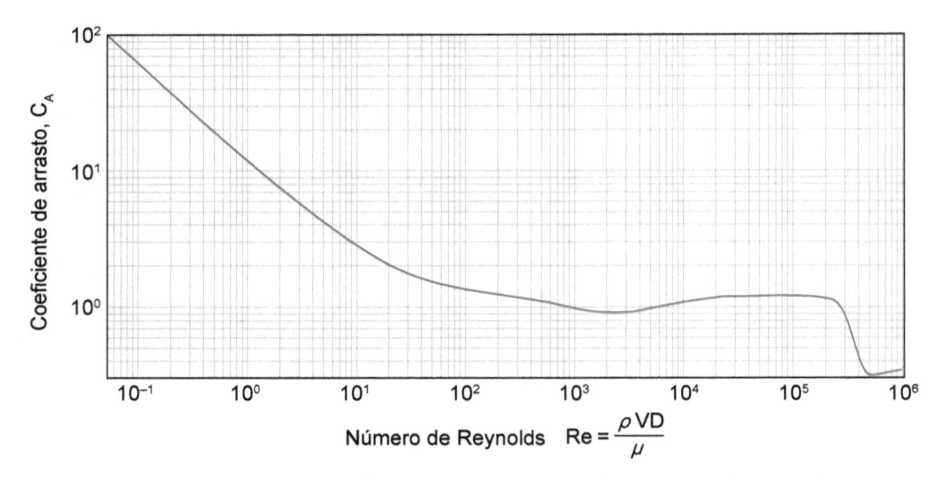

FIGURA 8.8 Coeficiente de arrasto de um cilindro circular longo e liso em função do número de Reynolds. Observe que os resultados obtidos para cilindros lisos são muito parecidos com os de esferas lisas na Figura 8.5. Fonte: adaptada de https://kdusling.github.io/teaching/Applied-Fluids/Notes/DragAndLift#spheres. Acesso em: ago. 2024.

8.3 FORMAS BIDIMENSIONAIS PRISMÁTICAS

Estruturas de formas prismáticas, ou seja, que mantêm a seção transversal constante não torcida, são muito comuns na construção de estruturas metálicas, como torres de transmissão de cabos de eletricidade, plataformas, suportes etc., tendo sido levantados coeficientes de arrasto médios em função de números de Reynolds adequados.

Os livros mais comuns de Mecânica dos Fluidos, atualmente, apresentam dados com valores muito parecidos, com ligeiras variações sobre a faixa de números de Reynolds de validade dos dados, ou pequenas variações no valor do C_A, pois aparentemente utilizaram referências como: Blevins (1984) e Hoerner (1965), além de dados da NACA (hoje, denominada NASA) – Technical note 3038 (Delany; Sorensen, 1953) e Technical Report 619 (Lindsey, 1937).

TABELA 8.1 ▪ Valores de coeficientes de arrasto para corpos bidimensionais

Forma	Sentido do escoamento	C_A	Re
Cilindro	→ ○	1,2	$10^4 < Re < 5 * 10^4$
Cilindro cortado no comprimento	→)	2,4	"
	→ (	1,1	"
Tubo quadrado	→ □	2	"
Tubo quadrado	→ ◇	1,6	"
Elipse 2:1	→ ⬭	0,45	10^5
Elipse 8:1	→ ⬭	0,22	10^5
Hemisfério cheio	→ D	1,7	$> 10^4$
	→ ◖	1,2	$> 10^4$
Tubo quadrado arredondado	→ ▢	Varia com o raio, entre 2,2 e 1	$> 10^4$

Formas tridimensionais

TABELA 8.2 ▪ Valores de coeficientes de arrasto para corpos tridimensionais

Forma	Sentido	C_A
Placa plana quadrada	→	1,16
Concha	→	1,4
	→	0,4
Cubo	→	1,05
	→	0,81
Paraquedas	→	1,2
Caminhão sem defletor	→	0,96
Caminhão com defletor	→	0,76

Fonte: Blevins (1984) e Hoerner (1965), NACA (hoje, denominada NASA) - Technical note 3038 (Delany; Sorensen, 1953) e Technical Report 619 (Lindsey, 1937).

O *site* da NASA, acessível por meio do QR Code, mostra algumas informações adicionais interessantes sobre a grande diferença entre os coeficientes de arrasto de corpos com mesma área frontal. Perceba como a forma do corpo e a existência de cantos vivos alteram radicalmente os valores do CA.

uqr.to/1w64m

TABELA 8.3 ▪ Comparação entre corpos com mesma área frontal e diferentes formas

Tipo	Forma	C_A
Placa plana	→	1,28
Prisma	→	1,14
Bala	→	0,295
Esfera	→	0,07 a 0,5
Aerofólio	→	0,045

De maneira ampla, em corpos com cantos vivos, o arrasto não depende do número de Reynolds, mas em corpos arredondados o arrasto depende do ponto de separação, como visto na Seção 4.9.2, e aí tanto o número de Reynolds quanto o formato da camada-limite são importantes.

Perfis de asa

Digitalize o QR Code para consultar mais informações no *site* da Nasa sobre perfis de asas.

uqr.to/1w64n

Coeficiente de pressão

Outra forma de calcular pelo menos o arrasto de pressão é o coeficiente de pressão.

Isso pode ser feito por meio de tomadas de pressão em um corpo instalado em um túnel de vento, por exemplo. Quando é necessária a determinação da carga de ventos em edifícios, é comum testar modelos com 240 a 400 pontos de tomadas de pressão, lidos automaticamente por meio de transdutores de pressão multiplexados, para se ter uma informação da situação quase instantânea do que ocorre com a carga de ventos ou de pontos de descolamento e separação que possam afetar a estrutura ou pessoas.

O caso clássico é a determinação do coeficiente de pressão em cilindros, como mostrado na Figura 8.9.

A análise dimensional permite chegar ao coeficiente de pressão com facilidade:

$$C_p = \frac{p - p_0}{\frac{1}{2}\rho V^2}$$

em que:

$p = p(\theta)$ pressão em pontos na superfície do cilindro, em ângulo θ;

p_0 = pressão ao longe, geralmente a atmosférica.

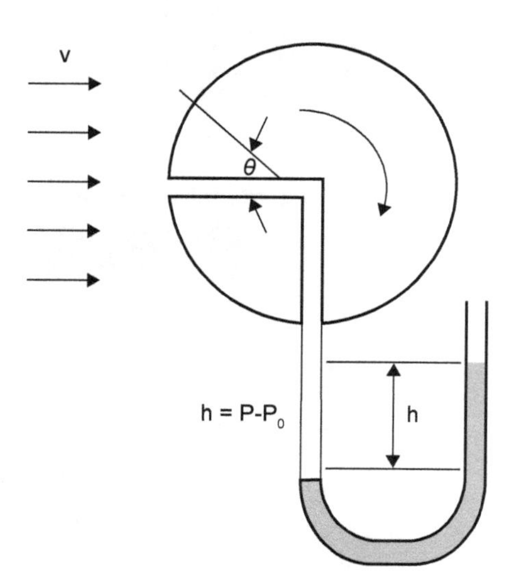

FIGURA 8.9 Cilindro com um ponto de tomada de pressão. Como o cilindro pode ser girado em torno de seu eixo, podem ser tomados diversos valores da pressão sobre sua superfície, gerando curvas como mostrado no gráfico da Figura 8.10.

Esse C_p pode ser usado para o cálculo da força de arrasto de pressão, F_A, se for desconsiderado o arrasto decorrente de forças viscosas:

$$F_A = \int_A p\cos\theta dA = \frac{1}{2}\rho V^2 \int_A C_p \cos\theta dA$$

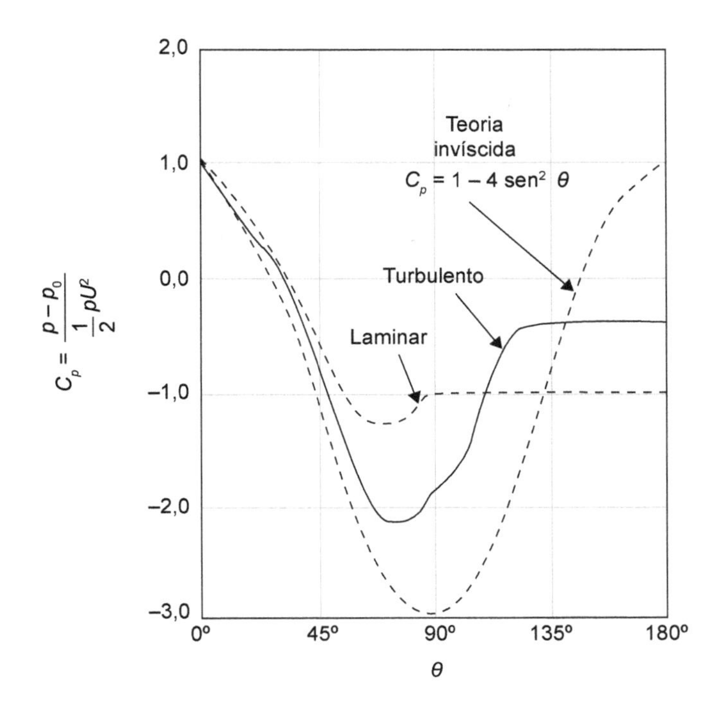

FIGURA 8.10 Gráfico do coeficiente de pressão em função do ângulo relacionado com a posição da tomada de pressão.

EXERCÍCIO 8.1

Determine o momento fletor na base de uma chaminé, submetida a uma velocidade de vento uniforme de 50 km/h (13,9 m/s), no nível do mar, a 15 °C. A chaminé é cilíndrica, com diâmetro D = 1 m e altura de 25 m.

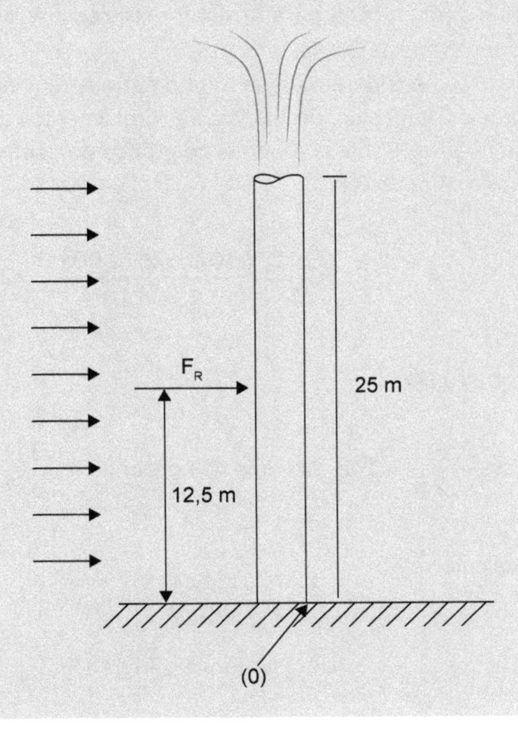

FIGURA 8.11

No nível do mar, têm-se P_{atm} = 101 kPa, $\rho = 1{,}23\dfrac{kg}{m^3}$ e μ = 1,78 × 10⁻³ para a temperatura de 15 °C.

O coeficiente de arrasto $C_A = \dfrac{F_A}{\frac{1}{2}\rho V^2 A}$ deverá ser encontrado na figura correspondente a cilindros lisos, a partir do número de Reynolds no eixo das abscissas.

A força de arrasto será:

$$F_A = \frac{1}{2}\rho V^2 A C_A$$

$$\text{Re} = \frac{\rho V D}{\mu} = \frac{1{,}23 \times 13{,}9 \times 1}{1{,}78 \times 10^{-53}} = 9{,}61 \times 10^5$$

Com este valor de Re, se obtém no gráfico $C_A \approx 0{,}35$ já na região de escoamento turbulento, após a crise do arrasto.

Com a velocidade considerada uniforme (e não é, de fato, pode ser uma distribuição do tipo logarítmica), pode-se considerar a distribuição da força como uniforme, e o ponto de aplicação da força resultante F_R seria em $L/2$.

O momento com relação ao polo zero, na base, seria então:

$$M_0 = F_A \frac{L}{2} = \frac{L}{4}\rho V^2 A C_A = 1{,}30 \times 10^4 \text{ Nm}$$

EXERCÍCIO 8.2

Em um arranjo simplificado, uma rede de pesca é rebocada com velocidade de 2,0 m/s por dois barcos, totalmente submersa e na posição vertical. A rede possui comprimento útil de 34 m e altura de 2,1 m. A trama da rede é formada por fios de náilon com 1,1 mm de diâmetro, formando quadrados de aproximadamente 20 mm × 20 mm. Estime a potência necessária para arrastar esta rede. A massa específica da água do mar é 1,08 × 10^{-3} Pa · s e a massa específica é 1025 kg/m^{-3}.

Simplificadamente, pode-se considerar que se trata do arrasto em cilindros com 1,1 mm de diâmetro, e se desprezam, nesta aproximação, os efeitos de turbulência nos cruzamentos entre os fios de náilon.

Pode-se calcular o número de Reynolds e entrar no gráfico do coeficiente de arrasto em função do número de Reynolds para se encontrar o valor do C_A:

$$\text{Re} = \frac{\rho V D}{\mu} = \frac{1025 \times 2 \times 0{,}0011}{1{,}08 \times 10^{-3}} = 2090$$

Do gráfico, se tira que $C_A \cong 0{,}90$.

A trama da rede possui $\dfrac{2{,}1\text{ m}}{0{,}02\text{ m}} = 105$ cilindros na horizontal e $\dfrac{34\text{ m}}{0{,}02\text{ m}} = 1700$ cilindros na vertical.

Como $C_A = \dfrac{F_A}{\frac{1}{2}\rho V^2 A}$, calcula-se F_A:

$$F_A = C_A \frac{1}{2}\rho V^2 A$$

$$F_{Ahorizontal} = 0{,}90 \times \frac{1}{2} 1025 \times 2{,}0^2 \times 0{,}0011 \times 34 \times 105 = 7245 \text{ N}$$

$$F_{Avertical} = 0{,}90 \times \frac{1}{2} 1025 \times 2{,}0^2 \times 0{,}0011 \times 2{,}1 \times 1700 = 7245 \text{ N}$$

Força de arrasto total = 14.490 N.

A potência *W* estimada para arrastar a rede será de:

$$W = F \times V = 14.490 \times 2{,}0 = 28{,}98 \text{ kW} \approx 40 \text{ cv.}$$

CONSIDERAÇÕES FINAIS

Neste capítulo, foi oferecida uma introdução à abordagem de problemas relativos ao escoamento ao redor de corpos. Este conteúdo é suficiente apenas para iniciar o leitor neste conteúdo.

CAPÍTULO 9

EXPRESSÃO DE RESULTADOS E ESTIMATIVA DE INCERTEZAS

Se os seus resultados precisam de um estatístico, então você precisa fazer um experimento melhor.

Rutherford

Fatos são teimosos, mas estatísticas são flexíveis.

Mark Twain

A Mecânica dos Fluidos é uma ciência básica de Engenharia que depende de uma forte base empírica e convive com níveis de incerteza elevados na expressão de seus resultados.

Parte significativa de soluções e informações para cálculos são disponibilizados em tabelas, gráficos e equações parametrizadas (como visto nos capítulos anteriores), obtidos por meio de experimentos que carregam incertezas expressivas, realizados a partir de hipóteses restritivas frequentemente extrapoladas e que introduzem mais incertezas no conjunto dos cálculos.

Isso acontece com a Mecânica dos Fluidos em virtude da natureza de sua principal grandeza: a **velocidade** do fluido. Principal porque, como visto, se for conhecido o campo de velocidades, o escoamento incompressível pode ser completamente descrito com as equações de Navier-Stokes.

Mas a velocidade é uma grandeza dinâmica (metro dividido por **tempo**), muito afetada por alguns fenômenos: pela **distorção do perfil de velocidades**, **por vórtices** e **camadas-limites** e pelo fenômeno mais complicado de entender da mecânica clássica: a **turbulência**. Por conta disso, a velocidade e a vazão de fluidos convivem com níveis de incertezas muito elevados, frequentemente uma ou até duas ordens de grandeza piores em comparação com grandezas como massa, volume, dimensão, pressão, temperatura.

Fluidos caros e essenciais, como água, petróleo e seus derivados líquidos e gasosos, gás natural etc., são transportados por meio de *pipelines* em quantidades muito elevadas, e qualquer erro de medição de 0,1 % pode representar valores financeiros muito elevados. Para piorar: raramente, nessas situações, se conseguem incertezas melhores que 1 a 2 % nas medições de vazão.

A estimativa de incerteza de cálculos, geralmente com muitas grandezas envolvidas, é complexa, como será mostrado.

Outro ponto muito importante é como expressar resultados: projetos e cálculos enfrentam, por exemplo, incertezas iniciais da ordem de 15 % no cálculo de condutos. Com um nível de incerteza desses, não existe sentido físico expressar, por exemplo, um resultado de vazão com seis dígitos, e algumas regras básicas devem ser estabelecidas a partir do conceito de algarismos significativos.

OBJETIVOS

O objetivo deste capítulo é chamar a atenção para a expressão de resultados em Engenharia e, por meio de um estudo de caso, exemplificar como usar conceitos estatísticos para estimar a incerteza de um resultado.

9.1 ALGARISMOS SIGNIFICATIVOS

Algarismos significativos na expressão de um resultado são aqueles que mantêm um significado físico.

Quando se usa uma trena com a menor divisão em milímetros para medir o diâmetro interno de uma tubulação, pode-se ler, por exemplo:

159,4 mm

Esse resultado de medição exibe quatro **algarismos significativos**, sendo o último (4) duvidoso.

Observe que 4 décimos de mm foram meramente estimados pelo operador, que dividiu o intervalo de 1 mm em 10 divisões e estimou que esse número seria de quatro divisões a partir de 159 mm. O 4 é, portanto, o algarismo duvidoso: outro operador poderia estimá-lo como 0,3 ou 0,5 mm. O olho humano tem uma acuidade fantástica: consegue-se enxergar a olho nu o fio aquecido de sondas de anemômetros de fio quente que têm diâmetro de apenas 5 μm (0,005 mm). Os filamentos de lâmpadas incandescentes comuns têm diâmetros de 13μm. Isso significa que podemos avaliar décimos de milímetros com facilidade.

Observe que não estão sendo ainda considerados os erros sistemáticos e aleatórios da medição com a trena, que devem ser compostos para a expressão do resultado.

Para exemplificar, se o valor do diâmetro de 159,4 mm for utilizado para o cálculo da perda de carga distribuída utilizando a equação de Darcy-Weisbach, com uma velocidade média $V = 10{,}2$ m/s, comprimento $L = 82{,}52$ m, $g = 9{,}81$ m/s^2 e $f = 0{,}0152$:

$$h_f = f\frac{L}{D}\frac{V^2}{2g} = 0{,}0152\frac{82{,}52}{0{,}1495}\frac{(10{,}2)^2}{2\times 9{,}81} = 43{,}9046607959 \text{ mca}$$ ← Expressão incorreta do resultado

Esse é o resultado obtido em uma calculadora, ainda sem levar em consideração a composição das incertezas de cada grandeza. Mas a expressão desse resultado está incorreta, como foi ressaltado: a incerteza nos cálculos de perda de carga é superior a 15 %, e o valor da perda de carga aqui calculado possui um número excessivo de algarismos.

Nesse caso, f, g e V possuem três algarismos significativos, pois zeros à esquerda não são significativos e, portanto, o valor de h_f deve ser expresso como:

$h_f = 43{,}9$ mca (todos os algarismos à direita de 43,9 são lixo e não devem ser utilizados)

Deve-se observar uma regra muito útil:

Qualquer cálculo efetuado deve conter o mesmo número de algarismos significativos que o menor número de algarismos de qualquer de seus fatores ou parcelas.

Como **regra de arredondamento**, sempre que o número anterior ao último algarismo significativo for superior a 5, se arredonda o último algarismo significativo para mais. Se for inferior a 5, se arredonda para menos.

Deve ser observado que, nos cálculos intermediários, pode-se carregar um algarismo a mais.

9.2 EXPRESSÃO DE RESULTADOS

Para a determinação da vazão em uma adutora com um tubo de Pitot, uma medição real mostrou, após a análise de incertezas, o resultado final como:

310 m^3/h ± 2,1 %

Isso significa que o valor da vazão deve estar entre 303 e 317 m^3/h.

E se esse número for expresso em unidades de vazão:

$$310\ m^3/h \pm 7\ m^3/h$$

O intervalo continua sendo 303 m^3/h < valor da vazão < 317 m^3/h, pois não se pode aumentar o número de algarismos significativos por meio de uma simples conta. Observe que o valor da incerteza de 6,5 m^3/h na desigualdade da expressão foi arredondado para 7 m^3/h, pois no número 310 o zero é o algarismo duvidoso, e não se pode ter 310,0 $m^3/h \pm 6{,}5\ m^3/h$.

Nos cálculos realizados no campo de domínio da Mecânica dos Fluidos, não há sentido em expressar incertezas com mais de dois dígitos. Provavelmente, em Mecânica dos Fluidos, expressar incertezas com apenas um dígito seria o correto na maior parte dos casos, mas, tradicionalmente, ainda se expressam alguns resultados com dois dígitos.

Nas próximas seções, será mostrado o longo caminho para se chegar a este resultado de incerteza. Antes, porém, serão apresentadas algumas definições-chave.

9.3 DEFINIÇÕES E TERMOS BÁSICOS

Sempre que se trabalha com incertezas de medição devem ser levados em consideração dois documentos, utilizados na elaboração do presente texto: Vocabulário Internacional de Metrologia (VIM 2012) e Avaliação de Dados de Medição (GUM 2008).

O linguajar dessas referências é muito cauteloso e minucioso, chegando a mostrar quase preocupações de ordem jurídica. Isso é necessário por conta de definições de erros e incertezas que podem ter impacto em disputas. Isso torna a leitura dessas referências cansativa e bastante truncada. Mas é a lei, e se você estiver envolvido em alguma disputa de engenharia em Mecânica dos Fluidos e que trate de limites de erros, incertezas, necessariamente terá de ler esses documentos com muita atenção.

Erro e incerteza

Esses dois termos são grande fonte de confusão na análise de números e experimentos.

Erro

O **erro** é o resultado de uma medição menos o **valor verdadeiro** do que se está medindo. Mas não se conhece o **valor verdadeiro** do erro: se fosse conhecido, não haveria incerteza e seria possível fazer a correção e eliminar o erro. Como o valor verdadeiro não pode ser determinado, utiliza-se um **valor convencional**.

Valor verdadeiro – Nunca se pode determinar o valor real do mensurando em um experimento, pois sempre haverá uma incerteza associada ao valor medido em razão de erros de medição do próprio experimento. E, por isso, é necessário realizar uma **estimativa de incerteza**.

Valor convencional – O valor convencional é um valor atribuído ao mensurando por um acordo e, assim, o **erro de medição** é definido pela diferença entre o valor medido e o valor convencional. Por exemplo, se você tiver que usar o valor da aceleração da gravidade local em algum cálculo de engenharia, poderia usar o **valor médio convencional** de 9,806 m/s^2.

Incerteza

A **incerteza** expressa a dúvida a respeito de um valor medido. É definida como um parâmetro que caracteriza a dispersão dos valores medidos em virtude de erros de medição.

A Figura 9.1 ilustra os conceitos de valor medido, valor verdadeiro assumido e incerteza.

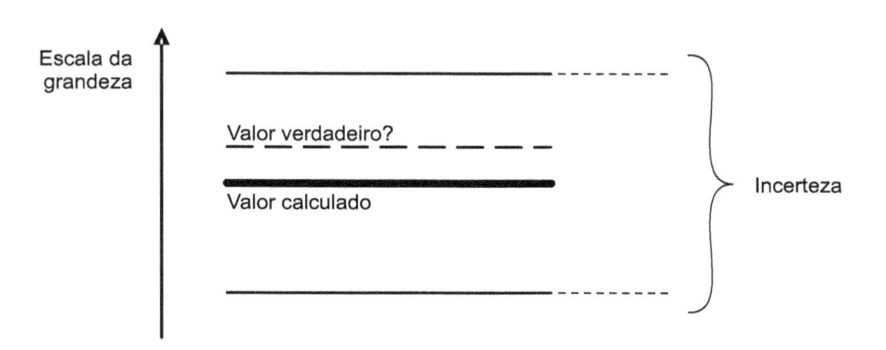

FIGURA 9.1 Observe que o valor verdadeiro é desconhecido: não se sabe onde ele se situa. O valor calculado, ou medido, é geralmente o resultado de uma média, e a incerteza representa a dúvida calculada ao redor do valor calculado (ou medido).

Erros aleatórios e sistemáticos

Considera-se que o erro de medição é formado por duas componentes: o erro aleatório e o erro sistemático.

O **erro aleatório** se origina de variações temporais ou espaciais das grandezas que compõem o fenômeno e não se consegue eliminá-lo. Os efeitos de tais variações, chamados *efeitos aleatórios*, são a causa de variações em observações repetidas do mensurando. Se os valores medidos apresentarem um comportamento de oscilação em torno de um valor médio, o resultado de medição (definido por uma média aritmética dos valores medidos) pode ser melhorado com o aumento do número de observações. E, da mesma maneira, a incerteza decorrente de erro aleatório pode ser diminuída à medida que se aumenta o número de observações, e esta incerteza pode ser estimada pelo desvio-padrão da média dos valores das observações.

O **erro sistemático**, assim como o erro aleatório, não pode ser eliminado, porém pode ser reduzido. Se um erro sistemático se origina de um efeito reconhecido de uma grandeza de influência em um resultado de medição, chamado *efeito sistemático*, o efeito pode ser quantificado e aplicada uma correção.

Essa correção possui uma incerteza associada. Dessa maneira, quando o valor medido é corrigido, faz-se necessário incluir a incerteza dessa correção dentro da incerteza do valor do mensurando. A Figura 9.2 ilustra esses conceitos.

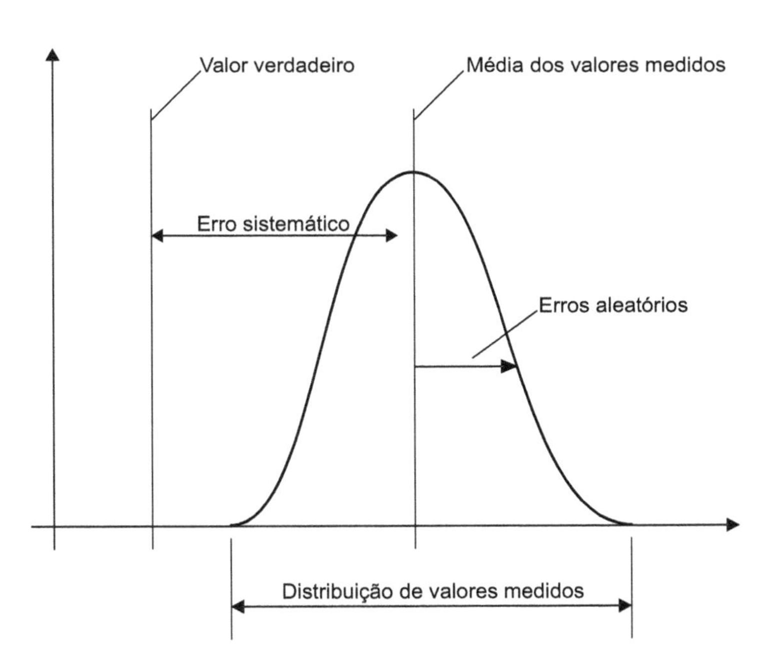

FIGURA 9.2 Representação da média dos valores medidos e a distribuição de valores segundo uma função gaussiana. Observe que o valor verdadeiro é desconhecido, assim como o erro sistemático.

Exatidão e precisão

Esses dois conceitos são muito usados coloquialmente. A exatidão de medição é definida como o grau de proximidade do valor medido com relação ao valor verdadeiro do mensurando. Uma medição com maior exatidão corresponde a uma medição com menor erro. A exatidão é um conceito e não deve ser expressa por números: pode-se dizer, por exemplo, que um instrumento é mais exato que outro, o que indica melhor qualidade desse instrumento.

A precisão de medição é definida como o grau de proximidade entre medições repetidas de um mesmo objeto ou de objetos similares, dentro de certas condições. Diferentemente da exatidão, a precisão pode ser expressa em valores, por exemplo, o desvio-padrão, a variância. A Figura 9.3 ilustra esses conceitos.

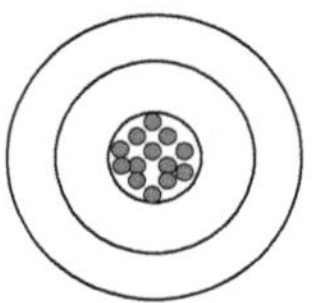

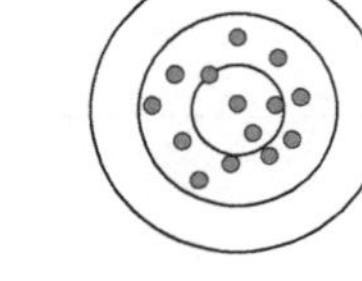

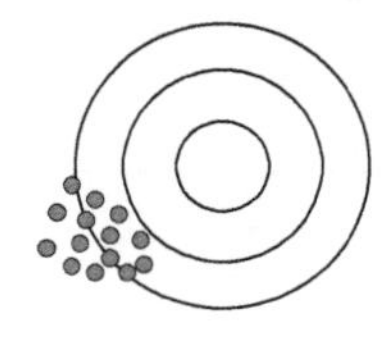

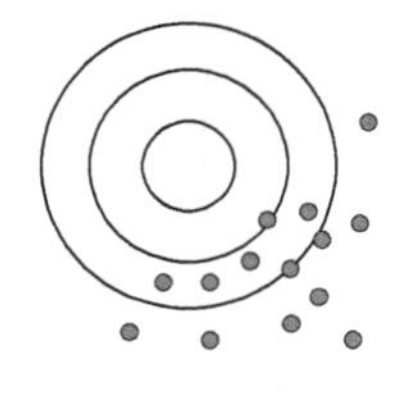

FIGURA 9.3 Pontos de medição obtidos com quatro instrumentos.

Média

A média $\overline{x}$ dos valores de N medições é usada como o valor esperado de um mensurando, medições obtidas sob as mesmas condições de medição. Considerando N medições, $x_1, x_2, x_3, ..., x_N$ (obtidas nas mesmas condições de operação), a média $\overline{x}$ é calculada por:

$$\overline{x} = \frac{1}{N}\sum_{i=1}^{N} x_i$$

Desvio-padrão amostral

O desvio-padrão amostral caracteriza a variabilidade dos valores medidos x_i em torno da média.

$$\sigma_x = \sqrt{\frac{\sum_{i=1}^{n}\left(x_i - \overline{x}_n\right)^2}{N-1}}$$

Desvio-padrão da média

Quando é calculada a média das medições repetidas, esta média apresenta um desvio-padrão igual a:

$$\sigma_{\overline{x}} = \frac{\sigma_x}{\sqrt{N}} = \sqrt{\frac{\sum_{i=1}^{n}\left(x_i - \overline{x}_n\right)^2}{N(N-1)}}$$

O desvio-padrão da média trata da **variação da média**, enquanto o desvio-padrão amostral trata das **medições de forma individual**. Em determinadas condições, à medida que são realizadas mais medições repetidas, o valor da média se estabiliza dentro de um valor. Isso se reflete no equacionamento anterior, quanto maior o valor de N, menor é o desvio-padrão da média. Assim, nesses casos, aumentar o número de medições repetidas é uma maneira de reduzir a influência de dispersão causada pelos erros aleatórios.

Repetibilidade

Repetibilidade é a variabilidade de uma medição, obtida por medições repetidas de um mesmo objeto utilizando o mesmo processo de medição, em um mesmo local, assim como os mesmos operadores e as mesmas condições de operação, dentro de um curto intervalo de tempo. A repetibilidade pode ser expressa numericamente como o desvio-padrão da média de uma série de medições repetidas ($x_1, x_2, ..., x_n$):

$$\text{Repetibilidade} = \sigma_{\overline{x}} = \frac{\sigma_x}{\sqrt{N}} = \sqrt{\frac{\sum_{i=1}^{n}\left(x_i - \overline{x}_n\right)^2}{N(N-1)}}$$

Reprodutibilidade

A reprodutibilidade é a precisão de medição dentro das condições de reprodutibilidade, em que se admite que pode haver variações de objetos sendo medidos, ou mudança de operadores, ou de condições ambientais, ou de condições do objeto sendo medido.

Incerteza-padrão do tipo A

É a componente da incerteza obtida por meio de uma análise estatística de séries de observações. Uma possível estimativa da incerteza-padrão do tipo A é o desvio-padrão da média.

Incerteza-padrão do tipo B

É a componente da incerteza obtida por outros meios que não a análise estatística de séries de observações. Por exemplo, por um certificado de calibração de um instrumento, ou determinado pelo valor da menor divisão de uma escala.

Incerteza-padrão combinada

Há diversos casos em que o mensurando não é determinado diretamente, como no cálculo de velocidade local, que pode ser efetuado por meio de um tubo de Pitot. A partir da medição do diferencial de pressão, é possível obter a velocidade local v, partindo-se da equação de Bernoulli aplicada a um tubo de Pitot:

$$v = C_d \sqrt{\frac{2 * \Delta p}{\rho}}$$

em que C_d é o coeficiente de descarga obtido na calibração do tubo de Pitot, Δp é o diferencial de pressão medido pelo manômetro e ρ é a massa específica do fluido.

Como em todo método de estimativa de incerteza de um resultado de medição indireta, parte-se de um modelo matemático (no caso, expressão da velocidade local $v = f(C_d, \Delta p, \rho)$ e, em uma segunda etapa, aplicam-se as equações de propagação de incerteza.

Considerando uma medição indireta y, no modelo matemático $y = f(x_1, x_2, ..., x_n)$ (em que $x_1, x_2, ..., x_n$ são variáveis de entradas independentes), aplica-se a equação de propagação de incerteza em f (expansão de Taylor de primeira ordem) para determinar a **incerteza-padrão combinada** $u_c(y)$ e y:

$$u_c(y) = \sqrt{\left[\frac{\partial f}{\partial x_1}\right]^2 u^2(x_1) + \left[\frac{\partial f}{\partial x_2}\right]^2 u^2(x_2) + \ldots + \left[\frac{\partial f}{\partial x_n}\right]^2 u^2(x_n)}$$

com:

$u_c(y)$ = incerteza-padrão combinada da grandeza y;

$\frac{\partial f}{\partial x_i}$ = derivada parcial da função f com relação à grandeza de entrada x_i. Esse termo também é definido como **coeficiente de sensibilidade** de f associado à grandeza x_i;

$u(x_i)$ = incerteza-padrão da variável x_i.

Incerteza expandida

A **incerteza expandida** é definida como um valor que estabelece um intervalo em torno do resultado da medição, em que se acredita que o valor verdadeiro do mensurando esteja contido, com certa **probabilidade**, denominada **nível de confiança**. É comum adotar o valor de 95 % de nível de confiança quando se declara uma incerteza expandida em medição de vazão ou de velocidade de um fluido.

Para determinar a **incerteza expandida**, multiplica-se a **incerteza-padrão combinada** pelo **fator de abrangência** ***k***:

$$U = k * u_c$$

O **valor do fator de abrangência** varia de acordo com o nível de confiança e os graus de liberdade efetivos. Esses graus são proporcionais à quantidade de repetições da medição e ao conhecimento das funções densidade de probabilidade associadas a cada uma das componentes da incerteza-padrão combinada.

Intervalo de confiança

É o intervalo definido pela incerteza expandida, a qual está associada a um **nível de confiança**. Por exemplo, em um resultado de medição de vazão:

$$Q = 10{,}23\ \text{m}^3/\text{s} \pm 0{,}21\ \text{m}^3/\text{s}$$

o valor de 0,21 m^3/s é a **incerteza expandida** do valor medido a qual está associada a um nível de confiança de 95 %.

Então, o **intervalo de confiança** é dado por:

$$10{,}02\ \text{m}^3/\text{s} \le Q \le 10{,}44\ \text{m}^3/\text{s}$$

Função densidade de probabilidade

Essa função descreve a dispersão dos valores em função dos erros de medição e está relacionada com a estimativa da incerteza expandida. No caso da Figura 9.4, está representada uma função do tipo gaussiana. O eixo das abscissas representa a variável *x* e o eixo das ordenadas, a porcentagem de ocorrência.

Com a função densidade de probabilidade normalizada:

$$\int_{-\infty}^{+\infty} f(x)\,dx = 1$$

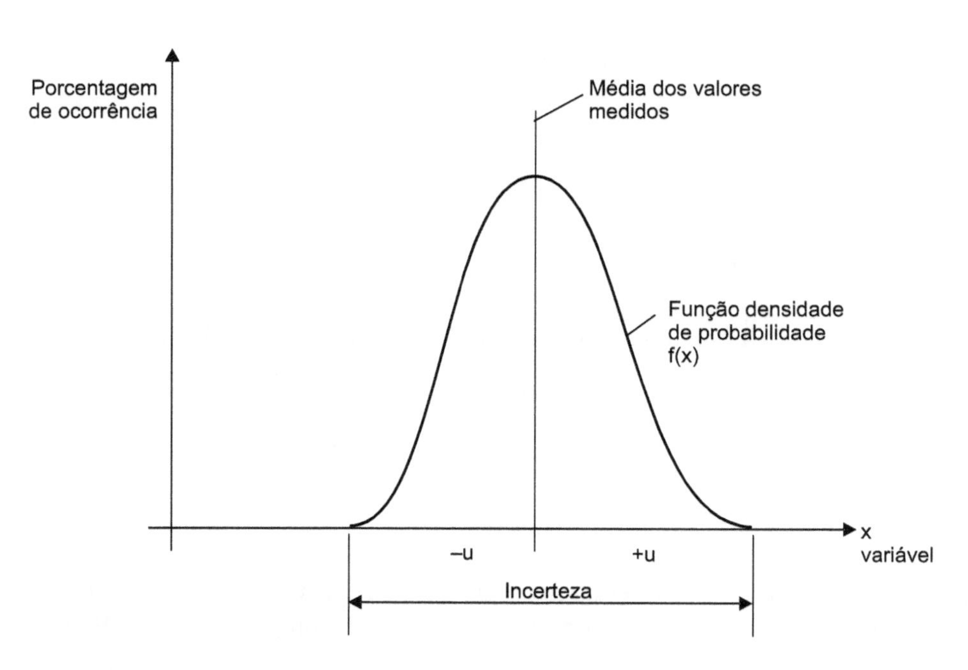

FIGURA 9.4 Função densidade de probabilidade.

e sendo $\bar{x}$ o valor medido, a incerteza expandida ($U = ku_c$), que está associada a um nível de confiança de 95 %, pode ser determinada a partir da função densidade de probabilidade $f(x)$:

$$\int_{\bar{x}-ku_c}^{\bar{x}+ku_c} f(x)dx = 95\ \%$$

Para uma função do tipo gaussiana com este nível de confiança de 95 %, o fator de abrangência $k = 2$.

Dependendo do caso, outros tipos de funções podem ser utilizados como a função do tipo retangular e triangular, como mostra a Figura 9.5. Um exemplo de distribuição retangular é a distribuição dos valores resultantes do limite de resolução de uma trena, de 1 mm. A distribuição triangular pode ser atribuída à distribuição resultante da diferença ou soma de duas variáveis que possuem a mesma distribuição retangular.

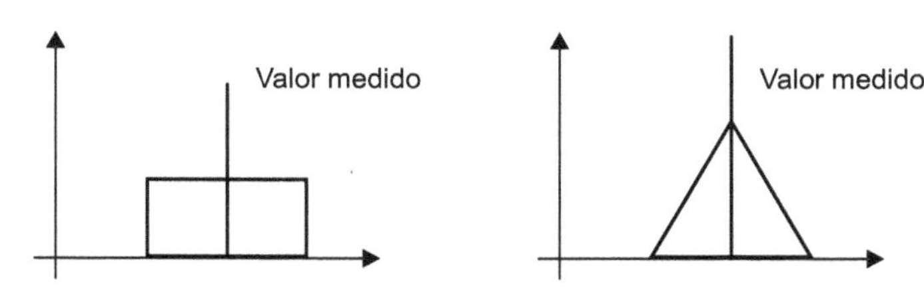

FIGURA 9.5 Outras funções de distribuição de probabilidades.

9.4 EXEMPLO DE ESTIMATIVA DE INCERTEZA DE VAZÃO UTILIZANDO TUBO DE PITOT

A norma ABNT NBR ISO 3966/2013 – *Medição de vazão em condutos fechados – Método velocimétrico utilizando tubos de Pitot* especifica métodos para determinação de vazão utilizando tubo de Pitot em condutos forçados e apresenta um método para a estimativa da incerteza da vazão.

Com essa norma, pode-se assumir que a distribuição de velocidades obedece a uma lei logarítmica com relação à distância da parede do conduto, e escolhem-se fatores de ponderação matematicamente adequados. A norma sugere que podem ser usados dois métodos: o log-linear ou o de Chebyshev, em que, por meio de medição das velocidades em posições específicas, pode-se calcular a **velocidade média** (também chamada de velocidade de descarga) por uma média aritmética simples das **velocidades locais**:

$$V = \frac{v_1 + v_2 + \ldots + v_n}{n}$$

Assim, a vazão volumétrica é determinada por:

$$Q = V \cdot A$$

em que A é área da seção transversal do duto e V, a velocidade média.

Obviamente, há uma incerteza envolvida neste processo de integração.

O procedimento de medição da velocidade consiste no posicionamento do tubo de Pitot em cada posição de medição indicada pela norma, como representa a Figura 9.6, e se faz o registro de cada valor do diferencial de pressão (Δp_i) por meio de um transdutor de pressão acoplado ao tubo de Pitot por uma mangueira. A partir dos diferenciais de pressão medidos, determina-se cada uma das velocidades locais:

$$v_i = C_i * C_d \sqrt{\frac{2\Delta p_i}{\rho}}$$

em que:

C_i = correção em razão do efeito de blocagem causado pelo próprio tubo de Pitot;

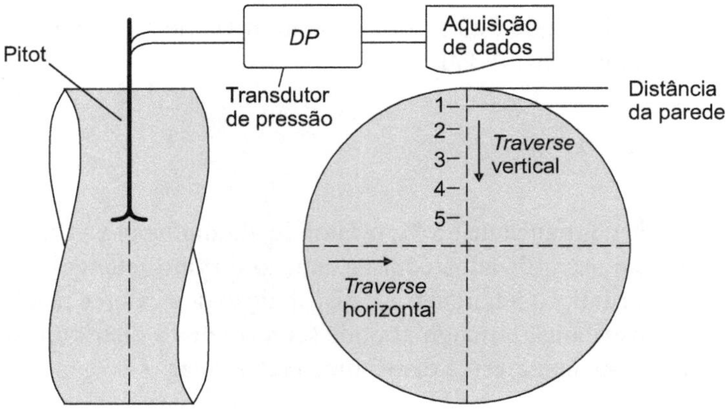

FIGURA 9.6 Posições dos pontos de medição em um conduto de seção transversal circular. Em medições, normalmente se utilizam 10 pontos de medição em cada diâmetro (chamado *traverse*).

C_d = coeficiente de descarga obtido por meio de ensaio de calibração do tubo de Pitot;

Δp_i = diferencial de pressão na i-ésima posição de medição, que consiste na média do registro temporal (p. ex.: pode-se aquisitar 30 medições repetidas no intervalo de 1 minuto);

ρ = massa específica da água.

Durante a medição, a presença do tubo de Pitot causa um efeito de "blocagem" no escoamento: como a área de passagem do fluido na seção transversal da tubulação é diminuída pela presença do tubo de Pitot, a velocidade local é superestimada, como mostra a Figura 9.7. Para corrigir esse efeito, aplica-se um fator de correção C_i:

$$C_i = \left(\frac{A - A_{obstrução,i}}{A} \right)$$

$A_{obstrução,i}$ = área de obstrução do tubo de Pitot na posição de medição i, que é dada por:

$$A_{obstrução} = (D - z_i) * d$$

em que:

z_i = distância do tubo de Pitot à parede oposta do conduto na posição de medição i;

D = diâmetro interno do conduto;

d = largura do tubo de Pitot.

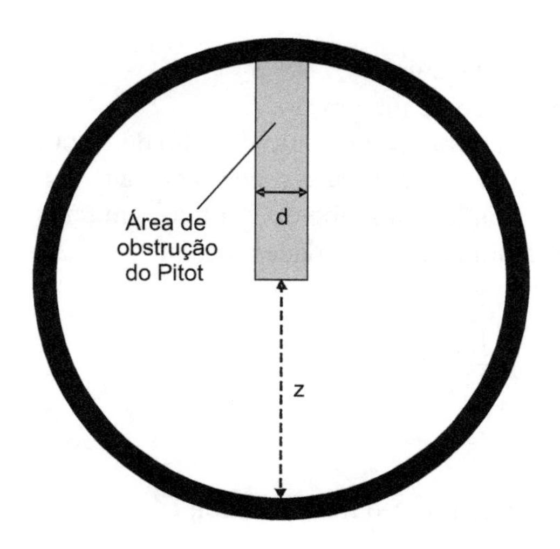

FIGURA 9.7 Obstrução da área de passagem do Pitot – blocagem.

A Tabela 9.1 apresenta todas as fontes de erros envolvidas em um ensaio de vazão utilizando tubo de Pitot, segundo a norma ISO 3966 e a norma ISO 7194 (norma complementar à ISO 3966 que trata de perfis de velocidades assimétricos).

TABELA 9.1 ▪ Fontes de incerteza consideradas no ensaio de vazão

Grupo	Fontes de incerteza
1. Componentes das incertezas das velocidades locais	1 - Diferencial de pressão - Flutuação do diferencial
	2 - Diferencial de pressão - Transdutor
	3 - Coeficiente de descarga
	4 - Massa específica do fluido
	5 - Inclinação do tubo de Pitot
	6 - Gradiente de velocidade
	7 - Correção do efeito de blocagem
	8 - Flutuações leves da velocidade local
	9 - Turbulência
2. Incerteza da área da seção transversal	10 - Incrustação
	11 - Trena
3. Incerteza da vazão	12 - Incerteza da velocidade de descarga
	13 - Incerteza da área da seção transversal
	14 - Técnica de integração
	15 - Quantidade insuficiente de posições de medição
	16 - Erro de posicionamento do Pitot
	17 - Assimetria do perfil de velocidades

Para facilitar o entendimento, as fontes de erros foram arranjadas em três grupos:

1. Componentes das incertezas das velocidades locais, com o cálculo da incerteza da velocidade de descarga (ou seja, velocidade média usada no cálculo da vazão).
2. Incerteza da área da seção transversal.
3. Incerteza da vazão.

A seguir, será apresentado para cada grupo um método de cálculo de cada incerteza para um caso real.

9.5 ESTUDO DE CASO

Para uma melhor compreensão, a metodologia de estimativa de incerteza será aplicada a um caso de medição de vazão com tubo de Pitot em um conduto forçado da seção transversal circular. Os dados gerais do ensaio são apresentados a seguir.

TABELA 9.2 ▪ Valores para o cálculo

Diâmetro interno do conduto [mm]	490
Coeficiente de descarga do Pitot, C_d	0,868
Massa específica [kg/m³]	998,202

Neste ensaio, foram medidos dois perfis de velocidade em dois *traverses*: vertical e horizontal, e utilizado o método log-linear.

Na Tabela 9.3, estão apresentados os diferenciais de pressão e as velocidades locais v_i (corrigidas para o efeito de blocagem) em cada uma das posições de medição. A Figura 9.8 apresenta os perfis de velocidades em cada um dos *traverses*.

TABELA 9.3 ▪ Valores de velocidade local calculados

Traverse vertical				*Traverse* horizontal			
Posição	**Distância com relação à parede oposta [mm]**	**Δp_i [Pa]**	**Vel. Local v_i [m/s]**	**Posição**	**Distância com relação à parede oposta [mm]**	**Δp_i [Pa]**	**Vel. local v_i [m/s]**
1	481	3049	2,149	11	481	2862	2,082
2	452	4415	2,579	12	452	4871	2,714
3	415	5842	2,964	13	415	5930	2,990
4	384	6337	3,077	14	384	6483	3,079
5	313	6655	3,140	15	313	6478	3,106
Central	245	6502	3,101	Central	245	6413	3,082
6	177	6475	3,082	16	177	6178	3,012
7	106	6209	3,008	17	106	5709	2,891
8	75	5495	2,827	18	75	5288	2,775
9	38	4754	2,625	19	38	4266	2,489
10	9	3366	2,203	20	9	2901	2,047

Nota: observe que os valores de velocidade estão apresentados com um dígito a mais, pois serão usados em cálculos intermediários.

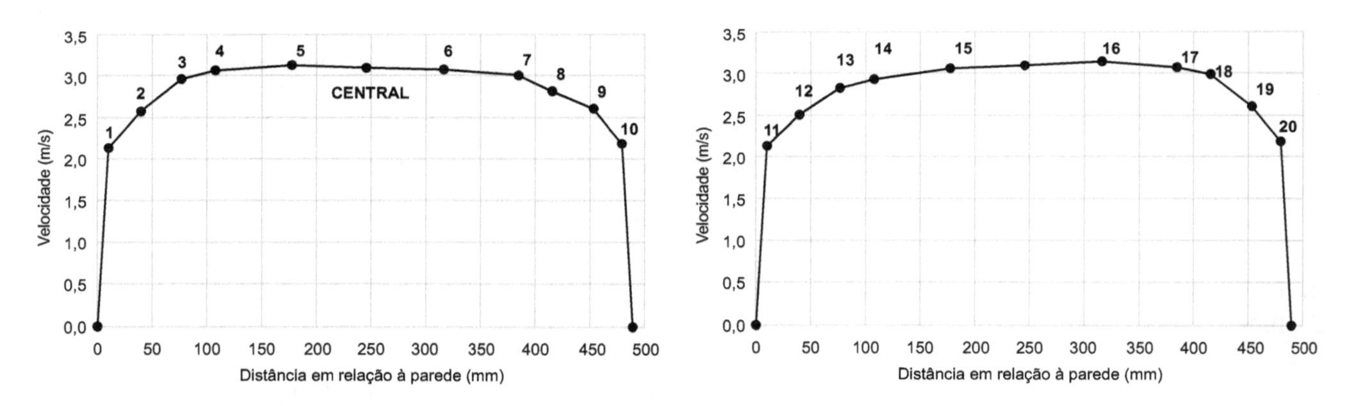

FIGURA 9.8 Perfis de velocidades obtidos nos *traverses* vertical e horizontal.

A partir da média das velocidades locais – 10 velocidades do *traverse* vertical mais 10 do *traverse* horizontal (desconsidera-se a velocidade central) –, calcula-se a velocidade de descarga (também chamada de velocidade média), isto é, a velocidade utilizada para o cálculo da vazão:

$$V = \frac{v_1 + v_2 + \ldots + v_{20}}{20} = 2{,}742 \text{ m/s}$$

A área da seção transversal é calculada por:

$$A = \frac{\pi D^2}{4} = \frac{\pi 0{,}490^2}{4} = 0{,}1885 \text{ m}^2$$

Fazendo as substituições, a vazão é calculada como:

$$Q = 0{,}517\ \text{m}^3/\text{s}$$

A vazão pode ser expressa com, no máximo, três algarismos significativos, sendo que o último (7) é duvidoso.

Mas esse resultado é incompleto, pois não traz a incerteza associada a esse cálculo da vazão. É apenas o valor médio.

Para calcular a incerteza da vazão obtida, em uma primeira etapa serão estimadas as incertezas de cada velocidade local.

Grupo 1 – Incerteza das velocidades locais

A partir do modelo matemático da velocidade local, $v_i = C_i C_d \sqrt{\frac{2\Delta p_i}{\rho}}$, aplica-se a Lei de Propagação de Incerteza para variáveis independentes, segundo o modelo matemático:

$$u_c^2(v_i) = \sum_{k=1}^{n} \left[\frac{\partial v_i}{\partial x_k}\right]^2 u^2(x_k)$$

em que:

$u_c(v_i)$ = incerteza combinada da velocidade local da posição de medição i;

$\frac{\partial v_i}{\partial x_k}$ = coeficiente de sensibilidade da velocidade local i referente ao parâmetro x_k. A velocidade está em função dos parâmetros x_k: coeficiente de descarga, massa específica e diferencial de pressão ($v_i = f(C_i, C_d, \Delta p_i, \rho)$;

$u(x_k)$ = incerteza-padrão da variável x_k.

Adicionando as incertezas das outras fontes de erros (mencionados nas normas citadas), que podem ocorrer nesse tipo de medição, a expressão do cálculo de incerteza da velocidade local é dada por:

$$u_c(v_i) = \sqrt{\left[\frac{\partial v_i}{\partial \Delta p_i}\right]^2 * u^2(\Delta p_i) + \left[\frac{\partial v_i}{\partial C_d}\right]^2 * u^2(C_d) + \left[\frac{\partial v_i}{\partial \rho}\right]^2 * u^2(\rho) + \left[\frac{\partial v_i}{\partial C_i}\right]^2 * u^2(C_i) + \delta_{\varphi,i}{}^2 + \delta_{\nabla_v,i}{}^2 + \delta_{f,i}{}^2 + \delta_{t,i}{}^2}$$

em que:

$\frac{\partial v_i}{\partial \Delta p_i}$ = coeficiente de sensibilidade da velocidade local na posição de medição i referente ao diferencial de pressão na posição i;

$\frac{\partial v_i}{\partial C_d}$ = coeficiente de sensibilidade da velocidade local na posição de medição i referente ao coeficiente de descarga do tubo de Pitot (dado pela calibração do tubo de Pitot);

$\frac{\partial v_i}{\partial \rho}$ = coeficiente de sensibilidade da velocidade local na posição de medição i referente à massa específica;

$\dfrac{\partial v_i}{\partial C_i}$ = coeficiente de sensibilidade da velocidade local na posição de medição i referente à correção de blocagem na posição i;

$u(C_i)$ = incerteza-padrão associada à correção em razão do efeito de blocagem na posição de medição i;

$\delta_{\varphi,i}$ = incerteza-padrão associada ao erro resultante da inclinação do tubo de Pitot com relação à direção do escoamento na posição de medição i;

$\delta_{\nabla v,i}$ = incerteza-padrão associada ao erro decorrente do gradiente de velocidade na posição de medição i;

$\delta_{f,i}$ = incerteza-padrão associada ao erro causado por flutuações lentas da velocidade na posição de medição i;

$\delta_{t,i}$ = incerteza-padrão associada ao erro resultante da turbulência na posição de medição i.

A seguir, será apresentada uma maneira de estimar cada componente da incerteza local. E, como exemplo de aplicação, será estimada a incerteza-padrão da velocidade local da posição 5. Obviamente, devem ser calculadas as velocidades locais e suas incertezas em cada uma das 20 posições do tubo de Pitot.

Os números dos itens a seguir se referem à numeração empregada na Tabela 9.1.

1 – *Incerteza-padrão do diferencial de pressão – Flutuação da diferença de pressão*

É uma incerteza do tipo A e pode ser calculada pelo desvio-padrão da média dos registros temporais:

$$u_A(\Delta p_i) = \frac{\sigma_{\Delta p_i}}{\sqrt{K}}$$

com:

$\sigma_{\Delta p i}$ = desvio-padrão do diferencial de pressão na posição de medição i;

K = número total de registros temporais aquisitados da medição do diferencial de pressão.

A seguir, como exemplo, estão apresentados na Figura 9.9 o registro temporal (30 posições) do diferencial de pressão medido na posição 5 e algumas estatísticas da medição na Tabela 9.4.

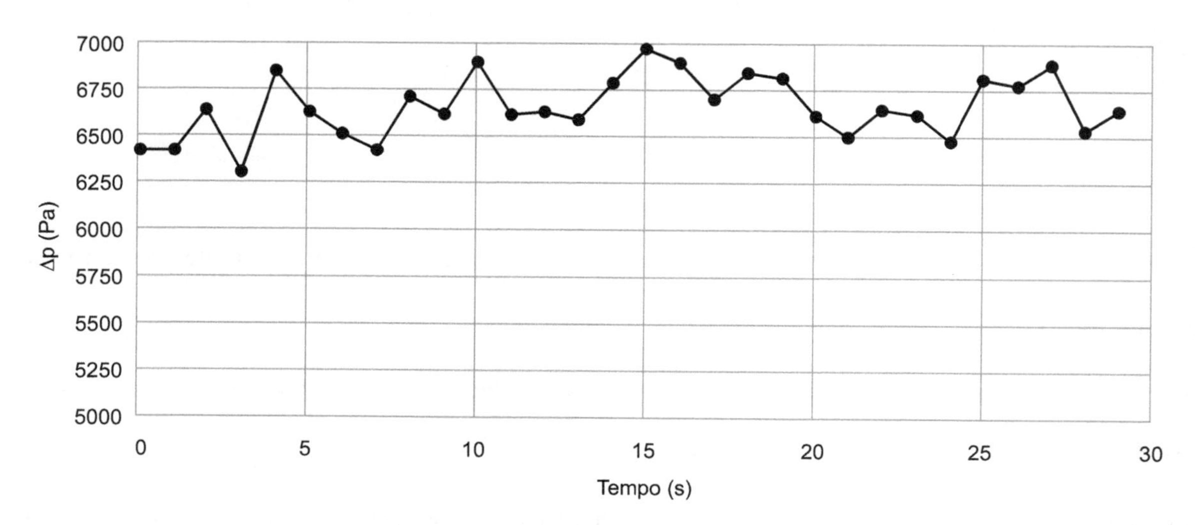

FIGURA 9.9 Registro temporal do diferencial de pressão medido na posição 5.

TABELA 9.4 ▪ Valores calculados

Média, Δp_5	6655,19	Pa
Desvio-padrão, $\sigma_{\Delta p_5}$	167,70	Pa
n	30	registros

A incerteza-padrão do diferencial de pressão na posição 5 em virtude da flutuação é dada por:

$$u_A(\Delta p_5) = \frac{\sigma_{\Delta p_5}}{\sqrt{n}} = 30{,}6 \text{ Pa}$$

2 - *Incerteza-padrão do diferencial de pressão - Calibração do transdutor de pressão*

Essa incerteza vem do erro sistemático do transdutor, uma incerteza-padrão do tipo B, conforme apresentado no certificado de calibração do transdutor de pressão.

Lembre-se de que o erro sistemático consiste no erro que sempre se repete em cada medição realizada.

Certificados de calibração geralmente fornecem o fator de abrangência e o valor da incerteza expandida:

$$u_B(\Delta p_i) = \frac{U(\text{transdutor})}{k}$$

sendo:

U(transdutor) = incerteza expandida do transdutor de pressão, conforme certificado de calibração;
k = fator de abrangência.

Para o caso estudado, no certificado de calibração do transdutor de pressão, está declarada a incerteza expandida de 0,04 mmca que corresponde a 0,39 Pa, referente ao nível de confiança de 95 %, com fator de abrangência igual a 2.

$$u_B(\Delta p_5) = \frac{0{,}39}{2} = 0{,}20 \text{ Pa}$$

Incerteza-padrão combinada do diferencial de pressão

A incerteza-padrão do diferencial de pressão é dada pela combinação da incerteza-padrão do tipo A e do tipo B.

$$u(\Delta p_i) = \sqrt{u_A^2(\Delta p_i) + u_B^2(\Delta p_i)}$$

Na posição de medição 5:

$$u(\Delta p_5) = \sqrt{u_A^2(\Delta p_5) + u_B^2(\Delta p_5)} = \sqrt{30{,}62^2 + 0{,}20^2} = 30{,}6 \text{ Pa}$$

Coeficiente de sensibilidade da velocidade local referente ao diferencial de pressão

Este coeficiente é calculado por:

$$\frac{\partial v_i}{\partial \Delta p_i} = \frac{\partial}{\partial \Delta p_i}\left(C_i C_d \sqrt{\frac{2\Delta p_i}{\rho}}\right) = C_i C_d \sqrt{\frac{2}{\rho \Delta p_i}}$$

Do exemplo, para o cálculo da correção do efeito de blocagem C_5 na posição 5, a largura do Pitot considerada é de 10 mm e a distância z_5 do tubo de Pitot à parede oposta é de 313 mm.

$$C_5 = 0{,}9899$$

E o coeficiente de sensibilidade é calculado por:

$$\frac{\partial v_5}{\partial \Delta p_5} = 2{,}36 * 10^{-4}$$

3 – *Coeficiente de descarga*

A incerteza-padrão do coeficiente de descarga $u(C_d)$ é obtida por meio dos resultados do ensaio de calibração do tubo de Pitot. Em relatórios de calibração, é fornecida a incerteza expandida do coeficiente e o fator de abrangência. Observe que este é um tubo de Pitot especial, denominado tubo de Pitot do tipo Cole, adaptado para medição em adutoras. Apesar de a norma ISO 3966 se referir a tubos de Pitot estáticos, esta mesma norma pode ser aplicada a ensaios com tubos de Pitot do tipo Cole, do tipo mostrado na Figura 9.10.

$$u(C_d) = \frac{U(C_d)}{k}$$

em que:

$u(C_d)$ = incerteza expandida do coeficiente de descarga;
k = fator de abrangência.

Para o caso estudado, no certificado de calibração do tubo de Pitot, está declarada a incerteza expandida de 0,008 referente ao nível de confiança de 95 %, com fator de abrangência igual a 2.

$$u(C_d) = \frac{0{,}008}{2} = 4 * 10^{-3}$$

Coeficiente de sensibilidade da velocidade local referente ao coeficiente de descarga

Esse coeficiente é calculado por:

$$\frac{\partial v_i}{\partial C_d} = \frac{\partial}{\partial C_d}\left(C_i C_d \sqrt{\frac{2\Delta p_i}{\rho}}\right) = C_i \sqrt{\frac{2\Delta p_i}{\rho}}$$

Do exemplo, na posição de medição 5:

$$\frac{\partial v_5}{\partial C_d} = 3{,}62$$

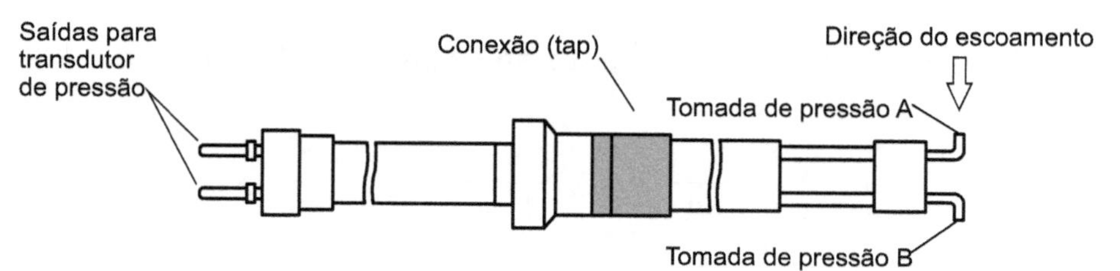

FIGURA 9.10 Tubo de Pitot do tipo Cole.

4 - *Massa específica do fluido*

A norma estima um erro máximo de 0,15 % do valor e assume-se uma função densidade de probabilidade do tipo retangular, para determinar a incerteza. Desse modo, a incerteza-padrão é calculada por:

$$u(\rho) = \frac{0{,}0015\rho}{\sqrt{12}}$$

Do caso estudado, considera-se o valor de massa específica igual a 998,202 kg/m³, obtido por meio de valores históricos convencionados, que corresponde ao valor da massa específica da água a 25 °C.

$$u(\rho) = \frac{0{,}0015 * 998{,}202}{\sqrt{12}} = 0{,}43 \text{ kg/m}^3$$

Coeficiente de sensibilidade da velocidade local referente à massa específica

Esse coeficiente é calculado por:

$$\frac{\partial v_i}{\partial \rho} = \frac{\partial}{\partial \rho}\left(C_i C_d \sqrt{\frac{2\Delta p_i}{\rho}}\right) = -\frac{1}{2} C_i C_d \sqrt{\frac{2\Delta p_i}{\rho^3}}$$

Do exemplo, na posição de medição 5:

$$\frac{\partial v_5}{\partial \rho} = -1{,}57 * 10^{-3}$$

5 - *Inclinação do tubo de Pitot com relação à direção do escoamento*

Essa incerteza refere-se ao desvio angular de posicionamento do tubo de Pitot com relação à direção do escoamento. Neste exemplo, adota-se um valor sugerido na norma de 0,15 % da velocidade de local para a incerteza.

$$\delta_{\varphi,i} = 0{,}0015\ v_i$$

Do exemplo, na posição de medição 5:

$$\delta_{\varphi,5} = 0{,}0015\ v_5 = 0{,}0015 * 3{,}17 = 4{,}71 * 10^{-3} \text{ m/s}$$

Como a norma fornece um valor direto da incerteza, não há sentido em falar de coeficiente de sensibilidade.

6 - *Gradiente de velocidade*

A presença do tubo de Pitot no escoamento afeta a velocidade medida. O Pitot causa uma deformação das linhas de corrente e este efeito pode provocar um aumento fictício na velocidade. Dessa maneira, há uma incerteza de medição sugerida pela norma e associada a este efeito.

$$\delta_{\nabla_v,i} = 0{,}0015\ v_i$$

Do exemplo, na posição de medição 5:

$$\delta_{\nabla_v,5} = 0{,}0015\ v_5 = 0{,}0015 * 3{,}17 = 4{,}71 * 10^{-3} \text{ m/s}$$

7 – *Correção do efeito de blocagem*

A correção em virtude da blocagem já foi aplicada no cálculo das velocidades, e aqui cabe estimar a incerteza do fator de correção do efeito de blocagem. Considerando os valores das dimensões do Pitot, e as incertezas envolvidas no processo de medição das dimensões (z_5,D, d), a incerteza do fator de correção foi considerada desprezível.

$$u(C_i) = 0$$

8 – *Flutuações leves de velocidade*

Durante o ensaio, podem ocorrer flutuações lentas de vazão por problemas de estabilidade no fornecimento, geralmente associados a mudanças lentas de carga hidráulica, como diminuição do nível de reservatórios, alterações na demanda de água, variações no fornecimento de energia elétrica afetando as bombas etc. A norma sugere:

$$\delta_{f,i} = 0{,}001\ v_i$$

Do exemplo, na posição de medição 5:

$$\delta_{f,5} = 0{,}001\ v_5 = 0{,}001 * 3{,}17 = 3{,}14 * 10^{-3}\ \text{m/s}$$

9 – *Turbulência do escoamento*

O efeito de turbulência do escoamento gera valores superestimados de velocidade medidos pelo Pitot implicando uma incerteza de medição. Nesse exemplo, a norma sugere o valor de 0,5 % da velocidade local. Observe que é um valor relativamente grande, espelhando o desconhecimento sobre o assunto turbulência na medição.

$$\delta_{t,i} = 0{,}005\ v_i$$

Do exemplo, na posição de medição 5:

$$\delta_{t,5} = 0{,}005\ v_5 = 1{,}57 * 10^{-2}\ \text{m/s}$$

Como se viu nesse início do cálculo, há muitos desconhecimentos envolvidos e a norma deixa claro que os valores sugeridos de incertezas são apenas hipóteses. Como não há nada melhor, utilizam-se essas hipóteses como se fossem o que de fato ocorre.

Estimativa da incerteza da velocidade local na posição de medição 5 (dentro do grupo 1 de fontes de incerteza)

Neste tópico, são apresentados os resultados da estimativa da incerteza-padrão da velocidade local na posição de medição 5. A expressão da incerteza é dada por:

$$u_c(v_5) = \sqrt{\left[\frac{\partial v_5}{\partial \Delta p_5}\right]^2 * u^2(\Delta p_5) + \left[\frac{\partial v_5}{\partial C_d}\right]^2 * u^2(C_d) + \left[\frac{\partial v_5}{\partial \rho}\right]^2 * u^2(\rho) + \delta_{\varphi,5}{}^2 + \delta_{\nabla_v,5}{}^2 + \delta_{f,5}{}^2 + \delta_{t,5}{}^2}$$

A Tabela 9.5 apresenta as incertezas-padrão, os coeficientes de sensibilidade que foram calculados nos tópicos de 1 a 9 e as contribuições individuais no valor da incerteza final da velocidade local v_5 para cada uma das fontes de incerteza. São valores calculados para a posição 5 e que devem ser calculados para cada uma das 20 posições.

TABELA 9.5 ■ Valores calculados para a posição 5

Fontes de incerteza	Incerteza-padrão, $u(x_i)$	Coeficiente de sensibilidade, $\frac{\partial f}{\partial x_i}$	Contribuição individual (%)
Diferencial de pressão Δp_5 - Flutuação (Tipo A)	$3{,}06*10^{-1}$	$2{,}36*10^{-4}$	9,26
Diferencial de pressão Δp_5 - Transdutor (Tipo B)	$2{,}00*10^{-2}$	$2{,}36*10^{-4}$	$3{,}96*10^{-4}$
Coeficiente de descarga, C_d	$4{,}00*10^{-3}$	3,62	37,2
Massa específica, ρ	$4{,}32*10^{-1}$	$-1{,}57*10^{-3}$	0,1
Inclinação do tubo de Pitot, $\delta_{\varphi,5}$	$4{,}71*10^{-3}$	-	3,9
Gradiente de velocidade, $\delta_{\nabla v,5}$	$4{,}71*10^{-3}$	-	3,9
Flutuações leves de velocidade, $\delta_{f,5}$	$3{,}14*10^{-3}$	-	1,8
Turbulência, $\delta_{t,5}$	$1{,}57*10^{-2}$	-	43,8

Observe que a soma da coluna "contribuição individual" é 100 % e que, no caso em particular, os dois itens de maior peso na definição da incerteza são o **coeficiente de descarga do Pitot** e a **turbulência**. Unidades em Pascal, onde cabível.

Como exemplo de cálculo da contribuição individual, é estimada a contribuição do coeficiente de descarga do tubo de Pitot:

$$\text{Contribuição } C_d\,\% = \frac{\left[\dfrac{\partial v_5}{\partial C_d}\right]^2 * u^2(C_d)}{u_c^2(v_5)}\,100\ \% = \frac{\left(4*10^{-3}*3{,}62\right)^2}{2{,}4*10^{-2}}*100\ \% = 37{,}2\ \%$$

Os resultados finais seguem na Tabela 9.6.
Expressão do resultado para a velocidade local no ponto 5:

$$v_5 = 3{,}14\ \text{m/s} \pm 0{,}05\ \text{m/s}$$

Observe na Tabela 9.6 que 0,0474 (aqui com mais dígitos porque é um cálculo intermediário) virou 0,05, para compatibilizar com a expressão da velocidade com três dígitos.

A partir desse tipo de cálculo, que deve ser replicado para cada uma das 20 velocidades individuais (10 verticais e 10 horizontais), deve-se calcular a incerteza da velocidade de descarga na tubulação.

TABELA 9.6 ▪ Resultados finais do cálculo da velocidade local no ponto 5

Velocidade local no ponto 5, (v_5)	3,14 m/s
Incerteza-padrão velocidade local, $u_c(v_5)$	2,37* 10^{-2} m/s
Incerteza expandida velocidade local, $u(v_5)$	4,74*10^{-2} m/s
Incerteza expandida relativa velocidade local, $u(v_5)$%	1,50 %
Fator de abrangência (nível de confiança 95 %)	2

Grupo 2 – Incerteza da área da seção transversal

A expressão da incerteza da área da seção transversal é dada por:

$$u_c(A)=\sqrt{\left(\frac{\partial A}{\partial D}\right)^2 u_1(D)^2+\left(\frac{\partial A}{\partial D}\right)^2 u_2(D)^2}$$

em que:

$\frac{\partial A}{\partial D}$ = coeficiente de sensibilidade da área da seção transversal referente ao diâmetro;

$u_1(D)$ = incerteza-padrão em função de incrustações no conduto;

$u_2(D)$ = incerteza-padrão de medição com a trena.

10 – *Incerteza em função de incrustações no conduto*

Essa incerteza considera que o conduto possui no máximo 3 mm de incrustação e segue uma distribuição retangular:

$$u_1(D)=\frac{0,003}{\sqrt{12}}\,\text{m}=8,66*10^{-4}\,\text{m}$$

11 – *Incerteza em virtude da trena*

A incerteza em virtude da trena considera que o erro máximo de leitura consiste na resolução do instrumento, o qual segue uma distribuição retangular.

$$u_2(D)=\frac{0,001}{\sqrt{12}}\,\text{m}=2,89*10^{-4}\,\text{m}$$

Coeficiente de sensibilidade da área da seção transversal referente ao diâmetro do conduto

Esse coeficiente é calculado por:

$$\frac{\partial A}{\partial D}=\frac{\pi D}{2}$$

Para o estudo de caso:

$$\frac{\partial A}{\partial D}=\frac{\pi 0,490}{2}=0,770$$

Expressão do resultado para a área transversal $A = 0{,}1885\ m^2 \pm 0{,}0007\ m^2$.

Com isso, pode-se fechar o balanço de incertezas da área, na Tabela 9.7.

TABELA 9.7 ▪ Balanço de incerteza (também chamado coloquialmente de *budget* de incerteza) da área da seção transversal para o estudo de caso

Fontes de incerteza	Incerteza-padrão	Coeficiente de sensibilidade	Contribuição individual [%]
Incrustação	$8{,}66*10^{-4}$	$7{,}70*10^{-1}$	90,00
Trena	$2{,}89*10^{-4}$	$7{,}70*10^{-1}$	10,00

Área transversal [m²]	0,1885
$u_c(A)$ [m²]	$7{,}03*10^{-4}$
$u_c(A)$ [%]	0,37 %

Grupo 3 – Incerteza da vazão

Observe que foram calculadas as incertezas expandidas da velocidade de descarga (V) e da área (A) e agora será calculada a incerteza expandida da vazão $Q = V*A$.

A incerteza-padrão da vazão é calculada por:

$$u_c(Q) = \sqrt{\left(\frac{\partial Q}{\partial V_{desc}}\right)^2 * u_c^2(V_{desc}) + \left(\frac{\partial Q}{\partial A}\right)^2 * u_c^2(A) + \delta_{tec}^2 + \delta_q^2 + \delta_p^2 + u^2(assimet.)}$$

sendo:

$\frac{\partial Q}{\partial A}$ = coeficiente de sensibilidade da vazão referente à área da seção transversal do conduto;

$u_c(A)$ = incerteza combinada da área da seção transversal;

$\frac{\partial Q}{\partial V_{desc}}$ = coeficiente de sensibilidade da vazão referente à velocidade de descarga;

δ_{tec} = incerteza da vazão associada ao erro decorrente da técnica de integração;

δ_q = incerteza associada ao erro causada pela quantidade insuficiente de posições de medição;

δ_p = incerteza resultante do posicionamento do tubo de Pitot;

$u\,(assimet.)$ = incerteza em razão da dispersão do perfil de velocidades.

12 – *Incerteza da velocidade de descarga*

A incerteza da velocidade de descarga é composta pelas incertezas de todas as velocidades locais. Em uma medição-padrão de vazão, são usadas 20 velocidades locais para determinar a velocidade de descarga (em dois *traverses*). Cada velocidade local apresenta oito fontes de incertezas (a incerteza da correção do efeito de blocagem foi desconsiderada), aumentando a complexidade da determinação da incerteza da velocidade de descarga.

Deve-se então combinar as diversas componentes das incertezas das velocidades locais ($20 \times 8 = 160$ componentes), calculadas nos itens anteriores, em um único valor de incerteza, que é a incerteza da velocidade de descarga.

O método aqui desenvolvido se afasta levemente da abordagem empregada na norma ISO GUM nos aspectos da classificação da incerteza entre tipo A e tipo B, para tornar a física do problema mais clara. Foi adotada uma classificação que distingue a incerteza em dois grupos: incerteza associada a erros aleatórios e incerteza associada a erros sistemáticos. Essa abordagem implica uma melhor interpretação e direcionamento dos métodos de cálculo de incerteza, necessários para o cálculo da incerteza da velocidade de descarga.

Para calcular a incerteza da velocidade de descarga, em uma primeira etapa, é preciso distinguir a natureza dos erros de cada componente da incerteza da velocidade local: os erros podem ser aleatórios ou sistemáticos.

A incerteza decorrente da correção de blocagem, número 7 da Tabela 9.1, foi considerada desprezível.

A velocidade de descarga é calculada por:

$$V_{desc} = \frac{\sum C_i C_d \sqrt{\frac{2\Delta p_i}{\rho}}}{20}$$

E aplica-se a formulação adequada da Lei de Propagação de Incerteza para cada fonte de erro, conforme mostra a Tabela 9.8:

TABELA 9.8 ■ Classificação para cada fonte de erro da velocidade local

Fontes de incerteza	Classificação do erro
1 - Diferencial de pressão médio - Transdutor de pressão	Sistemático
2 - Diferencial de pressão médio - Flutuação do diferencial	Aleatório
3 - Coeficiente de descarga	Sistemático
4 - Massa específica do fluido	Sistemático
5 - Inclinação do tubo de Pitot	Sistemático
6 - Gradiente de velocidade	Sistemático
8 - Leve flutuação da velocidade	Aleatório
9 - Turbulência	Sistemático

- Para o cálculo da incerteza-padrão combinada associada a uma fonte de erro aleatório, é aplicada a Lei de Propagação de Incerteza para variáveis não correlacionadas.

$$u_c^2\left(V_{desc,aleat_i}\right) = \sum_{i=1}^{n}\left[\frac{\partial f}{\partial x_i}\right]^2 u^2(x_i)$$

- Para o cálculo da incerteza-padrão combinada associada a uma fonte de erro sistemático, é aplicada a Lei de Propagação de Incerteza para variáveis correlacionadas.

$$u_c^2\left(V_{desc,\,sist_i}\right) = \sum_{i=1}^{n}\left[\frac{\partial f}{\partial x_i}\right]^2 u^2(x_i) + 2\sum_{j=1}^{n-1}\sum_{j=i+1}^{n}\frac{\partial f}{\partial x_i}\frac{\partial f}{\partial x_j}u\left(x_i,x_j\right)$$

em que: $\frac{\partial f}{\partial x_i}\frac{\partial f}{\partial x_j}u\left(x_i,x_j\right)$ = termo de covariância.

E, por fim, a incerteza-padrão da velocidade de descarga é calculada pela expressão tradicional de combinação de incertezas. Nessa expressão, é também considerada a incerteza em virtude da assimetria do perfil de velocidades. Assim, a expressão final da incerteza da velocidade de descarga é dada por:

$$u_c\left(V_{desc}\right) = \sqrt{u_c^2\left(V_{desc,aleat_1}\right) + u_c^2\left(V_{desc,aleat_2}\right) + \ldots + u_c^2\left(V_{desc,sist_1}\right) + u_c^2\left(V_{desc,sist_2}\right) + \ldots}$$

em que:

$u_{aleat\,j}$ = incerteza associada à fonte do erro aleatório j;

$u_{sist\,j}$ = incerteza associada à fonte do erro sistemático j.

TABELA 9.9 ▪ Balanço de incerteza da velocidade de descarga para o estudo de caso

Fontes de incerteza	Incerteza combinada, u_c	Contribuição individual [%]
Pressão diferencial - Manômetro	$5{,}37 \times 10^{-5}$	0,001
Pressão diferencial - Flutuação	$2{,}16 \times 10^{-3}$	1,15
Massa específica	$6{,}00 \times 10^{-4}$	0,09
Coeficiente de descarga	$1{,}29 \times 10^{-2}$	40,79
Gradiente de velocidade	$4{,}11 \times 10^{-3}$	4,28
Inclinação do tubo de Pitot	$4{,}11 \times 10^{-3}$	4,28
Leve flutuação da velocidade	$2{,}74 \times 10^{-3}$	1,90
Turbulência	$1{,}37 \times 10^{-2}$	47,52

Velocidade de descarga [m/s]	2,742
$u_c\,(V_{desc})$ [m/s]	$2{,}00 \times 10^{-2}$
$u_c\,(V_{desc})$ [%]	0,73 %

Velocidade de descarga:

$$V_{desc} = 2{,}742\,\frac{\text{m}}{\text{s}} \pm 0{,}02 \text{ m/s}.$$

Coeficiente de sensibilidade da vazão referente à velocidade de descarga

Esse coeficiente é calculado por:

$$\frac{\partial Q}{\partial V_{desc}} = A$$

Para o estudo de caso:

$$\frac{\partial Q}{\partial V_{desc}} = 0{,}19$$

13 – *Incerteza em função da área transversal*

Coeficiente de sensibilidade da vazão referente à área da seção transversal do conduto

Esse coeficiente é calculado por:

$$\frac{\partial Q}{\partial A} = V_{desc}$$

Para o estudo de caso:

$$\frac{\partial Q}{\partial A} = 2,742$$

14 - *Incerteza associada ao erro da técnica de integração*

A incerteza da vazão associada ao erro causado pela técnica de integração. Este valor foi estimado em 0,1 % da vazão, segundo sugerido pela norma.

$$\delta_{tec} = 0,001 * Q$$

Para o estudo de caso:

$$\delta_{tec} = 5,17 * 10^{-4} \mathrm{m}^3 / \mathrm{s}$$

15 - *Incerteza associada ao erro resultante da quantidade insuficiente de posições de medição*

O valor dessa incerteza foi estimado em 0,1 % da vazão, segundo sugerido pela norma.

$$\delta_q = 0,001 * Q$$

Para o estudo de caso:

$$\delta_q = 5,17 * 10^{-4} \mathrm{m}^3/\mathrm{s}$$

16 - *Incerteza associada ao posicionamento do tubo de Pitot*

Esse valor foi estimado em 0,05 % da vazão, segundo sugerido pela norma.

$$\delta_p = 0,0005 * Q$$

Para o estudo de caso:

$$\delta_p = 2,59 * 10^{-4} \mathrm{m}^3/\mathrm{s}$$

17 - *Incerteza decorrente da assimetria do perfil de velocidades*

A norma ISO 7194:2008 (*Measurement of fluid flow in closed conduits – Velocity-area of flow measurement in swirling or assymmetric flow conditions in circular ducts by means of current-meters or Pitot Static Tubes*) trata de medições com tubo de Pitot em escoamentos não simétricos, e apresenta uma formulação para a estimativa da incerteza decorrente da assimetria do perfil de velocidades. Essa característica do perfil ocorre quando o escoamento não se desenvolve plenamente na região de medição, em face da proximidade de bombas, de válvulas, a mudanças de direção da tubulação etc.

Para estimar a incerteza, deve-se calcular o **índice de assimetria Y**, que expressa o grau de distorção do perfil: quanto maior o valor, maior o nível de assimetria do perfil e, inversamente, quanto menor o índice, menor a distorção do perfil.

$$\boldsymbol{Y} = \frac{\sigma_{V_R}}{V_{desc}}$$

com σ_{V_R} sendo o desvio-padrão das velocidades no raio dos *traverses*, dado por:

$$\sigma_{V_R} = \frac{1}{V_{desc}}\left[\frac{\sum_{i=1}^{n}\sum_{j=1}^{2}\left(V_{i,j} - V_{desc}\right)^2}{n-1}\right]^{1/2}$$

em que:

$V_{i,j}$ = velocidade do raio *j* do *traverse i*, que é dado **pela média aritmética das velocidades locais** que estão no primeiro ($j = 1$) ou no segundo raio ($j = 2$) do *traverse i*:

$$V_{i,1} = \frac{\sum_{k=1}^{k=5} v_k}{5}$$

$$V_{i,2} = \frac{\sum_{k=6}^{k=10} v_k}{5}$$

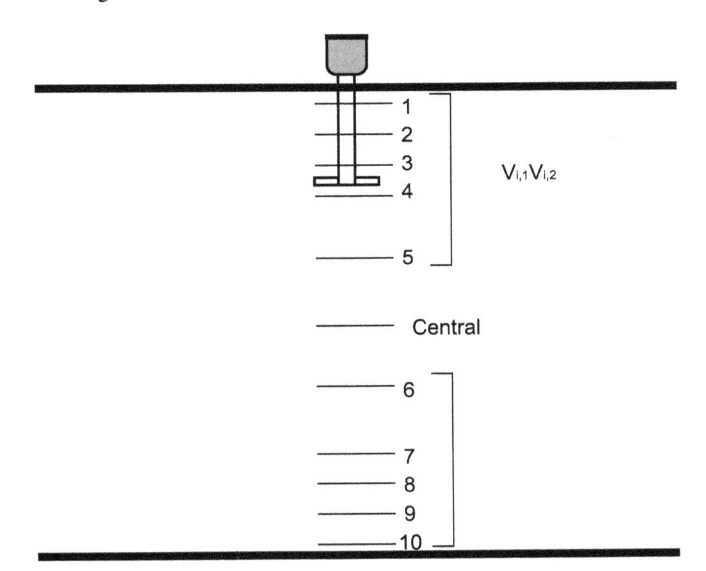

FIGURA 9.11 Distribuição dos pontos de medição de velocidades locais.

n = número total de raios dos *traverses* ($n = 4$ para dois *traverses*).

E, finalmente, a incerteza em virtude da assimetria do perfil de velocidades é calculada por:

$$\frac{u(assimetria)}{Q} = 0{,}14 * Y$$

TABELA 9.10 ▪ Valores médios da velocidade no raio de cada diâmetro para o estudo de caso

Parâmetro	Vel. [m/s]
Velocidade raio 1 *traverse* vertical, $V_{1,1}$	2,782
Velocidade raio 2 *traverse* vertical, $V_{1,2}$	2,749
Velocidade raio 1 *traverse* horizontal, $V_{2,1}$	2,794
Velocidade raio 2 *traverse* horizontal, $V_{2,2}$	2,643
Desvio-padrão, σ_{V_R}	0,0687
Y	2,51 %
u(*assimetria*)/*Q*	0,0035

Incerteza expandida da vazão

A incerteza expandida da vazão é dada pela expressão a seguir, em que *k* é o fator de abrangência:

$$U(Q) = k * u_c(Q)$$

A norma indica que se pode atribuir à incerteza da vazão uma distribuição de probabilidade do tipo gaussiana e, assim, o fator de abrangência assume o valor de 2:

$$U(Q) = 2 * u_c(Q)$$

E a incerteza expandida relativa é dada por:

$$U(Q)\% = \frac{2 * u_c(Q)}{Q} * 100\ \%$$

Estimativa da incerteza-padrão da vazão para o estudo de caso

A incerteza-padrão da vazão é calculada por:

$$u_c(Q) = \sqrt{\left(\frac{\partial Q}{\partial A}\right)^2 * u_c^2(A) + \left(\frac{\partial Q}{\partial V_{desc}}\right)^2 * u_c^2(V_{desc}) + \delta_{tec}^2 + \delta_q^2 + \delta_p^2 + u^2(assimetria)}$$

O *budget* de incerteza da vazão é apresentado na Tabela 9.11, com a contribuição individual de cada fonte de incerteza com relação à incerteza da vazão.

TABELA 9.11 ▪ Balanço de incerteza da vazão

Fontes de incerteza	Incerteza-padrão	Coeficiente de sensibilidade	Contribuição individual [%]
12 - Velocidade de descarga	$2{,}00*10^{-2}$	$1{,}89*10^{-1}$	65,15
13 - Área da seção transversal	$7{,}03*10^{-4}$	2,74	17,02
14 - Técnica de integração	$5{,}17*10^{-4}$	-	1,23
15 - Quantidade insuficiente de posições de medição	$5{,}17*10^{-4}$	-	1,23
16 - Posicionamento do tubo Pitot	$2{,}59*10^{-4}$	-	0,31
17 - Assimetria Perfil	$1{,}81*10^{-3}$	-	15,08

No Anexo deste capítulo, é apresentada uma variação dessa tabela, com as incertezas abertas da velocidade de descarga.

Os resultados finais são mostrados na Tabela 9.12.

A expressão da vazão é dada por
$Q = 0{,}517\ m^3/s \pm 0{,}009\ m^3/s$

TABELA 9.12 ▪ Resultados finais

Vazão [m³/s]	0,517
Incerteza-padrão: u_c(Q) [m³/s]	$4{,}7*10^{-3}$
Incerteza expandida: *U*(Q) [m³/s]	$9{,}3*10^{-3}$
Incerteza expandida: *U*(Q) [%]	1,81 %

CONSIDERAÇÕES FINAIS

A aplicação de estatística para estimar a incerteza em medição de vazão ou de velocidades de fluidos é muito complicada, como se vê por este simples exemplo. E tudo isso para terminar com uma incerteza de 1,8 %, um excelente valor para uma medição com tubo de Pitot, mas bastante pobre quando se compara com a incerteza nas medições de outras variáveis, como massa, comprimento e tempo.

Na grande maioria dos casos, os conceitos de média e de desvio-padrão são o que basta nas análises, e você tem que entender claramente o que está fazendo quando os aplicar.

A sofisticação matemática apresentada no Estudo de Caso (Seção 9.5) é uma complicação por vezes necessária, especialmente em casos como este em que há um vendedor e um comprador de fluidos, e possui um roteiro de cálculo especificado nas normas citadas, embora com diversos pontos falhos.

A expressão de resultados numéricos está intimamente ligada ao conhecimento de engenharia, de suas possibilidades e restrições. Uma indicação de vazão com oito dígitos indica meramente a leitura equivocada da tela de um computador, não está amparada na realidade física: a engenharia tem que respeitar suas limitações e raramente consegue exprimir vazão com mais de três ou quatro dígitos.

ANEXO A

Para uma visão mais detalhada da contribuição de cada fonte de incerteza na incerteza final da vazão, são apresentadas:

- as componentes da incerteza da velocidade de descarga (itens 1 a 9) no lugar da incerteza da velocidade de descarga (item 12);
- as componentes da incerteza da área da seção transversal (itens 10 e 11) no lugar da incerteza da área da seção transversal (item 13).

TABELA A.1 ▪ Distribuição percentual detalhada

Fonte de erros	Distribuição, Q [%]
1 - Pressão diferencial - Flutuação	0,75
2 - Pressão diferencial - Manômetro	0,00
3 - Coeficiente de descarga	26,57
4 - Massa específica	0,06
5 - Inclinação do tubo de Pitot	2,79
6 - Gradiente de velocidade	2,79
8 - Leve flutuação da velocidade	1,24
9 - Turbulência	30,96
10 - Incrustação	15,32
11 - Trena	1,70
14 - Técnica de integração	1,23
15 - Quantidade insuficiente de pontos medição	1,23
16 - Posicionamento do tubo Pitot	0,31
17 - Assimetria do perfil de velocidades	15,08

REFERÊNCIAS BIBLIOGRÁFICAS

ANDERSON, J. D. *Computational Fluid Dynamics*. 1. ed. McGraw-Hill Science/Engineering/Math, 1995.

ASSOCIAÇÃO BRASILEIRA DE NORMAS TÉCNICAS. *ABNT NBR ISO 3966*: Medição de vazão em condutos fechados – Método velocimétrico utilizando tubos de Pitot. 2013.

ASSY, T. M. *Mecânica dos Fluidos* – fundamentos e aplicações. 2. ed. Rio de Janeiro: GEN/LTC, 2004.

BLEVINS, R. D. *Applied Fluid Dynamics Handbook*. New York: van Nostrand Reinhold, 1984.

BOMBARDELLI, F. A.; GARCIA, M. H. Hydraulic design of large-diameter pipes. *Journal of Hydraulic Engineering*, v. 129, n. 11, p. 839-46, 2003.

BRKIĆ, D. Review of explicit approximations to the Colebrook relation for flow friction. *Journal of Petroleum Science and Engineering*, 2011.

BRUNETTI, F. *Mecânica dos Fluidos*. 2. ed. rev. São Paulo: Pearson Prentice Hall, 2013.

ÇENGEL, Y. A.; CIMBALA, J. M. *Fluid mechanics*: fundamentals and applications. 3. ed. McGraw-Hill, 2014.

ÇENGEL, Y. A.; CIMBALA, J. M. *Mecânica dos Fluidos* – fundamentos e aplicações. São Paulo: McGraw-Hill, 2007.

CRANE Co. *Flow of fluids through valves, fittings and pipes*. Technical paper n. 410, 2013.

DAVIDSON, L. *An introduction to turbulence models*. Göteborg, Sweden: Chalmers University Technology, 2003.

DAVIDSON, L. *Fluid mechanics, turbulent flow and turbulence modeling.* Division of Fluid Dynamics. Department of Mechanics and Maritime Sciences Göteborg, Sweden: Chalmers University of Technology SE-412 96, 2021.

DAVIDSON, P. A. *Turbulence* – an introduction for scientists and engineers. Oxford University Press, 2004.

DELANY, N. K.; SORENSEN, N. E. Technical note 3038. *Low-speed drag of cylinders of various shapes*. NACA, 1953.

DURST, F. *Fluid mechanics* – an introduction to the theory of fluid flows. Springer-Verlag, 2008.

EKMAN, V. W. On the change from steady to turbulent motion of liquids. *Ark. f. Mat. Astron. och Fys.*, 6, 1910.

EUROPEAN COMMISSION. *Study on improving the energy efficiency of pumps*. EC, 2001.

FEYNMAN, R. *Só pode ser brincadeira, Sr. Feynman!* As excêntricas aventuras de um físico. Intrínseca, 2019.

FOX, R. W.; MCDONALD, A. T.; PRITCHARD, P. J.; MITCHELL, J. W. *Introdução à Mecânica dos Fluidos*. Rio de Janeiro: GEN/LTC, 2018.

GREITZER, E. M.; TAN, C. S.; GRAF, M. B. *Internal flow* – Concepts and applications. UK: Cambridge University Press, 2004.

HOERNER, S. F. *Fluid dynamics drag.* Publicado pelo autor, New York, Library of Congress, 1965.

IDELCHIK, I. E. *Handbook of hydraulic resistance*. 4th Revised and augmented edition. Begell House, 2007.

INSTITUTO CLAY. Disponível em: https://www.claymath.org/millennium-problems. Acesso em: ago. 2024.

INSTITUTO NACIONAL DE METROLOGIA, NORMALIZAÇÃO E QUALIDADE INDUSTRIAL. *Avaliação de dados de medição* – Guia para a expressão de incerteza de medição. GUM 2008. Rio de Janeiro: INMETRO/CICMA/SEPIN, 2012.

INSTITUTO NACIONAL DE METROLOGIA, NORMALIZAÇÃO E QUALIDADE INDUSTRIAL. *Vocabulário Internacional de Metrologia* – Conceitos fundamentais e gerais e termos associados. VIM 2012. Rio de Janeiro: Inmetro, 2012.

INTERNATIONAL STANDARD. *ISO 7194*: Measurement of fluid flow in closed conduits – Velocity-area of flow measurement in swirling or assymmetric flow conditions in circular ducts by means of current-meters or Pitot Static Tubes. 2008.

INTERNATIONAL STANDARD. *ISO 13709*: Centrifugal pumps for petroleum, petrochemical and natural gas industries. 2009.

ITŌ, H. Pressure losses in smooth pipe bends. *ASME J. Basic Eng.*, v. 82, p. 131–140, 1960.

JONSSON, D. *Dimensional analysis*: a centenary update. University of Gothenburg, nov. 2014, mar. 2021. Disponível em: https://doi.org/10.48550/arXiv.1411.2798. Acesso em: ago. 2024.

JORGENSEN, R. *Fan Engineering*. Howden, 1999.

KARIMI, A.; MARTIN, J. L. Cavitation erosion of materials. *International Metals Reviews*, v. 31, 1998.

KOLMOGOROV, A. N. The local structure of turbulence in incompressible viscous fluid for very large Reynolds numbers. *Proceedings*: Mathematical and Physical Sciences, v. 434, n. 1890, p. 9-13, jul. 1991. Turbulence and Stochastic Process: Kolmogorov's Ideas 50 Years On.

LINDSEY, W. F. Technical Report 619. *Drag of cylinders of simple shapes*. NACA, 1937.

MAXWORTHY, T. Accurate measurements of sphere at low Reynolds number. *J. Fluid Mech*, v. 23, n. 2, p. 369-72, 1965.

MILLER, D. S. *Internal flow systems*. 1978. (Series BHRA Fluid Engineering.)

MOODY, L. F. Friction factors for pipe flow. *Trans. ASME*, v. 66, n. 8, p 671-8, Nov. 1944. Disponível em: https://doi.org/10.1115/1.4018140. Acesso em: ago. 2024.

MOODY, L. F. Rougness factors for commercial pipes. *ASME*, v. 166, p. 673, 1944.

MUNSON, B. R.; YOUNG, D. F.; OKIISHI, T. H. *Fundamentos da Mecânica dos Fluidos*. São Paulo: Edgard Blücher, 2004.

NAKAYAMA, Y.; BOUCHER, F. *Introduction to fluid dynamics*. UK: Butterworth-Heinemann, 2002.

NIKURADSE, J. *Strömungsgesetze in rauhen rohren*. Berlin: VDI-Forschungs, 1933.

PELZ, P. F.; STONJEK, S. S. The influence of Reynolds number and roughness on the efficiency of axial and centrifugal fans – A physically based scaling method. *Journal of Engineering for Gas Turbines and Power*, v. 135, n. 5, p. 052601, 2013.

PEREIRA, M. T. *Investigação experimental sobre escoamentos transicionais*. 1996. Tese (Doutorado em Engenharia Mecânica) – Escola Politécnica da Universidade de São Paulo, 1996.

PFENNINGER, W. Boundary layer suction experiments with laminar flow at high Reynolds numbers in the inlet length of a tube by various suction methods. *In*: LACHMAN, G. V. (ed.). *Boundary Layer and Flow Control*. Elsevier, Pergamon Press, 1961. p. 961-980.

POTTER, M. C.; WIGGERT, D. C.; HONDZO, M. *Mecânica dos fluidos*. São Paulo: PioneiraThomson Learning, 2004.

PRANDTL, L.; TIETJENS, O. G. *Fundamentals of hydro- and aeromechanics*. Dover Publications, 1957.

ROOS, F. W.; WILLMARTH, W. W. Some experimental results and disk drag. *AAIA Journal*, v. 9, n. 2, 1971.

ROUSE, H.; HOWE, J. W. *Proceedings of the second hydraulics conference*, June 1-4, 1942, p. 112, State University of Iowa. Disponível em: https://doi.org/10.17077/006176. Acesso em: ago. 2024.

SCHLICHTING, H.; GERSTEN, K. *Boundary-layer theory*. Springer Berlin, 2017.

SEDOV, L. I. *Similarity and dimensional methods in mechanics*. 10. ed. CRC Press, 1993.

SMITS, A. J. *A physical introduction to fluid mechanics*. 2. ed. McGraw-Hill, 2024.

SOCIEDADE BRASILEIRA DE GEOFÍSICA. *Brazilian Journal of Geophysics*, v. 29, n. 1, 2011.

SOUZA, J. F. A. *et al.* Uma revisão sobre a turbulência e sua modelagem. *Revista Brasileira de Geofísica*, v. 29, n. 1, p. 21-41, 2011.

STOFFEL, B. *Assessing the energy efficiency of pumps and pump units.* Elsevier, 2015.

SWAMEE, D. K.; JAIN, A. K. Explicit equations for pipe flow problems. *Journal of the Hydraulics Division*, v. 102, p. 657-664, 1976.

TENNEKES, H.; LUMLEY, J. L. *A first course in turbulence.* MIT, 1972, 2018.

THE ENGINEERING TOOLBOX. *Roughness & Surface Coefficients.* 2003. Disponível em: https://www.engineeringtoolbox.com/surface-roughness-ventilation-ducts-d_209.html. Acesso em: 12 nov. 2024.

THOMAS, C. W.; DEXTER, R. B.; SCHUSTER, J. C. *Friction factors for large conduits flowing full.* A water resources technical publication. Engineering Monograph n. 7, Engineering Research Center, Denver, Colorado. US Department of the Interior – Bureau of Reclamation, 1965.

TSINOBER, A. *An informal introduction to turbulence* (fluid mechanics and its applications). Springer, 2001.

UNIDO. *Manual for industrial pump systems assessment and optimization.* United Nations Industrial Development Organization, 2016.

US DEPARTMENT OF ENERGY (DOE). *Variable speed pumping – A guide to successful applications, Executive Summary.* Energy Efficiency and Renewable Energy – Industrial Technologies Program. 2004.

WENDT, J. F. (ed.). *Computational fluid dynamics* – an introduction. Springer Berlin, Heidelberg, 2008.

WHITE, F. M. *Mecânica dos fluidos.* 4. ed. Rio de Janeiro: McGraw-Hill, 2002.

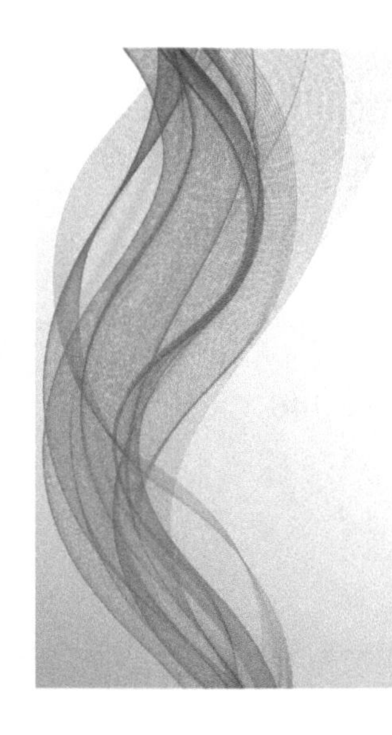

ÍNDICE ALFABÉTICO

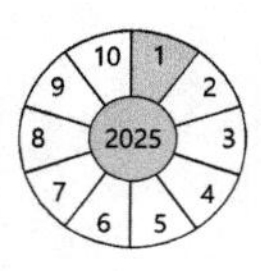

10
1
2
3
4
5
6
7
8
9
2025